資料庫原理與設計

Modern Database Management
Brief Edition

Jeffrey A. Hoffer・Mary B. Prescott・Fred R. McFadden　著

陳玄玲・應鳴雄　編譯

（依姓氏筆畫排列）

U0072954

台灣培生教育出版股份有限公司
Pearson Education Taiwan Ltd.

國家圖書館出版品預行編目資料

資料庫原理與設計 / Jeffrey A. Hoffer, Mary
B. Prescott, Fred R. Mcfadden原著；陳玄
玲，應鳴雄編譯. — 臺北市：臺灣培生教育
, 2006[民95]
　　面；　公分
　　譯自：Modern database management, 8th
ed.
　　ISBN 978-986-154-466-3(平裝)

1. 資料庫管理系統

312.974　　　　　　　　　　95022748

資料庫原理與設計

原　　　　著	Jeffrey A. Hoffer · Mary B. Prescott · Fred R. McFadden
譯　　　　者	陳玄玲 · 應鳴雄（依姓氏筆畫排列）
發　行　人	洪欽鎮
主　　　編	陳慧玉
美 編 印 務	廖秀真
發　行　所	
出　版　者	台灣培生教育出版股份有限公司
	地址／台北市重慶南路一段147號5樓
	電話／02-2370-8168
	傳真／02-2370-8169
	網址／www.PearsonEd.com.tw
	E-mail／hed.srv@PearsonEd.com.tw
台灣總經銷	全華科技圖書股份有限公司
	地址／台北市龍江路76巷20號2樓
	電話／02-2507-1300
	傳真／02-2506-2993
	郵撥／0100836-1
	網址／www.opentech.com.tw
	E-mail／book@ms1.chwa.com.tw
全 華 書 號	18029
香港總經銷	培生教育出版亞洲股份有限公司
	地址／香港鰂魚涌英皇道979號（太古坊康和大廈2樓）
	電話／852-3181-0000
	傳真／852-2564-0955
版　　　次	2007年1月初版一刷
I S B N - 1 0	986-154-466-6
I S B N - 1 3	978-986-154-466-3
定　　　價	600元

目錄 CONTENTS

第 2 章　資料庫開發流程

第 3 章　業務法則與 E-R 模型概觀

第 4 章　建立 E-R 模型中的關係與塑模範例

第 5 章　延伸式 E-R 模型與業務法則

第 6 章　邏輯資料庫設計與關聯式模型

第 7 章　實體資料庫設計與效能

第 8 章　SQL 簡介

第 9 章　處理單一表格

第 10 章　SQL 深入探討

第 11 章　主從式資料庫環境

第 12 章　網際網路資料庫環境

第 13 章　資料與資料庫管理

第 14 章　資料庫回復與並行式控制技術

第 15 章　資料庫進階課題

附錄 A 進階的正規化形式

詞彙縮寫表

前言 PREFACE

 ## 本書介紹

　　本書是針對資料庫管理的入門課程所設計的，適合資訊科系、商管科系以及資料庫進修課程使用。本書各章會延續使用三宜家具個案，來說明資料庫管理的觀念。

 ## 本書內容

- 第 1 章「資料庫環境」主要討論資料庫在組織中的角色，並比較資料庫技術與傳統檔案處理系統的差異。

- 第 2 章「資料庫開發流程」是探討資料庫開發在資訊系統開發過程中所扮演的角色，以及結構化生命週期與雛形法的資料庫開發流程。

- 第 3 章「業務法則與 E-R 模型概觀」開始介紹如何使用 E-R 模型進行概念性塑模，內容包括業務法則和 E-R 實體與屬性的定義。

- 第 4 章「建立 E-R 模型中的關係與塑模範例」則是繼續介紹 E-R 模型中的關係，並使用三宜家具案例來說明整個塑模流程。

- 第 5 章「延伸式 E-R 模型」是探討數種進階的 E-R 資料模型概念，以及超類型／子類型關係。

- 第 6 章「邏輯資料庫設計與關聯式模型」是描述將概念性資料模型轉換為關聯式資料模型的流程。包括關聯式資料模型的基本觀念，以及功能相依性與正規化。

- 第 7 章「實體資料庫設計與效能」主要是描述實體資料庫設計的注意重點，以及改善資料庫效能的方法，包括反正規化、索引、 RAID 、查詢最佳化等。

● 第 8 章「SQL 簡介」一開始是介紹 SQL 語言的歷史沿革、分類和環境，接著介紹 SQL 的資料定義命令和一部分的資料修改命令。

● 第 9 章「以 SQL 處理單一表格」主要是介紹針對單一表格進行查詢的 SQL 命令，包括運算式、函數、運算子、排序和分類等。最後再探討視界的定義與用法。

● 第 10 章「SQL 深入探討」仍持續探討 SQL，包括多個表格的合併命令、異動完整性、資料字典、觸發程序、內嵌式 SQL 與動態 SQL 等。

● 第 11 章「主從式資料庫環境」是討論現代資料庫環境中的主從式架構、應用程式、中介軟體以及客戶端的資料庫存取。

● 第 12 章「網際網路資料庫環境」是描述從網站應用程式到資料庫的連結，還有網際網路資料庫的環境與架構。

● 第 13 章「資料與資料庫管理」探討資料管理與資料庫管理角色的差異、企業資料塑模，以及資料安全的威脅與對策。

● 第 14 章「資料庫回復與並行式控制技術」主要是討論資料庫的備份與回復、如何控制並行式存取、資料品質的管理，以及資料庫與查詢的效能調校。

● 第 15 章「資料庫進階課題」主要是探討資料庫方面的幾個進階課題，包括資料倉儲、分散式資料庫、物件導向式資料塑模與資料庫開發，以及物件關聯式資料庫。

● 附錄 A「進階的正規化形式」是描述 Boyce/Codd 與第 4 正規化形式，並以實例說明 BCNF 和 4NF 的正規化步驟。

同時，各章的「學習目標」、「簡介」與「本章摘要」，可幫助讀者快速了解各章的重點；「學習評量」則提供許多具有挑戰性的題目，方便讀者進行自我評量。

01 CHAPTER

資料庫環境

本章學習重點

- 解釋資料庫的數量為什麼會持續成長到下一世紀

- 舉出傳統檔案處理系統的一些限制

- 區分五種資料庫類型，以及每種資料庫的關鍵決策

- 舉出至少十項資料庫做法優於傳統檔案處理的優點

- 指出資料庫做法的成本與風險

- 列出並簡述典型資料庫環境的九項元件

- 簡述資料庫系統的演進

資料很重要！

　　這個世界已經變成一個非常複雜的地方，企業與個人都必須能夠有效的收集、管理與解讀資訊。例如美國大陸航空公司便是透過資料倉儲技術，大幅改善顧客服務與作業，因而節省成本並轉虧為盈，成為全球及北美的最佳航空公司。

　　美國大陸航空將資料納入資料倉儲的第一步，是將營收管理所需的資料整合在一起。包括航班行程、顧客與庫存資料的整合，支援主管的訂價與營收管理能力，接著是顧客資訊、財務資訊、班機資訊與安全性的整合。

　　而資料倉儲在安全性的運用上，效果尤其卓越。大陸航空藉由即時資料倉儲的協助，而能夠快速達成符合美國國家安全要求的能力。在 2001 年 911 的恐怖攻擊之後，大陸航空能夠立即與 FBI 合作，來判斷是否有任何在 FBI 觀察名單上的恐怖份子正打算搭乘大陸航空的航班。

　　由大陸航空的例子可知，資料確實是關係重大。本書各章將帶領讀者更深入的瞭解資料，以及它們的收集、組織與管理。

 ## 簡介

　　過去 20 年來，不論是商業界、醫療界、教育界、政府或圖書館，幾乎每個機構都會使用資料庫來儲存、操作與擷取資料，因此資料庫應用的數量與重要性都大幅的成長。

　　同時一般個人也已經非常習慣在個人電腦上使用資料庫，工作群組是在網路伺服器上存取資料庫，而企業員工則是透過分散式應用程式來使用資料庫。另外，現代的消費者與遠端使用者也會透過各種科技，如自動提款機、網頁瀏覽器、數位電話、PDA、掃描裝置等來存取資料庫。

　　在 21 世紀高度競爭的環境中，資料庫技術變得越來越重要。例如近年來盛行的資料倉儲與資料探勘技術，就是利用從資料庫取得的知識，來提升企業的競爭優勢。例如在銷售明細資料庫中進行資料探勘，來判斷顧客的購買模式。

資料庫技術的專業人員，必須具備以下能力：

● 在資訊系統開發時，從事資料庫需求分析、設計與實作。

● 能夠與使用者討論，並展示如何使用資料庫（或資料倉儲）。

● 由於目前的網站也普遍使用資料庫，來傳回動態資訊給使用者。因此必須了解如何連結資料庫與網站，以及如何保護這些資料庫的安全。

 ## 1.1 基本觀念與定義

我們將資料庫（database）定義為一組邏輯上相關並經過組織後的資料；不同資料庫的大小與複雜度可能差異很大。從幾 MB 的小型顧客資料庫，一直到企業在大型主機上建立的數 TB 的龐大資料庫都有可能。甚至大型的資料倉儲還可能超過數千個 TB。

1.1.1 資料

傳統的資料定義是指可以記錄與儲存在電腦媒體上關於物件與事件的事實，也就是結構性資料（structured data）。最重要的結構性資料是數字、文字以及日期，通常以表格化的形式儲存（表格、關係、陣列、試算表等）。

而現在由於資料格式的多元化，資料的定義必須加以延伸。今日的資料庫除了存放結構性資料外，還可以用來儲存如文件、地圖、照片、聲音，甚至於影片等物件。這類資料稱為非結構性資料（unstructured data）或多媒體資料。

因此目前是將資料（data）定義為對使用者環境具有意義與重要性之物件與事件的儲存形式。這個定義同時包括結構性與非結構性資料形式。

1.1.2 資料與資訊

「資料」與「資訊」這兩個詞的關係非常密切，雖然它們經常被交互使用，不過還是有必要加以區分。我們將資訊（information）定義為經過處理以增進使用者知識的資料。以下列清單為例：

張家豪	N192491768
徐佩珊	P276193242
劉建宏	R148429344
王宗翰	S151742188
李雅婷	F269723144
傅東達	K192416585

　　雖然我們可以猜出這份清單是人名與其身分證號碼的對照表，但這份資料基本上是沒有用的，因為我們並不知道這些項目的真正意義。

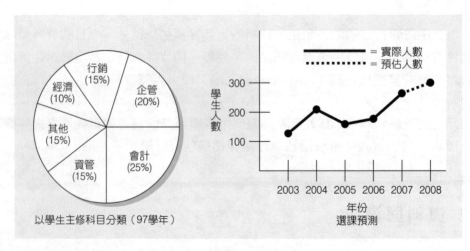

（a）加上情境脈絡的資料

（b）彙總後的資料

圖 1-1　將資料轉換為資訊

不過假如將這份資料加上有意義的情境，這份沒有用的資料就變成有用的資訊。例如加入一些額外的資料項目，並且提供一些結構，這份資料就變成了一份課程選課名單（圖 1-1(a)）。

另一種將資料轉變成資訊的方式，是將它們彙總或處理，再以人們能夠理解的方式呈現。例如圖 1-1(b) 是以圖形方式來呈現的學生選課資料彙總結果。

1.1.3 Metadata

前面提過，只有當資料被放入某種情境脈絡中的時候，它才能發揮用途。Metadata 就是提供資料脈絡的主要機制，它是用來描述資料的屬性或特徵，以及有關資料背景內涵的資料，這些屬性包括資料定義、資料結構以及規則或限制。

表 1-1 是選課單（圖 1-1(a)）的 metadata 範例。 Metadata 會針對出現在選課單上的每個資料項目，顯示其資料項目名稱、資料型態、長度、最大值與最小值（視需要）、對每個資料項目的簡短描述，以及資料的來源（有時稱為系統記錄）。

表 1-1 選課單的 metadata 範例

資料項目			值			
名稱	型態	長度	最小值	最大值	描述	來源
Course	文數字	30			課程 ID 與名稱	教務處
Section	整數	1	1	9	節數	註冊組
Semester	文數字	10			學期與學年	註冊組
Name	文數字	30			學生姓名	訓導處
ID	整數	9			學號	訓導處
Major	文數字	4			主修科目	訓導處
GPA	小數	3	0.0	4.0	GPA	教務處

請注意資料與 metadata 間的差異：Metadata 是用來描述資料的屬性，但並沒有包含資料。因此，表 1-1 中的 metadata 並沒有包含圖 1-1(a) 選課單中的任何範例資料。Metadata 讓資料庫設計者與使用者能夠瞭解目前有哪些資料、這些資料的意義，以及資料項目間的差異。

Metadata管理的重要性絕不遜於實際資料的管理,因為缺乏明確意義的資料很容易造成混淆、誤解或產生錯誤。通常metadata會儲存為資料庫的一部份,而且擷取方式可能與擷取資料的方式相同。

1.1.4　資料庫管理系統

資料庫管理系統(database management system, DBMS)是一種對使用者資料庫提供建立、維護與經過控制的存取等功能的軟體系統。DBMS提供有系統的方法來建立、更新、儲存與擷取資料庫中的資料。DBMS 具有以下功能:

● 讓使用者能夠共享資料

● 應用程式之間也能共享資料

● 控制資料的存取

● 確保資料的完整性

● 管理並行控制

● 資料庫還原機制

1.1.5　資料模型

要建立滿足使用者需求的資料庫,就必須先設計適當的資料庫。資料模型(data model)會捕捉資料的本質與資料間的關係,並且在建立資料庫概念與設計資料庫時,提供不同的抽象層次。目前已有數種圖示系統可用來表達資料模型。

通常會建立以下兩種層級的資料模型:

● 企業層級:企業資料模型(enterprise data model)比較沒有那麼詳細,是用來捕捉主要的資料類別,以及它們之間的關係。企業資料模型會盡量涵蓋整個組織,是用來說明資料庫涵蓋的資料範圍。

● 專案層級:專案層級的資料模型比較詳細,也更接近資料放在資料庫的方式,因此用在資料庫與應用系統的開發過程中。

　　例如顧客訂單的詳細資料可能會包含在專案層級的資料模型中，但不會放在企業層級的資料模型中。圖 1-2 是企業層級與專案層級資料模型的簡單比較。

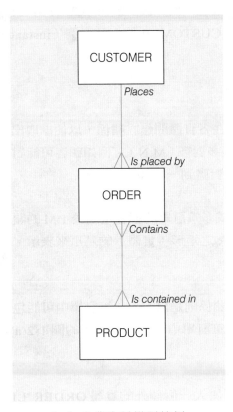

（a）企業資料模型範例

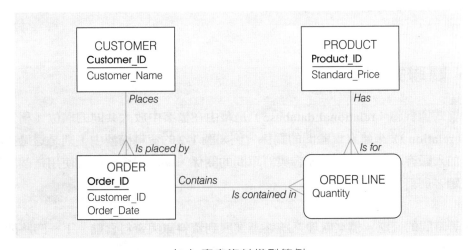

（b）專案資料模型範例

圖 1-2　企業與專案層級資料模型的比較

實體

一個實體（entity）就是一個名詞，用來描述在企業環境中，必須記錄或保存的人物、地點、物件、事件或觀念。例如圖 1-2 中的 CUSTOMER 與 ORDER 就是實體，而個別顧客的資訊就稱為是 CUSTOMER 的一個實例（instance）。

關係

結構良好的資料庫會在各實體間建立關係，以便擷取出所需的資訊。大多數的關係都是一對多（1:M）或是多對多（M:N）。例如顧客可能對同一家公司下多筆訂單，不過每筆訂單通常都只會對應到一位顧客。

在圖 1-2 中，下了一或多筆訂單的顧客是屬於 1:M 的關係；而這種 1:M 的關係則是用附加在標示為 ORDER 之矩形（實體）的鳥爪來表示。這項關係在圖 1-2(a) 與圖 1-2(b) 中看起來是一樣的。

不過，訂單與產品的關係則是 M:N。一筆訂單中可能包含一或多項產品，而一項產品可能會出現在一或多筆訂單中。在企業層級的圖 1-2(a) 中，訂單與產品間的 M:N 關係是使用鳥爪表示。

但在專案層級中，則加入一個額外的實體 ORDER LINE，而它與 ORDER 和 PRODUCT 兩者的關係都是 1:M。在專案層級加入這個實體是為了納入每筆訂單的明細，也就是用來記錄訂單中的每筆產品。

1.1.6 關聯式資料庫

關聯式資料庫（relational database）是藉由在檔案中放入共同的欄位（稱為「關聯表」（relation））來建立實體間的關係。例如圖 1-2 的資料模型中，則是透過在顧客訂單中加入顧客編號，以建立顧客與訂單間的關係。關聯式資料庫就使用這個識別碼來建立顧客與訂單間的關係。

隨著時間的流逝，檔案處理系統逐漸進展到資料庫與資料倉儲。下一節將簡介這個進展的過程。

1.2 傳統的檔案處理系統

在使用電腦進行資料處理的早期,電腦幾乎只是用來進行科學與工程上的計算,因此並沒有所謂的「資料庫」。後來電腦開始被引進商業界,但是必須能夠儲存、處理與擷取大型資料檔案,而電腦檔案處理系統便應運而生。

隨著商業應用日趨複雜,傳統檔案處理系統的一些缺點與限制(稍後將會說明)也日益明顯。因此今日大多數企業都已經以資料庫處理系統取代檔案處理系統。

本節將使用一個真實的案例來描述檔案處理系統,並討論它的限制。在下一節中,則會使用相同的案例來介紹與比較資料庫處理系統。

1.2.1 三宜家具公司的檔案處理系統

三宜家具最初的電腦應用系統(1980年代)是使用傳統的檔案處理方式,通常是針對個別部門(如庫存、會計)的需求來開發電腦應用程式。

圖 1-3 是採取檔案處理形式的 3 個電腦應用系統,包括訂單處理、發票及薪資系統;圖中還顯示了每個應用系統所對應的主要資料檔案。「檔案」就是一組相關記錄

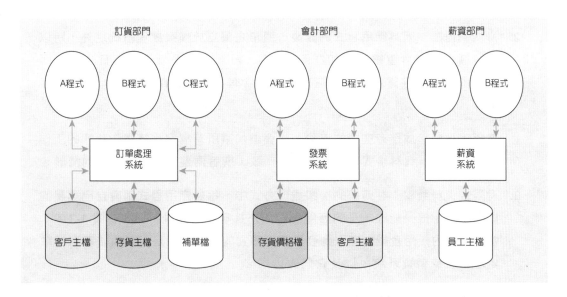

圖 1-3　三宜家具公司的舊式檔案處理系統

的集合。例如訂單處理系統有 3 個檔案：客戶主檔、存貨主檔及補單檔。請注意這 3 個應用系統所使用的檔案有些是重複的；這在檔案處理系統中是很常見的現象。

1.2.2 檔案處理系統的缺點

下面將簡短描述傳統檔案處理系統的幾項缺點（請參見表 1-2）。

表 1-2　檔案處理系統的缺點

| 程式與資料相依 |
| 資料的重複 |
| 有限的資料共享 |
| 漫長的開發時間 |
| 大量的程式維護工作 |

1. **程式與資料相依**：由於存取檔案的資料庫應用程式（database application）需要用到檔案的內部格式，所以當檔案結構發生任何改變時，所有存取該檔案的程式也都必須改變。

   例如圖 1-3 中，訂單處理系統與發票系統都會用到客戶主檔。假設這個檔案中的客戶地址欄位長度要從 30 個字元增加為 40 個字元時，每個相關程式（最多可能有 5 個程式）中的檔案描述都必須修改。

   一般而言，要找出受影響的所有程式並不容易，而且修改時經常會產生其他錯誤。

2. **資料的重複**：因為應用程式的開發，通常是獨立於檔案處理系統之外，所以資料檔案經常會重複。例如在圖 1-3 中，訂單處理系統中有存貨主檔，而發票系統中有存貨價格檔，這些檔案都含有描述產品的資料，如單價、存量等。

   這種重複會造成儲存空間的浪費，也會增加讓所有檔案維持最新狀態的工作負擔。此外，資料格式也可能發生不一致，或者兩邊資料值不相同的情形。

3. **有限的資料共享**：在傳統的檔案處理方式中，每個應用程式都有自己專屬的檔案，但卻很少能在本身的應用程式之外共享這些資料。例如在圖 1-3 中，會計部門的使用者能夠存取到發票系統和它的檔案，但是可能無法存取訂單處理系統或薪資系統，以及它們的檔案。

4. **漫長的開發時間**：在傳統的檔案處理系統中，每個新的應用系統基本上都必須從頭開始，先設計新的檔案格式與說明，然後再撰寫每支新程式的檔案存取邏輯，因此需要的開發時間很長。

5. **大量的程式維護工作**：前述所有因素加起來，對依賴傳統檔案處理系統的組織而言，形成了沈重的程式維護負擔。事實上，這些組織可能有大約 80% 的資訊系統開發預算都是用在程式的維護上。

要注意的是，如果資料庫的設計或使用不當，則前面這些檔案處理系統的缺點，同樣也會出現在資料庫系統身上。例如企業各部門各自開發資料庫，而沒有協調出共同的 metadata，則以上的問題也一樣會發生。

因此，資料庫不僅是一種管理組織資料的方法，也是一組定義、建立、維護與使用這些資料的技術。

1.3 資料庫技術

資料庫技術強調企業整體資料的整合與共享。目前現代企業是使用以關聯式模型為基礎的資料庫，和以整合式歷史資料為基礎的資料倉儲。採用資料庫技術的優點參見表 1-3。

藉由比較圖 1-3 與 1-4，也有助於瞭解兩者間的差異。圖 1-4 是圖 1-3 資料檔案的資料模型，這裡只有 1 個實體 CUSTOMER，而不是 2 個客戶主檔。訂單處理系統與發票系統都會存取 CUSTOMER 實體中所包含的資料。

表 1-3 採用資料庫技術的優點

提升程式與資料的獨立性
規劃資料的重複性
改善資料的一致性
改善資料的共享
提高應用程式開發的生產力
強制實施標準
改善資料品質
改善資料的存取性與回應能力
減輕程式的維護工作
改善決策支援

此外，圖中的 **EMPLOYEE** 實體並沒有顯示任何關係，不過它應該會跟 **EMPLOYEE HISTORY** 、 **DEPARTMENT** 等實體發生關聯。

雖然中大型企業的資料模型中，可能會包含數千個實體與關係。不過任何一名員工會用到的實體數目，則會取決於他們職位的範圍與性質。例如資料庫管理者需要存取整個資料庫，而一般使用者通常只能存取工作上需要的那些實體。

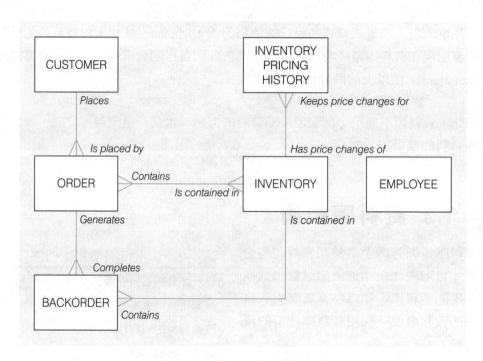

圖 1-4 　圖 1-3 的企業資料模型

1.3.1 資料庫技術的優點

提升程式與資料的獨立性

從應用程式中將所使用資料的資料描述（metadata）與程式分開稱為資料獨立性（data independence）。透過資料庫，資料的描述是集中儲存在儲存庫（repository）。因此資料可以隨需要有限度的改變與演進，而不必去修改應用程式。

規劃資料的重複性（redundancy）

優良的資料庫設計會盡量讓每一項基本事實只記錄在資料庫的一個地方，例如橡木電腦桌產品和它的外皮材質、價格等事實，應該盡量只記錄在 Product 表格中，除非為了效能的考量而放寬。

改善資料的一致性

藉由排除（或控制）資料的重複性，能夠大幅降低資料不一致的程度。例如假如顧客的地址只有儲存在一處，就不可能發生不一致的情況。這樣做不但節省儲存空間，而且也會簡化維護工作。

改善資料的共享

資料庫的設計必須能讓資料共享，但是也必須控制不同使用者的權限。所謂的使用者視界（user view）是使用者執行某些任務所需要的部份資料庫之邏輯性描述。例如，會計部門的員工與一般顧客所擁有的使用者視界就不同。

提高應用程式開發的生產力

資料庫的一個主要優點是它能大幅降低開發新應用程式所需的成本與時間。資料庫應用程式的開發，能夠比傳統檔案應用程式更快的三個重要原因為：

1. 假設資料庫與其相關的資料捕捉與維護應用程式都已經設計與實作完成，則程式人員只要負責開發新應用程式的功能邏輯，而不必設計檔案細節。

2. 資料庫管理系統提供有高階的生產力工具，例如表單與報表產生器和高階語言，能夠將資料庫設計與實作工作的一部份自動化。

3. 藉由使用以標準網際網路協定（HTTP/S）與公認資料格式（XML）為基礎的網站式服務（Web service），使得程式設計人員的生產力大幅提高，估計有時高達 60%。

強制實施標準

　　企業中應該有單一的權責單位負責資料庫的管理功能，以建立並強制實行資料標準。這些標準可能包括命名原則（naming convention）、資料品質標準，以及一致的資料存取、更新與保護程序。

改善資料品質

　　今日資料庫管理的重要課題之一是資料品質不良。資料庫有提供數種工具與程序來改善資料品質，下面是其中最重要的兩項：

1. 資料庫設計人員可以指定整合性限制，透過 DBMS 來強制執行。所謂的限制（constraint）是指資料庫使用者不能違反的規則。第 3、4、5 章將說明各種類型的限制。

2. 資料倉儲環境的目標之一，就是要在作業性資料放入資料倉儲之前先進行「清理」。例如郵購公司將重複的顧客資料清理過後，將可省下可觀的郵寄與印刷費用，而且也能夠更精確掌握現有顧客的數目。

改善資料的存取性與回應能力

　　透過關聯式資料庫，新手使用者也能夠擷取與顯示資料，即使是其他部門的資料也可以。例如某員工使用下列查詢指令來顯示關於電腦桌的資訊：

```
SELECT *
FROM PRODUCT
WHERE Product_Name = " 電腦桌 ";
```

　　這個查詢中使用的語言稱為結構化查詢語言（Structured Query Language, SQL）。雖然SQL可以建構出相當複雜的查詢，但對非程式人員的新手來說也很容易上手，不用依賴專業的程式人員即可存取資料。

減輕程式的維護工作

　　儲存的資料會因為各種原因而必須經常改變，例如加入新的資料項目類型、資料格式被改變等。最有名的例子就是「千禧年」的問題：原本是用兩位數字來表示年份的欄位，必須要延伸為四位數字，才能夠從 1999 年進入 2000 年。

在檔案處理環境中，資料格式與存取方法的改變，一定會導致應用程式的修改。而在資料庫環境中，資料與應用程式間比較獨立，在一定限度下可以只改變資料或應用程式，而不必改變其他的部份，因此可以減輕程式的維護工作負擔。

改善決策支援

有些資料庫是特地為決策支援而設計的。例如，有些資料庫的設計是為了支援顧客關係管理，有些資料庫的設計是為了支援財務分析或供應鏈管理。

1.3.2 實現資料庫效益時必須當心之處

雖然使用資料庫技術有許多優點，不過許多企業在試圖實作資料庫技術時遇到相當的挫折，例如因為受限於早期的資料模型與資料庫管理軟體，而無法達成資料的獨立性。這個問題可透過關聯式模型以及較新的物件導向式模型來解決。

另一個無法達成資料庫效益的原因，是因為資料庫的規劃與實作不當。即使是最好的資料管理軟體，也無法克服這種缺陷。因此，本書非常強調資料庫的規劃與設計。

1.3.3 資料庫技術的成本與風險

採取資料庫技術就如同其他的企業決策一樣，都會引發一些額外的成本與風險，在實作前必須有所體認，請參考表 1-4。

表 1-4 資料庫的成本與風險

新的專業人員
安裝與管理的成本及複雜度
轉換成本
備份與還原的需求
組織的衝突

1. **新的專業人員**：通常，採取資料庫技術的組織必須雇用或訓練人員來進行資料庫的設計與實作，提供資料庫管理服務，以及管理新的成員。這些都會增加人事成本。

2. **安裝與管理的成本及複雜度**：多使用者的資料庫管理系統是很龐大且複雜的一組軟體，具有很高的初始成本，需要經過訓練的人員來安裝與操作，同時還需要相當高的年度維護與支援費用，另外還可能需要升級硬體與通訊設備。

3. **轉換成本**：「舊」系統通常是指組織中，以檔案處理或較早的資料庫技術為基礎的早期應用。要將這些舊系統轉換為現代資料庫技術的成本，有時會高的嚇人。

4. **備份與回復的需求**：共享的企業資料庫必須一直保持精確與可用，因此需要有周全的備份與回復程序。

5. **組織的衝突**：由於各單位之間，對於資料的定義、格式與編碼，擁有及維護共用資料的權利等問題經常引發衝突，因此必須由管理階層明確訂下規範。

 # 1.4 資料庫環境的組成元件

　　圖 1-5 是典型資料庫環境中的主要元件，以及它們之間的關係。以下是圖中 9 個元件的說明：

1. **電腦輔助軟體工程**（computer-aided software engineering, CASE）工具：用來設計資料庫與應用程式的自動化工具。

2. **儲存庫**：關於所有的資料定義、資料關係、畫面與報表格式，以及其他系統元件的集中式知識庫。儲存庫（repository）中包含一組廣泛的 metadata 集合，以管理資料庫及資訊系統其他元件。參見第 14 章。

3. **資料庫管理系統**（DBMS）：對使用者資料庫提供定義、建立、維護與經過控制的存取等功能之軟體系統。參見第 13 與 14 章。

4. **資料庫**：一組經過組織、在邏輯上相關的資料，通常是用來滿足組織中多個使用者的資訊需求。請注意資料庫與儲存庫間的差異。儲存庫包含的是資料的定義，而資料庫包含的是資料本身。本書第 6 與 7 章說明資料庫的設計活動，第 8 到 11 章討論資料庫的實作。

5. 應用程式：用來建立與維護資料庫，並且提供資訊給使用者的電腦程式。在第 8 到 11 章中將會描述重要的資料庫程式設計技巧。

6. 使用者介面：使用者與系統各元件（如 CASE 工具、應用程式、 DBMS 及儲存庫）互動的語言、功能表及其他公用程式。

7. 資料與資料庫管理人員：資料管理人員是負責管理組織整體資料資源的人員。資料庫管理人員則是負責實體資料庫設計，以及管理資料庫環境中的技術問題。參見第 13 與 14 章。

8. 系統開發人員：諸如系統分析師與程式設計師等人員。系統開發者通常會使用 CASE 工具來進行系統需求分析與程式設計。

9. 終端使用者：新增、刪除與修改資料庫中資料，以及向資料庫查詢資訊的人員。使用者與資料庫間的所有互動都必須透過 DBMS 。

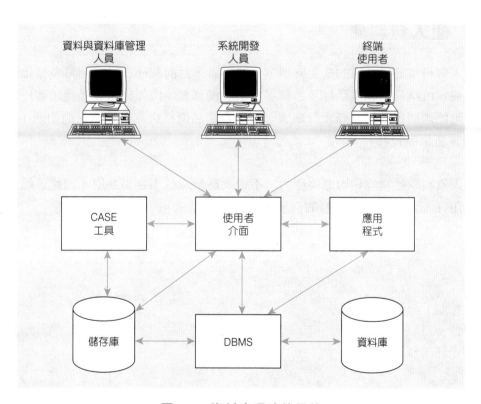

圖 1-5 資料庫環境的元件

簡言之，如圖 1-5 的 DBMS 作業環境是個硬體、軟體與人員整合的系統，其目的則是要促進資訊資源的儲存、擷取與控制，並且改善整體的生產力。

1.5 資料庫應用的範圍

資料庫應用程式的涵蓋範圍很廣，從提供給單一使用者在個人電腦或 PDA 上使用，到可供數千名使用者在大型主機上使用，甚至是連結到網站存取都有可能。

在此我們將資料庫分為 5 大類型：個人資料庫、工作群組資料庫、部門／事業部資料庫、企業資料庫以及結合網站的資料庫（web-enabled database），而它們之間可能會有些重疊。

1.5.1 個人資料庫

個人資料庫的設計目的是要支援單一使用者，目前其存在形式非常多樣化，包括個人電腦、PDA、行動電話以及各種手持式設備都有。例如經常在外拜訪客戶的業務人員，可能需要存取通訊錄及行事曆，甚至是產品價格與庫存資訊。例如圖 1-6 是常見的顧客通訊錄資料。

個人資料庫通常能夠增進生產力，不過缺點是資料不容易共用。因此，個人資料庫通常用在不太需要共享資料的情況下（例如小型公司）。

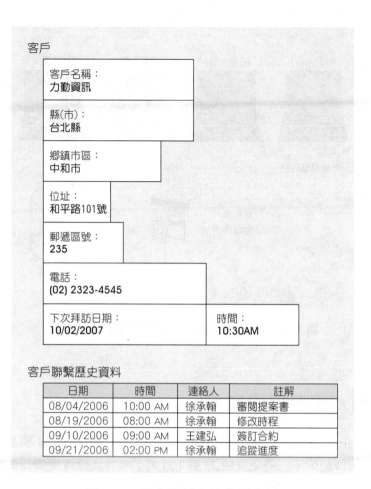

客戶

| 客戶名稱: |
| 力勤資訊 |

| 縣(市): |
| 台北縣 |

| 鄉鎮市區: |
| 中和市 |

| 位址: |
| 和平路101號 |

| 郵遞區號: |
| 235 |

| 電話: |
| (02) 2323-4545 |

| 下次拜訪日期: | 時間: |
| 10/02/2007 | 10:30AM |

客戶聯繫歷史資料

日期	時間	連絡人	註解
08/04/2006	10:00 AM	徐承翰	審閱提案書
08/19/2006	08:00 AM	徐承翰	修改時程
09/10/2006	09:00 AM	王建弘	簽訂合約
09/21/2006	02:00 PM	徐承翰	追蹤進度

圖 1-6　個人資料庫的典型資料

1.5.2　工作群組資料庫

工作群組是指合作進行同一專案人數不多的一組人，通常人數會少於25人。這類團體需要一個資料庫讓成員能夠共用資訊，而工作群組資料庫的目的正是要支援這種團隊的協同工作。

圖 1-7 顯示在工作群組資料庫中如何共享資料。工作群組中的每個成員都有一台個人電腦，並透過區域網路連結在一起。資料庫是存放在同樣連上網路，稱為資料庫伺服器（database server）的集中式裝置上。

在這種架構下每個成員都能存取到共享的資料，但是必須注意幾個問題。一個是資料的安全性，必須控管每個成員能存取哪些資料；另一個是資料的整合性，也就是如果有使用者同時更新資料時，應該要妥善處理。

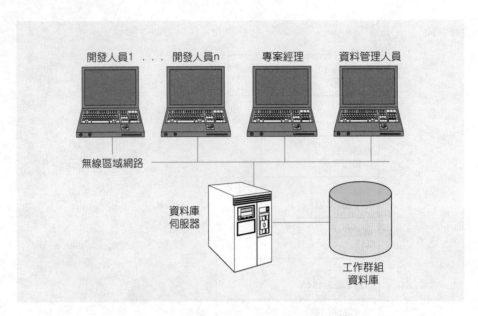

圖 1-7　建立在區域網路上的工作群組資料庫

1.5.3　部門／事業部資料庫

部門（department）是組織中的功能單位，例如人事、行銷、製造與會計部門。部門通常比工作群組大（一般是介於25到100人），並且負責更廣泛的功能。事業部（division）是更大的管理單位。

部門資料庫的目的是要支援部門中的不同功能與活動，也是本節所描述的5種資料庫中最常見的一種。例如人事資料庫就是用來追蹤員工、職務、技能與工作分配相關的資料。

1.5.4　企業資料庫

企業資料庫是以整個組織或企業（或至少是許多不同部門）為範圍，以支援組織整體的運作與決策。

但對於許多大型企業而言，由於單一資料庫過於龐大，不易達成效能、使用者需求，以及控制 metadata 複雜度的條件，因此還是會視情況維護數個企業資料庫。

然而在最近十年間，企業資料庫的演進有兩項重大的進展：

1. 企業資源規劃（ERP）系統

2. 資料倉儲實作

企業資源規劃系統（enterprise resource planning, ERP）是從 1970 年代與 1980 年代的物料需求規劃（material requirements planning, MRP）與製造資源規劃（manufacturing resources planning, MRP II）系統演進而來。 MRP 系統是對製造流程的原物料及零組件需求進行排程，而 MRP II 系統則還包含現場機器與產品配送的排程。

後來將這些功能在延伸到其餘的企業功能，則產生了企業整體的管理系統，也就是企業資源規劃系統（ERP）。所有的 ERP 系統都非常依賴資料庫來儲存 ERP 應用程式所需的資料。

ERP 系統的內容是以企業目前的作業性資料為主，資料倉儲（data warehouse）則會從各個作業性資料庫，包括個人資料庫、工作群組資料庫、部門資料庫與 ERP 資料庫中，收集相關的內容。資料倉儲能夠提供歷史資料給使用者，以找出模式與趨勢，以及經營策略問題的答案。

以一個大型醫療集團為例，假設該集團經營多家醫療機構，包括醫院、診所與療養院，且每個醫療機構各自都有獨立的資料庫，如圖 1-8 。

雖然個別醫療機構都有資料庫支援運作，但是集團也體認到必須對整體有全盤的了解。例如為所有單位統一採購物料，或是安排人員與服務的調度，就可以達到更好的營運效率。 ERP 系統便可以支援這些工作。

另外，集團在進行決策或與供應商交涉時，都需要去整理歷史資料與資訊。為了滿足這類需求，集團可建立一個資料倉儲，由集團總部負責維護。資料倉儲中的資料是定期從個別資料庫中擷取與彙總所產生。

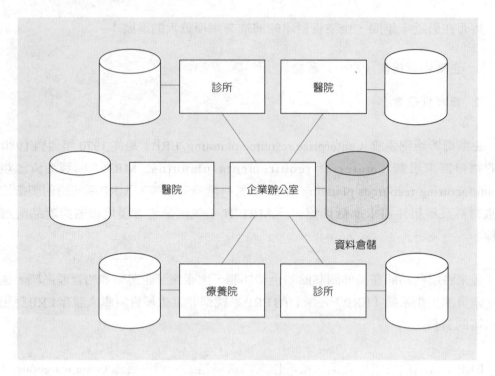

圖 1-8　企業資料倉儲

1.5.5　結合網站的資料庫

近幾年對資料庫環境影響最大的變化，非網際網路莫屬。現代企業使用網際網路來提供更好的顧客資訊與服務，全球顧客也會透過網站瀏覽器存取企業的資料庫。因此具有網站功能的資料庫（web-enabled database）是絕對必要的。

而開放企業資料庫讓外界存取，雖然可提升競爭力與效率，但也會引發過去資訊系統管理上所不曾面對的安全性與整合性問題，因此需要嚴密的規劃與保護。

1.5.6　資料庫應用摘要

表 1-5 是前述不同資料庫應用的摘要，分別針對對每種資料庫列出其典型的使用者數目、資料庫架構（主從式架構將在第 11 章說明）與資料庫的規模。

表 1-5　資料庫應用摘要

資料庫類型	典型的使用者數目	典型架構	資料庫的一般規模
個人	1	桌上型電腦、PDA	MB
工作群組	5-25	主從式（2 層）	MB-GB
部門／事業部	25-100	主從式（3 層）	GB
企業	>100	主從式（分散式或平行式伺服器）	GB-TB
結合網站式	>1000	網站伺服器與應用程式伺服器	MB-GB

1.6 資料庫系統的演進

　　資料庫管理系統最早出現於 1960 年代，並且一直持續演進。圖 1-9 顯示它的演進過程，並且列出每十年所出現的先進資料庫技術。通常這些技術要普及所需的時間都相當久，而它們首度出現的時間比圖中的年份還要早十年。

1. 1960 年代：這段期間主導市場的仍是檔案處理系統，但是第一個資料庫管理系統已經推出。此外，在 1960 年代晚期，也開始努力制定各項標準。

2. 1970 年代：在這十年間，資料庫管理系統已經實際應用在商業上。階層式與網狀式的資料庫管理系統陸續發展出來，以因應日益複雜的資料結構。階層式與網狀式模型通常被視為是第一代的 DBMS，兩者都曾經被廣泛使用，這些系統有些到今日仍在使用中。

3. 1980 年代：E. F. Codd 等人在 1970 年代發展出關聯式資料模型，也就是第二代的 DBMS，並且在 1980 年代普及應用在商業上。在關聯式模型中，所有的資料都是以表格的形式表示，而資料的擷取則是透過簡單的第四代語言 SQL（Structured Query Language，結構化查詢語言）。因此，非程式設計人員也能輕易存取關聯式資料庫。關聯式模型也非常適合主從式計算、平行處理，以及圖形化使用者介面。

4. 1990 年代：在 1990 年代，由於多媒體資料（包括圖形、聲音、影像與視訊）日益普遍。為了因應這些越來越複雜的資料，物件導向式資料庫（第三代 DBMS）開始在 1980 年代晚期出現。因為現代組織必須管理大量的結構化或與非結構化資料，所以關聯式與物件導向式資料庫在今日都非常重要。另外還出現能管理關聯式與物件導向式兩者資料的物件關聯式資料庫技術。

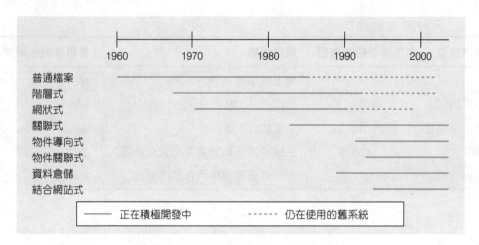

圖 1-9　資料庫技術的演進

5. 2000 年以後：在下個十年間，資料庫技術會朝什麼方向發展？一般認為未來的資料庫技術將具備管理更複雜資料型態的能力、使用者介面將會越來越簡單、能夠隨身攜帶的小型資料庫和網站式服務的使用將越來越普及，以及開發出更成熟的資料探勘演算法等。

資料庫管理系統的發展，是為了要克服檔案處理系統的限制。下列四個目標一直是資料庫技術發展與演進的動力：

1. 在程式與資料間提供更高的獨立性，以降低維護成本。

2. 管理日益複雜的資料型態與結構。

3. 讓終端使用者不需要設計程式，也不需要了解資料在資料庫中的儲存細節，就能夠存取資料。

4. 為決策支援應用系統提供更強大的平台。

本章摘要

● 資料庫是經過組織的一組邏輯相關資料。

● 資料是在使用者環境中具有意義的物件與事件之儲存形式。資訊是經過處理的資料，以便增加使用該資料人員的知識。資料與資訊可能同時儲存於資料庫中。

● Metadata 是描述終端使用者資料與該資料內涵之屬性或特徵的資料。

● 資料庫管理系統（DBMS）是通用型的商用軟體系統，用來定義、建立、維護與提供對資料庫經過控制的存取。

● 資料庫管理系統將 metadata 存放在儲存庫中；這是所有資料定義、資料關係、畫面與報表格式，以及其他系統元件所集中存放的地方。

● 電腦檔案處理系統有一些重要的限制，例如資料與程式間的相依性、資料的重複、有限的資料共享能力，以及漫長的開發時間等。

● 資料庫技術的優點包括提升程式與資料的獨立性、促進資料共享、最小化資料的重複性，以及提升應用程式開發的生產力。

● 資料庫應用可以分為幾種類型：個人資料庫、工作群組資料庫、部門資料庫、企業資料庫與網際網路資料庫。

● 資料倉儲是由不同作業性資料庫取得內容的整合式決策支援資料庫。企業資源規劃系統也非常依賴企業資料庫。

● 資料庫技術演進的主要目標是希望提供更佳的程式與資料獨立性，管理日益複雜的資料結構，並且提供所有使用者更快、更容易的存取。例如今日的物件導向式與物件關聯式資料庫。

詞彙解釋

■ 資料庫（database）：一組邏輯上相關，經過組織後的資料。

■ 資料（data）：對使用者環境具有意義與重要性之物件與事件的儲存形式。

- 資訊（information）：經過處理以增進其使用者之知識的資料。

- metadata：用來描述資料的屬性或特徵，以及有關資料背景內涵的資料。

- 資料庫管理系統（database management system, DBMS）：對使用者資料庫提供建立、維護與經過控制的存取等功能的軟體系統。

- 資料庫應用程式（database application）：代替資料庫使用者執行一系列活動（建立、讀取、更新與刪除）的應用程式（或一組相關的程式）。

- 資料模型（data model）：用來捕捉資料的本質與資料間關係的圖示系統。

- 企業資料模型（enterprise data model）：顯示組織高階實體，以及這些實體間關係的圖示模型。

- 實體（entity）：在使用者環境中，組織希望保留相關資訊的人物、地點、物件、事件或觀念。

- 關聯式資料庫（relational database）：使用一組表格來表示資料的資料庫；其中所有的資料關係都是以關聯表格間的共同值來表示。

- 資料獨立性（data independence）：從應用程式中將所使用資料的資料描述（metadata）與程式分開。

- 使用者視界（user view）：使用者執行某些任務所需要的部份資料庫之邏輯性描述。

- 限制（constraint）：是指資料庫使用者不能違反的規則。

- 儲存庫（repository）：關於所有的資料定義、資料關係、畫面與報表格式，以及其他系統元件的集中式知識庫。

- 企業資源規劃（enterprise resource planning, ERP）系統：整合企業所有功能，例如製造、銷售、財務、行銷、存貨、會計與人力資源的企業管理系統。ERP系統是軟體應用系統，提供企業檢視與管理各項活動所需的資料。

- 資料倉儲（data warehouse）：整合式決策支援資料庫，其內容是由各個作業性資料庫所產生的。

學習評量

選擇題

_____ 1. 下列何者不是資料庫技術的優點之一？

    a. 規劃資料的重複性

    b. 改善資料的一致性

    c. 改善資料的共享

    d. 資料與程式間的相依性

_____ 2. 資料庫應用程式可以執行什麼動作？

    a. 新增記錄

    b. 讀取記錄

    c. 修改記錄

    d. 以上皆是

_____ 3. 下列何者是企業資料庫的定義？

    a. 設計來只支援組織外部使用者的資料庫

    b. 設計來支援整個組織的資料庫

    c. 設計來支援一個小群組的資料庫

    d. 設計來支援單台 PC 的資料庫

_____ 4. 下列關於關聯式資料庫的敘述何者為真？

    a. 資料是以表格來表示

    b. 存取資料很困難

    c. 要進行簡單的查詢也必須撰寫複雜的程式

    d. 以上皆是

_____ 5.　下列何者是資料庫管理系統的定義？

　　　　　a.　是一種針對資料庫提供建立、維護與經過控制的存取等功能的硬體系統

　　　　　b.　是一種針對資料庫提供建立、維護與未經控制的存取等功能的硬體系統

　　　　　c.　是一種針對資料庫提供建立、維護與經過控制的存取等功能的軟體系統

　　　　　d.　是一種針對資料庫提供建立、維護與未經控制的存取等功能的軟體系統

問答題

1.　請列出檔案處理系統的五個缺點。

2.　請列出資料庫系統環境中的 9 項主要元件。

3.　請根據一般的大學環境，回答下列各種關係是一對多或多對多的關係。並使用本章所介紹的符號，畫出每種關係。

　　a.　STUDENT 與 COURSE（學生會選課）

　　b.　BOOK 與 BOOK COPY（每本書的數量）

　　c.　COURSE 與 SECTION（課程與節次安排）

　　d.　SECTION 與 ROOM（節次與上課教室）

　　e.　 INSTRUCTOR 與 COURSE（教師與課程）

4.　參考當作客戶通訊錄用的個人資料庫（圖 1-6）。請問客戶（CUSTOMER）與客戶聯繫歷史資料（CONTACT HISTORY）兩者之間是一對多或多對多的關係？使用本章的符號畫出這個關係。

5.　假設有個提供線上目錄的商店，顧客可在上面訂購商品，而且訂單中可包含一或多個項目。

　　a.　請問顧客與訂單的關係是一對一、一對多或多對多？

　　b.　請問訂單與項目之間的關係是一對一、一對多或多對多？

02

CHAPTER

資料庫開發流程

本章學習重點

- 描述系統開發專案的生命週期，強調資料庫分析、設計與實作活動的目的

- 說明採取雛形法的資料庫與應用系統的開發

- 說明設計、實作、使用與管理資料庫的人員角色

- 說明外部、概念性與內部綱要之間的差異，以及資料庫採取三綱要架構的原因

- 說明套裝資料模型在資料庫開發中的角色

- 說明資料庫與資料庫處理的三層式位置架構

- 說明資料庫設計與開發專案的範疇

- 畫出呈現資料庫範疇的簡單資料模型

簡介

　　本章將說明資料庫分析、設計、實作與管理一般步驟的概論。因為資料庫是資訊系統的一部份，因此在本章將解釋資料庫的開發流程，是如何融入整個資訊系統開發流程之中。

　　在業界有許多資料庫專案開發成功或失敗的例子。成功的專案開發，可為組織提供龐大的效益和策略優勢。但專案開發失敗的災難也時有所聞，包括時程延遲、成本超出預算或無法符合系統需求等。

　　本章將利用三宜家具的範例資料庫開發流程，來介紹個人電腦上的資料庫開發工具，以及如何從企業資料庫擷取資料提供應用程式使用的流程。

 2.1 資訊系統開發過程中的資料庫開發

　　通常資料庫的開發是從企業資料塑模（enterprise data modeling）開始，目的是建立資料庫的範圍與一般性內容。此步驟通常是發生在資訊系統規劃期間，其目的是要建立對組織資料的整體藍圖，而不是針對特定資料庫的設計。

　　一個特定的資料庫可能會提供資料給一或多個資訊系統，而企業資料模型則是描述組織所維護的資料範圍，可能涵蓋許多的資料庫。

　　在企業資料塑模過程中，會檢視目前的系統，分析所要支援之業務領域的性質，從非常高的抽象層次描述資料需求，並且規劃資料庫開發專案。圖2-1是使用簡化的符號，描述三宜家具企業資料模型的一部分（重複圖1-2(a)）。

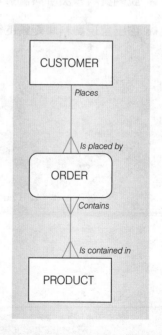

圖 2-1　企業資料模型的片段（三宜家具公司）

2.1.1 資訊系統架構

在資訊系統的規劃過程中,企業資料模型的開發是**整體資訊系統**(information systems architecture, ISA)架構開發的一部份。例如圖 2-1 的企業資料模型,只是整體資訊系統架構或藍圖的一部份。資訊系統架構包含六項關鍵元件:

1. **資料**:可以用圖 2-1 的表現方式,或是其他的表現方式。

2. 處理資料的**程序**:可透過資料流程圖、物件模型或其他符號表示。

3. **網路**:在組織中以及組織與其重要企業夥伴間傳送資料,可用網路連線與拓樸來表示。

4. **人**:負責執行程序,並且是資料與資訊的來源及接收者。在程序模型中可表示為資料的傳送者與接受者。

5. 程序執行時的**事件與時間點**:可使用狀態轉換圖與其他方式表示。

6. 主導資料處理之事件與法則的**原因**:通常以文字形式表示,但亦可使用某些圖形工具來表示,如決策表。

企業資料模型就好像蓋房子的設計藍圖一樣重要,有了它,要建構應用系統會容易得多。就實務的觀點而言,最重要的理由就是可再利用性(reusability)。有份報告顯示,藉由使用企業資料模型,該企業每次開發新應用系統時,都能再利用 60% 到 90% 的資料。如果沒有企業資料模型,他們可能會開發多個資料庫,進而產生許多問題。

2.1.2 資訊工程

資訊系統規劃人員會遵循特定的資訊系統規劃方法論,來開發資訊系統的架構。資訊工程就是其中一種正式且常見的方法論。

資訊工程(information engineering)是遵循**由上而下的規劃**(top-down planning),也就是從瞭解各方對資訊的需求開始,來推導出特定的資訊系統。例如我們需要的是關於顧客、產品、供應商、業務人員、工作中心的資料,而不是去整合許多特殊的資訊要求(例如訂單輸入畫面,或是地區彙總報表)。

由上而下規劃的好處是具有寬廣的視界,能夠以整合的方式來觀察個別系統元件,瞭解資訊系統與組織目標間的關係,並且瞭解資訊系統對整個組織的衝擊。

資訊工程包含了 4 個步驟：規劃、分析、設計、實作。

資訊工程的規劃階段會產生包含企業資料模型在內的資訊系統架構，下一節將說明資訊工程的規劃階段，而後面各章所討論的活動則是屬於資訊工程的其餘 3 個階段。

2.1.3 資訊系統規劃

資訊系統規劃的目標是要決定組織的資訊技術與經營策略，這個決定非常重要。資訊工程方法論中的規劃階段包含 3 個步驟，如表 2-1 所示，將分別在下面 3 節討論。

找出策略性規劃要素

策略性規劃要素包括該組織的目標、關鍵成功因素與問題領域。找出策略性規劃要素的目的是要發展出規劃脈絡，並且將資訊系統計畫與策略性經營計畫連結在一起。

表 2-1　資訊工程規劃階段

步驟	說明
1. 找出策略性規劃要素	a. 目標
	b. 關鍵成功因素
	c. 問題領域
2. 找出企業規劃標的	a. 組織單位
	b. 位置
	c. 企業功能
	d. 實體類型
3. 發展企業模型	a. 功能分解
	b. 實體關係圖
	c. 規劃矩陣

表 2-2 是三宜家具一些可能的策略性規劃要素，這些要素能協助資訊系統主管設定新資訊系統的需求，以及資料庫開發的優先順序。例如針對業績預測不精確的問題，可能會讓資訊系統主管決定將更多的歷史銷售資料、市場研究資料或新產品銷售測試結果等放入資料庫中。

表 2-2　資訊工程規劃階段的成果範例（三宜家具公司）

規劃要素	範例
目標	維持每年 10% 的成長率
	維持 15% 的稅前投資報酬率
	避免解雇員工
	扮演負責的企業公民

規劃要素	範例
關鍵成功因素	高品質的產品
	準時交貨
	高生產力的員工
問題領域	業績預測不精確
	競爭加劇
	成品庫存

找出企業規劃標的

企業規劃標的是用來定義企業的範疇，它會規範後續的系統分析，以及資訊系統可以有哪些變化。下面是 5 種關鍵的規劃標的（參見表 2-3 的三宜家具範例）：

1. 組織單位：組織的不同部門。

2. 組織位置：企業營運地點。

3. 企業功能：支援組織中某些任務的一組相關企業流程。請注意企業功能（business function）與組織單位並不相同；事實上，一項功能可能會指定給多個組織單位（例如產品開發功能可能是業務與製造部門的共同責任）。

4. 實體類型：組織所管理的主要資料類型，包括人、地、物。

5. 資訊系統：處理資料的應用軟體與支援程序。

表 2-3　企業規劃標的範例（三宜家具公司）

規劃標的	範例
組織單位	業務部門
	訂單部門
	會計部門
	製造
	生產部門
	裝配部門
	外裝部門
	採購部門

規劃標的	範例
組織位置	企業總部
	新店工廠
	中部地區銷售辦公室
	越南
企業功能	企業規劃
	產品開發
	物料管理
	市場與行銷
	訂單處理
	訂單出貨
	銷售彙總
	生產作業
	財務與會計
實體類型	CUSTOMER（顧客）
	PRODUCT（產品）
	RAW MATERIAL（原料）
	ORDER（訂單）
	WORK CENTER（工作中心）
	INVOICE（發票）
	EQUIPMENT（設備）
	EMPLOYEE（員工）
資訊系統	交易處理系統
	訂單追蹤
	訂單處理
	工廠排程
	薪資
	管理資訊系統
	銷售管理
	存貨控制
	生產排程

開發企業模型

完整的企業模型包含每項企業功能的功能分解模型、企業資料模型，以及不同的規劃矩陣。**功能分解**（functional decomposition）是指將組織的功能分解為更細層次的流程。功能分解是系統分析所採用的典型流程，用來簡化問題、區隔重點與找出元件。

圖 2-2 是三宜家具訂單處理功能的分解範例。要處理一整組企業功能與支援功能（例如表2-3所列的所有功能與子功能），通常需要許多資料庫，而特定資料庫可能只支援某些支援功能的子集合（如圖2-2）。不過，整體的企業模型有助於將資料的重複性降到最低。

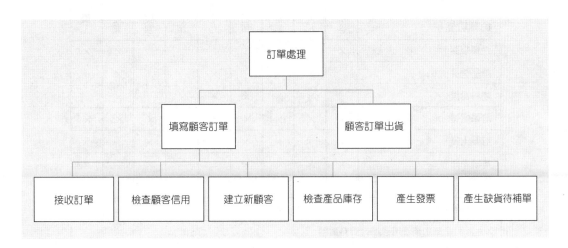

圖 2-2 訂單處理功能的分解流程範例（三宜家具公司）

企業資料模型通常是使用實體 - 關係圖（參見第3-5章）來表示。此外，完整的企業資料模型還可能包含每個實體類型的功能描述，以及企業運作的說明（稱為業務法則），以決定資料是否有效。

企業資料模型不只顯示實體類型，還包含資料實體之間的關係，最常見的表達方式則是矩陣。

規劃矩陣通常是由業務法則所推導出來的，能協助設定開發的優先順序，安排開發活動的順序，並且從企業整體的角度，從上而下安排這些活動的進行時程。規劃矩陣的種類很廣泛，下面是其中一些常見的類型：

● 位置對功能矩陣：指出各種企業功能是在哪些企業位置執行。

● 單位對功能矩陣：指出各種企業功能是由哪些企業單位負責。

● 資訊系統對資料實體矩陣：說明每個資訊系統如何與各資料實體互動（例如每個系統是否有新增、擷取、修改或刪除各實體中的資料）。

● 支援功能對資料實體矩陣：指出每個功能所捕捉、使用、修改或刪除的資料。

● 資訊系統對目標矩陣：說明支援每項業務目標的相關資訊系統。

資料實體類型　　　企業功能	顧客	產品	原料	訂單	工作中心	工單	發票	設備	員工
企業規劃	X	X						X	X
產品開發		X	X		X			X	
物料管理		X	X	X	X	X			
訂單處理	X	X	X	X	X	X	X	X	X
訂單出貨	X			X	X		X		X
業績彙總	X	X		X			X		X
生產作業		X	X	X	X	X		X	X
財務會計	X	X		X			X	X	X
X = 該列企業功能使用了該行資料實體									

圖 2-3　企業功能對資料實體的矩陣範例

圖 2-3 是功能對資料實體的矩陣範例，這種矩陣可以有不同的目的，包括：

1. 找出孤兒（orphan）：找出所有功能都沒有用到的資料實體，或是沒有使用任何資料實體的功能。

2. 找出遺漏的實體：各功能的參與員工在檢視矩陣時，就可以找出可能被遺漏的實體。

3. 安排開發順序：如果特定功能具有較高的系統開發優先權（可能是因為與重要的目標有關），則該領域所使用的實體在資料庫開發時也應該要有高優先權。

2.2 資料庫開發流程

前面提過以資訊工程為基礎的資訊系統規劃,基本上是由上而下的規劃方式。不過有許多資料庫開發專案其實是採取由下而上(bottom-up)的方式來規劃,也就是專案是由資訊系統的使用者或資訊人員所提出的。

即使是這種由下而上的情況,仍須進行企業資料塑模,以瞭解現有資料庫是否能提供所需的資料?如果不能,則必須在現有的資料資源中,新增必要的新資料庫、資料實體與屬性。

2.2.1 系統開發生命週期

傳統執行資訊系統開發專案的流程稱為系統開發生命週期(system development life cycle, SDLC)。 SDLC 是一組完整的步驟,提供給資訊系統開發團隊來遵循,以制定系統規格、開發、維護與汰換資訊系統。

目前學術界與業界所使用的生命週期有多種版本,從 3 到 20 個階段都有。本書所採用的是 5 個階段的流程,如圖 2-4 所示。

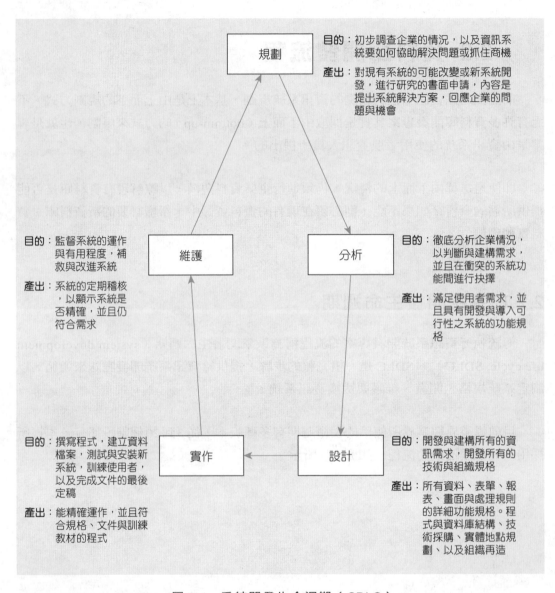

圖 2-4　系統開發生命週期（SDLC）

　　系統開發的流程是反覆循環的，裡面的階段在時間上可能會相互重疊，也可能會平行進行。而且當先前的決策需要重新考慮時，也可能會回溯到先前的階段。

　　圖2-5有註記每個階段通常會納入的資料庫開發活動概要。請注意在SDLC階段與資料庫開發步驟間並沒有一一對應的關係，例如概念性資料塑模會發生在規劃與分析的兩個階段中。本章稍後將會以三宜家具公司為例，逐一描述這些資料庫開發步驟。

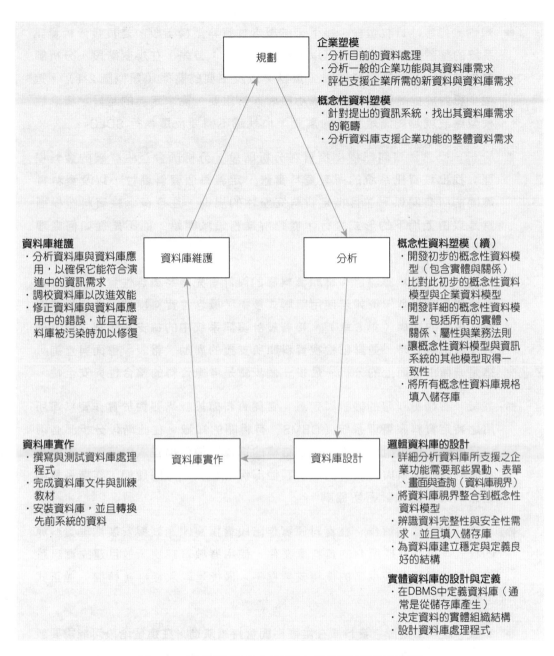

企業塑模
· 分析目前的資料處理
· 分析一般的企業功能與其資料庫需求
· 評估支援企業所需的新資料與資料庫需求

概念性資料塑模
· 針對提出的資訊系統，找出其資料庫需求的範疇
· 分析資料庫支援企業功能的整體資料需求

資料庫維護
· 分析資料庫與資料庫應用，以確保它能符合演進中的資訊需求
· 調校資料庫以改進效能
· 修正資料庫與資料庫應用中的錯誤，並且在資料庫被污染時加以修復

概念性資料塑模（續）
· 開發初步的概念性資料模型（包含實體與關係）
· 比對此初步的概念性資料模型與企業資料模型
· 開發詳細的概念性資料模型，包括所有的實體、關係、屬性與業務法則
· 讓概念性資料模型與資訊系統的其他模型取得一致性
· 將所有概念性資料庫規格填入儲存庫

資料庫實作
· 撰寫與測試資料庫處理程式
· 完成資料庫文件與訓練教材
· 安裝資料庫，並且轉換先前系統的資料

邏輯資料庫的設計
· 詳細分析資料庫所支援之企業功能需要那些異動、表單、畫面與查詢（資料庫視界）
· 將資料庫視界整合到概念性資料模型
· 辨識資料完整性與安全性需求，並且填入儲存庫
· 為資料庫建立穩定與定義良好的結構

實體資料庫的設計與定義
· 在DBMS中定義資料庫（通常是從儲存庫產生）
· 決定資料的實體組織結構
· 設計資料庫處理程式

圖 2-5　系統開發生命週期中的資料庫開發活動

● 規劃－企業塑模：在資料庫開發流程的一開始，分析師會檢視目前的資料庫與資訊系統，分析專案的主要業務領域的本質，並且描述出資訊系統的資料需求。不過最後只有選定的專案會進入下一階段。

● **規劃－概念性資料塑模**：接下來的概念性資料塑模階段，是負責分析資訊系統的整體資料需求。這可以分為兩個階段：首先，在規劃階段，分析師要先整理出高階的資料類別（實體）以及主要的關係（類似圖 2-1）。這個步驟對於提高開發流程的成功機會非常重要，需求定義的越好，概念性模型應該就越能滿足企業的需要，也就越不需要反覆執行 SDLC。

● **分析－概念性資料塑模**：接著在分析階段，分析師會產生詳細的資料模型，找出該資訊系統的所有資料實體、定義每個資料屬性，以及資料實體間的所有關係，並且指定資料完整性的規則。注意概念性資料塑模通常是以由上而下的形式進行，從瞭解業務領域開始，而不是從如何處理資訊開始。

● **設計－邏輯資料庫設計**：邏輯資料庫的設計首先是將概念性資料模型轉換為邏輯資料模型，例如若使用關聯式技術，概念性資料模型就會轉換成關聯式模型的結構（第 5 章）。接著設計資訊系統中的每支電腦程式與其輸入及輸出格式時，並詳細檢視資料庫所支援的異動、報表、畫面與查詢，這是一種由下而上的分析。最後一個步驟是考慮資料的整合性與安全性。

● **設計－實體資料庫的設計與定義**：實體資料庫設計需要對於實作資料庫所用之特定資料庫管理系統（DBMS）有相關的知識。在此階段分析師必須決定實體記錄的組織方式、檔案結構的選擇、使用那些索引等等。實體資料庫的設計必須與實體資訊系統其他部份（程式、電腦硬體、作業系統與通訊網路）的設計密切協調。

● **實作－資料庫的實作**：在資料庫實作階段會撰寫、測試與安裝處理資料庫的程式，還會完成所有的資料庫文件、使用者教育訓練，並且建立資訊系統（與資料庫）使用者的後續支援程序。最後是載入資料（轉檔）並正式上線。

● **維護－資料庫維護**：資料庫在維護期間會持續演進。在這個階段可能需要新增、刪除或修改資料庫的結構，有時可能還必須進行重建。這通常是資料庫生命週期中最長的一個階段，因為它會持續到整個生命週期的最後。

2.2.2 其他的資訊系統開發方式

由於系統開發生命週期（SDLC）是個高度結構化的方法，它包含許多的檢查與確認步驟，以確保每個步驟能產生精確的結果。但是也因此 SDLC 經常被批評的缺點是系統開發時間過於漫長。

因此後來逐漸發展出所謂的快速應用程式開發（rapid application development, RAD）方法，它會不斷快速的重複分析、設計與實作步驟，直到製作出符合使用者所需的系統為止。

雛形法（prototyping）是最常見的 RAD 方法之一，它是一種反覆式的系統開發方法，透過分析師與使用者間的密切合作，持續進行修改而將需求轉換為可用的系統。圖 2-6 是雛形法的流程。

請注意，一開始在找出資訊系統問題時，只會進行非常粗略的概念性資料塑模。接下來便快速的瞭解需求，並同時設計使用者所需的畫面與報表。等到新的雛形版本產生時，會重複資料庫的實作與維護工作。

過程中會盡量降低所需的安全性與完整性控制，因為重點是要讓可用的雛形版本儘快運作。同樣地，文件的撰寫通常也會延遲到專案結束才進行，因為使用者訓練是直接實際操作系統。

最後，一旦建立了可接受的雛形系統，開發人員與使用者就會將這個最終的雛形系統與其資料庫，直接當作最終的系統。如果系統與資料庫的效率太差，則可能需要重新設計與重新組織這些系統與資料庫，以符合效能上的要求。

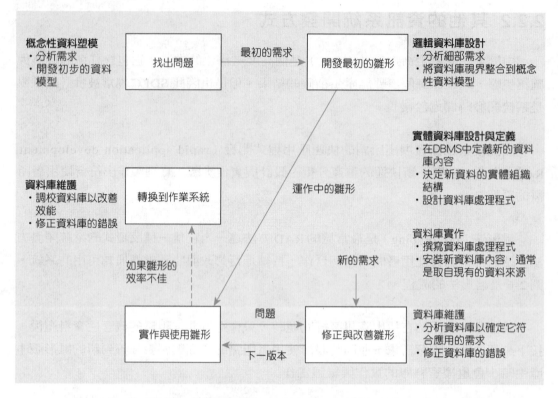

圖 2-6　雛形法方法論與資料庫開發流程
來源：摘錄自 Naumann and Jenkins (1982)

隨著視覺式程式設計工具的普及（例如 Visual Basic、 Java、 Visual C++ 與第 4 代語言），大幅簡化修改使用者報表與畫面介面的工作，使得雛形法逐漸成為系統開發方法論的熱門選擇。

2.2.3 套裝資料模型的角色

目前資料塑模的技術已經發展成熟，因此大部分組織都能以很低廉的成本來採購套裝資料模型（或模型元件）。此資料模型只需經過適當的客製化，即可組合成完整的資料模型，因此現在已經很少有組織需要完全自行發展他們的資料模型。

套裝資料模型主要有兩種：統一資料模型（universal data model，幾乎適合任何企業或組織）與特定產業資料模型。簡短說明如下：

1. **統一資料模型**：有些核心實體是許多（或甚至大部分）組織共同都有的，例如顧客、產品、帳號等。雖然細節不同，但內部的資料結構經常是非常類似的。甚至於許多核心的業務功能也相同，如採購、會計和專案管理等。統一資料模型是這些實體或功能的範本，通常會包含資料模型的多數元件：實體、關係、屬性、主鍵與外來鍵等。

2. **特定產業資料模型**：這些是設計來供特定產業的組織所使用的資料模型，如醫療業、電信業、製造業、銀行業等。同一產業的各組織其資料模型會很類似（銀行就是銀行），但是與不同產業（如醫院）的資料模型則差異很大。

通常對於採購、會計以及文件管理等支援功能，不同產業的資料模型會很類似，所以統一資料模型通常很適合。如果是針對主流功能，如製造與營運，各產業的資料模型會差異很大，因此特定產業資料模型比較適合。

摘要

使用套裝資料模型有兩個主要的效益：

1. 顯著降低實作的時間與成本，尤其對於設計與實作大型資料模型更明顯。

2. 套裝資料模型是由經驗豐富的開發人員所建構的，其品質通常比組織內部的開發團隊佳。

當然，套裝資料模型不能取代完整的資料庫分析與設計。仍然需要有技巧的分析師與設計師，來決定資料庫的需求，並選擇、修改、安裝及整合所用的套裝系統。

2.2.4 CASE 與儲存庫的角色

電腦輔助軟體工程（computer-aided software engineering, CASE）工具是針對系統開發流程的某些部份，提供自動化支援的軟體。在資料庫的開發時，CASE工具扮演 3 個相關的角色。

1. 它能協助我們使用實體 - 關係與其他符號畫出資料模型。 CASE 工具的各個
   繪圖符號都代表特定的資料塑模意義。

2. CASE 工具能產生程式碼，這些程式碼中包含有提供給 DBMS 的資料庫定義
   命令，用來建立關聯式表格，定義每個表格的屬性，以及定義鍵值索引。

3. 提供儲存庫給資料庫開發過程使用。在資料庫開發的每個階段所收集到的所
   有資訊，可能都會在儲存庫中維護。儲存庫本身也是一種資料庫，只是它所
   儲存的是產生示意圖、表單與報表定義等系統文件所需的資訊。

就像繪圖工具一樣，許多組織也使用不同的工具來產生程式碼。如果這些工具與
方法要發揮效果，就必須整合。更具體地說，這些工具必須要能夠共享在流程各階段
所開發的 metadata。

所謂「整合式 CASE」（integrated-CASE，或 I-CASE）工具會提供對整個生命週
期的支援，但是這種工具的使用並不普遍，因為 CASE 工具通常都是擅長系統開發流
程中的某些階段，但卻拙於支援其他的階段。

此外，支援 SDLC 的專案識別與選擇階段到實體設計階段的工具稱為「上層
CASE 工具」（upper CASE tool），而支援實作與維護階段的工具則稱為「下層 CASE
工具」（lower CASE tool）。

 ## 2.3 管理資料庫開發所涉及的人員

如圖 2-5 所示，資料庫的開發是專案的一部份。所謂專案（project）是指經過規
劃的相關活動任務，以達成一個具有開始與結束的目標。

專案是在規劃階段開始啟動與進行規劃，在分析、邏輯設計、實體設計與實作階
段執行，然後在實作階段結束時終止。在啟始時會形成專案團隊，系統或資料庫開發
團隊中可能會包含下列一或多種人員：

● 企業分析師：同時與管理階層及使用者一起工作，分析企業現況，並且為專
　案發展出詳細的系統與程式規格。

● 系統分析師：可能也會擔任企業分析師的工作，但還要負責制定電腦系統需求，並且通常比企業分析師具有更強的程式設計背景。

● 資料庫分析師與資料塑模師：專注在決定資訊系統中之資料庫元件的需求與設計。

● 使用者：提供對其資訊需求的評估，並且監督所開發的系統是否滿足其需求。

● 程式設計人員：設計與撰寫內嵌有資料庫的資料維護與存取命令之電腦程式。

● 資料庫結構師：建立業務單位的資料標準，盡力尋求最佳的資料位置、流通性與品質。

● 資料管理師：負責現有與未來的資料庫，並且確保資料庫間的一致性與完整性；扮演資料庫技術的專家，提供諮詢與訓練給專案團隊的其他成員。

● 專案經理：管理被指派的專案，包括團隊的組成，以及專案的分析、設計、實作與支援。

● 其他技術專家：例如網路、作業系統、測試、資料倉儲與文件撰寫的專業人員。

專案領導人要負責挑選與管理這些成員，以組成有效率的團隊。專案領導人會規劃專案的細部時程，來判斷專案的進行是否能在時間與預算的範圍之內。這些時程通常是以圖形方式表示，顯示出活動的時間、負責人員、工作量，以及活動之間的先後關係。

成功的系統開發專案，必須包括經常性的查核點（review point），由專案團隊人員報告該專案目前的成果。

漸進式承諾（incremental commitment）是系統開發專案的一種策略，亦即在每個階段之後檢視專案，並且在每次檢視時重新確認專案是否要繼續進行。

因此漸進式承諾讓投資者只需承諾到下個階段（有限的時間與成本），然後在看到一些成果之後，再重新評估是否要繼續投入資源（人力與時間），因而不會浪費大量資源。漸進式承諾也讓一個專案能夠容易的改變方向或是取消。

2.4 資料庫開發的三綱要架構

幾十年來的資料庫開發架構，都是以三綱要架構為主流。而這些資料模型及綱要與發展它們的 SDLC 階段對應關係如下：

● 企業資料模型：資訊系統規劃階段，定義於第 1 章。

● 外部綱要或使用者視界：分析與邏輯設計階段，在第 1 章是定義成使用者視界。

● 概念性綱要：分析階段，定義如下。

● 邏輯綱要：邏輯設計階段，定義如下。

● 實體綱要：實體設計階段，定義如下。

2.4.1 三綱要元件

ANSI/SPARC產業委員會在1978年發表一份重要的文件，記載描述資料庫結構的三綱要架構（圖 2-7）。這三個綱要如下：

1. 外部綱要：這是管理者與其他員工（他們是資料庫使用者）的視界（view）。如圖 2-7 所示，外部綱要可以表示成企業資料模型（由上而下的視界）與一群詳細（或由下而上）的使用者視界的組合。

2. 概念性綱要：這份綱要將不同的外部視界，結合到一個一致性的企業資料定義。概念性綱要是呈現資料設計師或資料管理員的視界。

3. 內部綱要：今日的內部綱要其實包含兩個不同的綱要：邏輯綱要與實體綱要。邏輯綱要是針對某種資料管理技術（如關聯式）的資料呈現，而實體綱要則描述如何使用特定的 DBMS（如 Oracle）將資料儲存在輔助儲存裝置中。

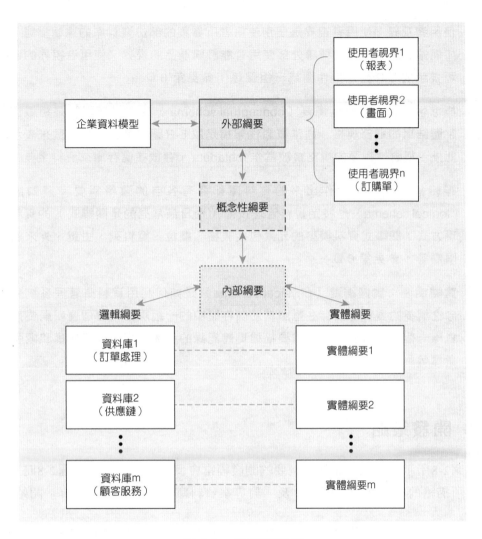

圖 2-7 三綱要架構

2.4.2 綱要簡介

本節將簡介三綱要架構中每個元件的特性,並指出本書會在那裡更詳細的討論該元件。

- 企業資料模型:這是高階的模型,用來識別、定義與關聯組織中的主要實體。這個塑模流程一開始是列出所有高階實體、記錄每個實體的定義、命名並描述實體間的關係,以及重要的業務法則或限制。然後產生 E-R 模型,但還不必定義屬性或主鍵。參見 3 到 5 章。

● 使用者視界：使用者視界是個別使用者所看到的部份資料庫的邏輯描述。例如網站訂購單就是一種讓外部使用者能訂購產品的視界。使用者視界的邏輯可表示成 E-R 圖、物件圖或一組關係。參見第 6 章。

● 概念性綱要：概念性綱要（conceptual schema，或資料模型）是組織資料整體結構的細部規格。通常概念性架構是以 E-R 圖或其他塑模符號來表示。此外，概念性綱要的規格會被當作 metadata，存放在儲存庫或資料字典中。

● 邏輯綱要：每個實作出來的資料庫都會有各自的邏輯綱要。邏輯綱要（logical schema）是特定資料管理技術（今日最常見的是關聯式）的資料表現方式。關聯式資料模型的元素包括表格、欄位、資料列、主鍵、外來鍵及限制等。參見第 6 章。

● 實體綱要：實體綱要（physical schema）是如何利用資料庫管理系統將概念性綱要的資料，儲存在電腦輔助儲存體中的一組規格。每個邏輯綱要都會對應一個實體綱要。實體綱要描述實體記錄的組織方式、檔案結構和索引的選擇等。

2.4.3 開發策略

如圖2-8所示，概念性與外部綱要的開發經常會反覆進行。在閱讀圖2-8時，請從左上角所描繪的「企業資料模型」及「對專案資料庫需求的一般性瞭解」開始：

1. 首先，根據組織的企業資料模型，以及對專案資料庫需求的一般性瞭解，開發第一份概念性綱要。

2. 接著開發使用者視界來呈現各資料庫使用者的資料需求。

3. 通常使用者視界的分析會產生新的屬性，甚至還會產生概念性綱要中所沒有的實體與關係。因此，必須在概念性綱要中補充這些從所謂「由下而上」來源所發現的需求，以維持概念性綱要與外部綱要間的一致。

4. 這兩種綱要的演進流程會一直持續下去，直到綱要完全定義好為止。然後繼續開發內部綱要（邏輯與實體模型）。

5. 將概念性資料模型轉換成關聯式資料模型（或其他實作模型），來完成邏輯模型。

6. 考量硬軟體特徵，以及使用者對資料庫效能的預期，撰寫出相對應實體綱要的規格。

7. 當稍後發現額外的使用者需求時，或有不同的資料庫要整合時，這個流程會再度開始。通常新的需求會盡量在外部與概念性綱要的設計中循環，以避免資料庫持續的變動。資料庫的定期修改則通常發生在系統開發的維護階段。

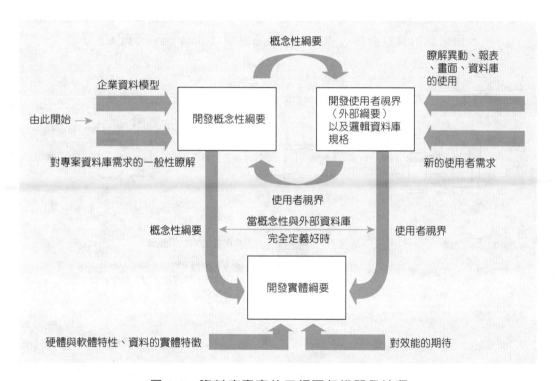

圖 2-8　資料庫專案的三綱要架構開發流程

2.5 三層式資料庫位置架構

設計資料庫時可以選擇要在哪裡存放資料，這些選擇是在實體資料庫設計時進行（參見第 6 章）。在資料庫架構的三綱要架構下，資料通常是分成三個層級（three-tiers），參見圖 2-9：

1. 客戶層：桌上型或筆記型電腦，負責管理使用者／系統介面，以及本機的資料。也稱為表現層（presentation tier）；Web scripting 任務也可能在該層執行。

2. 應用程式／網站伺服器層：處理 HTTP 協定、scripting 任務、執行計算以及提供資料的存取。也稱為處理服務層（process services tier）。

3. 企業伺服器（迷你電腦或大型主機）層：執行複雜的運算，並且處理組織中多個來源的資料合併，也稱為資料服務層（data services tier）。

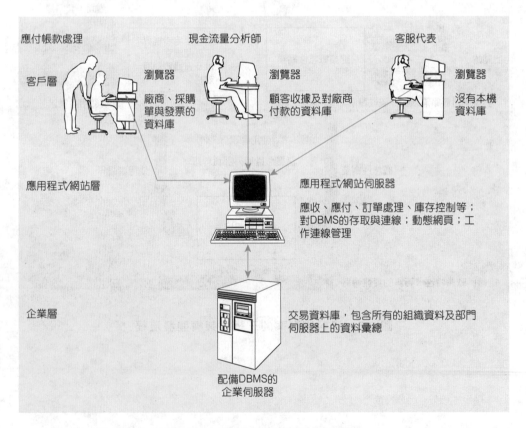

圖 2-9　三層式主從資料庫架構

而一般常聽到的主從式架構（client/server architecture），則只考慮客戶層與通用的伺服器層。在主從式架構中，伺服器端的資料庫軟體（稱為資料庫伺服器或資料庫

引擎）負責執行從客戶端工作站傳送給它的資料庫命令，而每台客戶端上的應用程式則專注在使用者介面功能。

使用多層級主從式架構的好處是，它能將資料庫的開發和維護模組，與呈現資料庫內容給使用者的資訊系統模組區隔開來，兩者間則可透過中介軟體進行溝通，而開發人員便可專心針對某一層級開發所需的軟體。

 ## 2.6 開發三宜家具的資料庫應用軟體

第 1 章曾介紹三宜家具公司，該公司已經從傳統的檔案處理系統，升級成關聯式資料庫系統。圖 2-10 是三宜家具公司電腦網路的概要圖。

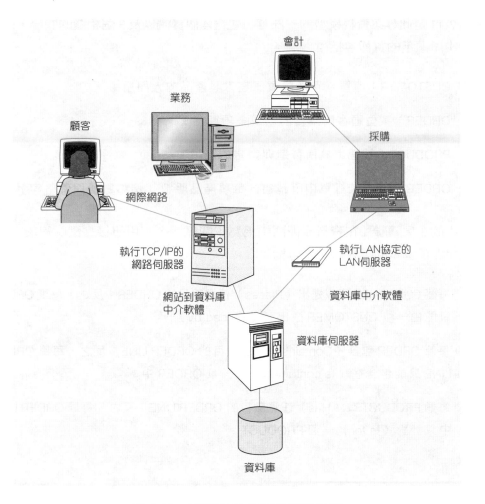

圖 2-10 三宜家具公司的電腦系統

以下將簡單說明三宜家具開發資料庫系統的過程：

1. 第一步是先開發一份高階實體清單，包括 CUSTOMER 、 PRODUCT 、 EMPLOYEE 、 CUSTOMER ORDER 與 DEPARTMENT 。

2. 找出並定義這些實體之後，接著開發企業資料模型。如前所述，企業資料模型就是用來顯示組織中的高階實體，以及這些實體之間的關聯。

3. 進行資料塑模步驟，以表格的形式來看待所有的資料。

下面將討論這個專案的資料塑模過程。

2.6.1 簡化的專案資料模型範例

圖 2-11 是此專案資料模型的一部分，包含 4 個實體以及 3 個相關的關聯。這個模型部份中所顯示的實體包括：

● CUSTOMER：購買或可能購買三宜家具產品的人與組織。

● ORDER：某位顧客所購買的一或多項產品。

● PRODUCT：三宜家具所製造與銷售的品項。

● ORDER LINE：某訂單中所銷售的每項產品明細（例如數量與價格等）。

圖中的 3 項關聯（在資料庫術語中稱為「關係」，使用連接實體的線段來表示）記錄的是 3 項基本的業務法則，包括：

1. 每個 CUSTOMER 可以送出（Places）任意數目的 ORDER；反之，每筆 ORDER 只能由一位 CUSTOMER 送出（Is placed by）。

2. 每筆 ORDER 包含（Contains）任意數目的 ORDER LINE；反之，每筆 ORDER LINE 只能包含在（Is contained in）一筆 ORDER 中。

3. 每個 PRODUCT 有（Has）任意數目的 ORDER LINE；反之，每筆 ORDER LINE 中只針對（Is for）一個 PRODUCT 。

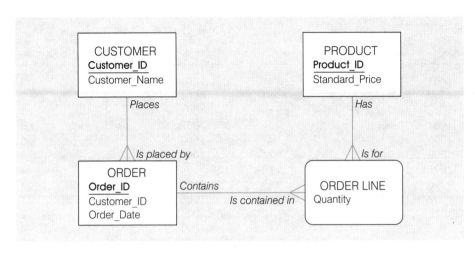

圖 2-11　專案的部分資料模型

例如一名顧客可能會提出許多筆訂單，而一筆訂單一定是由一名顧客提出，所以像 Places、Contains 和 Has 都被稱為一對多關係。

圖 2-11 被稱為是實體 - 關係圖（entity-relationship diagram）。實體 - 關係圖（或稱為 E-R 圖）在資料庫應用中非常重要，所以我們將使用三章（3 到 5 章）的篇幅來說明這種模型。

圖 2-12 是包含資料樣本的表格 Customer、Product、Order 與 Order_Line。這些表格代表的是專案資料模型（圖 2-11）所顯示的 4 個實體。

表格中的每一欄代表實體的一個屬性（或特徵）。例如圖中 Customer 所顯示的屬性是 Customer_ID 與 Custoemr_Name。表格的每一列代表實體的一個實例。

關聯式模型的一項重要特性在於：實體間的關係是透過儲存在對應表格欄位中的值來表現。舉例而言，Customer_ID 同時是表格 Customer 與 Order 的屬性，因此可以很容易的將訂單與對應的顧客連結起來。例如我們可以判斷 Order_ID 1003 是對應到 Customer_ID 1。

Order表格

Order_ID	Order_Date	Customer_ID
1001	10/21/2006	4
1002	10/21/2006	3
1003	10/22/2006	1
1004	10/22/2006	6
1005	10/24/2006	4
1006	10/24/2006	2
1007	10/27/2006	11
1008	10/30/2006	12
1009	11/5/2006	4
1010	11/5/2006	1

Order_Line表格

Order_ID	Product_ID	Quantity
1001	1	2
1001	2	2
1001	4	1
1002	3	5
1003	3	3
1004	5	2
1004	8	2
1005	4	4
1006	4	1
1006	7	2
1007	1	3
1007	2	2
1008	3	3
1008	8	3
1009	4	1
1009	7	3
1010	8	10

（a）Order 與 Order_Line 表格

Customer表格

Customer_ID	Customer_Name
1	德和家具
2	雅閣家具
3	瑞成家飾
4	冠品家具
5	吉霖家具
6	嘉美家飾
7	新茂家具
8	富鈺家具
9	宜品家飾
10	大昌家具
11	尚美家飾
12	博愛家具
13	新雅寢具
14	永安家具
15	大發家具

Product表格

Product_ID	Standard_Price
1	5250
2	6000
3	11250
4	19500
5	9750
6	22500
7	4500
8	7500

（b）Customer 表格　　　　（c）Product 表格

圖 2-12　四個關聯表（三宜家具公司）

　　為了促進資料與資訊的共享，三宜家具使用區域網路（LAN）來將不同部門的工作站連結到資料庫伺服器，如圖2-10。接著又引進網際網路技術，建構完成企業內部網路與對外的網站。

雖然資料庫相當適合支援三宜家具公司的日常營運，但主管們很快發現這個資料庫並不適合決策支援應用。舉例來說，下面是一些不容易用它來回答的問題：

1. 本年度家具銷售模式與去年同期的比較為何？

2. 我們的十大顧客是誰？它們的採購模式為何？

3. 對於透過不同銷售通路下單的顧客，為什麼無法方便的取得整合的結果？

為了回答上述這類的問題，公司必須另外建立包含有歷史資訊與摘要資訊的資料庫。這種資料庫通常稱為「資料倉儲」（data warehouse），或是在某些情況下稱為「資料市集」（data mart）。參見第 15 章。

2.6.2 三宜家具公司專案的現階段需求

曾雅雯是三宜家具公司家用辦公用具的產品經理，她需要一套能夠快速詳盡分析產品銷售情況的系統。而周仁宏是公司的系統分析師，資訊系統主管指派他與雅雯合作完成她所需要的行銷支援系統。

由於該公司已經擁有相當完整的資料庫，因此仁宏可能只需從現有資料庫中，擷取出雅雯所需的資料即可。而公司要求將雅雯所需的這種系統建構在獨立的資料庫上，以避免干擾到工作量很大的作業性資料庫。

此外，由於雅雯的需求是要進行資料分析，而不是建立與維護，並且是屬於個人、而非團體的應用，所以仁宏決定要結合雛形法與生命週期法來開發雅雯的系統。因為這個系統是個人使用的，並且可能只需要有限範圍的資料庫，因此仁宏選擇使用 Microsoft Access 來開發這個系統。

2.6.3 讓使用者需求與資訊系統架構相配

仁宏透過訪談雅雯，開始進行這個行銷支援系統的開發專案。他詢問雅雯的業務領域，記錄業務領域目標、業務功能、資料實體類型等資訊。例如詢問她在管理家用辦公產品時碰到什麼問題，進行分析需要追溯到多久前的資料等。

表 2-4 列出仁宏從初步訪談所得到的資料摘要，這個表格列出雅雯提到的各項業務目標，並且指出在三宜家具的資訊系統架構中已經包含哪些部份。

　　雖然圖中有些項目並不在資訊系統架構中，但是雅雯所提到的所有主要資料類型都已經涵蓋在架構中，並且由現有的資訊系統進行管理。因此，仁宏相信雅雯所需要的大部分資料，都已經存在公司的資料庫中了。

表 2-4　產品線行銷支援系統的業務目標（三宜家具公司）

規劃標的	家用辦公產品線的追蹤標的	此標的是否已存在公司的資訊系統架構中？
目標	增加家用辦公產品的年度銷售額（＄）至少 16%	否
	增加家用辦公產品線的年度邊際利潤至少 10%	否
	增加家用辦公產品的相同客戶重複銷售額（＄）至少 5%	否
	超過家用辦公產品在每個產品外裝類別的銷售目標	否
	家用辦公產品對以上目標的表現是否超過所有三宜產品的平均值	否
	縮短填寫辦公產品訂單的時間 5%	否
	縮短接收辦公產品發票的最後付款時間 5%	否
組織單位	行銷部門	是
	辦公家具產品線管理	否
	會計部門	是
	訂單部門	是
組織位置	區域銷售辦公室	是
	企業總部	是
企業功能	付款單據	是
	產品開發	一
	人口統計資料分析	否
	目標市場分析	是
	市場與行銷	一
	訂單處理	是
	銷售彙總	是
	訂單追蹤	是
實體類型	CUSTOMER	是
	PRODUCT	是
	PRODUCT	是
	ORDER	是
	INVOICE	是
	PAYMENT	是

規劃標的	家用辦公產品線的追蹤標的		此標的是否已存在公司的資訊系統架構中？
資訊系統	訂單處理		是
	銷售管理		是

於是仁宏開始進行初步的分析。首先找出資料庫中雅雯所需要的資料實體，再列出可能需要的屬性，並刪除資料實體中不需要的屬性，例如雅雯並不需要各種顧客資料，例如地址、電話等。不過他加入了在表 2-4 中並不明顯的一些屬性，例如顧客類型與郵遞區號，因為這些都是銷售預測系統中的重要屬性。

接著仁宏根據這份清單畫出圖形格式的資料模型，表現出資料實體及其對應的資料屬性，以及這些資料實體間的主要關係，並向雅雯展示這個初步資料模型（圖2-13）與表 2-5 的屬性清單。

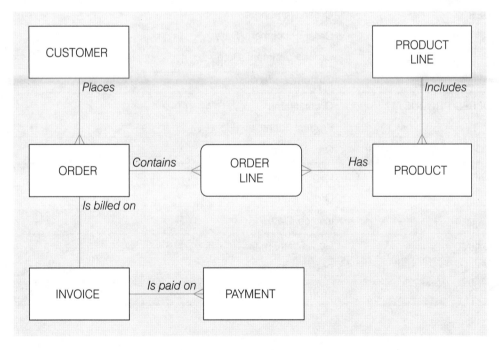

圖 2-13　產品線行銷支援系統的初步資料模型

表 2-5　初步資料模型中各實體的資料屬性

實體類型	屬性
CUSTOMER	Customer_Identifier
	Customer_Name
	Customer_Type
	Customer_ZIPCODE
PRODUCT	Product_Identifier
	Product_Description
	Product_Finish
	Product_Price
	Product_Cost
	Product_Annual_Sales_Goal
	Product_Line_Name
PRODUCT LINE	Product_Line_Name
	Product_Line_Annual_Sales_Goal
ORDER	Order_Number
	Order_Placement_Date
	Order_Fulfillment_Date
	Customer_Identifier
ORDERED PRODUCT	Order_Name
	Product_Identifier
	Order_Quantity
INVOICE	Invoice_Number
	Order_Number
	Invoice_Date
PAYMENT	Invoice_Number
	Payment_Date
	Payment_Amount

2.6.4　分析資料庫的需求

　　仁宏向雅雯逐一介紹圖2-13的每項資料實體，說明它們的意義、所對應之屬性意義（表2-5），以及實體間每個線條所代表的業務法則和程序。

例如仁宏說明每筆訂單是根據一張發票收費，且每張發票只針對一筆訂單。Order_Number 能夠對每筆訂單提供唯一的識別，且每筆訂單是由一位顧客提出。

在訂單方面，仁宏認為雅雯還希望知道的其他資料，可能包括下單日期，以及訂單的處理日期（應該是訂單上產品的最後出貨日期）。仁宏還解釋 Payment_Date 屬性代表客戶對此訂單進行任何付款動作（全額或部份）的最新日期。

在這次討論中，雅雯告知仁宏她所需要的一些額外資料（例如顧客已經連續幾年向三宜家具採購產品，以及每筆訂單所需的出貨次數）。雅雯也注意到目前只有一年的產品線銷售目標。她提醒仁宏她需要過去與當年度的這些資料，因此需要加上一些屬性。表 2-6 是雅雯最後同意她所需要的屬性清單。

表 2-6 最終資料模型中各實體的資料屬性

實體類型	屬性 *
CUSTOMER	Customer_Identifier
	Customer_Name
	Customer_Type
	Customer_ZIPCODE
	Customer_Years
PRODUCT	Product_Identifier
	Product_Description
	Product_Finish
	Product_Price
	Product_Cost
	Product_Prior_Year_Sales_Goal
	Product_Current_Year_Sales_Goal
	Product_Line_Name
PRODUCT LINE	Product_Line_Name
	Product_Line_Prior_Year_Sales_Goal
	Product_Line_Current_Year_Sales_Goal
ORDER	Order_Number
	Order_Placement_Date
	Order_Fulfillment_Date
	Order_Number_of_Shipments
	Customer_Identifier

* 斜體代表有變更的屬性

表 2-6　最終資料模型中各實體的資料屬性

實體類型	屬性 *
ORDERED PRODUCT	Order_Name
	Product_Identifier
	Order_Quantity
INVOICE	Invoice_Number
	Order_Number
	Invoice_Date
PAYMENT	Invoice_Number
	Payment_Date
	Payment_Amount

* 斜體代表有變更的屬性

2.6.5 設計資料庫

接下來仁宏立刻開始建立雛形。首先，仁宏從企業資料庫中擷取出雅雯所建議的資料實體與屬性，有些還必須先對原始的作業資料進行計算（例如 Customer_Years），這部份只要使用 SQL 語言即可達成。

接下來，仁宏將最後討論出來的資料模型，轉換為一組表格。這些表格的欄位是資料屬性，而每一列則是這些屬性值的集合。表格是關聯式資料庫的基本建構元件，而微軟的 Access 也是屬於關聯式資料庫。

圖 2-14 與 2-15 分別是仁宏所建立之 PRODUCT LINE 與 PRODUCT 表格的定義，包括相關的資料屬性。這些表格是利用 SQL 定義而成的，而 SQL 是關聯式資料庫常用的語言。

```
CREATE TABLE PRODUCT_LINE
    (PRODUCT_LINE_NAME        VARCHAR (40)   NOT NULL PRIMARY KEY,
    PL_PRIOR_YEAR_GOAL        DECIMAL,
    PL_CURRENT_YEAR_GOAL      DECIMAL);
```

圖 2-14　PRODUCT LINE 表格的 SQL 定義

　　在進行轉換時，表格內會有一個屬性稱為表格的主鍵（Primary key）。表格中每一列的主鍵值都一定不同。另外，表格的每個屬性只能有單一的值。例如對任何產品線而言，當年度銷售目標只能有一個值。

```
CREATE TABLE PRODUCT
      (PRODUCT_ID                    INTEGER NOT NULL PRIMARY KEY,
      PRODUCT_DESCRIPTION            VARCHAR (20),
      PRODUCT_FINISH                 VARCHAR (50),
      PRODUCT_PRICE                  DECIMAL,
      PRODUCT_COST                   DECIMAL,
      PR_PRIOR_YEAR_GOAL             DECIMAL,
      PR_CURRENT_YEAR_GOAL           DECIMAL,
      PRODUCT_LINE_NAME              VARCHAR (40),
FOREIGN KEY (PRODUCT_LINE_NAME) REFERENCES
   PRODUCT_LINE (PRODUCT_LINE_NAME));
```

圖 2-15　RODUCT 表格的 SQL 定義

　　資料庫的設計包括要指定每個屬性的格式，但在這個案例中工作很簡單，因為大多數的屬性都已經指定在來源資料庫中。而如果屬性是從原始資料計算而來，如 ORDER 表格的 Order_Number_of_Shipments，則仁宏必須定義它的資料格式。

　　在設計資料庫時，還必須決定在實體上如何組織資料庫，查詢速度才會最快。其中最重要的決策是要在哪些屬性上建立索引。通常在所有的主鍵屬性（例如 ORDER 表格的 Order_Number）與表格中具有唯一值的欄位上都會建立索引。

　　此外，仁宏還使用了一個常用的經驗法則：對任何具有10個以上不同值、且可能被雅雯用來切割資料庫的屬性建立索引。

　　例如雅雯表示她會需要根據 Product_Finish 屬性來檢視業績；另外，還希望使用 Order_Placement_Date 來分析不同期間的銷售量。因此，可考慮為這兩個屬性建立索引。

　　圖2-16是仁宏為家用辦公產品線行銷資料庫所開發的資料模型雛形，每個方框代表資料庫中的一個表格；表格的屬性列在對應的方框中。專案資料模型中會包含外來鍵（參見第6章）以表示關係的連結方式。

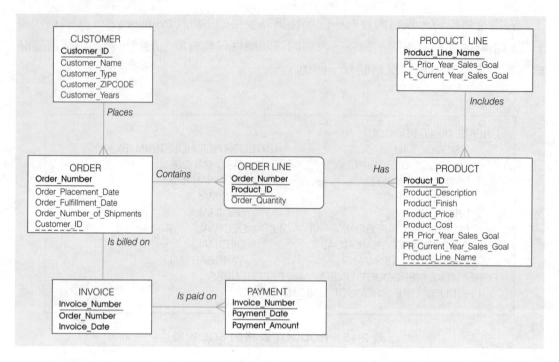

圖 2-16　家用辦公產品線行銷支援系統的專案資料模型

模型中的外來鍵會以虛線的底線來標示。舉例而言，屬性 Product_Line_Name 是 PRODUCT LINE 關聯表的主要識別子，同時也包含在 PRODUCT 表格中。這項連結讓我們能夠進行各產品線目前銷售量與銷售目標的比較。

2.6.6 使用資料庫

雅雯主要是使用仁宏建立的資料庫來進行互動式查詢，所以仁宏會提供教育訓練，讓她學習存取資料庫。

此外雅雯已經先整理出一些會定期查詢的標準問題，所以仁宏會針對這些問題，事先開發程式讓雅雯直接使用，包括表單、報表或查詢敘述。

例如其中一種標準工作是一份家用辦公產品線上各產品的清單，用來顯示每種產品目前的總銷售量與當年度銷售目標的比較。目前仁宏是以查詢的方式展示這項功能。

圖 2-17 是產生這份產品清單所需的查詢，圖 2-18 則是它的查詢結果範例。圖 2-17 是使用 SQL 來進行查詢，你可以看到在該查詢中包含了 6 種標準 SQL 子句中的 3 種，包括 SELECT、 FROM 與 WHERE 。

　　其中的SELECT是用來指定結果中應該顯示哪些屬性，其中還包括一項會被標示為「Sales to Date」的計算。FROM會指定要用來擷取資料的表格，WHERE則是用來定義表格間的連結。

```
SELECT PRODUCT.PRODUCT_ID, PRODUCT.PRODUCT_DESCRIPTION,
       PRODUCT.PR_CURRENT_YEAR_SALES_GOAL,
       (ORDER_QUANTITY*PRODUCT_PRICE) AS Sales to Date
FROM ORDER, ORDER_LINE, PRODUCT, PRODUCT_LINE
WHERE ORDER.ORDER_NUMBER = ORDER_LINE.ORDER_NUMBER
AND PRODUCT.PRODUCT_ID = ORDERED_PRODUCT.PRODUCT_ID
AND PRODUCT.PRODUCT_ID = PRODUCT_LINE.PRODUCT_ID
AND PRODUCT.PRODUCT_LINE_NAME = "Home Office";
```

圖 2-17　家用辦公產品之業績與目標比較表的查詢敘述

Home Office Sales to Date : Select Query			
Product_ID	Product_Description	PR_Current_Year_Sales_ Goal	Sales to Date
3	Computer Desk	$23,500.00	5625
10	96" Bookcase	$22,500.00	4400
5	Writer's Desk	$26,500.00	650
3	Computer Desk	$23,500.00	3750
7	48" Bookcase	$17,000.00	2250
5	Writer's Desk	$26,500.00	3900

圖 2-18　家用辦公產品線的業績比較

　　仁宏向雅雯展示該系統，以瞭解該雛形是否符合她的要求，然後仁宏再根據雅雯的建議修改。經過一段時間的教育訓練，雅雯除了知道如何使用仁宏所撰寫的標準查詢、表單與報表外，也知道如何自行撰寫查詢。她現在已經準備好要使用這個系統了。

2.6.7 管理資料庫

　　家用辦公產品行銷支援系統的管理相當簡單。雅雯認為她可以忍受每週將新資料從三宜公司的作業資料庫，下載到她的 Access 資料庫中。所以仁宏寫了一支內嵌有 SQL 命令的 C 程式，來執行必要的擷取動作。

　　仁宏另外還用 Visual Basic 寫了一支 Access 程式，使用這些擷取的資料來重建 Access 表格。他將這些工作安排在每週六的下午執行。

仁宏也更新公司的資訊系統架構模型，以納入這個行銷支援系統。這個動作非常重要：以後當雅雯系統所需資料的格式發生變動時，公司的 CASE 工具就能夠提醒仁宏，可能必須同時對該系統進行修改。

本章摘要

● 資料庫開發是從企業資料塑模開始，它是用來建立組織資料庫的範圍與一般內容。

● 企業資料塑模是開發組織資訊系統架構（包含資料、程序、網路、人、事件與原因）的一部份。

● 資訊工程是開發這種資訊系統架構的一種常見方法論，採取由上而下的資訊系統規劃方式。

● 資訊系統規劃必須考慮到組織的目標、關鍵成功因素，以及組織的問題領域。

● 在資訊系統規劃中，資料實體必須考慮到與組織的其他規劃標的之相關性，包括組織單位、位置、企業功能和資訊系統。

● 企業功能可以透過功能分解的流程，而呈現出不同程度的細節。

● 資料實體與其他組織規劃標的間之關係可以使用規劃矩陣來呈現。

● 系統開發生命週期可以用 5 個步驟來表示：（1）規劃，（2）分析，（3）設計，（4）實作，（5）維護。在這些重疊的階段中都會發生資料庫開發活動，並且有可能會返回之前的階段反覆進行。

● 在雛形法中，系統開發人員與使用者會密切互動，反覆修正資料庫及其應用系統。當資料庫應用範圍較小且獨立，而且只有少數使用者時，最適合使用雛形法。

● 在系統開發流程中，可以使用 CASE 工具來開發資料模型，並維護資料庫與應用程式的 metadata。儲存庫是用來維護所有的文件記錄。

● 在資料庫開發專案的人員包括：系統分析師、資料庫分析師、使用者、程式人員、資料庫與資料管理者，以及其他技術人員。

● 在資料庫開發專案中工作的人員會用到資料庫的三種綱要，包括 （1）概念性綱要：提供完整與技術無關的資料庫藍圖；（2）實體或內部綱要：指定整個資料庫在電腦輔助記憶體中的儲存方式；（3）外部綱要（使用者視界）：描述與特定一組使用者相關之資料庫子集合。

● 資料庫處理的主從式架構通常與三個層次的電腦有關：（1）客戶層：向使用者呈現資料庫內容，（2）應用程式／網站伺服器層：分析資料庫內容，並管理使用者工作階段，(3) 企業伺服器層：將組織各處的資料合併為組織的資產。

詞彙解釋

■ 資訊系統架構（information systems architecture, ISA）：用來表達資訊系統未來需求架構的概念性藍圖或計畫。

■ 資訊工程（information engineering）：由上而下的正式方法論，使用資料導向方式來建立與維護資訊系統。

■ 由上而下的規劃（top-down planning）：一般性的資訊系統規劃方式，試圖取得對整個組織資訊系統需求的廣泛瞭解。

■ 企業功能（business function）：支援組織中某些職責的一組相關企業流程。

■ 功能分解（functional decomposition）：反覆分解系統說明的流程，使這些系統功能成為進一步由其他支援功能所描述的、更詳細的說明。

■ 系統開發生命週期（system development life cycle, SDLC）：用來開發、維護與汰換資訊系統的傳統方法論。

■ 雛形法（prototyping）：一種反覆式的系統開發方法，透過分析師與使用者間的密切合作，持續進行修改而將需求轉換為可用的系統。

■ 電腦輔助軟體工程（computer-aided software engineering, CASE）：對系統開發流程的某些部份提供自動化支援的軟體工具。

■ 專案（project）：經過規劃的相關活動任務，以達成一個具有開始與結束的目標。

■ 漸進式承諾（incremental commitment）：系統開發專案的一種策略，在每個階段之後檢視專案，並且在每次的檢視時重新確認專案是否要繼續進行。

- 概念性綱要（conceptual schema）：與技術無關的組織資料整體結構的細部規格。

- 邏輯綱要（logical schema）：特定資料管理技術的資料庫表示方式。

- 實體綱要（physical schema）：如何利用資料庫管理系統將概念性綱要的資料，儲存在電腦輔助儲存體中的規格。

- 主從式架構（client/server architecture）：區域網路式的環境，由資料庫軟體在伺服器端（稱為資料庫伺服器或資料庫引擎）執行從客戶端工作站傳送給它的資料庫命令，而每台客戶端上的應用程式則專注在使用者介面功能。

- 企業資料塑模（enterprise data modeling）：資料庫開發中的第一步，用來指定資料庫的範圍與一般性內容。

學習評量

選擇題

_____ 1. CASE 工具不包含哪項功能？

    a. 協助畫出資料模型

    b. 協助產生程式碼

    c. 協助管理人員

    d. 建立資訊儲存庫

_____ 2. 下列何者是資料庫開發的第一個步驟？

    a. 企業塑模

    b. 邏輯資料庫設計

    c. 實體資料庫的設計與定義

    d. 資料庫的實作

_____ 3. 策略性規劃要素不包括下列何者？

   a. 組織目標

   b. 關鍵成功因素

   c. 資訊工程

   d. 問題領域

_____ 4. 使用者視界是包括在哪個綱要中？

   a. 內部綱要

   b. 概念性綱要

   c. 外部綱要

   d. 以上皆非

_____ 5. 三層式資料庫架構中的企業層負責什麼工作？

   a. 管理資料

   b. 管理使用者與系統之間的介面

   c. 處理 HTTP 協定

   d. 執行指令檔

問答題

1. 請列出傳統系統開發生命週期的 5 個階段，並且說明每個階段的目標與產出。

2. 資料庫開發活動會發生在 SDLC 的哪些階段中？

3. 在三綱要架構中：

   a. 管理員或其他使用者的視界稱為 _____綱要。

   b. 資料設計師或資料管理員的視界稱為 _____綱要。

   c. 資料庫管理員的視界稱為 _____綱要。

4. 請解釋圖 2-13 中，連結 ORDER 到 INVOICE 的線條，以及連結 INVOICE 到 PAYMENT 的線條。它們對於三宜與家具與顧客做生意的方法提供了什麼樣的線索？

5. 請回答下列與圖 2-14 及 2-15 相關的問題：

   a. PRODUCT 表格中的 Product_Line_Name 欄位的長度為何？為什麼？

   b. 在圖 2-15 中，為什麼 PRODUCT 表格的 Product_ID 欄位被指定為必要的？為什麼它是個必要屬性？

   c. 在圖 2-15 中，請說明 FOREIGN KEY 定義的功能。

6. 根據圖 2-17 的 SQL 查詢：

   a. Sales to Date 是如何計算的？

   b. 如果雅雯希望看到所有產品線的結果，而不僅僅是家用辦公產品線時，這個查詢應該要如何修改？

03 CHAPTER

業務法則
與 E-R 模型概觀

本章學習重點

- 說明為什麼資料塑模是系統開發流程中最重要的部份

- 說明什麼是業務法則

- 說明如何為實體、關係與屬性建立良好的名稱與定義

- 說明 E-R 圖中包括強勢實體類型、弱勢實體類型、識別子、複合屬性、多值屬性、衍生屬性等術語的定義

簡介

前兩章透過簡化的範例，已經介紹過資料塑模與實體 - 關係模型。本章將根據業務法則的觀念正式說明資料塑模，並且詳細描述實體 - 關係（E-R）資料模型。

業務法則是由組織的政策、程序、事件、功能等衍生而來，用來描述組織的規定。業務法則對於資料塑模非常重要，因為它們會決定資料處理與儲存的方式。

許多系統開發人員相信資料塑模是系統開發流程中最重要的部份，原因有 3 個：

1. 在資料塑模期間所捕捉到的資料特性，對於資料庫、程式與其他系統元件的設計非常重要。在資料塑模流程中所捕捉到的事實與法則，則是確保資訊系統中資料完整性所必需的。

2. 在許多現代資訊系統中，最複雜的部份是資料、而非流程，因此資料是建立系統需求結構的核心角色。通常資訊系統的目標是要提供豐富的資料資源，能夠支援所有類型的資訊查詢、分析與彙總。

3. 一般而言，資料往往比使用資料的企業流程更穩定。因此，以資料導向為基礎的資訊系統設計，應該比以流程導向為基礎的設計，具有更長的有效生命週期。

實體 - 關係模型（E-R 模型）是由來自台灣的華裔學者陳品山教授在 1976 年的一篇重要國際期刊中所提出，當時文章中描述了 E-R 模型的主要建構元件：實體與關係，以及這兩個元件所對應的屬性。這個模型後來又經過發明者與其他人的延伸，加入其他組件而持續演進，但可惜 E-R 模型一直沒有標準的標示法。

本章首先會定義業務法則，首先定義 E-R 模型的實體與屬性。包括 E-R 塑模中常見的 3 類實體：強勢實體、弱勢實體與聯合實體；還有幾種重要的屬性類型，包括單值與多值屬性、衍生屬性與複合屬性。

3.1 建立組織業務法則的模型

一般常見的業務法則包括以下幾種：

1. 資料名稱與定義。就概念性資料塑模而言，必須為實體類型、屬性與關係提供名稱與定義。

2. 說明資料物件的限制，而這些限制可以保存在 E-R 圖和文件中。

3. 還有些業務法則是用來規範人員、地點、事件、流程等，而這些規範都會變成資料需求。

在本章及下兩章，將會說明如何使用資料模型，特別是以 E-R 符號來記錄組織的規定與政策。事實上，將支配資料之組織法則與政策文件化，正是資料塑模的目的。

業務法則會支配資訊系統中的資料新增、修改與刪除，因此必須把和它們相關的資料一同描述。例如「大學中的每個學生都必須有導師」這個政策，就會強制（資料庫中）每個學生的資料，對應到某個導師。

不過業務法則並不是放諸四海皆準的，例如不同大學可能有不同的導師政策；而且也可能隨時間改變，例如某大學可能後來決定，直到學生選擇主修科目後才指定導師給他。

因此在開發資料庫時，資料庫分析師的任務是：

● 找出並瞭解那些支配資料的法則。

● 以資訊系統開發人員與使用者都能清楚瞭解的方式呈現這些法則。

● 使用資料庫技術實作這些法則。

資料塑模是這個過程中的重要工具，資料塑模的目的就是要記錄與資料有關的業務法則。注意資料模型無法呈現所有的業務法則，必須加上對應的文件及其他類型的資訊系統模型，才足以呈現資訊系統必須強制執行的所有業務法則。

3.1.1 業務法則簡介

業務法則（business rule）是定義或限制某些業務特性的敘述，其目的是要確立業務結構，或是控制或影響業務的行為。這些法則能防止、造成或建議要發生的事情。例如下列這兩則敘述是影響資料的處理與儲存的業務法則：

● 「只有當學生已成功完成某個課程的先修規定時，才能註冊該課程。」

● 「貴賓級的顧客除非逾期沒有付款，否則享有 9 折的優惠。」

業務法則的擷取與文件化是個重要而複雜的任務；如果能夠將業務法則完整的擷取並加以結構化，然後透過資料庫技術來實行，將有助於確保資訊系統的運作正確，而使用者也能瞭解他們所輸入與看到的資訊。

在資訊系統中使用業務法則的觀念已經有一段時間了，但是在提到這些法則時，比較常使用「完整性限制」（integrity constraint）這個相關術語。不過這個術語的意義比較狹隘，通常是指在資料庫中維護有效的資料值與關係。

3.1.2 業務法則的範疇

本書所專注的是會影響到資料庫的業務法則，而組織中有許多法則與資料庫是無關的。例如「每週五可以穿著比較休閒的服裝上班」可能是個重要的政策宣示，但是對資料庫沒有立即的影響。

而「學生只有在符合課程的先修要求時，才能夠選擇這門課」法則，就與資料庫有關，因為它限制了資料庫所能處理的異動。更具體的說，假如選課的學生不符合先修條件，資料庫會拒絕該筆異動。

有些業務法則無法以一般的資料塑模符號來呈現。這些無法在 E-R 圖中呈現的法則，將會以自然語言的方式敘述，有些則可以在關聯式資料模型中呈現。

良好的業務法則

業務法則無論是以自然語言、資料模型或是其他資訊系統文件來表示，如果要符合上述的前提，都具有特定的特徵，包括精確性、一致性等。而資料庫分析師的任務，則是協助將模稜兩可的法則轉換成符合特徵的業務法則。

蒐集業務法則

在企業中，很多業務法則並不會白紙黑字的寫下來，而是人員的經驗談或不成文的規定。因此業務法則的蒐集，除了從會議、文件（如員工手冊、合約、行銷文宣等）等來源著手之外，還必須訪談人員關於何時、何地、誰、為什麼、如何做等問題。

由於人員一開始的陳述可能相當模糊或不精確，所以分析師必須要反覆詢問，整理出精確的法則。例如「只有一個或是有很多呢？」「有沒有例外？會發生在什麼時候？」這類問題。這些都對釐清業務法則有幫助。

3.1.3 資料名稱與定義

瞭解與建立資料模型最基本的工作，就是命名與定義資料物件。資料物件必須先經過命名與定義，才能夠明確的使用在組織資料的模型中。在使用 E-R 符號前，必須先賦予實體、關係與屬性明確而獨特的名稱與定義。

資料名稱

在稍後正式說明 E-R 資料模型時，將會更詳細討論實體、關係與屬性的命名。但此處先提供一些關於任何資料物件命名的一般性原則。資料名稱應該：

● 與業務而非技術（軟、硬體）特徵相關：因此，Customer 是個好名稱，但是 File10、Bit7 與 PayrollReportSortKey 則不是好名稱。

● 要有意義：盡量是一看就懂它的意義，而不必再另外說明。但應避免使用一般性的字眼，例如 has、is、person 或 it。

● 具有唯一性：加入能區分兩個相似資料物件的字眼，例如 HomeAddress 與 CampusAddress。

● 可讀性：名稱的結構應該儘量符合自然語言的結構觀念。例如 GradePointAverage 是個好名稱，AverageGradeRelativeToA 雖然可能很精確，卻是個很笨拙的名稱。

● 從核可的清單中選取用字：公司可能會整理出一份可用在資料名稱中的參考字彙（例如使用 maximum，而不要用 upper limit、ceiling 或 highest）。另外，完整的資料庫文件中可能還會包含別名（alias）與統一的縮寫（例如以

CUST 代表 Customer），並且鼓勵使用縮寫，讓資料名稱不會超出資料庫的長度限制。

● 可重複性：亦即不同的人或是相同的人在不同時間點，直覺會想到的名稱。這通常表示存在有標準的名稱階層或模式。例如學生的出生年月日是 StudentBirthDate，則員工的出生年月日應該是 EmployeeBirthDate。

資料定義

定義（有時又稱為結構化主張，structural assertion）被視為是一種業務法則。定義是術語或事實的一種解釋；而術語（term）是對業務有特定意義的字眼或片語，例如課程、節次、出租汽車、班機、訂位與乘客等。術語通常是用來構成資料名稱的關鍵字，必須小心且精確的定義。然而，一般常見的術語如 day、month、person 或 television 等，因為大多數人都能正確瞭解，所以並不需要特別定義。

事實（fact）是兩個或多個術語間的聯合。事實是以敘述術語的簡單陳述敘述來說明的。例如下列的事實範例（加上底線的名詞是它所定義的術語）：

● 「顧客可能會在特定日期向某個租車分店要求特定型號的車。」這個事實是「租車型號請求」的定義，其中結合 4 個畫有底線的術語，有 3 項是在業務上具有特定意義的術語，需要再個別定義（日期則是常用的術語）。

3.2 E-R 模型：概觀

實體-關係模型（entity-relationship model, E-R 模型）是組織或業務領域資料的邏輯表示法；它是以企業環境中的實體、實體間的關係，以及實體與關係的屬性來表示。E-R 模型通常是以實體-關係圖（entity-relationship diagram, E-R 圖或 ERD）來表示。

3.2.1 E-R 圖範例

圖 3-1 是三宜家具經過簡化後的 E-R 圖（該圖中並沒有包含屬性，這通常稱為企業資料模型），這家公司會向數家不同的供應商採購各種零件。這些零件組合後成為產品販售給顧客，而每張顧客訂單中可能包含一或多筆產品明細。

　　圖 3-1 的圖中顯示該公司的實體與關係（為了簡化因此暫時不顯示屬性）。其中實體是用方框符號表示，而實體間的關係則用線條聯結到相關實體來表示。圖 3-1 的實體包括：

● CUSTOMER：曾經訂購或可能訂購產品的個人或組織，例如「雅登家具」。

● PRODUCT：由三宜公司製造、可供顧客訂購的某種家具。例如 6 呎寬、5 層式的橡木書櫃稱為 O600 產品。請注意一項產品並不是指特定的一個書櫃，而是所有同類型的書櫃。

● ORDER：對應到銷售一或多項產品給某位顧客的交易，使用交易編號作為銷售或會計上的識別代碼。例如雅登家具於 2006 年 9 月 10 日購買 1 個 O600 產品，以及 4 個 O623 產品的事件。

● ITEM：用來製造一或多樣產品的零件種類，可能由一或多家供應商提供。例如稱為 I-27-4375 的 4 英吋鋼珠軸承小腳輪。

● SUPPLIER：可能提供零件給三宜公司的其他企業，例如大眾鋼鐵公司。

● SHIPMENT：這是記錄三宜公司的某供應商送來的同一包裹中所收到的零件，同一次出貨中的所有零件會出現在一張貨單上。例如 2006 年 9 月 9 日從大眾鋼鐵公司收到 300 個 I-27-4375 與 200 個 I-27-4380。

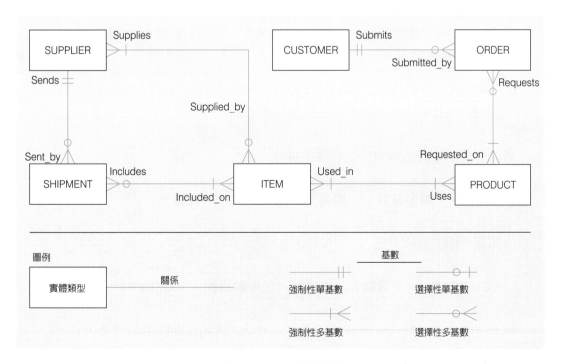

圖 3-1　E-R 圖範例

　　請注意每個實體就像 metadata 一樣，必須要有明確的定義。例如，CUSTOMER 實體類型是否包括從未向三宜公司採購過產品的顧客？知道它的定義是非常重要的。

　　另外，在不同的部門中，相同的術語可能有不同的意義。例如會計部可能會認為只有曾經進行採購的個人或組織才是顧客，而行銷部門則會將任何曾經與公司或其競爭者進行接觸或採購的人都算是顧客。

　　在 E-R 圖中，線條尾端的符號代表關係的基數（cardinality）。在圖 3-1 中可以看到這些基數符號表示出以下的業務法則：

1. SUPPLIER 可能提供許多 ITEM（「可能提供」表示該供應商也可能沒有提供任何零件品項）。每個 ITEM 是由任意數目的 SUPPLIER 所提供（表示至少必須有一家供應商提供）。

2. 每個 ITEM 必須用來組裝至少一種 PRODUCT，並且可能使用在多種產品中。反之，每種 PRODUCT 必須使用一或多個 ITEM。

3. SUPPLIER 可能送出許多 SHIPMENT，而每個 SHIPMENT 只能由一位 SUPPLIER 送出。一位 SUPPLIER 可能能夠提供某種品項，但可能尚未送出該種品項的任何 SHIPMENT。

4. SHIPMENT 必須包含一或多個 ITEM，一個 ITEM 可能包含在數個 SHIPMENT 中。

5. CUSTOMER 可能送出任何數目的 ORDER。然而，每筆 ORDER 只能由一位 CUSTOMER 送出。

6. ORDER 必須要求一或多個 PRODUCT。特定的 PRODUCT 可能沒有出現在任何 ORDER 中，也可能出現在一或多個 ORDER 中。

請注意這些業務法則大致上都遵循特定文法：

　　<實體> <最小基數> <關係> <最大基數> <實體>

例如第 5 條法則是：

　　<CUSTOMER> <可能> <送出> <任何數目的> <ORDER>

以上這個文法句型代表將每種關係放入英語式業務法則陳述的標準方式。

3.2.2 E-R 模型符號

圖3-2是E-R圖中的常見符號。如前一節所述,目前並沒有業界標準的表示法(事實上,在第 1 與第 2 章所顯示的是比較簡單的符號)。圖 3-2 整理出目前描繪 E-R 圖工具中各種常用符號最重要的特色。

不過較簡單的 E-R 符號有許多情況無法應付。大部分的描繪工具,無論是單機上的軟體如 Microsoft Visio,或是像 Oracle Designer 、 All Fusion ERWin 或 Power De-signer 等 CASE 工具中的描繪工具,都無法表示出所有的實體與屬性類型。本章有幾個範例是使用 Visio 符號供讀者參考。

3.3 E-R 模型中的實體

E-R 模型的基本元件為實體、關係與屬性。如圖 3-2 所示,這個模型的每種元件都有數種不同的變化。 E-R 模型的豐富性,讓設計者能精確而且深入的建立符合現實世界情境的模型,這正是這種模型普及的重要原因。

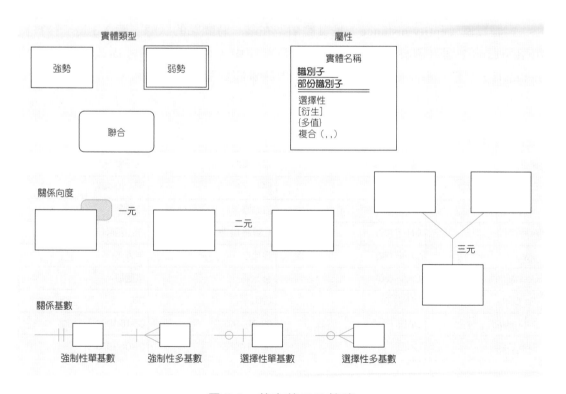

圖 3-2　基本的 E-R 符號

實體（entity）是在使用者環境中，組織希望能維護其資料的人員、地點、物件、事件或觀念。下面是這些實體類型的一些範例：

人員：EMPLOYEE、STUDENT、PATIENT
地點：STORE、WAREHOUSE、CITY
物件：MACHINE、BUILDING、AUTOMOBILE
事件：SALE、REGISTRATION、RENEWAL
觀念：ACCOUNT、COURSE、WORK CENTER

3.3.1 實體類型 vs. 實體實例

在實體類型與實體實例間有一項重要的差異；實體類型（entity type）是一群共享相同特性或特徵的實體，E-R 模型會賦予每種實體類型一個名稱。因為這個名稱代表一群（或一組）項目，所以一定是以單數表示。

本書是使用大寫字母來表示實體類型的名稱。在 E-R 圖中，實體名稱會放在代表該實體類型的方框中（參見圖 3-1）。

實體實例（entity instance）是實體類型在某一時間點的狀態，圖 3-3 是一種實體類型與它的 2 個實體實例間的差異。在資料庫中，實體類型只會描述一次（使用 metadata），但資料庫中的資料可能會呈現該實體類型的許多實例。

實體類型：EMPLOYEE			
屬性	屬性資料型態	實體實例1	實體實例2
Employee_Number	CHAR (10)	642-17-8360	534-10-1971
Name	CHAR (25)	許皓婷	江信全
Address	CHAR (30)	仁愛路101號	中山路450號
City	CHAR (20)	板橋市	中壢市
County	CHAR (20)	台北縣	桃園縣
Zip_Code	CHAR (3)	220	320
Date_Hired	DATE	03-21-1992	08-16-1994
Birth_Date	DATE	06-19-1968	09-04-1975

圖 3-3　具有 2 個實例的實體類型（EMPLOYEE）

例如在資料庫中只有一個 EMPLOYEE 實體類型，但是可能有數百筆（或甚至數千筆）這種類型的實例。當上下文的意思很清楚的時候，我們通常會使用「實體」來替代「實體實例」。

3.3.2 實體類型 vs. 系統的輸入、輸出或使用者

在剛開始學習設計 E-R 圖的時候，常見的錯誤是將資料實體與整個資訊系統模型中的其他元素混在一起。要避免這種混淆的一項簡單法則是：真的資料實體會有許多可能的實例，每個實例都有獨特的特徵，以及其他的描述資料。

以圖 3-4(a) 為例，它是表示大學女聯會的開支系統所需之資料庫。其中的 Treasurer（出納）負責管理會計帳目、收取開支報告，以及記錄每個科目的支出金額。

然而，我們需要去追蹤關於 Treasurer（TREASURER 實體類型）她對帳目的監管（Manages 關係），以及開支報告的收取（Receives 關係）嗎？由於 Treasurer 是輸入帳目與支出金額，以及接收開支報告的人；也就是說，她是資料庫的使用者。因為只有一個 Treasurer，所以不必保存 TREASURER 資料。

此外，我們需要 EXPENSE REPORT 實體嗎？答案是否定的。因為開支報告是從每筆開銷費用與帳目結算而來，所以它是從資料庫擷取資料的結果。

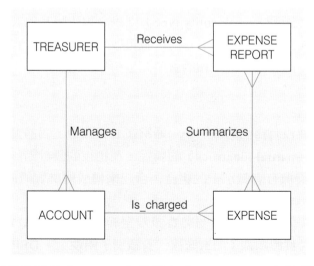

（a）系統使用者（Treasurer）與輸出（Expense report）被當作實體

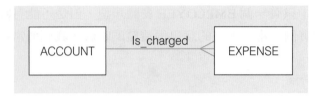

（b）只包含必要實體的 E-R 圖

圖 3-4　不適當實體的範例

　　要了解圖 3-4(a) 為什麼有錯誤的另一項關鍵，可注意 Receives 與 Summarizes 等關係名稱的本質。這些關係名稱代表的是傳輸或轉換資料的業務活動，而不單純是將一種資料與另一種資料的對應結合。所以圖 3-4(b) 的簡單 E-R 圖已足夠顯示出開銷系統的實體與關係。

3.3.3　強勢 vs. 弱勢實體類型

　　自組織中發掘出來的大多數基本實體類型，都是屬於強勢實體類型。所謂**強勢實體類型**（strong entity type）是指獨立於其他實體類型而存在的實體，例如 STUDENT、 EMPLOYEE、 AUTOMOBILE 與 COURSE 等。

　　強勢實體類型會有一項具唯一性的特徵（稱為識別子， identifier）；也就是透過某個屬性或某些屬性的組合，能夠唯一識別出該實體的每個實例。

　　反之，**弱勢實體類型**（weak entity type）則是必須依賴其他某些實體類型而存在的實體類型。在 E-R 圖中如果缺少了弱勢實體類型所依賴的那些實體，則該弱勢實體類型也就沒有業務上的意義；被依賴的實體類型稱為**識別擁有者**（identifying owner，或簡稱擁有者）。

　　弱勢實體類型並沒有自己的識別子，通常在 E-R 圖中，弱勢實體類型具有一個用來當作**部份識別子**（partial identifier）的屬性。在稍後的設計階段中（第 6 章），將會透過部份識別子與擁有者識別子的組合，合起來構成弱勢實體的完整識別子。

　　圖 3-5(a) 是具有識別關係的弱勢實體類型範例。 EMPLOYEE 是具有識別子 Employee_ID 的強勢實體類型（加上底線代表識別子屬性）。 DEPENDENT 是弱勢實體類型，用雙線方框來表示。

　　介於弱勢實體類型與其擁有者間的關係稱為識別關係（identifying relationship）。在圖 3-5(a) 中，「Carries」是識別關係（以雙線表示），而 Dependent_Name 屬性則是個部份識別子（Dependent_Name 是個複合屬性，可以分割為各個成份，下面將會說明）；我們使用雙重底線來表示部份識別子。

　　在稍後的設計階段中，Dependent_Name 會與 Employee_ID（擁有者的識別子）結合，形成 DEPENDENT 的完整識別子。

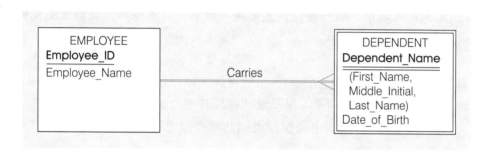

圖 3-5　弱勢類型與其識別關係的範例

3.3.4 實體類型的命名與定義

　　除了資料物件的一般性命名與定義原則外，下面列出一些針對實體類型命名的特殊原則：

● 實體類型名稱是個單數名詞：例如 CUSTOMER 、 STUDENT 或 AUTOMOBILE 等。實體是人員、地點、物件、事件或觀念，而該實體類型的名稱是用來代表一組實體實例的集合（亦即 STUDENT 代表學生張正新、李亞芳等）。

● 實體類型名稱應該以組織的特定用語為主：因此，某個組織可能使用實體類型名稱 CUSTOMER ，而另一個組織則可能使用 CLIENT 。名稱應該具有描述力，並且能夠跟其他所有的實體類型名稱區分。例如給供應商的 PURCHASE ORDER 就要能與顧客所下的 CUSTOMER ORDER 分開，而不能將這兩者都稱為 ORDER 。

● 實體類型名稱應該要很簡單明瞭，儘可能使用最少的字：例如在大學資料庫中，以 REGISTRATION 實體類型來代表學生註冊某個課程的事件可能已經足夠，如果是用 SUTDENT REGISTRATION FOR CLASS ，雖然非常精確，但可能太過冗長，因為讀者已經可以從 REGISTRATION 與其他實體類型的使用中了解它的意義。

● 每個實體類型名稱應該要指定一個縮寫或短名：而且這項縮寫必須提供 E-R 圖使用，縮寫也必須遵循完整實體名稱的所有規則。

● 事件實體類型必須是事件結果的名稱，而不是事件活動或流程的名稱：例如專案經理指定一位員工參與專案的事件會導致一個 ASSIGNMENT，而學生連絡他的導師的事件則是一個 CONTACT。

● 相同實體類型在所有 E-R 圖上所使用的名稱應該相同：因此，實體類型的名稱除了要符合組織的命名習慣外，還應該是組織在參考到同一類資料時，所使用的標準名稱。有些實體類型如果有別名，必須記錄在資料庫的文件或 CASE 工具的儲存庫中。

實體類型的定義也有特殊的原則，包括應該陳述它包含哪些實體實例，以及沒有包含哪些實例。還有它的識別子，以及實例在何時建立與刪除的說明。有時對某些實體類型而言，定義中還必須指定要保存實例的哪些歷史資料。

3.4 E-R 模型中的屬性

每個實體類型都有對應的一組屬性；所謂屬性（attribute）是指組織感興趣的實體類型之特性或特徵（稍後將會看到某些類型的關係也可能有屬性）。因此，屬性的命名都是用名詞。下面是一些典型的實體類型與其對應的屬性：

STUDENT　　Student_ID, Student_Name, Home_address, Phone_Number, Major
AUTOMOBILE　　Vehicle_ID, Color, Weight, Horsepower
EMPLOYEE　　Employee_ID, Employee_Name, Payroll_Address, Skill

在命名屬性時，我們是以大寫字母開頭，後面跟著小寫字母。如果屬性名稱中包含兩個字，則使用底線連結，並且每個字都以大寫字母開始，例如 Employee_Name。

我們在 E-R 圖中呈現屬性的方式，是將它的名字放在它所描述的實體中；屬性也可以對應到關係（參見第 4 章）。請注意一個屬性只能對應到一個實體或關係。

請注意在圖 3-5 中，DEPENDENT 的所有屬性都只是該位眷屬的特徵。所有實體類型（而不僅僅是弱勢實體）都不會包含與它相關聯實體的屬性（稱為外來屬性，foreign attribute）。例如 DEPENDENT 中並不會包含該位眷屬所對應之員工的任何屬性，以避免重複。

　　E-R 資料模型這種避免重複的特性，與資料庫的共享資料特性是一致的。因為有「關係」的存在（參見第 4 章），所以在資料庫中存取資料時，可以從相關聯實體中取得對應的屬性（例如在畫面中顯示 Dependent_Name，與其對應的 Employee_Name）。

3.4.1 必要性 vs. 選擇性屬性

　　每個實體（亦即實體類型的實例）可能都有值對應到該實體類型的每個屬性。在每個實體實例中都一定要有值的屬性稱為必要性屬性（required attribute）；但有時候可能沒有值的屬性則稱為選擇性屬性（optional attribute）。

　　例如圖 3-6 是 2 個 STUDENT 實體（實例），與它們各自的屬性值。STUDENT 的唯一一個選擇性屬性是 Major（有些學生尚未選擇要主修什麼，例如本例中的黃英茂）。

　　接下來根據業務法則，每位學生的其他所有屬性都必須有值。在有些 E-R 圖的符號中，會在每個屬性前面加上一個符號來表示它是必要性的（例如星號＊）或它是選擇性的（o）；另外有些標示法則是使用粗體來表示必要性屬性，以正常字體表示選擇性屬性（如本書所用格式）。有時則是標注在補充的文件中。

　　基本上，資料庫是所有實體之所有屬性值的總集合，沒有值的屬性稱為 null。因此，每個實體都有一個識別用屬性（identifying attribute，稍後將討論），加上一或多個其他的屬性。

實體類型：STUDENT				
屬性	屬性資料型態	必要性或選擇性的	實體實例1	實體實例2
Student_ID	CHAR (10)	必要性的	876-24-8217	822-24-4458
Student_Name	CHAR (40)	必要性的	李正杰	黃英茂
Home_Address	CHAR (30)	必要性的	興雅路314號	光復路140號
Home_City	CHAR (20)	必要性的	板橋市	埔里鎮
Home_County	CHAR (20)	必要性的	台北縣	南投縣
Home_Zip_Code	CHAR (3)	必要性的	220	545
Major	CHAR (3)	選擇性的	MIS	

圖 3-6　具有必要性屬性與選擇性屬性的 STUDENT 實體類型

3.4.2 簡單屬性 vs. 複合屬性

有些屬性可以分解為有意義的幾個成份，最常見的例子是姓名，如圖 3-5 所示。另一個例子是地址，通常能再分割為縣市、街道、門牌號碼以及郵遞區號等成份。

複合屬性（composite attribute）是指擁有數個有意義成份的屬性（例如地址）。圖 3-7 是用來表示本例之複合屬性的符號。大多數的繪圖工具都沒有代表複合屬性的符號，所以能做的只是把所有的成份列出。

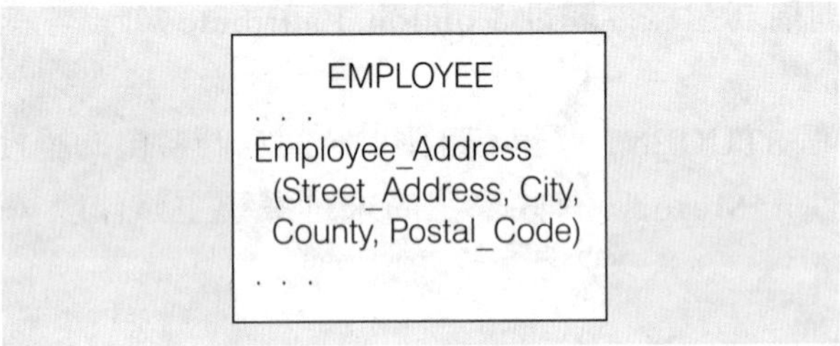

```
┌─────────────────────────┐
│      EMPLOYEE           │
│      . . .             │
│   Employee_Address      │
│   (Street_Address, City,│
│    County, Postal_Code) │
│      . . .             │
└─────────────────────────┘
```

圖 3-7　複合屬性

複合屬性提供使用者很大的彈性，它可將複合屬性視為是一個單位，或是單獨參考該屬性的個別成份。例如使用者可以直接參考 Address，也可以參考它的一個成份，如 Street_Address。

是否要將屬性再切割為它的成份，則取決於使用者是否需要參考到這些個別成份。當然，設計者一定要預先評估資料庫未來的使用模式。

簡單屬性（simple attribute）又稱為單元值屬性（atomic attribute），是無法再分解為對組織有意義之更小成份的屬性。例如關聯到 AUTOMOBILE 的所有屬性都是簡單屬性，包括 Vehicle_ID、 Color、 Weight 與 Horsepower。

3.4.3 單值屬性 vs. 多值屬性

圖 3-6 是 2 個實體與其各自的屬性值。對每個實體實例而言，圖中的每項屬性都只有一個值，這類屬性稱作單值屬性（single-valued attribute）。

有時實例的某個屬性可能會有多個值。例如圖 3-8 中的 EMPLOYEE 實體類型所具有的 Skill 屬性值，是用來記錄員工的技能。當然，有些員工可能擁有不只一項的技能（例如 PHP 程式人員與 C++ 程式人員）。

多值屬性（multi-valued attribute）是指對特定實體（或關係）實例而言，可能會有超過一個值的屬性。本書採用名稱加上大括號來表示多值屬性，例如圖 3-8 中 EM-PLOYEE 範例中的 Skill 屬性。

多值與複合是兩個不同的觀念，但資料塑模的初學者通常會把兩者搞混。在每位員工中，多值屬性 Skill 可能會出現不只一次；而 Employee_Name 與 Payroll_address 則是都只出現一次的複合屬性，但都具有更基本的成份屬性。

3.4.4　內儲屬性 vs. 衍生屬性

某些使用者有興趣的屬性值，可以從已經儲存在資料庫中的其他相關屬性值計算或衍生而來。例如，假設某個組織的 EMPLOYEE 實體類型中具有 Date_Employed 屬性，如果使用者需要知道某位員工的年資，則可以使用 Date_Employed 與當天的日期來計算。

衍生屬性（derived attribute）是指可以從相關屬性值（可能還要加上不在資料庫中的資料，例如當天的日期、目前的時間或是使用者的代碼等）來計算其值的屬性。如果屬性的值原本就儲存在資料庫中，則稱為內儲屬性（stored attribute）。

我們在 E-R 圖中使用中括號加上屬性名稱來表示衍生屬性，如圖 3-8 中的 Years_Employed 屬性。有些 E-R 繪圖工具會在屬性名稱前使用斜線（「/」）來表示衍生屬性（這種表示法是從 UML 的虛擬屬性借用過來的）。

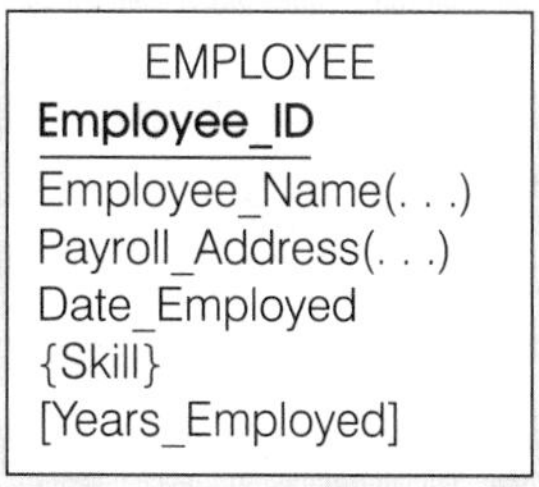

```
EMPLOYEE
Employee_ID
Employee_Name(. . .)
Payroll_Address(. . .)
Date_Employed
{Skill}
[Years_Employed]
```

圖 3-8　具有多值屬性（Skill）與衍生屬性（Years_Employed）的實體

在某些情況下，屬性的值可能是從其他相關實體的屬性中衍生而來。例如三宜家具為某位顧客所產生的發票（參見圖 1-7），其中 Order_Total 是 INVOICE 實體的一個屬性，用來表示應該向顧客收取的總金額。將發票中不同品項的 Extended_Price 值加總，就可以算出 Order_Total 的值；像這種計算值的公式，也是一種業務法則。

3.4.5 識別子屬性

　　識別子（identifier）是指能唯一識別出某實體類型中各個實例的屬性（或屬性組合）。換句話說，對於實體類型的任何兩個實例，其識別子屬性的值不可能相同。稍早所介紹的 STUDENT 實體類型之識別子是 Student_ID，而 AUTOMOBILE 的識別子是 Vehicle_ID。

　　請注意，像 Student_Name 之類的屬性並不是適當的識別子屬性，因為許多學生可能會有相同的名字，而有些學生也可能會更改他們的名字。一個屬性如果要成為識別子，必須在對應的每個實體實例中的值都不同。

　　我們在 E-R 圖中使用底線來標示識別子名稱，如圖 3-9(a) 顯示的 STUDENT 實體類型範例。只有必要性屬性才能當作識別子（用來識別的值必須一定存在），所以識別子一定是使用粗體表示。

　　某些實體類型可能沒有單值屬性能夠當作識別子（亦即能確保唯一性），不過只要使用兩個（或以上）屬性的組合，則可以當作識別子。**複合識別子**（composite identifier）是指由複合屬性所組成的識別子。

　　圖 3-9(b) 中 FLIGHT 實體就具有複合識別子 Flight_ID，而 Flight_ID 則是由 Flight_Number 與 Date 成份屬性所構成。這個組合能夠唯一的識別個別的 FLIGHT 實例。

　　我們根據慣例，在複合屬性（Flight_ID）下面加上底線，表示它是個識別子，而成份屬性則沒有加底線。

　　但是在此例中，假如同一天內可能會有兩個相同編號的班次（如 BR225），則必須加入另一個屬性（例如起飛時間）形成複合屬性，才能保持唯一。

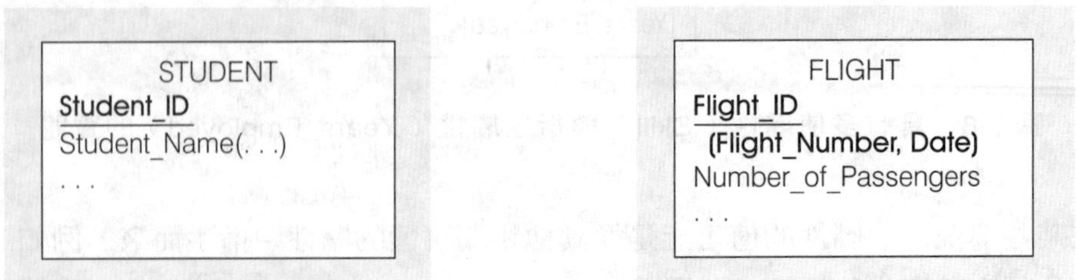

```
          STUDENT                              FLIGHT
    Student_ID                         Flight_ID
    Student_Name(. . .)                 (Flight_Number, Date)
    . . .                              Number_of_Passengers
                                       . . .
```

（a）簡單識別子屬性　　　　　　　　　　（b）複合識別子屬性

圖 3-9　簡單與複合識別子屬性

　　有些實體可選擇的識別子可能不只一個，此時設計者必須從中選擇一個來當作識別子。有學者提出下列選擇識別子的建議：

1.　選擇在每個實例的生命週期中值都不會改變的識別子。例如 Employee_Name 與 Payroll_Address 的組合，即使是唯一也不適合當 EMPLOYEE 識別子，因為在員工的雇用期間，Employee_Name 與 Payroll_Address 都可能會改變。

2.　選擇對實體的每個實例而言，一定會具有有效值，而且不會有空值（或未知值）的屬性。如果識別子是複合屬性（例如圖 3-9(b) 的 Flight_ID），則要確定識別子的所有成份都具備有效值。

3.　盡量使用簡單屬性的識別子，來代替大型的複合識別子。例如在 GAME 實體類型中，可以使用 Game_Number 屬性來代替 Home_Team 與 Visiting_Team 的組合。

3.4.6　屬性的命名與定義

除了資料物件的一般性命名原則外，下面是屬性命名的一些特殊原則：

● 屬性名稱是個名詞（例如 Customer_ID、 Age、 Product_Minimum_Price 或 Major）。

● 屬性名稱應該是唯一的。同一個實體類型中不能有兩個屬性使用相同的名稱，為了清楚起見，最好是所有實體類型都沒有相同名稱的屬性。

● 為了讓屬性名稱是唯一而清楚的，每個屬性名稱應該遵循標準的命名格式。每個組織都應該建立命名標準。例如統一使用 Student_GPA ，而不是 GPA_of_Student 。

下面是定義屬性的一些特殊原則：

● 屬性的定義應該要陳述該屬性是什麼，可能還有它為什麼很重要的原因。

● 屬性的定義應該要清楚表示屬性的值包含哪些、不包含哪些。例如「Employee_Monthly_Salary_Amount 是每個月在扣除福利金、分紅、勞保費或健保費之後，以當地幣值所付給員工的總金額。」

● 在定義中也可以指定別名，或是記錄在文件或 CASE 工具儲存庫中。

● 定義中可能還要敘述屬性值的來源，這可以讓資料的意義更清楚。例如某個屬性是參考中央標準局所提供的一組標準值。

● 屬性的定義應該指明屬性的值是必要性的（required）或選擇性的（optional）。這項業務法則對於維護資料的完整性非常重要。根據定義，實體類型的識別子屬性必須是必要性的。如果某個屬性的值是必要的，則在新增該實體類型的實例時，就必須提供該屬性的值；「必要性」意味著實例的這個屬性，不只是在建立當時，而是在任何時候都一定要有值。「選擇性」意味著在儲存實體實例的時候，屬性的值並不一定要存在。

● 屬性的定義應該指明，這個屬性的值是否可能改變。這項業務法則也會影響資料的完整性。

● 對多值屬性而言，屬性的定義中應該指示實體實例之屬性值所能出現的最大數目與最小數目。例如「Employee_Skill_Name 是員工擁有的技能名稱。每位員工必須擁有至少 1 項技能，並且最多可選擇列出 10 項技能。」

● 屬性的定義還要指明該屬性與其他屬性間的關係。例如「Employee_Vacation_Days_Number 是員工的有薪休假天數。如果員工的 Employee_Type 值為 Exempt，則 Employee_Vacation_Days_Number 的最大值必須根據服務年資相關的公式來計算。」

本章摘要

● 業務法則是用來說明會影響組織的限制，以及資料的處理與儲存方式。

● 業務法則是企業的核心運作，而以使用者熟悉的方式來表達，具有高度的可維護性，並且能夠透過自動化的方式（許多是透過資料庫）來強制實施。

● 最基本的業務法則是資料名稱與定義。

● 在概念式資料塑模時，實體類型、屬性與關係都必須賦予名稱與定義。其他的業務法則則可能會陳述這些資料物件的限制，這些限制可以記錄在資料模型及文件中。

● 今日最常使用的資料塑模標記方式為實體 - 關係資料模型（E-R 模型），通常以 E-R 圖的形式表達。E-R 模型是在 1976 年由陳品山教授提出的，但是到目前為止，E-R 塑模仍沒有標準的符號表示法。

- E-R 模型的基本元件為實體類型、關係與相關的屬性。

- 實體是在使用者環境中，組織希望維護的人員、地點、物件、事件或觀念等相關資料。

- 實體類型是一組共享相同屬性的實體集合，而實體實例則是實體類型在某一時間點的狀態。

- 強勢實體類型具有自己的識別子，並且可以單獨存在而不需其他實體；弱勢實體類型則必須依存於強勢實體類型的存在。

- 弱勢實體並沒有自己的識別子，雖然通常會有部份識別子。要識別弱勢實體必須透過與其擁有者實體類型的識別關係。

- 屬性是實體或關係中，組織所關心的特性或特徵，可以分為幾種類型。

- 簡單屬性是沒有包含組成成份的屬性，複合屬性則是可以分解為幾個成份的屬性。例如 Person_Name 可以分解為 First_Name、Middle_Initial 與 Last_Nmae。

- 多值屬性是在單一實例可以具有多個值的屬性，例如某個人的 College_Degree 可能有多個值。

- 衍生屬性則是可以從其他屬性的值計算出自己的值，例如 Average_Salary 的值可以根據所有員工的 Salary 來計算。

- 識別子是能夠唯一識別實體類型之個別實例的屬性，在選擇時應該盡量小心，以確保使用上的穩定性與簡易性。

- 識別子可能是簡單屬性，或是具有更小成份的複合屬性。

詞彙解釋

- 業務法則（business rule）：定義或限制某些業務特性的敘述，其目的是要確立業務結構，或是控制或影響業務的行為。

- 術語（term）：對業務有特定意義的字眼或片語。

- 事實（fact）：兩個或多個術語間的聯合。

- 實體 - 關係模型（entity-relationship model, E-R 模型）：組織或業務領域資料的邏輯呈現。

- 實體 - 關係圖（entity-relationship diagram, E-R 圖或 ERD）：實體 - 關係模型的圖形式呈現。

- 實體（entity）：在使用者環境中，組織希望能維護其資料的人員、地點、物件、事件或觀念。

- 強勢實體類型（strong entity type）：獨立於其他實體類型而存在的實體。

- 弱勢實體類型（weak entity type）：依賴其他某些實體類型而存在的實體類型。

- 識別擁有者（identifying owner）：被弱勢實體類型依賴的實體類型。

- 識別關係（identifying relationship）：介於弱勢實體類型與其擁有者之間的關係。

- 屬性（attribute）：組織感興趣的實體類型之特性或特徵。

- 必要性屬性（required attribute）：在每個實體實例中都一定要有值的實體屬性。

- 選擇性屬性（optional attribute）：並非每個實體實例中都有值的實體屬性。

- 複合屬性（composite attribute）：擁有數個有意義成份的屬性。

- 簡單屬性（simple attribute）：無法再分解為對組織有意義之更小成份的屬性。

- 多值屬性（multi-valued attribute）：對特定實體實例而言，可能會有超過一個值的屬性。

- 衍生屬性（derived attribute）：可以從相關屬性值推算出其值的屬性。

- 識別子（identifier）：能唯一識別出某實體類型中各個實例的屬性（或屬性組合）。

- 複合識別子（composite identifier）：由複合屬性所組成的識別子。

學習評量

選擇題

_____ 1. 請問在 ERD 中長方形是代表什麼？

　　a. 屬性

　　b. 實體

　　c. 選擇性單基數

　　d. 關係

_____ 2. 請問在 ERD 中橢圓形是代表什麼？

　　a. 屬性

　　b. 實體

　　c. 選擇性單基數

　　d. 關係

_____ 3. 實體的名稱應該符合什麼條件？

　　a. 是個單數名詞

　　b. 以組織的特定用語為主

　　c. 簡單明瞭

　　d. 以上皆是

_____ 4. 屬性的名稱應該具備什麼條件？

　　a. 是個單數動詞或動詞片語

　　b. 遵循標準的命名格式

　　c. 使用別名

　　d. 以上皆是

_____ 5.　一個好的識別子應該具備什麼條件？

   a.　可隨著時間而改變

   b.　可以是 null 值

   c.　具唯一性

   d.　有智慧

問答題

1.　請說明為什麼許多系統設計者相信，資料塑模是系統開發流程中最重要部份的原因。

2.　請舉一個本章沒有描述過的弱勢實體類型範例，並指出其識別關係。

3.　請對下列各項分別舉一個本章沒有描述過的範例：

  a.　衍生屬性

  b.　多值屬性

  c.　複合屬性

4.　請說明實體類型與實體實例之間的不同。

5.　請敘述在資料模型中命名資料物件的 6 項一般性原則。

04 CHAPTER

建立 E-R 模型中的關係與塑模範例

本章學習重點

- 說明如何為實體、關係與屬性建立良好的名稱與定義

- 解釋如何區別一元、二元與三元關係並舉例

- 說明 E-R 圖中包括聯合實體、關係的向度、識別關係、以及最小與最大基數限制等術語的定義

- 畫出 E-R 圖表示出一般的企業情境

- 將多對多關係轉換為聯合實體類型

- 在 E-R 圖中使用時戳來建立簡單的時間相依資料模型

簡介

E-R 模型在經過多年的使用之後，仍舊維持著它在概念性資料塑模中的主流地位。它的普及有多個因素，包括使用簡單、有許多 CASE 工具支援它，還有因為實體與關係是真實世界中很直覺的塑模觀念。

E-R 模型最常使用在資料庫開發分析階段（參見第 2 章），並可用來作為資料庫設計人員與使用者的溝通工具。E-R 模型能夠建構出概念性的資料模型，用來呈現資料庫的結構與限制，並且與資料庫實作所使用的軟體（例如 DBMS）和其對應的資料模型無關。

本章首先定義 E-R 模型的關係，介紹與關係對應的 3 個重要觀念；關係向度、關係基數與關係中的參與限制。最後則是三宜家具公司 E-R 圖的延伸範例。

 ## 4.1 E-R 模型中的關係

關係（relationship）是將 E-R 模型中的不同成員黏在一起的接著劑。從直覺上來說，關係就是組織在意的一或多個實體類型之實例間的結合。但是為了更清楚了解這個定義，我們必須進一步區分「關係類型」與「關係實例」。

以 EMPLOYEE 與 COURSE 實體類型為例，COURSE 代表員工必須參與的訓練課程。為了追蹤特定員工已經完成的課程，我們在這 2 個實體類型間定義了稱為 Completes 的關係（參見圖 4-1(a)）。

這是個多對多的關係，因為每名員工可能已經完成任意數目的課程，而特定課程也可能已經有任意數目的員工完成。例如在圖 4-1(b) 中，員工張南榮已經完成了 3 門課（C++、COBOL 與 Perl），而 SQL 課程則已經有兩名員工完成（葉晉維與許皓翔）。

（a）關係類型（Completes）

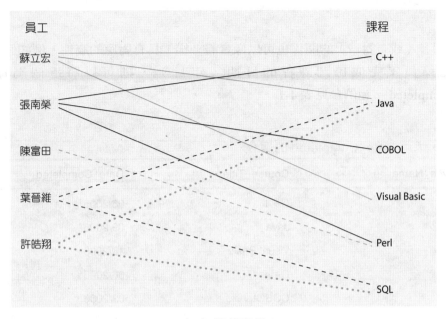

（b）關係實例

圖 4-1　關係類型與實例

在這個範例中，Completes關係中有 2 個實體類型（EMPLOYEE與COURSE）的參與。一般而言，關係中可能包含任意數目的實體類型（從一個到多個）。

本書是使用動詞片語來表現關係。由於關係通常是因為某個事件才會發生，實體實例也是因為某項行動才會相關，因此適合使用動詞片語來作為標示。這個動詞片語應該要是現在式，並且要具有描述力。

4.1.1　關係的基本觀念與定義

關係類型（relationship type）是有意義之實體類型間的結合。「有意義的結合」表示關係可以讓我們回答原本單靠實體類型所無法回答的問題。　關係類型是由標示著關係名稱的線條所表示，如圖 4-1(a)；或者由標示 2 個名稱的線條所表示，如圖 3-1 。建議使用簡短而具描述力，並且對使用者具有意義的動詞片語來為關係命名（本節稍後將詳細討論）。

關係實例（relationship instance）是在實體實例間的結合；每個關係實例中會恰巧包含所有參與該關係之實體類型的一個實體。例如在圖 4-1(b) 中，每個線條代表一名員工與一門課程間的關係實例，表示該名員工已經完成該門課程。

關係的屬性

　　多對多（或一對一）的關係也可以像實體一樣，具有對應的屬性。例如假設組織希望記錄員工完成每門課程的日期（年月），則可以將這個屬性稱為 Date_Completed。範例參見表 4-1。

表 4-1　顯示 Date_Completed 的實例

Employee_Name	Course_Title	Date_Completed
蘇立宏	C++	06/2005
蘇立宏	Java	09/2005
蘇立宏	Visual Basic	10/2005
張南榮	C++	06/2005
張南榮	COBOL	02/2006
張南榮	SQL	03/2005
陳富田	Perl	11/2005
葉晉維	Java	03/2005
葉晉維	SQL	03/2006
許皓翔	Java	09/2005
許皓翔	Perl	06/2005

　　Date_Completed 屬性可以放在 E-R 圖的什麼位置呢？根據圖 4-1(a)，可以看到 Date_Completed 並不屬於 EMPLOYEE 或 COURSE 實體；這是因為它是 Completes 關係的屬性，而不是這兩個實體的屬性。

　　換言之，對 Completes 關係的每個實例而言，都有一個 Date_Completed 的值，例如其中一個實例顯示員工張南榮在 06/2005 完成了 C++ 的課程。

　　圖 4-2(a) 是這個範例修改後的 E-R 圖。在該圖中，矩形中之 Date_Completed 屬性被連到 Completes 關係線上。如果需要的話，還可以在此關係上增加其他的屬性，例如 Course_Grade、Instructor 與 Room_Location 等。

聯合實體

　　在關係上如果出現一或多個屬性，可能意味著這個關係應該比較適合以實體類型來表示。為了強調這個觀點，大多數 E-R 繪圖工具都要求將這種屬性放在實體類型中。

聯合實體（associative entity）是將一或多個實體類型的實例結合之實體類型，並且包含這些實例間的關係之特有屬性。聯合實體 CERTIFICATE 以帶有 4 個圓角的矩形來呈現，如圖 4-2(b) 所示。

大部分的 E-R 繪製工具都不會特別為聯合實體設計特殊符號。聯合實體有時又稱為動名詞，因為關係名稱（動詞）通常會轉換為由名詞構成的實體名稱。

請注意在圖 4-2(b) 中，聯合實體與強勢實體間的線上並沒有關係名稱，這是因為聯合實體已經代表這個關係了。

圖 4-2 也展示如何利用 Microsoft Visio 描繪聯合實體。 Microsoft Visio 並不是用菱形來表示關係，而且不允許有屬性在關係上。其中關係線是畫成虛線，因為 CERTIFICATE 並沒有將相關實體的識別子納入它的識別子中（Certificate_Number 就已足夠）。

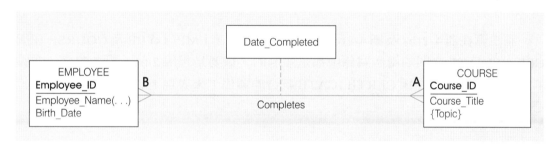

（a）關係上的屬性

（b）聯合實體（CERTIFICATE）

（c）利用 Microsoft Visio 描繪的聯合實體

圖 4-2　聯合實體

怎麼知道是否要將關係轉換為聯合實體類型？下面是應該存在的 4 個條件：

1. 所有參與關係的實體類型之間都是「多」的關係。

2. 對使用者而言，最終的聯合實體類型具有獨立的意義，並且最好能以單一屬性的識別子來識別。

3. 聯合實體除了識別子外，還具有一或多個屬性。

4. 聯合實體本身也有參與一或多個關係，且這些關係與參與該聯合關係之相關實體無關。

圖 4-2(b) 是將 Completes 關係轉換為聯合實體類型。在這個案例中，公司的訓練部門決定要發給每名完成課程的員工一份證書，因此，該實體被命名為 CERTIFICAE，對於終端使用者而言的確具有獨立的意義。同樣的，每份證書具有一個編號（Certificate_Number）作為識別子，並且包含 Date_Completed 屬性。

請注意在圖 4-2(b) 及圖 4-2(c) 的 Visio 版本中，EMPLOYEE 及 COURSE 在與 CERTIFICATE 之間的兩個關係中都是強制的。只要是想用 2 個一對多關係（在圖 4-2(b) 及圖 4-2(c) 中與 CERTIFICATE 結合的關係）來表現 1 個多對多的關係時，必然就會變成這樣。

請注意將關係轉換為聯合實體會造成關係符號的移動，也就是說，現在多基數會位於聯合實體那端，而不是位於每個參與實體類型那端。

例如在圖 4-2 中，顯示完成一或多門課程的員工（圖 4-2(a) 中的 A 符號），可能會取得超過一份的證書（圖 4-2(b) 的 A 符號）；而該課程可能有一或多名員工完成（圖 4-2(a) 中的 B 符號），可能會發出許多份證書（圖 4-2(b) 的 B 符號）。這是圖 4-2(a) 的一個變形，強調在將多對多關係（例如 Completes）轉換為聯合實體時的法則。

4.1.2 關係的向度

關係的**向度**（degree）是參與該關係之實體類型的數目。因此，圖 4-2 之 Completes 關係的向度為 2，因為它有 2 個實體類型：EMPLOYEE 與 COURSE。

在 E-R 模型中最常見的關係向度為一元、二元與三元關係。當然也可能有更高向度的關係，但是在實務上很少碰到，所以我們將專注在討論這 3 種情況。圖 4-3 是一元、二元與三元關係的範例。

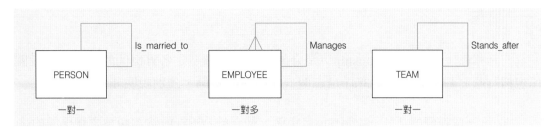

（a）一元關係

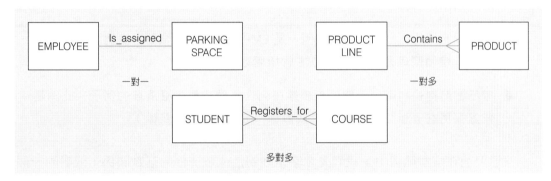

（b）二元關係

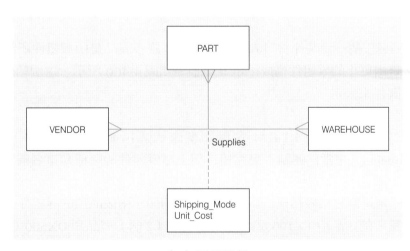

（c）三元關係

圖 4-3　不同向度關係的範例

在觀察圖 4-3 時，請注意這裡的資料模型都是要呈現特定的情境，而不是一般普遍的情況。以圖 4-3(a) 的 Manages 關係為例，在圖例中是表示此組織的一個主管可能管理好幾位員工，而每位員工則只會由一位主管來管理；但在其他的某些組織中，一名員工則可能被許多其他的員工所管理（例如在矩陣式組織）。因此，在開發 E-R 模型時，真正重要的是要確實了解這個組織的業務法則。

一元關係

一元關係（unary relationship）是介於單一實體類型之各實例間的關係（一元關係也稱為遞迴關係）。圖 4-3(a) 是三個一元關係的範例，分別說明如下：

● 第一個範例的「Is_married_to」關係，是介於 PERSON 實體類型之實例間的一對一關係；因為是一對一的關係，這個標示只表示一個人目前的婚姻（如果有的話）。

● 第二個範例的「Manages」關係，是 EMPLOYEE 實體類型之實例間的一對多關係；這個關係是表達某一位主管所管理的員工。

● 第三個範例是利用一元關係來表達序列、循環或優先權清單的例子。此例是球隊採用在聯盟中的排名來形成關係（Stands_after 關係）

注意目前在這些範例中，我們先忽略是強制性或選擇性的基數關係，或者同一個實體實例是否可以在相同的關係實例中重複。本章稍後將會介紹強制性與選擇性基數的觀念。

圖 4-4 是另一個一元關係材料表結構的範例。許多產品是由零組件所構成，而這些零組件又是由更小的零組件構成，依此類推。如圖 4-4(a) 所示，這個結構可以用多對多的一元關係來表示。

在該圖中，我們使用 I T E M 實體類型來代表所有類型的元件，並且使用「Has_components」來當作連結下層零組件與上層零組件的關係類型名稱。

圖 4-4(b) 是這個材料表結構的兩個實例，分別顯示兩個品項的零組件，以及這些零組件的數量。例如品項 TX100 是由品項 BR450（2 個）與品項 DX500（1 個）所構成。而讀者從圖中應該也可以很容易看出這些連結是多對多的關係。

就像在圖中，有些品項需要不同的零組件類型，例如品項 MX300 是由 3 種元件類型 HX100、TX100 與 WX240 所組成。同樣的，有些零組件會同時用在幾種上層品項中，例如品項 WX240 用於品項 MX300 與品項 WX340 中，即使它們是在材料表結構的不同層級。

在關係中所出現的 Quantity 屬性，提示分析師應該考慮將「Has_components」轉換成聯合實體。圖 4-4(c) 是 BOM_STRUCTURE 實體類型，在 ITEM 實體類型的實例

間形成聯結。在 **BOM_STRUCTURE** 中還加入了第二個屬性（Effective_Date），用來記錄這個零組件首度用於相關組合時的日期。

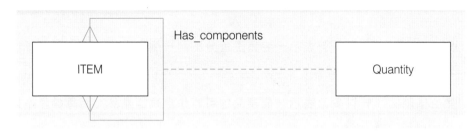

（a）多對多的關係

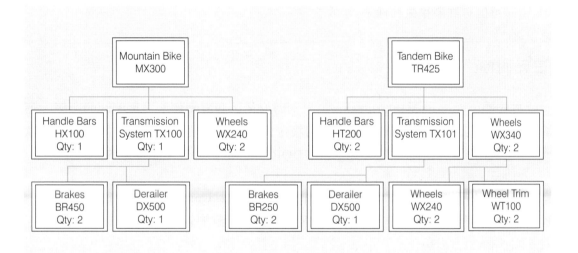

（b）兩個 ITEM 材料表結構的實例

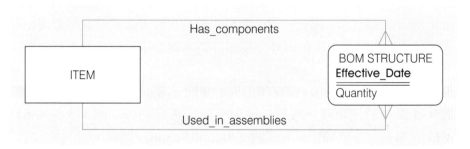

（c）聯合實體

圖 4-4　材料表結構

二元關係

二元關係（binary relationship）是介於 2 個實體類型之實例間的關係。圖 4-3 有 3 個這樣的範例：

● 第 1 個範例（一對一）表示一名員工會分配到一個停車位，而一個停車位也只指定給一名員工。

● 第 2 個範例（一對多）表示一條產品線可能包含幾樣產品，而每樣產品只屬於一條特定產品線。

● 第 3 個範例（多對多）顯示一名學生可能註冊不只一門課程，而每門課程也可能有許多學生註冊。

三元關係

三元關係（ternary relationship）是同時介於 3 個實體類型之實例間的關係。圖 4-3(c) 是典型會造成三元關係的業務情境，此例的廠商可能會供應不同的零件到倉庫中，因此會涉及 3 種實體類型：VENDOR 、 PART 與 WAREHOUSE 。

在 Supplies 關係中有 2 個屬性：Shipping_Mode 與 Unit_Cost 。例如某個 Supplies 實例中會記錄廠商甲可以供應 C 零件給 Y 倉庫，其出貨模式是次日空運，而單位成本是 5 元。

請注意三元關係並不等同於 3 個二元關係。例如 Unit_Cost 是圖 4-3(c) 中 Supplies 關係的屬性，但無法適當對應到這 3 個實體類型中任兩者的二元關係（例如 PART 與 WAREHOUSE 間的關係）。因此，例如假設我們被告知甲廠商可以用單價 8 元來供應 C 零件，因為這些資料並無法指出零件要運送到哪個倉庫，因此並不夠完整。

通常，圖 4-3(c) 中 Supplies 關係所出現的屬性，暗示應該將關係轉換為聯合實體類型。圖 4-5 是這個三元關係的另一種表示法（更好的）；圖 4-5 使用 SUPPLY SCHEDULE（聯合）實體類型來取代圖 4-3(c) 的 Supplies 關係。

請注意目前 SUPPLY SCHEDULE 尚未指定識別子，這是可以接受的。如果在 E-R 塑模時沒有為聯合實體指定識別子，則會在邏輯塑模（參見第 6 章）階段指定識別子（或鍵值）；它會是個複合識別子，包含所有參與之實體類型（在本例為 PART 、 WENDOR 與 WAREHOUSE）的識別子。

　　這裡並沒有在 SUPPLY SCHEDULE 連到這 3 個實體的線段上標示符號,因為這些線段並不代表二元關係。為了保存與圖 4-3(c) 的三元關係相同的意義,因此不能將 Supplies 關係分割成 3 個二元關係。

　　一般都會建議將所有的三元(或更高元)關係轉換為聯合實體,如本例所示。因為利用在關係線上標示屬性的方式,並不能精確呈現出三元關係的參與限制(participation constraint,參見下節)。然而,藉由將它轉換為聯合實體,就能夠精確的表現出這些限制。

　　此外,許多 E-R 圖形的繪圖工具,包括大多數的 CASE 工具,也無法表現三元關係。所以,最好使用聯合實體與這 3 個二元關係來表現三元關係。

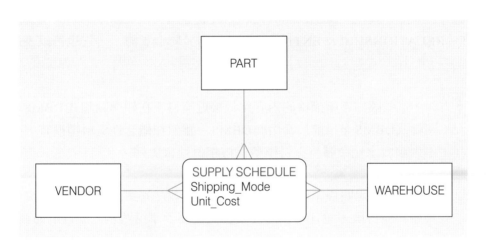

圖 4-5　以聯合實體表現之三元關係

4.1.3 屬性或實體?

　　圖 4-6 是可以透過實體類型來呈現屬性的三種情況,左邊使用的是本書的 E-R 符號,而右邊則是利用 Microsoft Visio 的符號。

　　在圖 4-6(a) 中,一門課程可能有多門先修課(其屬性部份顯示為多值屬性),而這些先修課本身也是課程(且一門課也可能是其他許多課程的先修課)。因此,先修課可以看成是課程間的材料表結構(顯示在「關係&實體」欄),而不是 COURSE 的多值屬性。

　　透過材料表結構來表現先修關係，也意味著要找出課程的先修課，與找出一門課是哪些課程的先修課，都會處理到實體類型間的關係。

　　假如採用先修課是COURSE的多值屬性方式，要找出一門課是哪些課程的先修課時，必須要在所有COURSE實例中尋找特定之先修課的值。如圖4-4(a)所示，這種情況也可能塑模成COURSE實體類型實例之間的一元關係。

　　在這種特殊的情況下，必須建立聯合實體的同義實體（請參考圖4-6(a)中的「RELATIONSHIP & ENTITY」欄；Visio並沒有使用圓角的矩形符號來表示）。藉由建立聯合實體，現在可以很容易的為此關係加入屬性，例如所需的最低分數。

　　在圖4-6(b)中，員工可能擁有多項技能（顯示在「ATTRIBUTE」欄），但是技能可以視為是要記錄資料（識別技能的代碼、技能標題與技能類型）的某個實體類型（顯示在「RELATIONSHIP & ENTITY」欄，相當於聯合實體），它也可以表達成多值屬性。

　　另一方面，這些圖右邊所描繪的內容比較接近資料庫在標準關聯式DBMS中所呈現的情況；關聯式DBMS是目前最常用的DBMS。雖然在概念性資料塑模時不一定要考慮實作，不過讓概念性與邏輯資料模型保持相似性會更好。

　　所以，何時應該透過關係來聯結屬性與實體類型呢？答案是：當屬性是實體類型的識別子或某些其他特徵，並且有多個實體實例需要共享這些相同屬性的時候。

　　圖4-6(c)就是這個規則的一個範例。在這個範例中，EMPLOYEE具有Department複合屬性。因為在企業中會有多名員工共享相同的部門資料，所以可以使用DEPART-MENT實體類型來表達部門資料。

　　使用這種方式，不僅能夠讓多位員工共享所儲存的部門資料，連專案（指定給部門）與組織單位（由部門組成）也都可以共享這些部門資料。

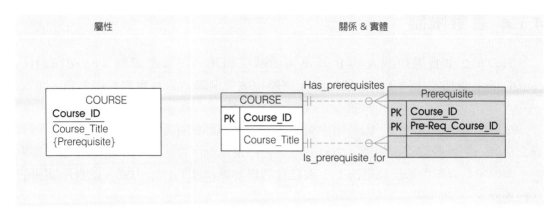

（a）多值屬性 vs. 材料表結構的關係

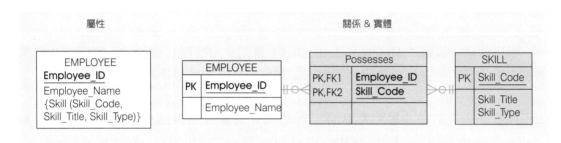

（b）複合、多值屬性與關係

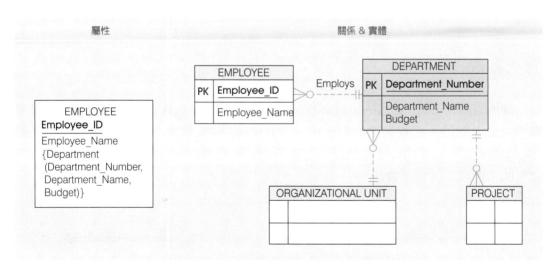

（c）與其他實體類型共享的複合屬性資料

圖 4-6　使用關係與實體來聯結相關屬性

4.1.4　基數限制

　　假設有 2 個實體類型 A 與 B 透過某個關係相連，則基數限制（cardinality constraint）會指定能夠（或必須）與 A 實體每個實例聯結的 B 實體實例數目。

　　以錄影帶出租店為例，因為店中可能會為每部電影儲存超過一支錄影帶，所以直覺上是個一對多的關係，如圖 4-7(a)。但是對特定電影而言，店中未必會有它的錄影帶（例如所有錄影帶都已經借出）。因此我們需要更精確的標示方式，以表示關係的基數範圍。

最小基數

　　關係的最小基數（minimum cardinality）會指定對應到 A 實體每一實例的 B 實體實例之最小數目。在錄影帶的例子中，某部電影錄影帶的最小數目為 0。

　　而當參與者的最小數目為 0 時，我們稱 B 實體類型是關係中的選擇性參與者（optional participant）。本例的VIDEOTAPE（一種弱勢實體類型）就是「Is_stocked_as」關係中的選擇性參與者。在圖4-7(b) 中，這項事實是透過靠近 VIDEOTAPE 實體的箭頭旁的符號 0 來表示。

最大基數

　　關係的最大基數（maximum cardinality）會指定對應到 A 實體每一實例的 B 實體實例之最大數目。在錄影帶的例子中，VIDEOTAPE 實體類型的最大基數為「許多」；也就是大於 1 的非特定數目。在圖 4-7(b) 中是透過 VIDEOTAPE 實體符號旁箭頭上的「鳥爪」符號來表示。

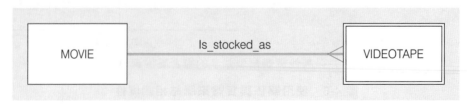

（a）基本關係

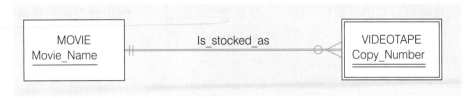

（b）具有基數限制的關係

圖 4-7　介紹基數限制

　　所謂「關係」自然是雙向的，所以在 MOVIE 實體旁邊也會有基數的標示；請注意它的最小基數是 1（參見圖 4-7(b)），這稱為強制性單基數（mandatory one cardinality）。換句話說，每支電影錄影帶上都只能有一部電影。

　　一般而言，關係中所涉及的實體可能是強制性或選擇性的參與關係。如果最小基數為 0，它的參與就是選擇性的；如果最小基數為 1，則是強制性的參與。

　　在圖 4-7(b) 中，每個實體類型都有一些屬性。請注意 VIDEOTAPE 是個弱勢實體，因為錄影帶只有在其擁有者的電影存在時，才會存在。MOVIE 的識別子是 Movie_Name，VIDEOTAPE 並沒有唯一的識別子，不過 Copy_Number 是個部份識別子，可以和 Movie_Name 結合，用來唯一識別 VIDEOTAPE 實例。

幾個範例

　　圖 4-8 是 3 個關係範例，顯示最小與最大基數的所有可能組合。每個範例都會陳述每種基數限制的業務法則，以及對應的 E-R 符號。每個範例還會顯示一些關係實例。下面是圖 4-8 中，每個範例的業務法則：

1. PATIENT Has_recorded PATIENT HISTORY：每位病人有一或多筆病歷（病人的初診一定會記錄為 PATIENT HISTORY 的一個實例）。PATIENT HISTORY 的每個實例都「belongs to」一位 PATIENT。參見圖 4-8(a)。

2. EMPLOYEE Is_assigned_to PROJECT：每個 PROJECT 都至少有指派一名 EMPLOYEE（有些專案可能超過一名）。每名 EMPLOYEE（如員工許皓翔）可能沒有指定給任何現有的 PROJECT，或是可能指定給一或多個 PROJECT。參見圖 4-8(b)。

3. PERSON Is_married_to PERSON：因為一個人可能是已婚或未婚，所以這是個雙向都為選擇性 0 或 1 基數的關係。參見圖 4-8(c)。

最大基數可以是固定數目，而不必是任意的「many」。例如假設企業政策聲明員工最多可同時參與 5 個專案，就可以在圖 4-8(b) 中，將 5 放在靠近 PROJECT 實體的鳥爪上方或下方。

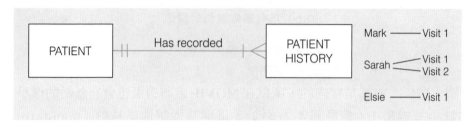

（a）強制性基數

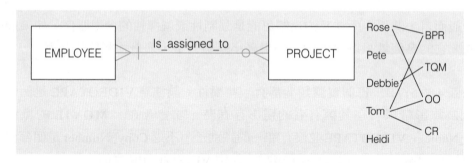

（b）一個選擇性與一個強制性基數

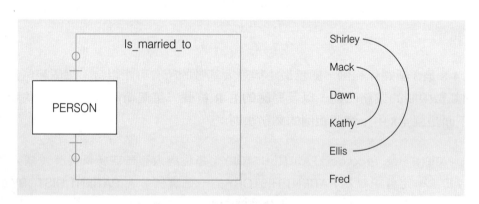

（c）選擇性基數

圖 4-8　基數限制範例

三元關係

在圖 4-5 中以 SUPPLY SCHEDULE 聯合實體類型來表示三元關係，現在我們可以根據這個情況的業務法則，在圖中加上基數限制。圖 4-9 是 E-R 圖與相關的業務法則。

請注意 PART 與 WAREHOUSE 必須與某個 SUPPLY SCHEDULE 實例相關，而 VENDOR 則只是選擇性的參與者。每個參與實體的基數都是強制性單基數，因為每個 SUPPLY SCHEDULE 實例只能關聯到每個參與實體的一個實例（別忘了，SUPPLY SCHEDULE 是個聯合實體）。

如稍早所述，三元關係並不等於 3 個二元關係，可惜許多 CASE 工具無法描繪出三元關係；因此可能被迫以 3 個二元關係來呈現三元關係（亦即具有 3 個二元關係的聯合實體）。果真如此，則請不要使用名稱來表示二元關係，並且確定在 3 個強勢實體的旁邊都是強制性單基數。

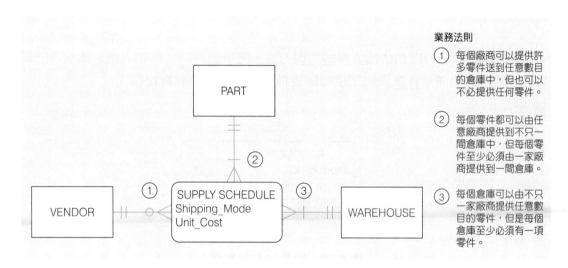

圖 4-9　三元關係中的基數限制

4.1.5 時間相依資料的塑模

資料庫內容會隨時間而變化，近年來，在資料中加入時間序列已經成為一項基本要求。例如在產品資訊資料庫中，每項產品的單價可能會隨著原料與勞工成本和市場狀況而改變。

如果只需要目前的價格，則可以將 Price 定為單值屬性。但是對會計、帳務、財務報表等工作而言，可能會需要保留價格的歷史，以及每種價格的有效期間。如圖 4-10 所示，我們可將這個需求概念化為一系列的價格，以及每個價格的有效日期，而產生 Price_History 這個（複合的）多值屬性，且其成份包括 Price 與 Effective_Date。

這種複合多值屬性的一個重要特徵是它的成份屬性會緊密相關,因此,在圖 4-10 中,每個 Price 會對應一個 Effective_Date。

在圖 4-10 中,Price 屬性的每個值都有加上有效日期的時戳。所謂的時戳(time stamp)只是與某個資料值結合的時間值(例如日期與時間)。時戳可以與任何會隨時間改變的資料值結合,便於維護這些資料值的歷史。

時戳可用來標示資料值輸入的時間(異動時間)、資料值生效或失效的時間,或是進行某些關鍵行動的時間(例如更新、修正或稽核等)。這種情況類似圖 4-6(b) 中的員工技能;因此另一種做法(沒有顯示在圖 4-10 中)是讓 Price History 也成為個別的實體類型。

對於建立具有時間相依性資料的模型而言,簡單的時戳(例如上例)通常就已經足夠,但是時間通常會讓資料塑模變的更精細,複雜度也就會提高。

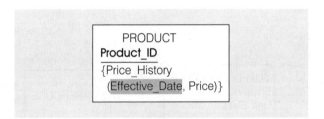

圖 4-10 時戳的簡單範例

例如圖 4-11(a) 是三宜家具公司 E-R 圖的一部份。每項產品(目前)會指定給某條產品線(一組相關的產品)。該公司會處理整年度的顧客訂單,並且根據產品線與產品線內的各項產品提供每月的彙總報表。

假設在該年度的年中,因為部門重組的緣故,有些產品被改派到不同的產品線。由於圖 4-11(a) 的模型並沒有包含追蹤產品被重新指定到新產品線的設計,所以所有的業務報表會根據產品「目前」的產品線、而不是根據銷售時的產品線,來顯示累積的銷售量。

例如有項產品的全年銷售額可能是 5 萬元,並且是屬於 B 產品線,但是這些銷售額中有 4 萬元其實是發生在該產品是屬於 A 產品線的時候。如果使用圖 4-11(a) 的模型,就可能會喪失這項事實。

　　而圖4-11(b) 所做的簡單改變，就能夠正確記錄下這個事實，做法是在 ORDER 與 PRODUCT LINE 間增加新的關係（Sales_for_product_line）。因此在處理顧客訂單時，它們會根據銷售時間分配到正確的產品（透過 Sales_for_product）與正確的產品線上（透過 Sales_for_product_line）。圖 4-11(b) 的做法就類似資料倉儲保留歷史記錄的作法。

　　另外，雖然在圖 4-11(b) 中，我們知道某種產品目前的產品線為何，以及每次產品接受訂單時所指派的產品，但是如果該產品在沒有任何訂單的期間，剛好被重新指派到另一條產品線，又會發生什麼情況呢？根據圖 4-11(b) 的資料模型，我們將不會知道這些產品指派資料。

　　針對這類問題，一種常見的做法是考慮將一對多的關係（例如 Assigned），轉變成多對多的關係。此外，為了在這個新關係中加入屬性，這個關係事實上應該是個聯合實體。圖4-11(c) 就是這種資料模型，使用聯合實體 ASSIGNMENT 來記錄 Assigned 關係。

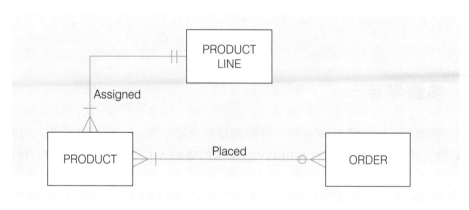

（a）無法識別出重新指定產品的 E-R 圖

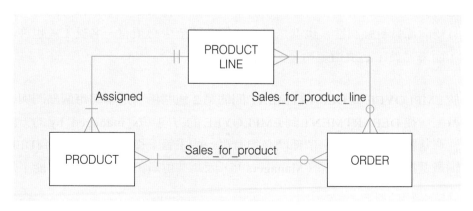

（b）能夠識別出重新指定產品的 E-R 圖

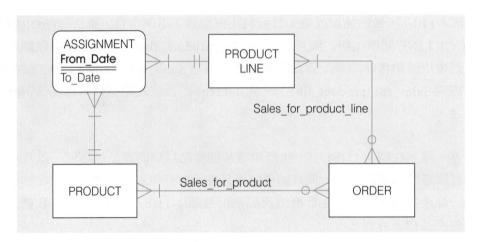

（c）E-R 圖中的聯合實體能記錄產品指定給產品線的歷史

圖 4-11　三宜家具產品資料庫

　　這種做法的優點是任何的產品線指派記錄都不會被遺漏，而且可以記錄指派的相關資訊（例如指派的生效與截止日期）；它的缺點則是這個資料模型無法保留一項產品一次只能指派給一條產品線的限制。我們需要利用第 4 章中業務法則所介紹的其他標示法來表示這項限制。

4.1.6　多重關係

　　在某些情況下，可能需要為同一個實體類型，建立不只一個關係模型，如圖 4-12 的 2 個範例。圖 4-12(a) 是介於 EMPLOYEE 與 DEPARTMENT 實體類型間的 2 種關係。

　　在此圖的標示法中，關係的兩個方向各自有它們的名稱；這種標示法明確表示關係之每個方向的基數（這對於釐清 EMPLOYEE 的一元關係時特別重要）。 圖中有一項關係是將員工與他們所工作的部門相關聯；這就是在 Has_Workers 方向的一對多關係，並且雙向都具有強制性。也就是說，一個部門至少必須有一名員工（也許是部門主管），而每名員工必須指定給單一部門。

　　介於 EMPLOYEE 與 DEPARTMENT 間的第 2 種關係，是聯繫每個部門與管理該部門的員工。從 DEPARTMENT 到 EMPLOYEE 的方向（Is_managed_by 的方向）是個強制性單基數關係，表示每個部門必須有單一的主管；從 EMPLOYEE 到 DEPARTMENT 則是選擇性單基數關係（Managers），因為某位員工可能是、也可能不是部門主管。

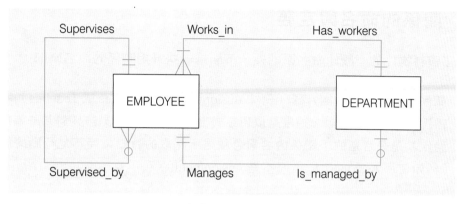

（a）員工與部門

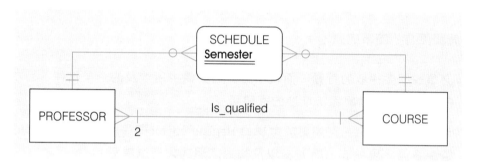

（b）教授與課程（固定下限）

圖 4-12　多重關係範例

圖 4-12(a) 中也顯示出聯繫每名員工與其上司的一元關係；這個關係所記錄的法則是每名員工必須有單一的上司，反之，每名員工可能會監督任意數目的員工，或者也可能並不是個主管。

圖 4-12(b) 的範例是在 PROFESSOR 與 COURSE 實體類型間的 2 個關係。Is_qualified關係是關聯教授與他們所能教授的課程，每門課程必須至少有兩名合格教師（這是如何使用最小或最大基數的範例）。反之，每名教師也至少必須能夠教授一門課程。

圖中的第 2 個關係是關聯課程與安排時程。因為 Semester 是關係的一項特徵，所以我們將它放在介於 PROFESSOR 與 COURSE 之間的聯合實體 SCHEDULE 中。

圖 4-12(b) 的 E-R 圖中擷取了基本的基數限制，不過通常還有些業務法則無法使用基本的 E-R 圖形表示出來。例如一位教師在一個學期中不能被安排超過 4 門課程時要怎麼辦呢？或者是被安排教某門課程的教師必須要具有教該門課程的資格等。在第 5 章將會討論描述這類法則的技巧。

4.1.7 關係的命名與定義

除了資料物件的一般性命名原則外，下面是一些針對關係的命名原則：

● 關係的名稱是個動詞片語（例如 Assigned_to、Supplies 或 Teaches）。關係代表所採取的行動，通常是以現在式出現；所以及物動詞（對某些事物做動作）是最合適的。關係的名稱會敘述所採取的行動，而不是行動的結果（例如使用 Assigned_to，而不是 Assignment）。

● 避免模糊的名稱，例如 Has 或 Is_related_to。使用具有描述力的動詞片語，通常是取自關係定義中所找到的行動動詞。

定義關係有些簡單的原則：

● 必須說明要採取的行動，而且不必陳述關係中所涉及的企業物件，因為 E-R 圖已經有顯示關係所牽涉的實體類型。

● 最好能提供範例。例如對於選課的 Registered_for 關係而言，可以說明各種選課途徑（現場或上網），以及加退選期間如何選課等。

● 定義中應該要解釋任何選擇性的參與。應該說明什麼情況會導致實例的聯結為 0，還有這種情況的發生頻率（經常或罕見）。

● 關係的定義中應該說明所有明確指定最大基數（而非只是指定 many）的原因。例如「根據工會的協議，一名員工同時最多只能被指定到 4 個專案，所以 Assigned_to 關係的最大基數為 4。」。最大基數有可能會變化，因此在實作上必須能容許變更。

● 關係的定義應該要能說明任何互斥的關係。互斥關係是指實體實例只能參與幾種關係其中一種，例如「員工不能同時被 Supervised_by 與 Married_to 同一名員工。」

● 關係的定義應該要解釋對參與關係的任何限制。例如「Supervised_by 關係：員工不能監督自己，且員工的職級如果低於 4，則不能監督其他任何員工。」

● 關係的定義應該要解釋關係中所保存的歷史範圍。例如「Places 關係是關聯顧客與曾經下過的訂單，並且將訂單聯結到對應的顧客。但資料庫中只維護最近兩年內的訂單。」

● 關係的定義應該要解釋涉及某關係實例中的實體實例，是否能將它的參與轉換到另一關係實例中。例如「Places 關係：訂單不能轉換給另一顧客。」

4.2 E-R 塑模範例：三宜家具公司

E-R 圖的開發可以從兩個不同觀點出發：

● 由上而下的觀點：設計者從企業的基本描述開始，包含它的政策、流程與環境。這個方法最適合開發只包含主要實體與關係，以及一組有限屬性（例如只有實體識別子）的高階 E-R 圖。

● 由下而上的觀點：設計者是從與使用者的詳細討論，以及對文件、畫面與其他資料來源的詳細研究開始。這個方法對於開發詳細、且具有完整屬性的 E-R 圖形非常重要。

本節將以第一種方法（由上而下）為主，開發三宜公司的高階 E-R 圖（參見圖 4-13）。為了簡化起見，此圖並未顯示任何複合或多值屬性（例如 SKILL 是透過聯合實體來表達）。

從對三宜家具業務流程的研究中，我們已經找出下列實體類型，並且列出每個實體建議使用的識別子，以及重要的屬性。

● 公司銷售數種不同的家具產品，分為幾條產品線。產品的識別子為 Product_ID，而產品線的識別子則是 Product_Line_ID。產品的其他屬性如下：Product_Description、Product_Finish 與 Standard_Price。產品線的另一屬性則是 Product_Line_Name。產品線可能包含任意數目的產品，但至少必須包含一種產品；每種產品則必須且只能屬於一個產品線。

● 顧客會送出產品的訂單；訂單的識別子為 Order_ID，另一屬性則是 Order_Date。顧客可能會送出任意數目的訂單，但並非一定要送出訂單。每筆訂單只能由一名顧客提出。顧客的識別子是 Customer_ID，另外的屬性還包括 Customer_Nmae、Customer_Address 與 Postal_Code。

● 顧客訂單必須至少包含一項產品，且每筆明細資料中只能有一種產品。三宜公司的產品可能沒有出現在任何訂單明細資料中，也可能出現在一或多筆訂單明細資料中。Ordered_Quantity 是對應每個訂單明細項目的一個屬性。

● 三宜家具已經針對顧客建立銷售區域，每名客戶可能在任意個銷售區域中採購，也可能沒有在任何銷售區域採購。一個銷售區域會有一到多個客戶。銷售區域的識別子為 Territory_ID，並且具有 Territory_Name 屬性。

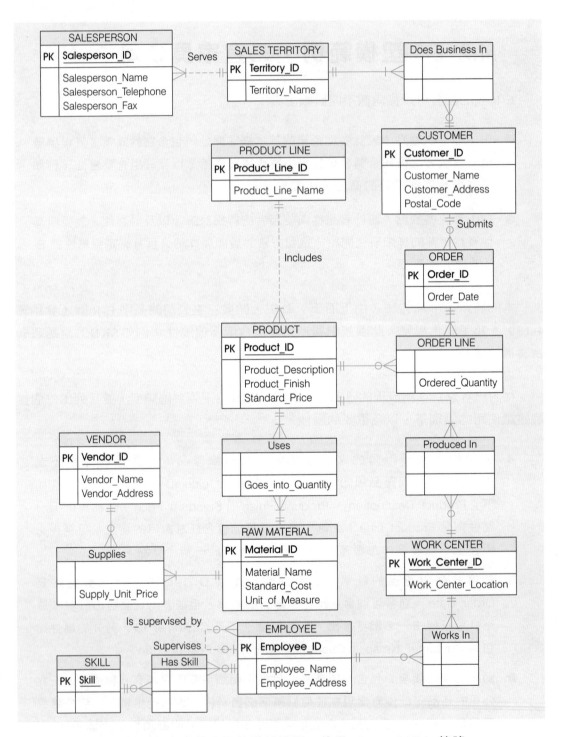

圖 4-13　三宜家具公司的資料模型，使用 Microsoft Visio 符號

● 三宜家具公司擁有幾名業務人員；業務人員的識別子為 Salesperson_ID，其
　他還包括 Salesperson_Name 、 Salesperson_Telephone 與 Salesperson_Fax 屬

性。一名業務人員只服務一個銷售區,每個銷售區則會由一或多個業務人員負責。

● 每種產品是由指定數量的一或多種原料組合而成,原料實體的識別子為 Material_ID,其他的屬性則包含 Unit_of_Measure、 Material_Name 與 Standard_Cost。每項原料能根據產品所指定的原料數量,組合成一或多種產品。

● 原料是由廠商提供,廠商的識別子為 Vendor_ID,其他還包括 Vendor_Name 與 Vendor_Address 屬性。每項原料可以由一或多家廠商提供,一家廠商可以提供任意數目的原料,也可以沒有提供任何原料給三宜家具。廠商與原料間的關係具有 Supply_Unit_Price 屬性。

● 三宜家具已經建立了數個工作中心;工作中心的識別子是 Work_Center_ID,另外還有 Work_Center_Location 屬性。每項產品會在一或多個工作中心生產,一個工作中心則可能用來生產任意數目的產品,也可以沒有生產任何產品。

● 這家公司擁有超過 100 名的員工;員工的識別子為 Employee_ID,其他還包括 Employee_Name、 Employee_Address 與 Skill 屬性。員工可能有超過一項的技能;每名員工必須在一或多個工作中心工作,而工作中心至少必須有一名員工,但也可以有任意數目的員工。

● 除了主管之外,每名員工都有單一的主管(主管沒有上司)。主管可能會監督任意數目的員工,但並非所有員工都是主管。

4.3 三宜家具公司的資料庫處理

圖 4-13 之 E-R 圖的目的是要提供三宜家具資料庫的概念式設計。設計者必須經常與未來會使用該資料庫的人員互動,確認該 E-R 模型是否能滿足使用者對資料與資訊的需求。

三宜家具的員工有許多資料擷取與報表上的需求,在本節將展示如何透過對圖 4-13 的資料庫進行資料庫處理,以滿足這些資訊需求。

我們使用 SQL 資料庫處理語言(參見第 8、9 章)來表達這些查詢,若深入完整了解這些查詢命令,參見第 8 章。不過本章使用的查詢命令很簡單,剛好可以讓讀者一窺 SQL 查詢命令的面貌。

4.3.1 顯示產品資訊

許多不同的使用者都需要取得三宜公司的產品資料，例如業務人員、庫存經理與產品經理等。例如業務人員為了因應顧客提出的要求，而需要查詢某種產品的清單。這類查詢的範例如下：

列出公司所有電腦桌產品的資訊。

在 PRODUCT 實體中有這項查詢所需的資料（參見圖 4-13）；這項查詢會掃描這個實體，並且顯示產品描述（Product_Description）中包含「電腦桌」之產品的所有屬性。其 SQL 程式碼如下：

```
SELECT *
FROM PRODUCT
WHERE Product_Description LIKE " 電腦桌 %";
```

這項查詢的典型輸出如下：

Product_ID	Product_Description	Product_Finish	Standard_Price
3	電腦桌 48"	橡木	11250
8	電腦桌 64"	松木	13500

SELECT * FROM PRODUCT 表示要顯示 PRODUCT 的所有屬性，WHERE 子句則限定為只有產品描述內容是由「電腦桌」開頭的產品才需要顯示。

4.3.2 顯示顧客資訊

另一項經常需要的資訊是三宜家具的顧客資料，區域銷售經理就是需要這項資訊的人。下面是區域銷售經理所需要的典型查詢：

請列出南部銷售區域的顧客資訊。

這項查詢的資料是維護在 CUSTOMER 實體中。第 6 章將會說明，當圖 4-13 的 E-R 圖轉換為可以透過 SQL 存取的資料庫時，Territory_ID 屬性將會被加入 CUSTOMER 實體中。這項查詢會掃描該實體，並且顯示位於選取區域之顧客的所有屬性。

這個查詢的 SQL 程式碼如下：

```
SELECT *
FROM CUSTOMER
WHERE Territory_ID = " 南部 ";
```

這項查詢的典型輸出如下：

Customer_ID	Customer_Name	Customer_Address	Territory_ID
5	雅閣家具	屏東縣恆春鎮常春路 202 號	南部
9	嘉美家飾	南投縣埔里鎮仁愛路 166 號	南部

這個 SQL 查詢的解釋與前例相似。

4.3.3　顯示顧客訂單狀態

前 2 個查詢相當簡單，只牽涉來自單一表格的資料。其實查詢中經常會需要參考來自多個表格的資料。

許多DBMS為了簡化查詢命令，可以事先針對常用的資訊需求，建立適當的限制性視界（restricted view）。例如三宜公司就針對與顧客訂單相關的查詢，建立了名稱為「ORDERS_FOR_CUSTOMERS」的使用者視界，如圖 4-14(a)。

這個使用者視界讓使用者只能看到資料庫中的 CUSTOMER 與 ORDER 實體，以及這些實體中事先選定的屬性。第 6 章將會解釋 Customer_ID 屬性加入 ORDER 的原因（如圖 4-14(a)）。典型的訂單狀態查詢需求為：

我們從「雅閣家具」收到多少訂單？

假設所有需要的資料都已經在ORDERS_FOR_CUSTOMERS這個使用者視界（虛擬實體）中，就可以將這個查詢簡單的寫成：

```
SELECT COUNT (Order_ID)
FROM ORDERS_FOR_CUSTOMERS
WHERE Customer_Name = " 雅閣家具 ";
```

　　如果沒有利用使用者視界，則這個查詢有幾種寫法。此處使用的方式是在查詢中加入查詢，稱為子查詢（subquery）。這個查詢的執行分為兩個步驟：

1.　首先，子查詢（或內層查詢，inner query）會掃描 CUSTOMER 實體，找出名稱為「雅閣家具」之顧客的 Customer_ID（該 ID 值為 5，參見前一查詢的輸出）。

2.　接著查詢（或外層查詢，outer query）會掃描 ORDER 實體，並且計算該名顧客的訂單實例數目。

（a）使用者視界 1：ORDERS_FOR_CUSTOMERS

（b）使用者視界 2：ORDERS_FOR_PRODUCTS

圖 4-14　三宜家具的 2 個使用者視界

　　如果沒有利用「ORDERS_FOR_CUSTOMERS」使用者視界，這個查詢的 SQL 程式碼如下：

```
SELECT COUNT (Order_ID)
FROM ORDER
WHERE Customer_ID =
(SELECT Customer_ID
FROM CUSTOMER
WHERE Customer_Name = " 雅閣家具 ");
```

這個查詢的典型輸出為：

COUNT(Order_ID)

4

4.3.4 顯示產品業績

業務人員、區域經理、產品經理、生產部經理與其他人員都需要知道產品的銷售狀況。有種常問的銷售問題是哪些產品在某個月銷售特別好？例如：

上個月（2006 年 6 月）有什麼產品的總業績超過 750,000 元？

這個查詢可以使用圖 4-14(b) 的「ORDERS_FOR_PRODUCTS」使用者視界。要處理此查詢所需的資料，必須從下列來源取得：

● ORDER 實體的 Order_Date（以找出目標月份的訂單）。

● 與目標月份之 ORDER 實體對應之 ORDER LINE 聯合實體中，每筆訂單所包含的每項產品數量 Ordered_Quantity。

● 從對應於 ORDER LINE 實體的 PRODUCT 實體所訂購之產品的 Standard_Price。

對於在 2006 年 6 月所訂購的每項產品而言，這個查詢必須將 Ordered_Quantity 乘以 Standard_Price，來算出銷售業績。將所有訂單中的該品項加總，則會得到整體的銷售額。只有總額超過 750,000 元的資料才會顯示。

這個查詢的 SQL 程式已經超出本章的範圍，因為它需要第 9 章所介紹的技巧才能完成，因此這個 SQL 查詢留待以後展示。

不過，目前的使用者大多可使用網站瀏覽器即可取得上述資訊，不需要撰寫 SQL 命令，網頁的程式碼會自動執行所需的 SQL 命令。

本章摘要

● 關係類型是有意義之實體類型間的關聯，關係實例則是實體實例間的關聯。

● 關係的向度是參與關係之實體類型的數目。最常見的關係類型有一元（1 個向度）、二元（2 個向度）與三元（3 個向度）。

● 在開發 E-R 圖的時候，有時會遇到有一或多個屬性對應到多對多（與一對一）的關係，而不是其中某個參與實體，這通常應該考慮將此關係轉換為聯合實體。

● 聯合實體會聯合一或多個實體類型的實例，並且包含該關係所獨具的屬性。

● 聯合實體類型可能有自己的單一識別子，或者可能會在邏輯設計時指定複合識別子。

● 基數限制會指定對應到 A 實體之每個實例的 B 實體實例數目。

● 基數限制通常會指定實例的最小與最大數目，可能包括強制性單基數、強制性多基數、選擇性單基數、選擇性多基數，以及特定數目。

● 最小基數限制也稱為參與限制，其值如果為 0，表示選擇性參與，而其值為 1 表示強制性參與。

詞彙解釋

■ 關係類型（relationship type）：有意義之實體類型間的結合。

■ 關係實例（relationship instance）：在實體實例間的結合；每個關係實例中會恰巧包含所有參與該關係之實體類型的一個實體。

■ 聯合實體（associative entity）：將一或多個實體類型的實例結合在一起之實體類型，並且包含這些實例間的關係之特有屬性。

■ 向度（degree）：參與關係之實體類型的數目。

■ 一元關係（unary relationship）：介於單一實體類型之各實例間的關係。

■ 二元關係（binary relationship）：介於 2 個實體類型之實例間的關係。

■ 三元關係（ternary relationship）：同時介於 3 個實體類型之實例間的關係。

■ 基數限制（cardinality constraint）：指定能夠（或必須）與某個實體之每一實例聯結的另一實體實例數目。

■ 最小基數（minimum cardinality）：可以對應到某個實體每一實例之另一實體實例的最小數目。

■ 最大基數（maximum cardinality）：可以對應到某個實體每一實例之另一實體實例的最大數目。

■ 時戳（time stamp）：與某個資料值結合的時間值。

學習評量

選擇題

_____ 1. 下列何者不可能是 E-R 模型中的二元關係？

    a. 一對一

    b. 一對多

    c. 多對多

    d. 零對零

_____ 2. 下列何者是二元關係？

    a. 兩個屬性之間的某種關係

    b. 兩個實體之間的某種關係

    c. 一個屬性與兩個不同的關係

    d. 一個實體與兩個不同的關係

_____ 3. 當某個實體的實例其最小個數為 1 時，由此可推論實體的基數限制是什麼？

    a. 強制性單基數

    b. 選擇性單基數

c. 強制性多基數

d. 無法確定

_____ 4. 當某個實體的實例其最小個數和最大個數都是 1 時，由此可推論實體的基數限制是什麼？

a. 強制性單基數

b. 選擇性單基數

c. 強制性多基數

d. 無法確定

_____ 5. 請問一個三元關係會牽涉到多少個實體？

a. 3 個或更少

b. 3 個

c. 多於 3 個

d. 3 個或更多

問答題

1. 請列出基數限制的 4 種類型，並各舉一個例子。

2. 何謂關係的向度？請列出本章所描述的 3 種關係向度，並分別舉例。

3. 請對下列各項分別舉一個本章沒有描述過的範例：

a. 三元關係

b. 一元關係

4. STUDENT 實體類型中具有下列屬性；Student_Name、Address、Phone、Age、Activity 與 No_of_Years。 Activity 代表學生的某個校園活動，而 No_of_Years 表示學生參與這項活動的時間。一位學生可能參與不只一個活動，請畫出這個情況的 E-R 圖。

5. 請為下列圖形加入適當的最小與最大基數標示：

   a. 圖 4-1(a)

   b. 圖 4-2(b)

   c. 圖 4-3（全部）

   d. 圖 4-4(c)

   e. 圖 4-5

05

延伸式 E-R 模型與業務法則

CHAPTER

本章學習重點

- 了解何時要在資料塑模中使用子類型／超類型關係

- 使用特殊化與一般化技巧來定義超類型／子類型關係

- 在設計超類型／子類型關係模型時，指定完全性限制與分離性限制

- 為實際的企業情況開發超類型／子類型階層

- 開發實體叢集以簡化 E-R 圖形

- 說明統一資料模型的主要特性

- 為不同類型的業務法則命名

- 使用圖形式模型或結構化英文敘述來定義簡單的運算限制

簡介

前兩章所描述的基本E-R模型是在1970年代中期首度出現，適合用來描述大多數常見的企業問題，並且獲得廣泛的採用。然而從那時到現在的企業環境已經有了大幅的改變，業務關係日趨複雜，導致企業資料也日益複雜。

為了提升因應各種變化的能力，研究人員一直持續在改良 E-R 模型，以便能更精確呈現出今日企業環境中所遇到的複雜資料。

延伸式實體-關係（enhanced entity-relationship，EER）模型是指將原本的E-R模型延伸，而納入一些新塑模元件後所得的模型。這些延伸使得 EER 模型在語義上更相似於物件導向的資料塑模（參見第 15 章）。

在EER模型中，所納入最重要的新塑模元件是超類型／子類型關係。這項功能讓我們能夠建立一般性的實體類型模型（稱為超類型），再將它細分為幾個特殊化的實體類型（稱為子類型）。因此，例如CAR實體類型就可以塑模為超類型，而它的子類型則可能包括 SEDAN（四門轎車）、 SPORTS CAR（跑車）、 COUPE（雙門轎車）等等。

每種子類型會繼承其超類型的屬性，再加上本身的特殊屬性，以及本身所涉及的關係。在基本的 E-R 模型中加入描述超類型／子類型關係的新符號，可大幅提升原本模型的彈性。

E-R 圖（特別是 EER 圖）可能變得非常龐大而複雜，它也許會包含數百個實體。但大部分使用者只需要看到自己所關心的那一部份實體、關係與屬性即可。此時可採用實體叢集這種階層式的分解技巧，讓 E-R 圖形比較容易閱讀。

 5.1 超類型與子類型的表示法

第 3 章曾經說過，實體類型是共享相同屬性或特徵的一組實體。假如有些實體類型的屬性大多類似，但有少部分不同，此時採用超類型／子類型架構來塑模會更有效率。

因此，E-R 模型經過延伸而加入超類型／子類型關係。子類型（subtype）是指在實體類型中，對組織有意義的一組實體子集合。例如 STUDENT 是大學中的一個實體類型，而 STUDENT 的 2 個子類型則是 GRADUATE STUDENT 與 UNDERGRADUATE STUDENT。而本例的 STUDENT 則稱為超類型（supertype）。超類型就是與一或多個子類型有關係的一般性實體類型。

5.1.1 基本觀念與符號

圖 5-1(a) 是本書用來表現超類型／子類型關係的基本觀念。超類型是透過線條連到一個圓圈，而這個圓圈又有線條再分別連到每個被定義的子類型上。

每條連結子類型與圓圈的線條上有個 U 型符號，用來表示該子類型是超類型的子集合，同時也代表超類型／子類型的方向（由於超類型／子類型關係的意義與方向通常相當明顯，所以不一定要標示 U 型符號。本書大多數範例並沒有標示這個符號）。

圖 5-1(b) 顯示 Microsoft Visio 使用的各種 EER 符號（類似本書所使用的符號），而圖 5-1(c) 則顯示某些 CASE 工具（如 Oracle Designer）使用的各種 EER 符號。圖 5-1(c) 中的符號是經常在套裝資料模型中使用的格式。

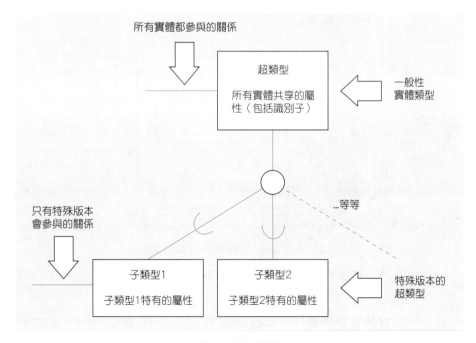

（a）EER 符號

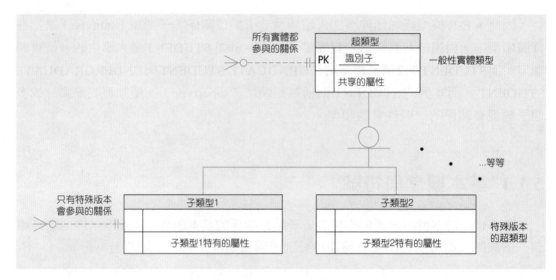

（b）Microsoft Visio 符號

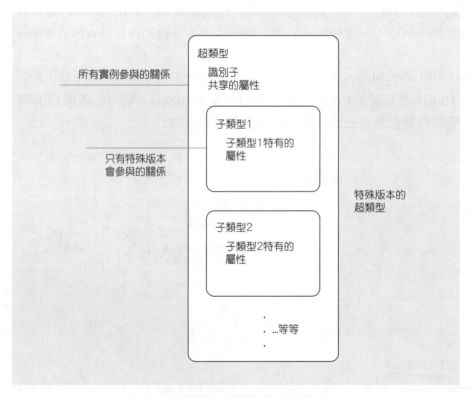

（c）子類型在超類型內部的符號

圖 5-1　超類型／子類型關係的基本符號

　　請注意，所有實體共享的屬性（包括識別子）都是放在超類型內，而特定子類型所獨有的屬性才放到該子類型中。本章還會陸續介紹其他可以為超類型／子類型關係提供額外意義的元件。

範 例

現在使用一個簡單的範例來描述超類型／子類型關係。假設組織中有 3 種基本的員工類型：臨時工、正式員工、契約顧問，每種員工的重要屬性如下：

● 臨時工：Employee_Number、Employee_Name、Address、Date_Hired、Hourly_Rate。

● 正式員工：Employee_Number、Employee_Name、Address、Date_Hired、Annual_Salary、Stock_Option。

● 契約顧問：Employee_Number、Employee_Name、Address、Date_Hired、Contract_Number、Billing_Rate。

請注意所有的員工類型都有幾項相同的屬性，包括 Employee_Number、Employee_Name、Address、Date_Hired。此外，每種類型也有一或多個屬性與其他類型不同（例如只有臨時工才有 Hourly_Rate）。如果在這種情況下開發概念資料模型，你可能會考慮 3 種選擇：

1. 定義一個名稱為 EMPLOYEE 的單一實體類型：雖然這個方法在概念上很簡單，但缺點是 EMPLOYEE 必須包含這 3 類員工的所有屬性。例如對臨時工的實例而言，如 Annual_Salary 與 Contract_Number 等屬性（選擇性屬性）就會是空值，或是沒有用到；開發時使用這個實體類型的程式也會比較複雜。

2. 為每個實體分別定義獨立的實體類型：這個方法將無法利用到員工的共同特性，而且使用者在使用系統時，必須要非常小心選擇正確的實體類型。

3. 定義超類型／子類型關係：定義超類型 EMPLOYEE，以及子類型 HOURLY EMPLOYEE、SALARIED EMPLOYEE 和 CONSULTANT。這個方法可以利用到所有員工的共同屬性，而且還能區別每種類型的不同特性。

圖 5-2 使用延伸式 ER 符號來表達 EMPLOYEE 超類型與 3 個子類型。由所有員工共享的屬性會放在 EMPLOYEE 實體類型，而每種子類型所特有的屬性則只包含在該子類型中。

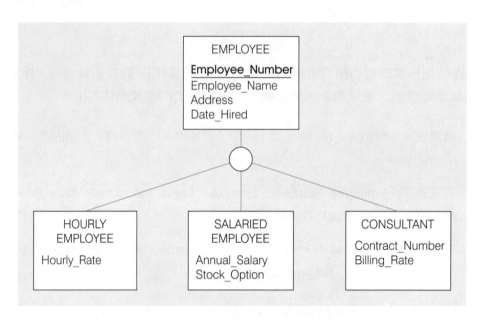

圖 5-2　有 3 個子類型的 Employee 超類型

屬性繼承

　　子類型本身也是種實體類型,子類型的實體實例則代表與超類型相同的實體實例。例如假設「劉文良」是 CONSULTANT 子類型的一個實例,則這個人一定也是 EMPLOYEE 超類型的一個實例。因此,子類型中的實體不只擁有本身屬性的值,也擁有其超類型屬性的值,包括識別子。

　　屬性繼承(attribute inheritance)這種特性,是指子類型的實體會繼承其超類型之所有屬性的值。這是個重要的特性,它使得子類型中不必重複納入超類型的屬性。

　　例如 Employee_Name 是 EMPLOYEE 的屬性(圖 5-2),而不是 EMPLOYEE 之子類型的屬性。因此,員工名稱「劉文良」是從 EMPLOYEE 超類型中繼承而來的。但是,這位員工的 Billing_Rate 則是 CONSULTANT 子類型的一個屬性。

　　我們已經確定子類型的成員,一定會是其超類型的成員。但反之也為真嗎?也就是說,超類型的成員,一定會是其中一或多個子類型的成員嗎?答案是未必,這必須取決於企業的情況。本章稍後將會討論這些不同的可能性。

何時使用超類型 / 子類型關係

是否要使用超類型 / 子類型關係，是建立資料模型者在每種情境下都必須面對的決策。當遇到下列情況時，就應該考慮使用子類型：

1. 有些屬性只適用於實體類型的某些（但不是全部）實例。例如圖 5-2 的 EMPLOYEE 實體類型。

2. 參與關係的子類型實例是該子類型所獨有的。

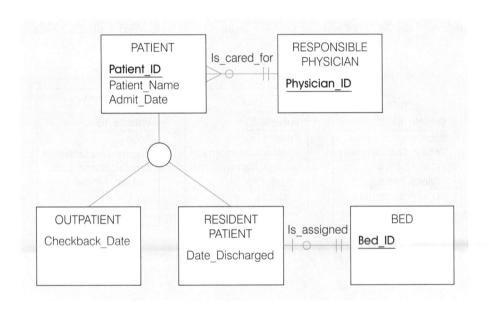

圖 5-3　醫院中的超類型 / 子類型關係

圖 5-3 的範例同時描述子類型關係在上述兩種情形中的使用情況。醫院的 PATIENT 實體類型有 2 種子類型（識別子為 Patient_ID）：OUTPATIENT（門診病人）與 RESIDENT PATIENT（住院病人）。所有病人都有 Admit_Date 與 Patient_Name 屬性。此外，每個病人都有為其所擬定治療計畫的 RESPONSIBLE PHYSICIAN 負責照顧。

每個子類型各自具有其特殊的屬性；門診病人有 Checkback_Date，而住院病人有 Date_Discharged。此外，住院病人還有一個獨特的關係，就是將每名病人指定到一張病床（這是個強制性關係，如果是連結到 PATIENT，則是選擇性的）。每張病床則可能有、也可能沒有指定病人。

5.1.2 特殊化與一般化的表示法

前面已經說明超類型／子類型關係的基本原則。但是在實際開發資料模型時，要如何知道使用這些關係的時機呢？答案是特殊化與一般化流程，可以用來作為發展超類型／子類型關係的思考模式。

一般化

一般化在資料塑模中，**一般化**（generalization）是指從一組較特殊化的實體類型中，定義出較一般性的實體類型的過程。因此，一般化是個由下而上的過程。

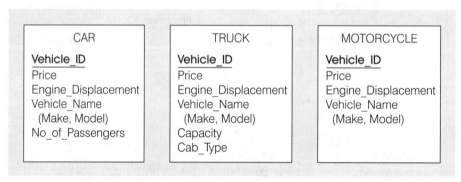

（a）3種實體類型：CAR 、 TRUCK 與 MOTORCYCLE

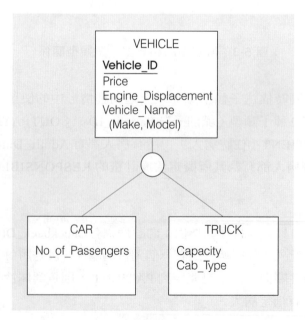

（b）VEHICLE 超類型的一般化

圖 5-4　一般化的範例

　　圖 5-4 是一個一般化的範例。在圖 5-4(a) 中定義了 3 個實體類型：CAR、TRUCK 與 MOTORCYCLE。一開始建立資料模型時，是將它們分別表達在 E-R 圖中。

　　後來經過詳細檢視後，發現這 3 個實體類型具有數個共同的屬性，包括 Vehicle_ID（識別子）、Vehicle_Name（包含 Make 與 Model）、Price 與 Engine_Displacement。因此可從這 3 個實體類型歸納出一個一般性的實體類型。

　　圖 5-4(b) 描述這個一般性的實體類型（稱為 VEHICLE），以及最後的超類型 / 子類型關係。其中 CAR 實體具有獨特的 No_of_Passengers 屬性，而 TRUCK 則有兩項獨特的屬性：Capacity 與 Cab_Type。

　　因此，一般化過程讓我們能夠將實體類型與其共同屬性聚集起來，同時又能夠保有每種子類型的特有屬性。

　　請注意 MOTORCYCLE 實體類型並沒有包含在這個關係中，這是因為它並不滿足前面討論的子類型條件。請比較圖 5-4(a) 與 圖 5-4(b)，可以發現 MOTORCYCLE 的所有屬性，都是交通工具所共有的屬性，而沒有自己獨有的屬性。此外，MOTOR-CYCLE 與其他實體類型並沒有關係，因此沒有必要再建立 MOTORCYCLE 子類型。

　　由於沒有 MOTORCYCLE 子類型的情況，因此可能會有某些 VEHICLE 實例不屬於它的任何一個子類型。在指定關係的限制一節中，將討論這種限制。

特殊化

　　如前所見，一般化是個由下而上的過程，而特殊化（specialization）則是一般化的相反，是個由上而下的過程。

　　假設已經定義了實體類型與其屬性，則特殊化是指為超類型定義一或多個子類型，並且形成超類型 / 子類型關係的過程。每個子類型都是根據子類型特有的一些屬性或關係等獨特特徵所形成。

　　圖 5-5 是特殊化的範例。圖 5-5(a) 是名稱為 PART 的實體類型，以及它的一些屬性。它的識別子為 Part_No，而其他屬性則包括 Description、Unit_Price、Location、Qty_on_Hand、Routing_Number 與 Supplier（最後一個是多值屬性，因為特定零件與單價可能會有一個以上的供應商）。

　　在與使用者討論後，發現零件有 2 種可能來源：有些是由內部製造，有些是向外界供應商採購的。此外，還發現有些零件可能包含這兩種來源，此時來源的選擇是取決於產能與零件單價等因素。

　　圖 5-5(a) 中有些屬性適用於所有零件，有些則與來源有關。例如，Routing_Number 只適用於自製零件，而 Supplier_ID 與 Unit_Price 則只適用於外購零件。因此最好將PART再加以特殊化，定義出子類型MANUFACTURED PART與PURCHASED PART（參見圖 5-5(b)）。

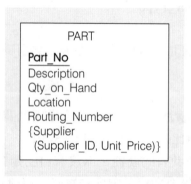

（a）PART 實體類型

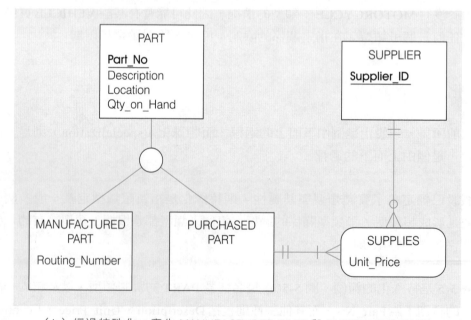

（b）經過特殊化，產生 MANUFACTURED PART 與 PURCHASED PART

圖 5-5　特殊化的範例

在圖 5-5(b) 中， Routing_Number 是結合到 MANUFACTURED PART。在建立資料模型時，原本打算將 Supplier_ID 與 Unit_Price 結合到 PURCHASED PART，但與使用者進一步討論後，決定另外在 PURCHASED PART 與 SUPPLIER 間建立新的關係（在圖 5-5(b)）中稱為 SUPPLIES）比較好，方便讓使用者能夠容易建立外購零件與其供應商間的關聯。

請注意 Unit_Price 屬性現在結合到 Supplies 關係，所以零件的單價可能會隨著供應商而改變。

結合特殊化與一般化

特殊化與一般化都是發展超類型／子類型關係時，非常有價值的技巧。在什麼時機應該使用哪種技巧，取決於問題領域本質、之前的塑模情況以及個人偏好等因素。最好隨時能夠應用這兩種方法，並且交替使用。

5.2 超類型／子類型關係中的指定限制

前面討論過超類型／子類型關係的基本觀念，並且介紹一些表達這些觀念的基本符號，同時也說明過一般化與特殊化的過程。本節將要另外介紹一些符號，用來表現超類型／子類型關係中的限制，這些限制能夠用來擷取這些關係中所應用的一些重要業務法則。本節所描述的最重要兩類限制，分別是完全性限制與分離性限制。

5.2.1 指定完全性限制

完全性限制（completeness constraint）處理的問題，是指超類型的實例是否必須至少也是一個子類型的成員。完全性限制有兩種可能的法則，分別是完全特殊化與部份特殊化。我們將使用本章 5-6 的範例來說明這些法則。完全特殊化法則（total specialization rule）會指定超類型的每個實體實例，都必須是關係中某個子類型的成員；而部份特殊化法則（partial specialization rule）則指定超類型的實體實例可以不必屬於任何子類型。

完全特殊化法則

圖5-6(a) 是重複圖5-3的PATIENT範例，並且加入完全特殊化的符號。本例的業務法則解讀如下：病人必須是門診病人或住院病人（該醫院中沒有其他類型的病人）。完全特殊化是由從 PATIENT 實體類型延伸到圓圈的雙線所表示（Microsoft Visio 的符號亦同）。

每次當新的PATIENT實例被新增到超類型時，就會有對應的實例新增到OUTPA-TIENT 或 RESIDENT PATIENT 中。如果是新增到 RESIDENT PATIENT，還會同時建立 Is_assigned 關係實例，將病人指定給某張病床。

部份特殊化法則

圖5-6(b) 是重複圖5-4的 VEHICLE 與其子類型 CAR 與 TRUCK 的範例。在本例中，機車是一種交通工具，但是在資料模型中並沒有表現為子類型。因此，如果交通工具是汽車，則必須要有CAR的實例，如果是卡車，則必須要有TRUCK的實例，但是如果是機車，則無法成為任何子類型的實例。這是部份特殊化的一個範例，是使用從 VEHICLE 超類型連向圓圈的單線來表達。

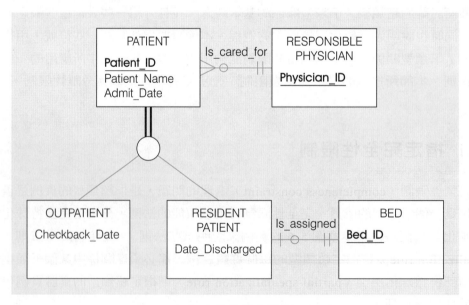

（a）完全特殊化法則

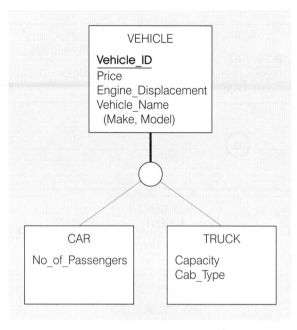

（b）部份特殊化法則

圖 5-6　完全性限制

5.2.2 指定分離性限制

分離性限制（disjointness constraint）處理的問題，是指超類型實例是否可以同時是兩個（或更多）子類型的成員。分離性限制有兩種可能的法則：分離性法則與重疊性法則。圖 5-7 是這些法則的範例。 分離性法則（disjoint rule）指定如果（超類型的）實體實例是某個子類型的成員，就不能同時是其他子類型的成員；而重疊性法則（overlap rule）則指定一個實體實例可以同時是兩個（或更多）子類型的成員。

分離性法則

圖 5-7(a) 是圖 5-6(a) 的 PATIENT 範例。此處所表達的業務法則如下：在任何時候，每位病人都必須是門診病人或住院病人，但不能同時兩者皆是。這是分離性法則，在圖中由圓圈中的「d」表示。請注意在該圖中，PATIENT 所屬的子類別可能會隨時間改變，但是在任一個時間點，PATIENT 都只屬於一種類型（Microsoft Visio 符號無法表示分離性或重疊性，通常使用文字工具在類別圓圈中加上「d」或「o」。）

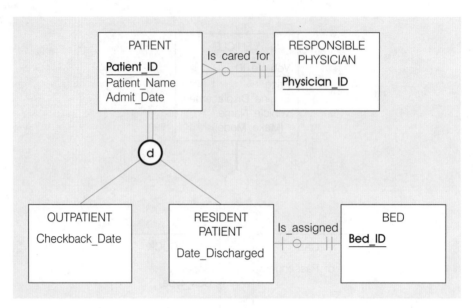

（a）分離性法則

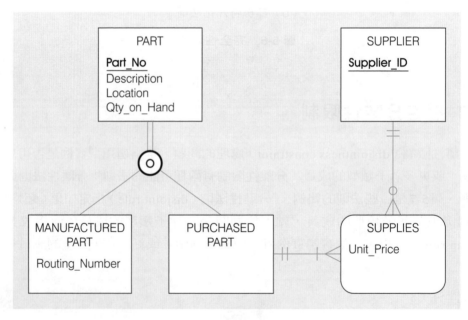

（b）重疊性法則

圖 5-7　分離性限制範例

重疊性法則

　　圖 5-7(b) 是 **PART** 實體類型與它的兩個子類型 **MANUFACTURED PART** 與 **PUR-CHASED PART**（圖 5-5(b)）。前面提過有些零件可能同時來自自製與外購。在本例

中，PART 的實例是特定的零件編號（亦即零件類型），而不是個別的零件（由識別子 Part_No 可以看出）。例如就零件編號 4000 而言，在某個時間點，此零件的庫存數可能是 250，其中 100 個為自製，剩餘 150 個為外購。在本例中並不需要追蹤個別零件，但是當必須追蹤個別零件時，每個零件要指定一個序號識別子，並且根據該零件是否存在，而將庫存量設為 1 或 0。

重疊性法則是以圓圈中的「o」來表示，如圖 5-7(b) 所示。請注意該圖中同時指定有完全特殊化法則，用雙線表示。因此，任何零件必須是自製或外購，也可能兩者皆是，但是沒有第三種來源。

5.2.3 定義子類型鑑別子

在超類型／子類型關係中，如果新增超類型的實例時，應該要將此實例新增到哪些子類型呢？通常這可以透過使用子類型鑑別子來決定。

子類型鑑別子（subtype discriminator）是超類型的一個屬性，可以透過其值來決定所屬的子類型。

分離性子類型

圖 5-8 是使用子類型鑑別子的範例。這個範例是針對圖 5-2 的 EMPLOYEE 超類型與其子類型。請注意在圖中加入了下列限制：完全特殊化與分離性子類型（disjoint subtype）。因此，每名員工必須是臨時工、正式員工或顧問的其中一種。

在超類型中有加入一個新屬性（Employee_Type），當作子類型鑑別子。當一名新員工被加入超類型時，這個屬性會填入下列三種值的其中一種：H（臨時工）、S（正式員工）或 C（顧問）。該實例會根據代碼，指定給適當的子類型。

圖 5-8 中也有用來指定子類型鑑別子的符號。從超類型到圓圈的線段旁有運算式「Employee_Type=」（條件敘述的左半邊）。用來選擇適當子類型的屬性值（在本例為 H、S 或 C）則是放在連到子類型的線段旁。舉例而言，條件敘述「Employee_Type=S」就會讓實體實例新增到 SALARIED EMPLOYEE 子類型中。

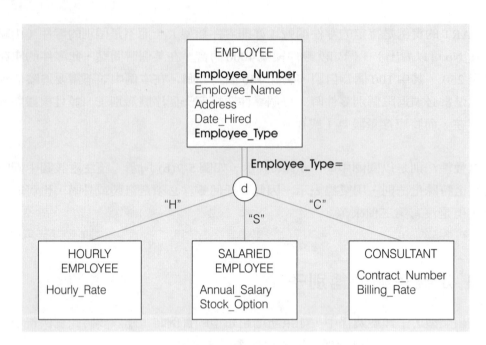

圖 5-8 　介紹子類型鑑別子（分離性法則）

重疊性子類型

當子類型重疊時，可以將前述方法稍加修飾當作子類型鑑別子。這是因為超類型的特定實例，可能會需要在不只一個子類型中新增實例。

圖 5-9 的 PART 與其重疊子類型是這種情況的一個範例。首先在 PART 中新增 Part_Type 屬性；這是個複合屬性，由 Manufactured?（自製）與 Purchased?（外購）兩個成份所構成。

這兩個成份屬性都是布林變數（亦即只有「Y」（是）與「N」（否）值）。當在 PART 中新增實例時，這些成份的編碼如下：

零件類型	Manufactured?	Purchased?
只有自製	Y	N
只有外購	N	Y
自製與外購	Y	Y

在本例中，指定子類型鑑別子的方法可以參考圖 5-9。請注意這個方法可以使用在任意數目的重疊性子類型中。

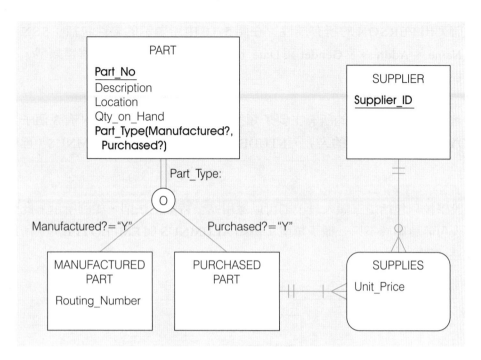

圖 5-9　子類型鑑別子（重疊性法則）

5.2.4 定義超類型／子類型階層

子類型也可能擁有自己的子類型（此時，該子類型會成為新定義之子類型的超類型）。超類型／子類型階層（supertype/subtype hierarchy）是對超類型與子類型的階層式安排，其中的每個子類型只有一個超類型。

超類型／子類型階層的範例參見圖5-10。為了簡化起見，本例與後面的大多數範例中都沒有顯示子類型的鑑別子。

範例

假設現在要建立某所大學的人力資源模型，而且是使用特殊化（由上而下的方式）來進行。

首先從階層的最上方開始，先建立最一般性的實體類型模型。本例最一般性的實體類型為 PERSON。

接著列出 PERSON 的所有屬性；在圖 5-10 中所顯示的屬性包括：SSN（識別子）、Name、Address、Gender 與 Date_of_Birth。階層最上方的實體類型，有時也稱為「根實體類型」（root）。

接著定義根實體類型的所有主要子類型。在本例中，PERSON 有 3 個子類型：EMPLOYEE（在學校工作的人）、STUDENT（上課的人）與 ALUMNUS（已經畢業的人）。

假設學校只包括這三類人員，則可以適用完全特殊化法則，如圖所示。此外，由於一個人可能會屬於不只一種子類型（例如 ALUMNUS 與 EMPLOYEE），所以會使用重疊性法則。

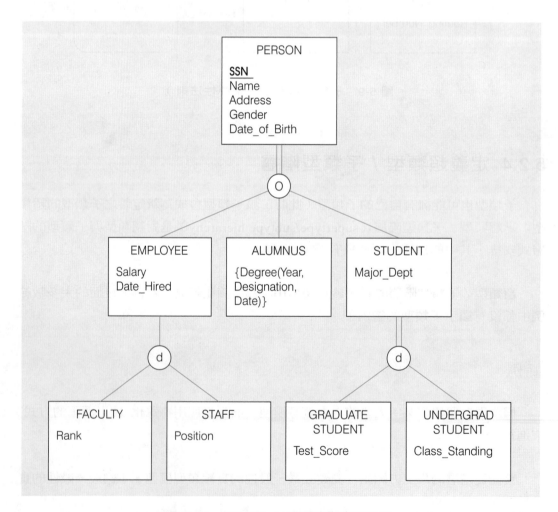

圖 5-10　超類型／子類型階層的範例

　　圖中顯示各個子類型的獨特屬性。因此，EMPLOYEE 的每個實例都會有 Date_Hired 與 Salary 的值，Major_Dept 是 STUDENT 的一項屬性，而 Degree（由 Year、Designation 與 Date 組成）則是 ALUMNUS 的屬性。

　　下一步是要評估，在已經定義的子類型中，是否有哪些適合做進一步的特殊化。在本例中，EMPLOYEE 又再分割為兩個子類型：FACULTY 與 STAFF。FACULTY 具有獨特的 Rank 屬性，而 STAFF 則具有獨特的 Position 屬性。

　　請注意，本例中 EMPLOYEE 子類型又成為 FACULTY 與 STAFF 的超類型。因為除了教職員外，可能還有其他的員工（例如學生助教），所以標示為部份特殊化法則。然而，員工不可能同時擔任教師與職員，所以在圓圈中標示出分離性法則。

　　STUDENT 也定義了 2 個子類型：GRADUATE STUDENT 與 UNDERGRAD STUDENT。UNDERGRAD STUDENT 具有 Class_Standing 屬性，而 GRADUATE STUDENT 則有 Test_Score 屬性。

　　請注意圖中指定了完全特殊化與分離性法則，這些限制的業務法則應該不難推論出來。

超類型 / 子類型階層總結

從圖 5-10 中，可以看出兩項與該階層所包含之屬性相關的特性：

1.　屬性會儘可能指定給階層中的最高邏輯層級。例如因為 SSN（社會安全號碼）適用於所有的人，所以被指定給根實體類型。另一方面，Date_Hired 只能適用於員工，所以指定給 EMPLOYEE。這個方法能確保屬性儘可能被最多的子類型所共享。

2.　在階層較低層級的子類型，不只會繼承它們上一層超類型的屬性，還會繼承階層內上面數層的超類型，直到根實體類型為止。例如在教師的實例中，會包含下列所有屬性的值：SSN、Name、Address、Gender 與 Date_of_Birth（來自 PERSON），Date_Hired 與 Salary（來自 EMPLOYEE），以及 Rank（來自 FACULTY)。

5.3 EER 塑模範例：三宜家具公司

第3章曾介紹過三宜家具的E-R圖範例（這份圖是以Microsoft Visio繪製而成的，參見圖5-11）。在研讀此圖時可能會想到以下三個問題：

1.　為什麼有些顧客並沒有在任何銷售區域採購？

2.　為什麼有些員工沒有監督其他員工，以及為什麼他們沒有被另一員工監督？還有為什麼有些員工沒有在工作中心工作？

3.　為什麼有些廠商沒有提供任何原料給三宜家具公司？

接下來我們會專注在這三項問題，說明如何使用超類型／子類型關係來更具體（語義上更豐富）的描述資料模型。

在對上述問題進行研究後，我們發現三宜家具有下列的業務法則：

1.　該公司有兩種顧客，一般顧客與全國性顧客。一般顧客只在本地銷售區域採購；而銷售區域也只有在至少有一名一般顧客時才存在。全國性顧客會有一名客戶經理負責。顧客可以同時是一般顧客與全國性顧客。

2.　該公司有兩種特殊的員工，主管與工會勞工。只有工會勞工會在工作中心工作，而主管負責監督工會勞工。除了主管與工會勞工外，還有其他類型的員工。工會勞工可能被擢升為主管，此時該名員工就不再是工會勞工了。

3.　三宜家具會記錄各個廠商，然而並不是所有廠商都曾經提供過原料給該公司。一旦廠商成為原料的正式供應商，就會有對應的合約編號。

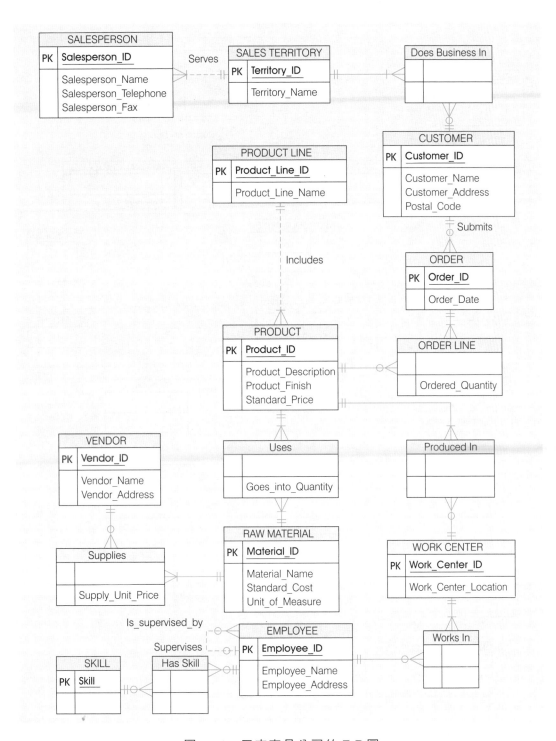

圖 5-11　三宜家具公司的 E-R 圖

　　上述業務法則可以用來將圖 5-11 的 E-R 圖修改為圖 5-12 的 EER 圖（我們在圖中移除了大多數的屬性，只留下那些觀察變動所必需的屬性）。分別說明如下：

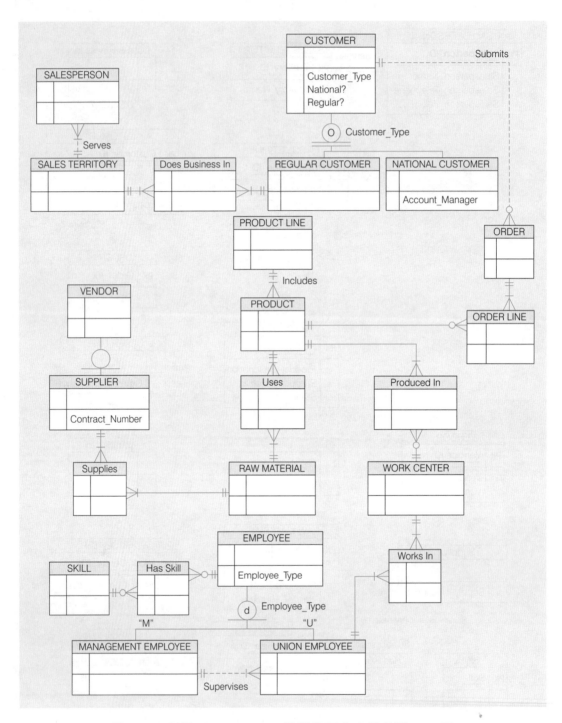

圖 5-12　利用 Microsoft Visio 繪製的三宜家具公司 EER 圖

1. 法則 1：CUSTOMER 透過重疊性的完全特殊化，可以分為 REGULAR CUSTOMER 與 NATIONAL ACCOUNT CUSTOMER，而 CUSTOMER 的複合屬性 Customer_Type（成份有 National 與 Regular）則是用來指定個別的顧客實

例是一般顧客、全國性顧客或兩者皆是。因為只有一般顧客會有固定的採購區域，所以只有一般顧客會參與 Does_Business_In 關係（聯合實體）。

2. 法則 2：EMPLOYEE 透過分離性的部份特殊化，可以分為 MANAGEMENT EMPLOYEE 與 UNION EMPLOYEE。EMPLOYEE 的 Employee_Type 屬性可以用來鑑別這兩種特殊類型的員工。因為除了這兩種員工外，還有其他類型的員工，所以是部份的特殊化。其中只有工會勞工會參與 Works_In 關係，但是所有工會勞工都在某個工作中心工作，所以靠近來自 UNION EMPLOYEE 之 Works_In 關係的最小基數是強制性的。因為員工無法同時擔任主管職與工會勞工職（雖然之後可能會改變狀態），所以是分離性的特殊化。

3. 法則 3：VENDOR 可以經由部份特殊化，成為 SUPPLIER，因為只有某些廠商能成為供應商；供應商（而非廠商）則擁有合約編號。因為 VENDOR 只有一種子類型，所以不需要指定分離性或重疊性法則；而所有供應商都一定會供應某些原料，所以在 Supplies 關係（Visio 中的聯合實體)中，RAW MATERIAL 旁的最小基數為 1。

前面的範例顯示在瞭解實體的一般化／特殊化之後，將 E-R 圖轉換為 EER 圖的方法。現在在這些資料模型中，不僅納入了超類型與子類型，還加入了包含鑑別子屬性在內的額外屬性，改變了最小基數（由選擇性改為強制性），並且將關係由超類型移到子類型中。

5.4 實體叢集化

有些企業資訊系統具有超過1000個實體類型與關係，我們要如何將這麼龐大的組織資料圖像呈現給開發人員與使用者呢？一個方式是建立多個 E-R 圖，分別顯示資料模型中的不同部份（可能會有重疊），例如分別對應到不同部門、應用系統、企業流程或分公司等。但這個方法缺乏整體的藍圖，所以並不適當。

實體叢集可以有效呈現複雜的大型組織之資料模型。所謂實體叢集（entity cluster）是指將一或多個實體類型與其相關關係的集合，聚集成為單一的抽象實體類型。因為實體叢集看似單一實體類型，所以實體叢集與實體類型還可以再進一步聚集，而形成更高階的實體叢集。實體叢集是巨觀層次的資料模型，可以一層層分解，形成越來越詳細的視界，最後得到完整的資料模型。

　　圖 5-13 是圖 5-12 三宜家具資料模型經過實體叢集化之後的一種可能結果。圖 5-13
(a) 是完整的資料模型，而陰影區域則環繞著可能的實體叢集。圖 5-13(b) 是將細部EER
圖轉換為只有實體叢集與關係之 EER 圖的最後結果（EER 圖中可能同時包含實體叢集
與實體類型，但在本圖中只有實體叢集）。本圖中包含下列實體叢集：

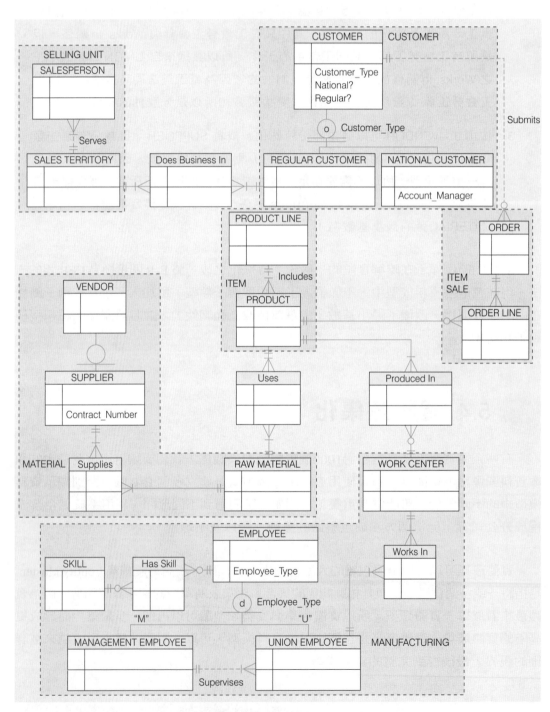

（a）可能的實體叢集（使用 Microsoft Visio）

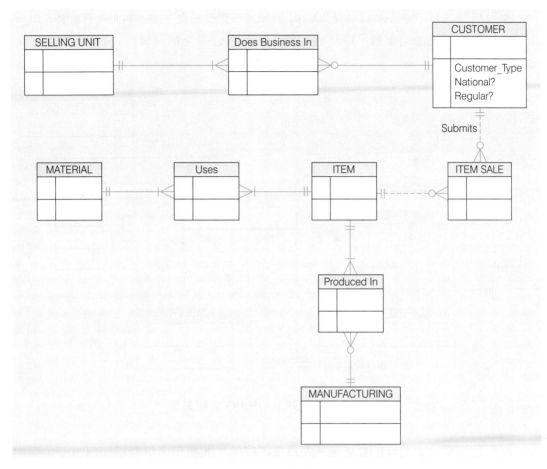

（b）實體叢集的 EER 圖（使用 Microsoft Visio）

圖 5-13　三宜家具公司的實體叢集

- SELLING UNIT：代表 SALESPERSON 與 SALES TERRITORY 實體類型，以及 Serves 關係。

- CUSTOMER：代表 CUSTOMER 實體超類型、它的子類型以及超類型與子類型間的關係。

- ITEM SALE：代表 ORDER 實體類型與 ORDER LINE 聯合實體，以及兩者間的關係。

- ITEM：代表 PRODUCT LINE 與 PRODUCT 實體類型，以及 Includes 關係。

- MANUFACTURING：代表 WORK CENTER 與 EMPLOYEE 超類型實體與其子類型，以及 Works In 聯合實體與 Supervises 關係，和介於超類型與子類型間的關係（圖 5-14 是展開 MANUFACURING 實體叢集之各成份後的圖）。

● MATERIAL：代表 RAW MATERIAL 與 VENDOR 實體類型， SUPPLIER 子類型，以
及 Supplies 聯合實體，以及 VENDOR 與 SUPPLIER 間的超類型 / 子類型關係。

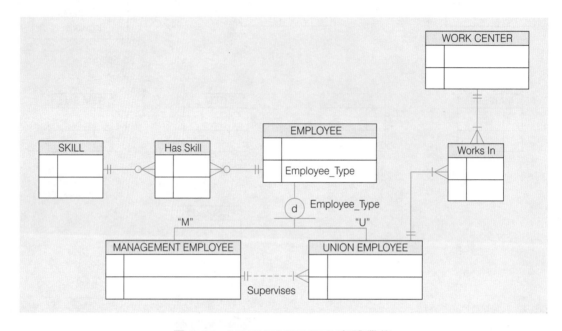

圖 5-14　MANUFACURING 實體叢集

使用如圖5-13與5-14的E-R圖，向負責不同領域的使用者解釋細節很方便。例如
倉管經理可從圖 5-13(b) 中看到與品項資料相關的生產資料（Produced_in 關係），而
圖5-14則顯示生產流程中關於工作中心與員工的細節。他並不需要看到像是SELLING
UNIT 中的銷售細節。

要形成圖5-13的實體叢集，是透過（1）超類型與子類型的抽象化（如CUSTOMER
實體叢集），以及（2）結合直接相關的實體類型與關係（如SELLING UNIT、ITEM、
MATERIAL與MANUFACURING實體叢集）這兩個步驟。 實體叢集的形成，也可以
透過結合強勢實體與相關的弱勢實體類型（在本例中沒有）。因為實體叢集是階層式
的，所以如果需要的話，也可以將 SELLING UNIT 與 CUSTOMER 實體叢集（兩者為
直接相關的實體叢集），以及 Does_business_in 關係，結合成另一個實體叢集，而構
成另一張 EER 圖。

實體叢集應該專注在某類使用者、開發人員或管理者所關心的領域。要將哪些實
體類型與關係聚集起來形成實體叢集，完全取決於當時的目的。也可以根據不同的焦
點，對完整的資料模型進行幾組不同的實體叢集。

5.5　套裝資料模型

由於時間效益的需求，現代企業幾乎不再是從無到有來打造資料模型，而是在專案一開始時採用套裝或事先定義好的資料模型，這種模型可能是所謂的統一資料模型或特定產業資料模型。然後再經過客製化修改的過程，產生符合組織業務法則的資料模型。

統一資料模型（universal data model）是可以重複使用，作為資料塑模專案起點的一般性資料模型或樣版資料模型，有些人將它們稱為資料模型樣式（pattern），類似程式語言中可再利用程式碼的樣式觀念。為什麼這種利用統一資料模型來進行資料塑模專案的做法，會越來越普遍呢？原因包括可藉助專業人員的經驗、縮短塑模時間、比較不會遺漏重要元件；而且統一資料模型廣泛使用超類別／子類別階層，有助於資料的再利用。

採用這種資料塑模方式的前提，是假設在同產業或同功能領域內，其資料模型的根本結構或企業模式是很相似的。雖然購買套裝資料模型及顧問服務並不便宜，但許多人認為整體的成本還是比較低，而且資料塑模的品質也比較好。

 ## 5.6　再探業務法則

雖然 ER 圖（與 EER 圖）可以用來表達某些類型的業務法則，例如本章所討論的超類型與子類型的參與及分離限制，但是仍然有許多其他類型的業務法則並不能用這種表示法來表達。

因此，本節將說明業務法則的一般架構，並且說明某些用 ER 與 EER 符號無法表達的重要法則類型。

5.6.1　業務法則的分類

業務法則有許多不同的類型，在第 3 章與本章中已經看過一些，例如實體間關係的相關法則（如基數值）、超類型／子類型關係的相關法則以及關於屬性與實體類型的事實（如定義）等。 業務法則主要可分為 3 種類型：衍生推論、結構化主張與行動主張。分別說明如下：

- 衍生推論（derivation）是從企業其他知識所衍生的敘述，最常見的是關於文字與事實的數學或邏輯推論。在資料塑模時，透過衍生推論可得到一些衍生事實。

- 結構化主張（structural assertion）則是表達組織中靜態結構的某些特性，E-R圖是表現結構化主張的常見方式。

- 行動主張（action assertion）是限制或控制組織行動的敘述。它是某些業務法則的特性，並且會陳述在什麼情況下，可以根據哪些業務法則進行特定的行動。

下面幾節將以圖 5-15 這個排課範例，舉例說明各種結構化主張和行動主張。圖 5-15 是這個範例的 E-R 模型，其中包含 4 個實體類型：FACULTY、COURSE、SECTION 與 STUDENT，以及這些實體類型間的關係與聯合實體。

請注意圖中的 SECTION 是個弱勢實體類型，因為它必須依賴 COURSE 實體類型而存在。SECTION 的識別關係是「Is_scheduled」，而它的部份識別子為 Section_ID（複合屬性）。為了簡化圖形，實體類型中只顯示必要的屬性。

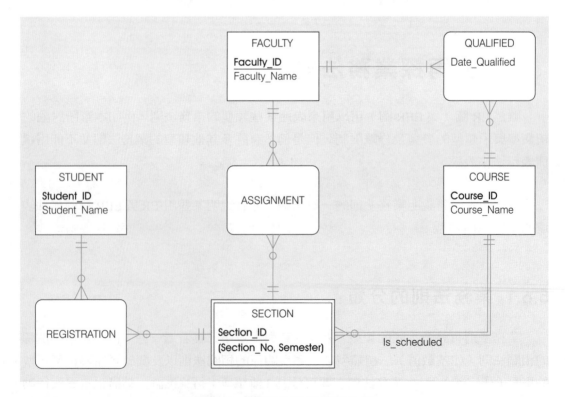

圖 5-15　排課的資料模型片段

5.6.2 結構化主張

結構化主張可以表示為專有名詞或事實（定義參見第 3 章），且專有名詞會在事實敘述中扮演某種角色。

結構化主張是對組織很重要的一些資訊，可能簡單到只是一個專有名詞或事實（敘述專有名詞之間的關係）的定義。下面是事實的 4 個範例：

1. 課程（course）是在特定主題中的一個教學模組。「課程」這個專有名詞的定義又結合了兩個專有名詞：教學模組與主題。假設這兩者是常見的專有名詞，不需要再進一步定義。

2. 學生姓名是學生的屬性。在圖 5-15 中，這項事實是由 STUDENT 實體類型中的 Student_Name 屬性來表示。

3. 學生可能選擇許多課堂（section），每堂課可能有許多學生選擇。這項事實表示實體類型在關係中的參與情況，在圖 5-15 中由 REGISTRATION 聯合實體來表示。學生與課堂都是需要定義的專有名詞。

4. 教師是學校的員工，雖然圖 5-15 中沒有顯示，但這項事實表明了教師子類別與其員工超類型間的超類型 / 子類型關係。

衍生事實

上面所描述的事實稱為基礎事實（base fact），亦即無法從其他專有名詞或事實衍生出來的最根本事實。另一種事實稱為衍生事實（derived fact），是透過演算法或推論，從業務法則中衍生出來的事實。我可以像處理基礎事實一樣地處理衍生事實。第 3 章所定義的衍生屬性，就是衍生事實的一個例子。下面是衍生事實的 2 個範例：

● Student_GPA = Quality_Points / Total_Hours_Taken
　Where Quality_Points =
　sum [他選修的所有課程
　(Credit_Hours * Numerical_Grade)]

在本例中，Student_GPA 是從其他的基礎與衍生事實所衍生的。Quality_Points 與 Total_Hours_Taken 也是衍生事實。在圖 5-15 中，Student_GPA 也可以是 STUDENT 的屬性。Numerical_Grade 是 REGISTRATION 的屬性，而 Credit_Hours 則是 COURSE 的屬性。

● 負責教學生的是指派到學生所選課堂的教師。從圖 5-15 的 E-R 圖中可以看出，要衍生出這個事實，可以先透過從 STUDENT 和 SECTION 的 REGISTRATION 聯合實體，再加上從 SECTION 到 FACULTY 的 ASSIGNMENT 聯合實體。

5.6.3　行動主張

結構化主張處理的是組織的靜態結構，而行動主張則是處理組織的動態面。行動主張會為資料處理加上「必須（必定不可）」與「應該（不應該）」的限制。行動主張是某些業務法則（稱為錨點物件（anchor object））的特性；就資料處理行動（action）（如新增、刪除、修改、或讀取）而言，行動主張則會陳述其他業務法則（稱為對應物件（corresponding object））應該如何作用在錨點物件上。

例如行動主張可能會敘述在什麼情況下，可以新增一名顧客，或是寫入一筆新的採購單。另一種常見的行動主張則是敘述某屬性可以使用哪些值（有時稱為值域限制）。下面是行動主張的一些範例：

● 課程（錨點物件）必須具有課程名稱（對應物件）。本例的行動是更新課程的課程名稱屬性。

● 學生（錨點物件）之 Student_GPA（對應物件）的值必須大於或等於 2.0。本例的錨點物件是結構化主張，但有時候錨點物件也可以是另一個行動主張。

● 學生選擇的課程，其課堂一定要有合格的教師（錨點物件是 REGISTRATION 聯合實體，對應物件是 QUALIFIED 聯合實體）。

5.6.4　業務法則的表達方式與強制實施

業務法則的表達方式有好幾種，常見的是圖形式（如 E-R 圖）與結構化語法兩種方式。本節將使用 2 個新的業務法則，來補充圖 5-15 的排課資料模型。

業務法則 1：要指派教師去講授某堂課時，該教師必須具備講授該課程的資格。

這個法則會參考到圖 5-15 的 3 種實體類型：FACULTY、SECTION 與 COURSE。問題在於一位教師是否能被指派去講授某堂課的課程，因此，錨點物件是 ASSIGN-MENT 聯合實體。我們並不限定教師或課堂，而是限定教師與課堂的指派關係。

圖5-16顯示有虛線從 ASSIGNMENT 連結到行動主張的符號。這個法則的對應物件是什麼呢？一位教師要被指派到某堂課，必須符合兩項條件：

1. 這名教師必須取得講授該課程的資格（這項資訊的記錄是 QUALIFIED 聯合實體），而且

2. 這堂課必須是排定為這個課程（這項資訊是記錄在 Is_scheduled 關係中）。

因此，在這個情況下會有兩個對應的物件。這項事實是由從行動主張符號連到這兩項物件的虛線所表示。

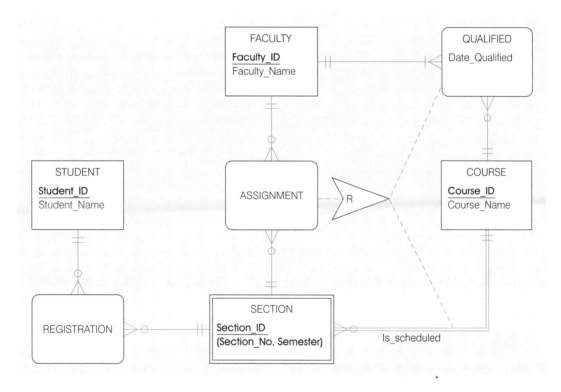

圖 5-16 業務法則 1：教師要被指派去講授一堂課時，必須具備講授該課程的資格（符號中的 R 表示「限定」（ Restricted ），這是限制的多種選項之一）

業務法則 2：教師要被指派去講授一堂課時，該教師被指派講授的課堂總數不能超過三門。

這個法則對教師在任意時間所能講授的課堂總數加上限制。如圖5-17所示，錨點物件仍是 ASSIGNMENT 聯合實體，但是在此例中，對應物件也是 ASSIGNMENT 聯合實體！更具體來說，它是指定給該教師之課堂總數的計數。

　　行動主張符號中的 **LIM** 代表「限制」（limit），由此離去之箭頭先指到裡面為 U 的圓圈，表示「上限」（upper）；第 2 個圓圈中間為 3，則代表上限的值。因此，這條限制的內容如下：「對應物件是指定給該教師的課堂數目，其上限為 3」。如果一位教師已經指定 3 堂課了，則任何試圖新增另一堂課的動作都會被拒絕。

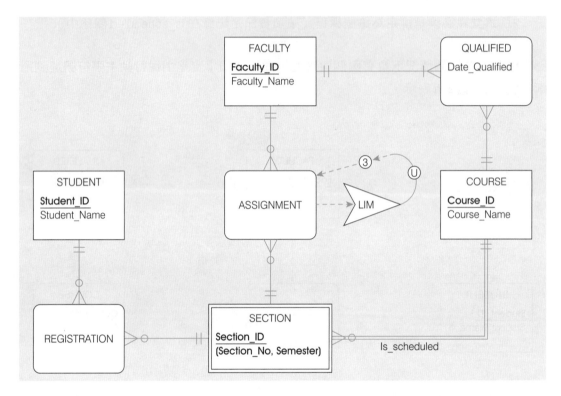

圖 5-17 業務法則 2：教師要被指派去講授一堂課時，所指派講授的課堂總數不能超過三門

　　另外，也可以使用 SQL 語言來實作上述業務法則，並且將這些法則儲存為資料庫定義的一部份。有一種使用 SQL 來實作法則的方式，就是使用 CREATE ASSERTION 敘述，這在大多數較新的版本（SQL2）中應該都有提供。

　　以業務法則 2 為例，下面敘述會建立一個稱為「Overload_Protect」的主張：

```
CREATE ASSERTION Overload_Protect
CHECK (SELECT COUNT (*)
FROM ASSIGNED
WHERE Faculty_ID = '12345') <= 3
```

　　這個敘述會檢查指定給特定教師的課堂總數，是否少於或等於上限（3）。資料庫管理系統（DBMS）會負責確保不違反這條限制。

本章摘要

● 超類型是與一或多個子類型間具有關係的一般性實體類型，而子類型則是在某個實體類型中，對組織有意義之一組實體的集合。

● 子類型會繼承超類型的屬性與關係。

● 在資料塑模時，超類型／子類型關係通常應該考慮是否有下列情況：一、有些屬性只適用於實體類型中的某些（但並非全部）實例；二、子類型的實例會參與該子類型所獨有的關係。

● 在開發超類型／子類型關係時，一般化與特殊化的技巧是很重要的思考模式。

● 一般化是由下而上的過程，從一組較特殊的實體類型中定義出一般性的實體類型。

● 特殊化則是由上而下的過程，從已經定義的超類型中，定義出一或多個子類型。

● EER 符號能夠捕捉到應用在超類型／子類型關係中的業務法則。

● 完全性限制是用來指定超類型的實例，是否必須至少是某個子類型的成員。

● 完全性限制可分為兩種情況：在完全特殊化中，超類型的實例必須至少是某個子類型的成員；而在部份特殊化中，超類型的實例可以不必是任意子類型的成員。

● 分離性限制是指定超類型的實例，是否能同時是兩個或更多子類型的成員。

● 分離性限制分為兩種情況：根據分離性法則，一個實例在任意時間都必須只能是一個子類型的成員；而根據重疊性法則，一個實體實例可以同時是兩個（或更多）子類型的成員。

● 子類型鑑別子是超類型的一個屬性；它的值可以用來決定超類型的實例是屬於哪些子類型。

- 超類型 / 子類型階層是超類型與子類型的階層式安排，但其中每個子類型也都只有一個超類型。

- E-R 圖可能包含數百項實體，實體叢集是種階層式的分解技巧，可以將 E-R 模型的一部份轉換成較巨觀的層次。

- 套裝資料模型可能是統一資料模型或特定產業資料模型。這類一般化的資料模型經常使用多層次的超類型 / 子類型階層與聯合實體。

- 業務法則可區分為 3 個主要類別：衍生推論、結構化主張與行動主張。

- 結構化主張定義組織的靜態結構，而行動主張則是限制組織動態運作的法則。

- 結構化主張是一個專有名詞或事實。

- 術語是關於業務觀念的定義，而事實則是敘述兩個或更多專有名詞間的關聯。

- 事實可能是基礎事實，或是由其他事實之數學或邏輯運算所得到的衍生事實。

- 行動主張是陳述某個業務法則（稱為錨點物件）的行動（例如新增、刪除、修改與讀取）會受到其他對應物件的限制。

詞彙解釋

- 延伸式實體 - 關係（enhanced entity-relationship， EER）模型：使用新塑模元件來延伸原本的 E-R 模型後，所得到的模型。

- 子類型（subtype）：在實體類型中對組織有意義的一組實體子集合，與其他不同子集合間有相同的屬性或關係。

- 超類型（supertype）：與一或多個子類型有關係的一般性實體類型。

- 屬性繼承（attribute inheritance）：子類型實體會繼承其超類型之所有屬性值的特性。

- 一般化（generalization）：從一組較特殊化的實體類型中，定義出較一般性的實體類型的過程。

- 特殊化（specialization）：為超類型定義一或多個子類型，並且形成超類型 / 子類型關係的過程。

- 完全性限制（completeness constraint）：處理「超類型的實例是否必須至少也是一個子類型成員」的一種限制。

- 完全特殊化法則（total specialization rule）：指定超類型的每個實體實例都必須是這種關係中的某個子類型成員。

- 部份特殊化法則（partial specialization rule）：指定超類型的實體實例可以不必屬於任何子類型。

- 分離性限制（disjointness constraint）：處理超類型實例是否可以同時是兩個（或更多）子類型成員的限制。

- 分離性法則（disjoint rule）：指定如果（超類型的）實體實例是某個子類型的成員，就不能同時是其他子類型的成員。

- 重疊性法則（overlap rule）：指定一個實體實例可以同時是兩個（或更多）子類型的成員。

- 子類型鑑別子（subtype discriminator）：超類型的一個屬性，其值會決定所屬的子類型。

- 超類型／子類型階層（supertype/subtype hierarchy）：超類型與子類型的階層式安排，其中的每個子類型只有一個超類型。實體叢集（entity cluster）：將一或多個實體類型與其相關關係的集合，聚集成為單一的抽象實體類型。

- 統一資料模型（universal data model）：可以重複使用，作為資料塑模專案起點的一般性資料模型或樣版（template）資料模型。

- 衍生推論（derivation）：從企業其他知識所衍生的敘述。

- 結構化主張（structural assertion）：表達組織靜態結構某些特性的敘述。

- 行動主張（action assertion）：限制或控制組織行動的敘述。

- 衍生事實（derived fact）：透過演算法或推論，從業務法則中衍生出來的事實。

- 錨點物件（anchor object）：行動受限制的業務法則（事實）。

- 行動（action）：可以在資料物件上執行的行動，例如新增、刪除、修改或讀取。

- 對應物件（corresponding object）：影響另一業務法則之行動執行能力的業務法則（事實）。

學習評量

選擇題

_____ 1. 子類型實體的名稱應該符合什麼條件？

   a. 是個單數名詞

   b. 以組織的特定用語為主

   c. 簡單明瞭

   d. 以上皆是

_____ 2. 下列限制何者是規範超類型的實例必須是某一個（而且是剛好一個）子類型的成員？

   a. 完全特殊化的分離性限制

   b. 部份特殊化的分離性限制

   c. 完全特殊化的重疊性限制

   d. 部份特殊化的重疊性限制

_____ 3. 下列限制何者是規範超類型的實例可能是多個子類型的成員，或者不一定是任何一個子類型的成員？

   a. 完全特殊化的分離性限制

   b. 部份特殊化的分離性限制

   c. 完全特殊化的重疊性限制

   d. 部份特殊化的重疊性限制

_____ 4. 下列有關業務法則的敘述何者為真？

   a. 業務法則應該要複雜一點

   b. 業務法則不應該可以轉換成電腦程式碼

   c. 業務法則可能會包含限制

   d. 以上皆是

_____ 5. 下列符號何者並未在 ERD 中使用？

    a. 矩形

    b. 橢圓

    c. 菱形

    d. 圓形

問答題

1. 請舉出超類型／子類型關係的一個範例（非本章的例子）。

2. 請針對下列各項分別舉出一個範例（非本章的例子）：

    a. 應用分離性法則的超類型／子類型關係

    b. 應用重疊性法則的超類型／子類型關係

3. 請為圖 5-10 的所有超類型加上子類型鑑別子，並列出指定給每個子類型實例的鑑別子的值。使用下列子類型鑑別子的名稱與值：

    a. PERSON: Person_Type (Employee?, Alumnus?, Student?)

    b. EMPLOYEE: Employee_Type (Faculty, Staff)

    c. STUDENT: Student_Type (Grad, Undergrad)

4. 假設將 PERSON 實體類型依照週末休閒興趣分類出 3 種子類型：CAMPER、BIKER 與 RUNNER。請為下列每種情況，分別繪出一份 EER 圖。

    a. 在任何時間，每個人都必須是這 3 種子類型其中的一種。

    b. 一個人可能是或不是這些子類型其中的一種。不過，屬於其中一個子類型的人不能同時屬於其他的子類型。

    c. 一個人可能是或可能不是這些子類型其中的一種。但另一方面，一個人也可能同時屬於其中任意兩個（或甚至三個）子類型。

    d. 每個人在任何時候，都至少必須屬於其中一個子類型。

5. 為了簡化起見，本章中許多圖形都省略了子類型的鑑別子。請在下列各圖中加入子類型鑑別子的標示，如果需要的話，可為鑑別子建立新的屬性。

   a. 圖 5-2

   b. 圖 5-3

   c. 圖 5-4(b)

   d. 圖 5-7(a)

   e. 圖 5-7(b)

06 CHAPTER

邏輯資料庫設計
與關聯式模型

本章學習重點

● 列出關聯表的 5 個特性

● 說明候選鍵的 2 個重要特性

● 定義出第一正規化型式、第二正規化型式與第三正規化型式

● 簡短描述合併關聯表時可能產生的 4 種問題

● 將 E-R（EER）圖轉換成邏輯上對等的一組關聯表

● 產生符合實體完整性與參考完整性限制的關聯表格

● 利用正規化將有異常的關聯表，分解成良好結構之關聯表

簡介

本章描述邏輯資料庫設計,並特別著重在關聯式資料模型。邏輯資料庫設計是一種將概念性資料模型(參見3到5章),轉換成邏輯資料模型的流程。

概念性資料塑模的重點在於瞭解組織的需求,邏輯資料庫設計的重點則是要建立穩定的資料庫結構,讓需求能得到正確的處理。兩者都是必須小心執行的重要步驟。雖然還有其他類型的資料模型,但基於兩個理由,本章特別著重在關聯式資料模型:

1. 關聯式資料模型是目前資料庫應用最常使用的一種。

2. 有些針對關聯式模型的邏輯資料庫設計原理,也可以應用在其他的資料模型中。

之前透過簡單的範例,已經非正式介紹過關聯式資料模型。不過請注意,關聯式資料模型只是邏輯資料模型的一種形式而已。因此,E-R資料模型並不代表就是關聯式資料模型,而E-R模型也可能未遵循建構一個良好關聯式資料模型所需的規則(稱為正規化)。

請牢記E-R模型是為了瞭解資料需求與業務法則而發展的,而不是為了建構資料庫處理所需的資料結構,後者是邏輯資料庫設計的目標。

本章會先定義E-R模型的重要用語與觀念,接著說明將E-R模型轉換成關聯式模型的流程。然後仔細講解正規化的觀念,正規化是一種用來設計具有良好結構之關聯表的流程,它是關聯式模型中很重要的邏輯設計觀念。最後說明如何合併關聯表。

邏輯資料庫設計的目標,是要將概念性設計,轉換成邏輯資料庫設計,以便能選擇某種DBMS加以實作。所產生的資料庫必須要能符合使用者對於資料分享、彈性以及容易存取等方面的要求。

 6.1 關聯式資料模型

關聯式資料模型最早是由一位IBM研究人員E. F. Codd,在1970年提出的。大約在1980年,才開始出現幾個商業化的關聯式DBMS(RDBMS)產品。目前RDBMS

已經成為資料庫管理的主要技術，而且已有數以百計的 RDBMS 商品，其適用的電腦也從個人電腦到大型主機都有。

6.1.1 基本定義

關聯式資料模型是以表格的形式來表達資料。由於關聯式模型是以數學理論為基礎，因此它有堅實的理論基礎。關聯式資料模型包括以下 3 個元件：

1. 資料結構：以列（row）與欄位（column）組成表格的形式來組織資料。

2. 資料操作：利用強大的運算（使用 SQL 語言）來操作儲存在關聯表中的資料。

3. 資料完整性：具有設定業務法則的工具，使得操作資料的同時，還能保有它們的完整性。

我們將於本節討論資料結構與資料完整性，而在第 8、9、10 這三章討論資料的操作。

關聯式資料結構

關聯表（relation）是一種具有名稱的二維資料表，每個關聯表（表格）包含一組具有名稱的欄位，以及任意數量但沒有名稱的列。屬性是關聯表中具有名稱的欄位，關聯表中的每一列對應一筆記錄，包含單一實體的資料（屬性）值。例如圖 6-1 是個名為 EMPLOYEE1 的關聯表，這個關聯表利用以下的屬性來描述員工：Emp_ID、Name、Dept_Name 及 Salary；表格中的 5 列對應到 5 位員工。請注意，在圖 6-1 中的範例資料是為了要展示 EMPLOYEE1 關聯表的結構，它們並非關聯表本身的一部份。也就是說，即使再加入其他的資料列到這個關聯表，它仍然是相同的 EMPLOYEE1 關聯表；而就算刪除一列也不會改變這個關聯表。

EMPLOYEE1

Emp_ID	Name	Dept_Name	Salary
100	林燕玲	行銷部	48,000
140	梁國元	會計部	52,000
110	陳裕安	資訊部	43,000
190	王仲華	財務部	55,000
150	許皓婷	行銷部	42,000

圖 6-1　含有範例資料的 EMPLOYEE1 關聯表

事實上，我們可以刪除圖 6-1 中所顯示的所有資料列，而 EMPLOYEE1 關聯表仍然存在。

我們可以用一種簡略的方式來表達關聯表的結構。首先寫出關聯表的名稱，後面跟著一對括弧，括弧中列出關聯表的屬性名稱。例如，EMPLOYEE1 可以寫成如下的形式：

　　EMPLOYEE1 (Emp_ID, Name, Dept_Name, Salary)

關聯鍵

我們必須要能夠根據儲存在列中的資料值，儲存與擷取關聯表中的某列資料。為了達成這個目標，每個關聯表必須有一個主鍵（primary key）。所謂主鍵是指可以唯一區別出關聯表中每一列資料的某個或某一組屬性。我們在屬性名稱加上底線，以標明出它是主鍵。例如，EMPLOYEE1 關聯表的主鍵是 Emp_ID，因此圖 6-1 的該屬性標有底線。現在這個關聯表的表達符號如下：

　　EMPLOYEE1 (Emp_ID, Name, Dept_Name, Salary)

主鍵的觀念與第 3 章定義的「識別子」一詞有關，在 E-R 圖中表示實體的識別子所用的屬性（或一組屬性），可能就是組成該實體所對應之關聯表的主鍵所用的屬性。但這有一些例外，例如聯合實體（associative entity）並不一定有識別子，而且弱勢實體（weak entity）的識別子只能構成弱勢實體的部份主鍵。此外，某種實體可能有好幾個屬性可充當主鍵。本章稍後會說明所有這些情況。

複合鍵（composite key）是由一個以上之屬性所組成的主鍵。例如，DEPEN-DENT 關聯表的主鍵可能是由 Emp_ID 與 Dependent_Name 合起來所組成，稍後有幾個複合鍵的範例。

通常在必須表達兩個關聯表之間的關係時，必須靠外來鍵來達成。外來鍵（foreign key）是資料庫中某個關聯表的一個或一組屬性，而它同時也是同一個資料庫中另一個關聯表的主鍵。以 EMPLOYEE1 與 DEPARTMENT 關聯表為例：

　　EMPLOYEE1 (Emp_ID, Name, Dept_Name, Salary)
　　DEPARTMENT (Dept_Name, Location, Fax)

Dept_Name屬性是EMPLOYEE1中的外來鍵，它讓使用者可以結合員工與員工所屬的部門。有些人是用虛線底線來強調某個屬性是外來鍵，例如：

EMPLOYEE1 (Emp_ID, Name, Dept_Name, Salary)

本章會在參考完整性一節詳細探討外來鍵。

關聯表的特性

前面定義關聯表示一種二維的資料表，然而並非所有的表格都是關聯表。關聯表有一些特性，不具備這些特性就不算是關聯表。這些特性條列如下：

1. 資料庫中的每個關聯表（或表格）都有唯一的名稱。

2. 每個列與欄位交集的項目是單元值（或單一值），關聯表中不能有多值屬性。

3. 每一列都是唯一的，關聯表中沒有兩列是完全一樣的。

4. 表格內的每個屬性（或欄位）都有唯一的名稱。

5. 欄位的順序（由左至右）是不重要的，關聯表中的欄位順序可以交換，而不會改變關聯表的意義或使用方式。

6. 列的順序（從頂端到底端）是不重要的，如同欄位一樣，關聯表中列的順序可以交換，或以任何一種順序來儲存。

自表格移除多值屬性

上面關聯表的第二個特性，規定關聯表中不可以有多值屬性；也就是說，含有多值屬性的表格就不能算是關聯表。例如，圖 6-2(a) 是顯示從EMPLOYEE1關聯表所延伸的員工資料，記錄員工可能已經修過的課程。因為一個員工可能修過一個以上的課程，因此 Course_Title 與 Date_Completed 是多值屬性，例如 Emp_ID 為 100 的員工就修了 2 門課。如果員工沒有修習任何課程，則 Course_Title 與 Date_Completed 屬性的值就會是空的（如 Emp_ID 為 190 的員工）。

Emp_ID	Name	Dept_Name	Salary	Course_Title	Date_Completed
100	林燕玲	行銷部	48,000	SPSS	6/19/2006
				Surveys	10/7/2006
140	梁國元	會計部	52,000	Tax Acc	12/8/2006
110	陳裕安	資訊部	43,000	Visual Basic	1/12/2006
				C++	4/22/2006
190	王仲華	財務部	55,000		
150	許皓婷	行銷部	42,000	SPSS	6/16/2006
				Java	8/12/2006

（a）含有重複群組的表格

EMPLOYEE2

Emp_ID	Name	Dept_Name	Salary	Course_Title	Date_Completed
100	林燕玲	行銷部	48,000	SPSS	6/19/200X
100	林燕玲	行銷部	48,000	Surveys	10/7/200X
140	梁國元	會計部	52,000	Tax Acc	12/8/200X
110	陳裕安	資訊部	43,000	Visual Basic	1/12/200X
110	陳裕安	資訊部	43,000	C++	4/22/200X
190	王仲華	財務部	55,000		
150	許皓婷	行銷部	42,000	SPSS	6/19/200X
150	許皓婷	行銷部	42,000	Java	8/12/200X

（b）EMPLOYEE2 關聯表

圖 6-2　消除多值屬性

我們在圖 6-2(a) 中的空格填入相關的資料值，以消除多值屬性，如圖 6-2(b) 所示。結果6-2(b) 的表格中就只有單一值屬性，因此可符合關聯表的單元值特性，這個新關聯表被命名為 EMPLOYEE2 。不過這個新關聯表仍然有一些問題。

6.1.2 範例資料庫

關聯式資料庫中可包含任意個數的關聯表，而資料庫的結構是透過概念性綱要（參見第2章）來描述，它指定資料庫的整體邏輯結構。常用來表達概念性綱要的方法有兩個：

1. 文字敘述：每個關聯表有個名稱，在名稱後面的括弧中列出它的屬性名稱，其優點是簡單。

2. 圖形表達：每個關聯表以一個包含關聯表屬性的方框來表示，其優點是在參考完整性限制方面具有較佳的意義表達能力。

　　圖 6 - 3 是三宜家具公司資料庫中的 4 個關聯表綱要，這 4 個關聯表是
CUSTOMER 、 ORDER 、 ORDER_LINE 以及 PRODUCT，每一格是該關聯表的屬
性，其中的主鍵屬性有劃上底線。

圖 6-3　三宜家具公司資料庫之四個關聯表的綱要

以下是這些關聯表綱要的文字敘述：

　　CUSTOMER(Customer_ID,Customer_Name,Customer_Address,City,
　　　　　County,Postal_Code)
　　ORDER(Order_ID,Order_Date,Customer_ID)
　　ORDER LINE((Order_ID,Product_ID,Ordered_Quantity)
　　PRODUCT(Product_ID,Product_Description,Product_Finish,Standard_Price,
　　　　　Product_Line_ID)

　　請注意 ORDER LINE 的主鍵是一種複合鍵，包含 Order_ID 與 Product_ID 屬性。
Customer_ID 是 ORDER 關聯表中的外來鍵，讓使用者可結合訂單與下這個訂單的客
戶。 ORDER LINE 有 2 個外來鍵：Order_ID 與 Product_ID 。這兩個外來鍵讓使用者
將訂單中的每筆細目與相關的訂單及產品結合。

CUSTOMER表格

Customer_ID	Customer_Name	Customer_Address	City	County	Postal_Code
1	德和家具	建國路101號	鳳山市	高雄縣	830
2	雅閣家具	常春路202號	恆春鎮	屏東縣	946
3	瑞成家飾	信義路一段33號	中壢市	桃園縣	320
4	冠品家具	中山路二段64號	三重市	台北縣	241
5	吉霖家具	重慶街105號	新化鎮	台南縣	712
6	嘉美家飾	仁愛路166號	埔里鎮	南投縣	545
7	新茂家具	博愛街117號	竹北市	新竹縣	302
8	富鈺家具	東門街88號	新營市	台南縣	730
9	宜品家飾	民享路79號	岡山鎮	高雄縣	820
10	大昌家具	和平西路10號	美濃鎮	高雄縣	843
11	尚美家飾	忠孝路211號	板橋市	台北縣	220
12	博愛家具	西門街12號	池上鄉	台東縣	958
13	新雅寢具	中華路213號	北港鎮	雲林縣	651
14	永安家具	玉山街114號	布袋鎮	嘉義縣	625
15	大發家具	漢口路315號	竹南鎮	苗栗縣	350

（a）

ORDER_LINE表格

Order_ID	Product_ID	Order_Quantity
1001	1	2
1001	2	2
1001	4	1
1002	3	5
1003	3	3
1004	6	2
1004	8	2
1005	4	4
1006	4	1
1006	5	2
1006	7	2
1007	1	3
1007	2	2
1008	3	3
1008	8	3
1009	4	2
1009	7	3
1010	8	10

（b）

ORDER表格

Order_ID	Order_Date	Customer_ID
1001	10/21/2006	1
1002	10/21/2006	8
1003	10/22/2006	15
1004	10/22/2006	5
1005	10/24/2006	3
1006	10/24/2006	2
1007	10/27/2006	11
1008	10/30/2006	12
1009	11/5/2006	4
1010	11/5/2006	1

（c）

PRODUCT表格

Product_ID	Product_Description	Product_Finish	Standard_Price	Product_Line_ID
1	茶几	櫻桃木	5250	1
2	咖啡桌	天然梣木	6000	2
3	電腦桌	天然梣木	11250	2
4	視聽櫃	天然楓木	19500	3
5	寫字桌	櫻桃木	9750	1
6	8抽書桌	白色梣木	22500	2
7	餐桌	天然梣木	24000	2
8	電腦桌	胡桃木	7500	3

（d）

圖 6-4　關聯式綱要的實例（三宜家具公司）

　　圖6-4是這資料庫的某個實例，這張圖顯示帶有範例資料的4個表格，請特別注意外來鍵是如何結合不同的表格。在關聯式綱要中附帶範例資料其實是很好的方法，因為以下3個理由：

1. 範例資料提供一種很便利的方法，讓你檢查設計的正確性。

2. 當與使用者討論你的設計時，範例資料可提升溝通品質。

3. 你可以用範例資料來開發雛形應用系統，並且用來測試查詢的動作。

 # 6.2 完整性限制

　　關聯式資料模型包括幾種類型的限制或業務法則，它們的目的是為了要方便維護資料庫中有關資料的正確性與完整性。主要的完整性限制包括值域限制（domain constraint）、實體完整性（entity integrity）、參考完整性（referential integrity）。

6.2.1 值域限制

　　出現在關聯表欄位中的所有值，必須出自相同的值域。值域指的是可以指派給屬性的一組值。值域的定義通常包含幾個部份：值域名稱、意義、資料型態、大小（長度），以及可允許的值或範圍（不一定有）。表6-1顯示圖6-3與圖6-4中各個屬性的值域定義。

表 6-1　幾個屬性的值域定義

屬性	值域名稱	描述	值域
Customer_ID	Customer_IDs	所有可能的客戶 ID 集合	字元：長度 5
Customer_Name	Customer_Names	所有可能的客戶名稱集合	字元：長度 25
Customer_Addres	Customer_Addresses	所有可能的客戶地址集合	字元：長度 30
City	Cities	所有可能的市集合	字元：長度 20
County	States	所有可能的縣集合	字元：長度 20
Postal_Code	Postal_Codes	所有可能的郵遞區號集合	字元：長度 3
Order_ID	Order_IDs	所有可能的訂單 ID 集合	字元：長度 5
Order_Dates	Order_Date	所有可能的訂單日期集合	日期格式 mm-dd-yy
Product_ID	Product_IDs	所有可能的產品 ID 集合	字元：長度 5
Product_Description	Product_Descriptions	所有可能的產品說明集合	字元：長度 25
Product_Finish	Product_Finishes	所有可能的產品外裝集合	字元：長度 15
Standard_Price	Standard_Prices	所有可能的單價集合	貨幣：6 位數
Product_Line_ID	Product_Line_IDs	所有可能的產品細目編號集合	整數：3 位數
Ordered_Quantity	Quantities	所有可能的訂購數量集合	整數：3 位數

6.2.2 實體完整性

實體完整性規則的設計是為了要確保每個關聯表都有一個主鍵，而且該主鍵的資料值都是有效的，特別是要保證每個主鍵屬性都不是虛值（null）。

以下會有兩種可能的情況會導致屬性無法指定資料值：

1. 沒有可用的資料值：假設現在需要填自己的傳真號碼，而你沒有傳真號碼，因此只好讓這個欄位空白。

2. 要指定值的當時不知道資料值為何：假設現在需要填某個電話號碼，但你已經不記得這個號碼，你可能就會讓它空下來，因為你不知道這份資訊。

關聯式資料模型允許我們在這種情況下，可以指定虛值（null）給屬性。虛值就是當我們沒有其他值可用，或不知道可用的值為何的時候，用來指定給屬性的一種值。事實上，虛值並不是一種值，而是一種缺值的情況，因此它與數值 0 或空白字串是不一樣的。

請注意：主鍵值不可以為虛值。因此實體完整性限制（entity integrity rule）的聲明如下：任何的主鍵屬性（或主鍵屬性的成份）都不可以是虛值。

6.2.3 參考完整性

在關聯式資料模型中，表格之間的結合要透過外來鍵來定義。例如圖 6-4 中，為了定義 CUSTOMER 與 ORDER 表格之間的結合，要以 Customer_ID 屬性當作 ORDER 中的外來鍵。因此，當我們在 ORDER 表格中新增一列資料時，該訂單的客戶必須已經存在 CUSTOMER 表格中。如果你檢查圖 6-4 之 ORDER 表格，就會發現每個訂單的客戶號碼都已經出現在 CUSTOMER 表格中了。

參考完整性限制（referential integrity rule）是一種規則，用以維護兩個關聯表之資料列間的一致性。

這個規則聲明，如果一個關聯表中有個外來鍵，則每個外來鍵的值都必須在另一個關聯表中找到一個主鍵值與之相配，否則外來鍵的值就必須是虛值。你可以檢查圖 6-4 中的表格，看它是否有符合參考完整性規則。

參考完整性限制的圖形表達方法是畫出從外來鍵到它所結合的主鍵的箭頭。圖 6-5 是圖 6-3 加上參考完整性限制後所產生的關聯表綱要，對綱要中的每個箭頭都必須定義它的參考完整性限制。

你如何知道一個外來鍵是否可以為虛值呢？如果每筆訂單都必須有一位客戶（關係是強制性），則 ORDER 關聯表上的 Customer_ID 外來鍵不可以為虛值。如果關係是選擇性的，則外來鍵就可以為虛值。

在定義資料庫時，必須指定外來鍵是否可以為虛值。事實上，這個決定需要仔細思考。例如，假設要刪除原本有下訂單的客戶資料，那相關的訂單資料該怎麼處理？這可能有 3 種處理方式：

1. 刪除相關的訂單（稱為連鎖刪除，cascading delete）。如此一來，失去的不只是客戶資料，還包括所有的銷售資料。

2. 禁止刪除客戶，除非先刪除其所有的訂單（安全檢查）。

3. 指定虛值給外來鍵。這會造成一種例外情形；雖然產生訂單時一定要有 Customer_ID 值，但稍後如果相關的客戶被刪除了，則其 Customer_ID 可以變成虛值。

我們在第 8 章描述 SQL 資料庫查詢語言時，將可看到這些處理方式要如何實作。

6.2.4　建立關聯式表格

本節要建立圖 6-5 顯示之 4 個表格的表格定義，這些定義是利用 SQL 資料定義語言的 CREATE TABLE 敘述產生的，結果如圖 6-6 所示。通常這些表格定義會在資料庫開發流程中的實作階段產生。

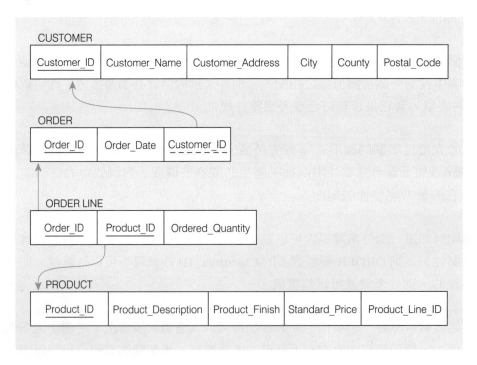

圖 6-5　參考完整性限制（三宜家具公司）

圖 6-6 中包括定義每個表格，以及各表格的每個屬性。請注意每個屬性的資料型態與長度是取自表 6-1 的值域定義。例如，CUSTOMER 關聯表的 Customer_Name 屬性定義成 VARCHAR（變動長度的字元）的資料型態，長度為 25 。而設定 NOT NULL 則是規定該屬性不可以指定為虛值。

各個表格的主鍵是在該表格定義的結尾，利用 PRIMARY KEY 子句來設定。例如
ORDER_LINE 中有展示如何設定由複合屬性組成的主鍵，它的主鍵是由 Oreder_ID 與
Product_ID 組成的。這 4 個表格的主鍵都使用 NOT NULL 來限制成不可以為虛值，這正
是前一節所說的實體完整性限制。請注意，NOT NULL限制也可以用在非主鍵的屬性上。

```
CREATE TABLE    CUSTOMER
        (CUSTOMER_ID            VARCHAR(5)      NOT NULL,
        CUSTOMER_NAME           VARCHAR(25)     NOT NULL,
        CUSTOMER ADDRESS        VARCHAR(30)     NOT NULL,
        CITY                    VARCHAR(20)     NOT NULL,
        COUNTY                  VARCHAR(20)     NOT NULL,
        POSTAL_CODE             CHAR(3)         NOT NULL,
PRIMARY KEY     (CUSTOMER_ID);

CREATE TABLE    ORDER
        (ORDER_ID               CHAR(5)         NOT NULL,
        ORDER DATE              DATE            NOT NULL,
        CUSTOMER_ID             VARCHAR(5)      NOT NULL,
PRIMARY KEY     (ORDER_ID),
FOREIGN KEY     (CUSTOMER_ID) REFERENCES     CUSTOMER (CUSTOMER_ID);

CREATE TABLE    ORDER_LINE
        (ORDER_ID               CHAR(5)         NOT NULL,
        PRODUCT_ID              CHAR(5)         NOT NULL,
        ORDERED_QUANTITY        INT             NOT NULL,
PRIMARY KEY     (ORDER_ID, PRODUCT_ID),
FOREIGN KEY     (ORDER_ID) REFERENCES     ORDER (ORDER_ID),
FOREIGN KEY     (PRODUCT_ID) REFERENCES     PRODUCT (PRODUCT_ID);

CREATE TABLE    PRODUCT
        (PRODUCT_ID             CHAR(5)         NOT NULL,
        PRODUCT_DESCRIPTION     VARCHAR(25),
        PRODUCT_FINISH          VARCHAR(12),
        STANDARD_PRICE          DECIMAL(8,2)    NOT NULL,
        PRODUCT_LINE_ID         INT             NOT NULL,
PRIMARY KEY     (PRODUCT_ID);
```

圖 6-6　SQL 表格定義

利用圖 6-5 所示的圖形式綱要，很容易就可以定義出參考完整性限制。圖中每個
箭頭都從每個外來鍵出發，並且指到所結合之關聯表的相關主鍵，在 SQL 表格定義
中，FOREIGN KEY REFERENCES 敘述就對應到每個這些箭頭。以 ORDER 表格為例，
CUSTOMER_ID 外來鍵就對應到 CUSTOMER 的主鍵，該主鍵的名稱也叫做
CUSTOMER_ID。雖然這個例子的外來鍵與主鍵名稱一樣，但不一定都會這樣，例如
外來鍵屬性的名稱也可能命名為CUST_NO，而不是CUSTOMER_ID，不過外來鍵與
主鍵一定都要出自相同的值域。ORDER_LINE表格同時含有2個外來鍵，它同時參考
ORDER 與 PRODUCT 表格。

6.2.5 良好結構的關聯表

　　到底什麼條件方可構成良好結構之關聯表？所謂**良好結構之關聯表**（well-structured relation）是含有最小的重複性的表格設計，讓使用者能新增、修改、刪除關聯表中的資料列，而不會有錯誤或不一致。例如 EMPLOYEE1（圖 6-1）就是屬於這種關聯表，這個表格的每一列包含一位員工的資料，而且任何針對員工資料的修改（例如改變薪資），都只侷限於表格的某一列。

　　相反地，圖 6-2(b) 的 EMPLOYEE2 就不是一種良好結構之關聯表。例如，對於編號為 100、110 及 150 的員工，其 Emp_ID、Name、Dept_Name 及 Salary 的值都出現在兩列之中，因此，如果我們想要變更 100 號員工的薪資，就必須同時在兩列中記錄這個事實（有些員工甚至需要更多列）。

　　當使用者試圖要更新有重複資料的表格時，可能會導致錯誤或不一致（稱為異常，anomaly）。有三種可能的異常類型：新增、刪除及修改。

1. 新增異常（insertion anomaly）：圖 6-2 中 EMPLOYEE2 關聯表的主鍵是由 Emp_ID 與 Course_Title 組成，因此如果要新增一筆員工資料，就必須提供 Emp_ID 與 Course_Title 的值（因為主鍵值不可以為虛值或不存在）。這是一種異常，因為在新增一筆員工資料的時候，應該可以只輸入員工資料，而不必提供課程資料。

2. 刪除異常（deletion anomaly）：假設從這個表格刪除編號 140 的員工資料，結果導致該員工在 12/8/2006 曾修過某課程的資訊也會被一併刪除。

3. 修改異常（modification anomaly）：假設編號 100 的員工加薪，則必須修改該員工的每列資料（出現了 2 列）；否則資料將會不一致。

EMPLOYEE2

Emp_ID	Name	Dept_Name	Salary	Course_Title	Date_Completed
100	林燕玲	行銷部	48,000	SPSS	6/19/200X
100	林燕玲	行銷部	48,000	Surveys	10/7/200X
140	梁國元	會計部	52,000	Tax Acc	12/8/200X
110	陳裕安	資訊部	43,000	Visual Basic	1/12/200X
110	陳裕安	資訊部	43,000	C++	4/22/200X
190	王仲華	財務部	55,000		
150	許皓婷	行銷部	42,000	SPSS	6/19/200X
150	許皓婷	行銷部	42,000	Java	8/12/200X

由這些異常可看出，EMPLOYEE2不是良好結構之關聯表。這個關聯表的問題是它包含2種實體的資料：EMPLOYEE與COURSE。

假如使用正規化理論（稍後描述），將EMPLOYEE2分割成2個關聯表，可產生EMPLOYEE1關聯表（圖6-1）與EMP_COURSE關聯表。EMP_COURSE關聯表連同它的範例資料出現在圖6-7，這個關聯表的主鍵是由Emp_ID與Course_Title組成。

請檢查圖6-7，確認EMP_COURSE關聯表確實不會有以上的三種異常，因此它算是良好結構之關聯表。

Emp_ID	Course_Title	Date_Completed
100	SPSS	6/19/200X
100	Surveys	10/7/200X
140	Tax Acc	12/8/200X
110	Visual Basic	1/12/200X
110	C++	4/22/200X
150	SPSS	6/19/200X
150	Java	8/12/200X

圖 6-7　EMP_COURSE

6.3 將 EER 圖轉換為關聯表

在邏輯設計時，必須將概念性設計期間所發展的E-R（及EER）圖轉換成關聯式資料庫綱要。這個流程的輸入是實體關係（以及加強版的E-R）圖，也就是在第3-5章所學的；而輸出則是本章前兩節所描述的關聯式綱要。

將E-R圖轉換（或對應）成關聯表是相當直覺的流程，有定義完善的一組規則可用。事實上，許多CASE工具可以自動執行許多轉換的步驟。但重要的是你要瞭解這個流程的步驟，這有3個理由：

1. CASE工具通常無法塑模比較複雜的資料關係，例如三元關係與超類型 / 子類型關係。遇到這些情況就必須手動執行這些步驟。

2. 有時候會有其他的選擇方案需要你來挑選。

3. 要能對CASE工具產生的結果進行品質檢查。

　　以下的討論將以第 3-5 章的範例，來展示轉換的步驟。現在複習一下當時所討論的 3 種實體類型：

1. 一般實體：獨立存在，通常代表真實物件的實體，例如個人與產品。這種實體類型以單線方框表示。

2. 弱勢實體：不可以單獨存在，除非與某個擁有者（一般）實體有識別關係（identifying relationship）。這種實體類型以雙線方框表示。

3. 聯合實體：由其他類型實體之間的多對多關係形成的。這種實體類型的表示方式是以單線方框來框住菱形的關係符號。

將 E-R 圖轉換成關聯表的步驟摘要整理如下：

1. 對應一般實體

2. 對應弱勢實體

3. 對應二元關係

4. 對應聯合實體

5. 對應一元關係

6. 對應三元（以及 n 元）關係

7. 對應超類型 / 子類型關係

6.3.1 步驟 1：對應一般實體

　　首先將 ER 圖中的每個一般實體類型，轉換成一個關聯表；關聯表的名稱通常指定與該實體類型的名稱一樣；實體類型中的每個單一屬性將變成關聯表的屬性，而實體類型的識別子就會變成對應關聯表的主鍵。記得確認這個主鍵是否滿足識別子的條件。

　　圖 6-8(a) 是取自第 3 章（請參考圖 4-13）三宜家具公司 CUSTOMER 實體類型，其對應的 CUSTOMER 關聯表如圖 6-8(b) 所示。為了簡化圖形，本節都只顯示每個關聯表的其中幾個重要屬性。

（a）CUSTOMER 實體類型

CUSTOMER

Customer_ID	Customer_Name	Customer_Address	Postal_Code

（b）CUSTOMER 關聯表

圖 6-8　對應一般實體：CUSTOMER

複合屬性

當一般實體類型有複合屬性時，只要在新的關聯表中加入複合屬性的單一成份屬性即可。例如圖 6-9 是圖 6-8 範例的另一種變形，它的 Customer_Address 是一種複合屬性，成份包括 Street、City、County、Postal_Code（請參閱圖 6-9(a)），此實體所對應的 C U S T O M E R 關聯表如圖 6 - 9 (b)，只包含單一的地址屬性。雖然 Customer_Name 在圖 6-9(a) 中塑模成單一屬性，但你應該知道它也可能塑模成包含 Last_Name 與 First_Name 的複合屬性。單一屬性可增進資料的可存取性，有利於資料品質的維護工作。

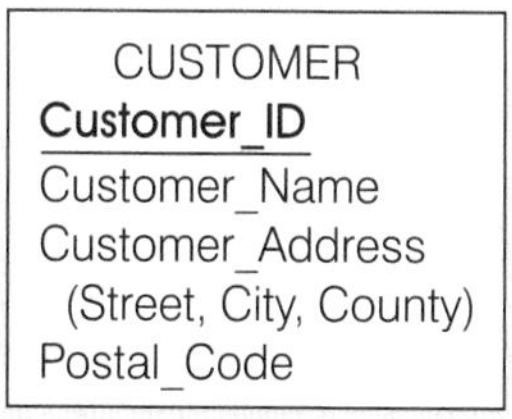

```
CUSTOMER
Customer_ID
Customer_Name
Customer_Address
  (Street, City, County)
Postal_Code
```

（a）含複合屬性的 CUSTOMER 實體類型

CUSTOMER

Customer_ID	Customer_Name	Street	City	County	Postal_Code

（b）含地址明細的 CUSTOMER 關聯表

圖 6-9　對應複合屬性

多值屬性

當一般實體類型包含多值屬性時，就會產生 2 個新的關聯表（而非 1 個）：

1. 第一個關聯表包含該實體類型的所有屬性，除了多值屬性以外。

2. 第二個關聯表包含兩個屬性，而且這兩個屬性構成第二個關聯表的主鍵。兩個屬性中的第一個來自第一個關聯表的主鍵，演變成第二個關聯表的外來鍵；第二個來自多值屬性。第二個關聯表的名稱應該要能表達多值屬性的意義。

這個程序的範例如圖 6-10 所示，以三宜家具公司的 **EMPLOYEE** 實體類型為例。如圖 6-10(a) 所示，**EMPLOYEE** 有個多值屬性：Skill。圖 6-10(b) 顯示所產生的 2 個關聯表：

1. 第一個關聯表稱為 EMPLOYEE，主鍵是 Employee_ID。

2. 第二個關聯表稱為 EMPLOYEE_SKILL，它有 2 個屬性 Employee_ID 與 Skill，而且也構成這個關聯表的主鍵。外來鍵與主鍵的關係則如圖中的箭號所示。

（a）含多值屬性的 EMPLOYEE 實體類型

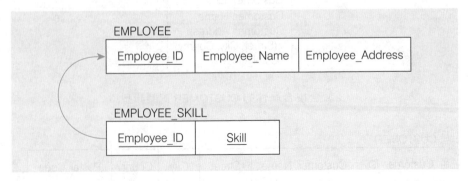

（b）對應多值屬性

圖 6-10　對應含有多值屬性的實體

EMPLOYEE_SKILL 關聯表不含任何非鍵的屬性，每列資料只用以記錄一個事實：某位員工擁有某種特別的技能。另外，在這個關聯表中還可加入新的屬性，例如 Years_Experience 及（或）Certification_Date 可能很適合。

6.3.2 步驟 2：對應弱勢實體

弱勢實體類型不能單獨存在，它的存在必須藉由與另一個稱為擁有者的實體類型有識別關係。弱勢實體類型沒有完整的識別子，但必須有個稱為部份識別子的屬性，讓每個擁有者實體可以區分它所擁有的各個弱勢實體。

以下的程序假設已經在第 1 步驟期間，產生了那些對應識別實體類型的關聯表。如果尚未產生那些關聯表，現在就利用步驟 1 所描述的程序來加以產生。

現在先為每個弱勢實體類型產生一個新的關聯表，並將所有的單一屬性（或複合屬性的每個單一成份）變成關聯表的屬性。然後加入識別關聯表的主鍵，當作新關聯表的外來鍵屬性。新關聯表的主鍵，則由識別關聯表的主鍵與弱勢實體類型之部份識別子組合而成。

例如圖 6-11(a) 顯示 DEPENDENT 弱勢實體類型，以及它的識別實體類型 EMPLOYEE，以識別關係 Has 連結（參見圖 3-5）。

請注意 Dependent_Name 屬性是這個關聯表的部份識別子，它是由 First_Name 及 Last_Name 等成份所組成的複合屬性。因此如果給定一個 employee，則這些項目就可以唯一識別出一個 dependent（但是員工的眷屬不能同名）。

圖 6-11(b) 顯示這 2 個對應 E-R 圖的關聯表，DEPENDENT 的主鍵包含 4 個屬性：Employee_ID、First_Name、Middle_Initial 及 Last_Name。Date_of_Birth 與 Gender（性別）是非鍵屬性，而外來鍵與其主鍵的關係如圖中的箭號所示。

有另外一種做法可用來簡化 DEPENDENT 關聯表之主鍵：產生一個新的屬性（稱為 Dependent#），當作圖 6-11(b) 中的代理鍵（surrogate key）。這種做法的 DEPENDENT 關聯表將會有以下的屬性：

DEPENDENT(Employee_ID, Dependent#, First_Name, Middle_Initial, Last_Name, Date_of_Birth, Gender)

Dependent#只是個序號，指定給員工的每位撫養親屬。這種解決方式將能確保每位撫養親屬都會有唯一的識別方式。

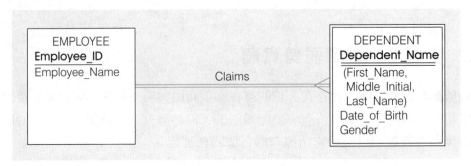

（a）弱勢實體 DEPENDENT

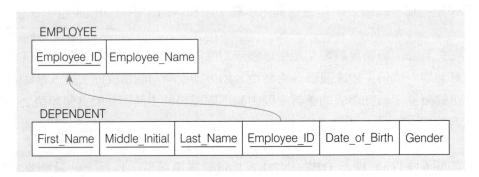

（b）由弱勢實體產生的關聯表

圖 6-11　對應弱勢實體的範例

6.3.3　步驟 3：對應二元關係

表示關係要同時根據關係的向度（一元、二元、三元）及關係的基數來進行。接下來將討論幾種常見的情況。

對應二元的一對多關係

對於每個二元的一對多(1:M)關係，首先利用步驟1所描述的程序為參與這個關係的兩個實體類型各產生一個關聯表。接下來，將關係基數為 1 之實體的主鍵屬性，加到關係基數為 M（多）之關聯表中，此屬性便成為關係基數為 M 之關聯表的外來鍵。

以三宜家具在 CUSTOMER 與 ORDER 關聯表之間的 Submits 關係（請參考圖 4-13）為例。這個 1:M 的關係如圖 6-12(a) 所示（只顯示部份的屬性），結果如圖 6-12 (b)，圖中對應含有 1:M 關係的實體類型。其中 CUSTOMER（單基數方）的主鍵 Customer_ID 成為 ORDER（多基數方）的外來鍵。外來鍵的關係以箭號表示。

（a）CUSTOMER 與 ORDER 關聯表之間的關係

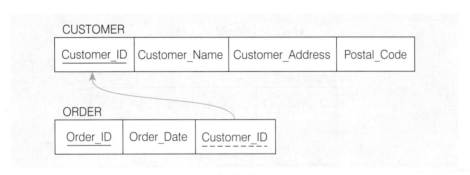

（b）對應這個關係

圖 6-12　對應 1:M 關係的範例

對應二元的多對多關係

假設 A 實體類型與 B 實體類型之間有個二元的多對多（M:N）關係，針對這種關係，我們產生一個新的關聯表 C，並納入參與這個關係之實體類型的主鍵，成為 C 的外來鍵屬性，這些屬性也會變成 C 的主鍵；而任何與 M:N 關係結合在一起的非鍵屬性也要加入 C 關聯表中。

例如圖 6-13(a) 是圖 3-11(a) 之 EMPLOYEE 與 COURSE 這兩個實體類型之間的 Completes 關係。圖 6-13(b) 顯示由這些實體類型與 Completes 關係所形成的 3 個關聯表（EMPLOYEE、 COURSE 及 CERTIFICATE）。在 M:N 關係中，首先，為 EM-PLOYEE 及 COURSE 等一般實體類型各自產生一個關聯表，然後為 Completes 關係產生一個關聯表（圖 6-13(b) 中的 CERTIFICATE）。其中 CERTIFICATE 的主鍵是由 Employee_ID 與 Course_ID 組合而成，它們各來自於 EMPLOYEE 與 COURSE 的主鍵，

這些屬性都是各自指到對應主鍵的外來鍵。非鍵屬性 Date_Completed 也出現在 CER-TIFICATE 關聯表中。

如果將 Completes 表示為一個聯合實體,如圖 3-11(b),也會得到類似的結果,但是聯合實體部份將留待後面的章節再處理。

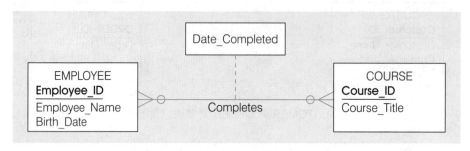

（a）Completes 關係（M:N）

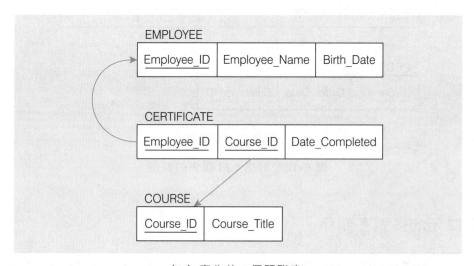

（b）產生的 3 個關聯表

圖 6-13　對應 M:N 關係的範例

對應二元的一對一關係

二元的一對一關係可以視為一對多關係的特殊案例,對應這種關係到關聯表需要 2 個步驟:

1. 替參與這個關係的實體類型,各自產生其關聯表。

2. 將其中一個關聯表中的主鍵,設定成另一個關聯表的外來鍵。

在 1:1 的關係中，其中一個方向幾乎總是選擇性的，而另一個方向則是強制性的。外來鍵應該要加在選擇性那一方的關聯表中，而這個外來鍵則是代表強制性那一方的實體類型，這樣就可避免在外來鍵屬性中儲存虛值的需要。而所有與關係本身所結合的屬性也要納入外來鍵所在的關聯表中。

圖 6-14 顯示這個程序的應用範例，圖 6-14(a) 是 NURSE 與 CARE CENTER 實體類型之間的二元一對一關係。

因為每個看護中心一定要有至少一個護士負責，因此從 CARE CENTER 到 NURSE 的結合關係是強制要有 1 個，而從 NURSE 到 CARE CENTER 的結合關係則是選擇性的 1 個（因為護士可能會、也可能不會負責一個看護中心）。而 Date_Assigned 屬性則是附著在 In_charge 關係中。

這個關係的對應結果如圖 6-14(b) 所示，NURSE 與 CARE CENTER 關聯表分別來自它們的實體類型。因為 CARE CENTER 是選擇性的關係參與者，所以將外來鍵放在它那邊。

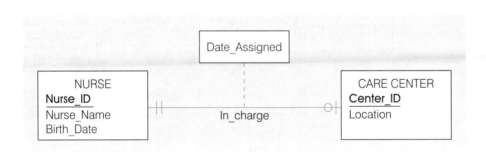

（a）二元的 1:1 關係 In_charge

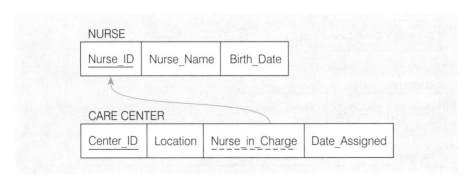

（b）對應的關聯表

圖 6-14　對應二元的一對一關係

這個外來鍵稱為 Nurse_in_Charge。它的值域與 Nurse_ID 一樣，而它與主鍵的關係如圖中的箭號所示。Date_Assigned 屬性也位於 CARE CENTER 中，而且不可以為虛值。

6.3.4　步驟 4：對應聯合實體

在第 4 章提過，對於多對多關係可能會選擇設計成 E-R 圖中的聯合實體。這種做法最適合在使用者可以很容易將這種關係想成一種實體類型，而非 M:N 的關係時採用。對應聯合實體與對應 M:N 關係所牽涉到的步驟其實是一樣的，如步驟 3 所述。

首先是要產生 3 個關聯表：前 2 個關聯表來自參與的實體類型，第 3 個則是聯合實體的對應關係；我們將那個由聯合實體形成的關聯表稱呼為聯合關聯表（associated relation）。下一步則取決於 E-R 圖上是否有指定識別子給這個聯合實體。

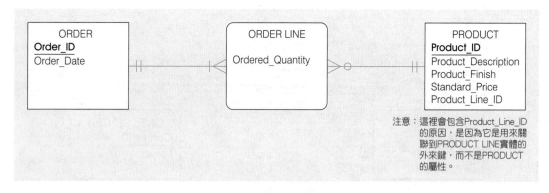

（a）聯合實體

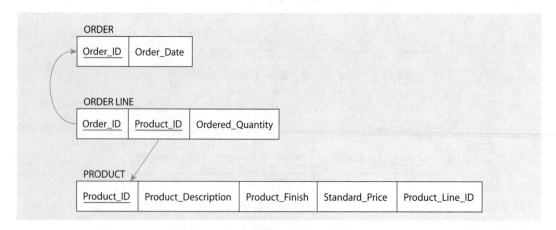

（b）3 個對應關聯表

圖 6-15　對應聯合實體

沒有指定識別子

如果沒有指定識別子，則聯合關聯表的預設主鍵，是由另外兩個關聯表的兩個主鍵屬性所構成，這些屬性也會是參考到另外兩個關聯表的外來鍵。

這種情況的範例如圖 6-15 所示。圖 6-15(a) 顯示三宜家具公司的聯合實體 ORDER LINE，它連結 ORDER 與 PRODUCT 實體類型（請參考圖 4-13）。圖 6-15(b) 顯示它們對應出來的 3 個關聯表，請注意這個範例與圖 6-13 所示 M:N 關係範例很相似。

有指定識別子

有時在設計時，會替 E-R 圖上的聯合實體類型指定一個識別子，稱為代理識別子（surrogate identifier）或代理鍵（surrogate key）。可能的原因有 2 個：

1. 該聯合實體天生就有一個使用者非常熟悉的識別子。

2. 預設的識別子（包含每個參與實體類型的識別子）可能無法唯一區分聯合實體的實例。

要對應這種情況的聯合實體，其流程修改如下：如之前一樣，產生一個新的（聯合）關聯表，來表示這個聯合實體。但這個關聯表的主鍵設成 E-R 圖上所指定的識別子（而非預設鍵），然後加入 2 個參與實體類型的主鍵當作聯合關聯表中的外來鍵。

這個流程的範例如圖 6-16 所示。圖 6-16(a) 顯示 SHIPMENT 聯合實體類型，它連結 CUSTOMER 與 VENDOR 實體類型，並且選擇利用 Shipment_ID 當作 SHIPMENT 的識別子，這有 2 個理由：

1. 對於這個實體，Shipment_ID 是非常自然的識別子，終端使用者對它非常熟悉。

2. 由 Customer_ID 與 Vendor_ID 組成的預設識別子，無法唯一區分出 SHIPMENT 的實例。事實上，一個廠商可能會出好幾次貨給某個客戶。即使加入 Date 屬性也不能保證具有唯一性，因為一個廠商也可能在一天內出好幾次貨給某個客戶。但代理鍵 Shipment_ID 就可以唯一識別出每次出貨。

與 SHIPMENT 結合在一起的非鍵屬性有 Shipment_Date 與 Shipment_Amount。

這個實體的對應結果如圖 6-16(b) 所示。新的聯合關聯表稱為 SHIPMENT ，它的主鍵是 Shipment_ID ， Customer_ID 與 Vendor_ID 也納入為這個關聯表的外來鍵，而 Shipment_Date 與 Shipment_Amount 則是它的非鍵屬性。

（a）SHIPMENT 聯合實體

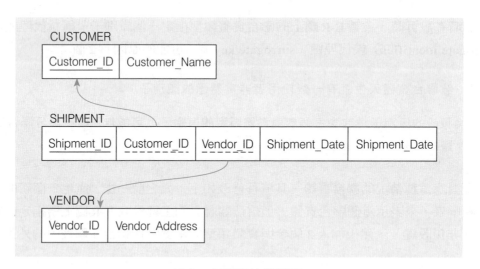

（b）3 個對應的關聯表

圖 6-16 對應含有識別子的聯合實體

6.3.5 步驟 5：對應一元關係

第 4 章將一元關係定義成單一實體類型之實例之間的關係，一元關係又稱為遞迴關係（recursive relationship）。最重要的兩種一元關係是一對多與多對多，我們將分別加以討論，因為這兩種的對應方式有點不同。

一元的一對多關係

先利用步驟 1 所描述的流程，將一元關係中的實體類型對應成一個關聯表。然後在同一個關聯表中加入一個外來鍵屬性，用以參考主鍵的值（這個外來鍵的值域必須

與主鍵的值域一樣）。**遞迴式外來鍵**（recursive foreign key）就是參考到同一個關聯表之主鍵值的外來鍵。

圖 6-17(a) 顯示一個稱為 Manages 的一元一對多關係，它結合組織中的每個員工與該員工的主管（另一位員工）。每個員工只會有一個主管，而某個員工可能管理 0 或多個員工。

這種實體與關係的對應結果，如圖 6-17(b) 的 EMPLOYEE 關聯表。這個關聯表中的（遞迴式）外來鍵稱為 Manager_ID，這個屬性的值域與 Employee_ID 主鍵的值域一樣。

此關聯表的每一列都包含以下的員工資料：Employee_ID、 Name、 Birthdate 及 Manager_ID（也就是這名員工之主管的 Employee_ID）。請注意 Manager_ID 是一個外來鍵，它參考到 Employee_ID。

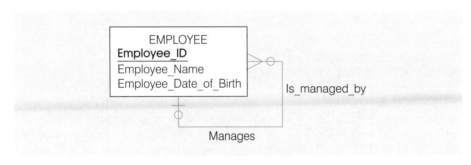

（a）含有一元關係的 EMPLOYEE 實體

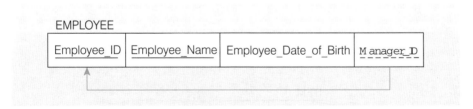

（b）含有遞迴式外來鍵之 EMPLOYEE 關聯表

圖 6-17　對應一元的 1:N 關係

一元的多對多關係

對於這種關係，要產生 2 個關聯表：一個代表這個關係的實體類型，另一個代表 M:N 關係本身的聯合關聯表。

聯合關聯表的主鍵是由 2 個屬性組成，這些屬性（名稱不一定要相同）的值都是來自另一個關聯表的主鍵。這個關係的非鍵屬性也要加入這個聯合關聯表中。

對應一元 M:N 關係的範例如圖 6-18 所示。圖 6-18(a) 顯示物料清單關係，其中的品項是由其他品項或元件組合而成（參見圖 3-13）。這個關係（稱為 Contains）是 M:N，因為某品項可能包含數個元件品項；反過來，某個品項可能用來當作其他品項的元件。

這個實體與關係的對應結果，如圖 6-18(b) 所示的關聯表。ITEM 關聯表是直接從 ITEM 實體類型對應來的，而 COMPONENT 是個聯合關聯表，它的主鍵包含兩個屬性 Item_No 與 Component_No 。

其中 Quantity 屬性是 COMPONENT 關聯表的非鍵屬性，記錄每個品項含有多少數量的元件品項。請注意 Item_No 與 Component_No 都要參考到 ITEM 關聯表的主鍵（Item_No）。

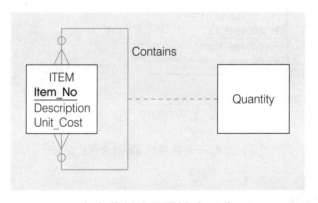

（a）物料清單關係（M:N）

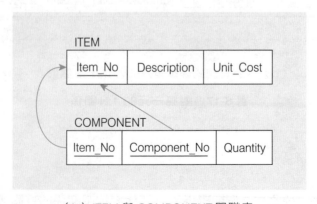

（b）ITEM 與 COMPONENT 關聯表

圖 6-18　對應一元的 M:N 關係

我們可以很容易的查詢以上的關聯表，就可得知某個品項的元件。以下的SQL查詢將會列出100號品項的直接元件（與它們的數量）：

```
SELECT Component_No,Quantity
FROM COMPONENT
WHERE Item_No = 100;
```

6.3.6 步驟 6：對應三元（以及 n 元）關係

三元關係是 3 個實體類型之間的關係。之前在第 4 章曾建議將三元關係轉換成聯合實體，以便能更精確的表達出參與限制。

為了對應一個連結 3 個一般實體類型的聯合實體類型，我們要產生一個新的聯合關聯表。這個關聯表的預設主鍵，是由 3 個參與實體類型的主鍵屬性所組成（有時候還需要額外的屬性，以形成具有唯一性的主鍵）。然後這些屬性扮演外來鍵的角色，個別參考到參與之實體類型的主鍵。聯合實體類型的所有屬性也會變成這個新關聯表的屬性。

對應三元關係（表示成聯合實體類型）的範例如圖 6-19 所示。圖 6-19(a) 的 E-R 圖表示「病人」接受「醫師」的「治療」。這個聯合關係實體 PATIENT TREATMENT 的屬性包括 Treatment_Date、Treatment_Time 及 Results。這些屬性的值會記錄在 PATIENT TREATMENT 的每個實例中。

這個視界的對應結果如圖 6-19(b) 所示，Patient_ID、Physician_ID 及 Treatment_Code 等主鍵屬性變成 PATIENT TREATMENT 中的外來鍵，這些屬性是 PATIENT TREATMENT 的主鍵成份，但它們還無法唯一識別出單一的治療事件，因為一個病人可能多次接受同一個醫師的治療。

如果將 Date 屬性也變成主鍵的一部份（加上其他 3 個屬性），就可形成主鍵嗎？如果一個病人一天內只能接受特定醫師的治療一次，那答案就是肯定的；但現實情況並非如此。例如一個病人可能早上接受一次治療，然後在下午又接受一次同樣的治療。

為了解決這個問題，我們將 Time 也納入為主鍵的成份，因此，PATIENT TREATMENT 的主鍵就包含 5 個屬性，如圖 6-19(b) 所示：Patient_ID、

Physician_ID、Treatment_Code、Date 及 Time。這個關聯表中唯一非鍵的屬性就只剩下 Results。

　　雖然這個主鍵在技術上是正確的，但它很複雜，因此很難管理，而且容易出錯。較好的做法是引進一種代理鍵，如 Treatment#。這是一個可以唯一識別出每次治療的序號。此時這 5 個屬性就變成 PATIENT TREATMENT 關聯表的外來鍵。另一種類似的做法是利用本章最後所描述的企業鍵（enterprise key）。

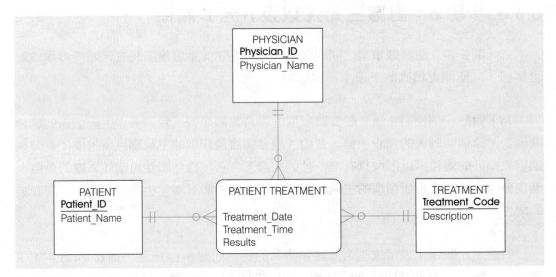

（a）含有聯合實體的三元關係 PATIENT TREATMENT

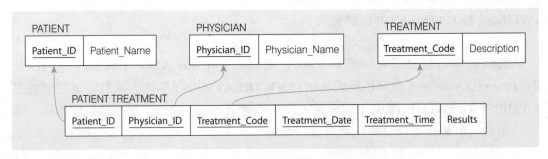

（b）對應三元關係 PATIENT TREATMENT

圖 6-19　對應三元的關係

6.3.7　步驟 7：對應超類型 / 子類型關係

　　關聯式資料模型並不直接支援超類型 / 子類型關係。以下是在關聯式資料模型中，要表達這類關係最常使用的一種方式：

1. 為超類型產生一個個別的關聯表，並為它的每個子類型也產生對應的關聯表。

2. 指定所有超類型之成員所共有的屬性，給超類型對應的關聯表，包括主鍵。

3. 針對各子類型所對應的關聯表，指定超類型的主鍵以及該子類型的獨特屬性。

4. 指定超類型的一或多個屬性來當作子類型的鑑別子（參見第5章）。

這個流程的應用範例如圖6-20與6-21所示。圖6-20顯示含有HOURLY EMPLOYEE、SALARIED EMPLOYEE及CONSULTANT等子類型的EMPLOYEE超類型（參見第4章，圖6-20是圖4-8的副本）。EMPLOYEE的主鍵是Employee_Number，而子類型鑑別子是Employee_Type屬性。

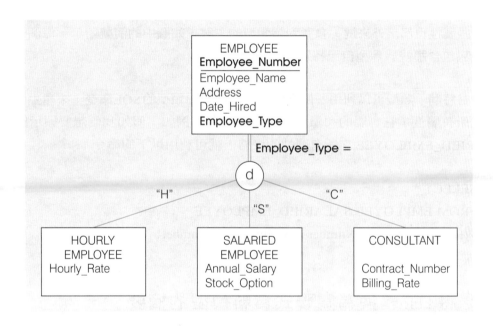

圖 6-20　超類型／子類型關係

利用以上規則來對應圖6-20，結果如圖6-21。其中有一個對應超類型的關聯表（EMPLOYEE），以及3個對應子類型的關聯表。這4個關聯表的主鍵都是Employee_Number，而每個子類型的主鍵名稱會加上一個前置詞以茲辨別。例如，S_Employee_Name是SALARIED_EMPLOYEE關聯表的主鍵名稱。

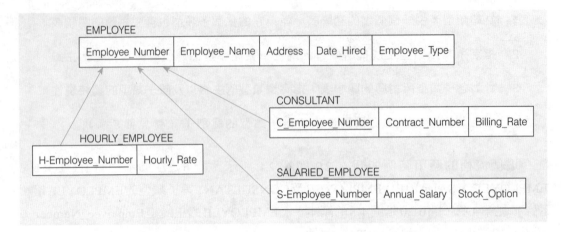

圖 6-21　將超類型／子類型關係對應成關聯表

這些屬性也都是外來鍵，參考到超類型的主鍵，如圖中的箭號所示。每個子類型關聯表只包含那些該類型自己特別擁有的屬性。

針對每個子類型可以利用一個合併子類型與其超類型的 SQL 命令，來產生含有子類型之所有屬性（它專屬的和繼承的）的關聯表。例如，假如我們想要顯示出包含 SALARIED_EMPLOYEE 之所有屬性的表格，就可利用以下的命令：

```
SELECT *
FROM EMPLOYEE,SALARIED_EMPLOYEE
WHERE Employee_Number = S_Employee_Number;
```

6.3.8　將 EER 轉換為關聯式資料模型的摘要

表 6-2 摘要整理出如何將 EER 圖形的每個元素，轉換成關聯式資料模型的步驟說明。

表 6-2　將 EER 轉換為關聯式資料模型的步驟

E-R 結構	關聯式的呈現（範例圖形）
一般實體	建立與主鍵及非鍵屬性的關聯表（圖 6-8）
複合屬性	複合屬性的每個成份會變成單獨的屬性（圖 6-9）
多值屬性	為多值屬性建立單獨的關聯表，具有包含實體主鍵的複合主鍵（圖 6-10）

E-R 結構	關聯式的呈現（範例圖形）
弱勢實體	建立具有複合主鍵（包含該實體所相依之實體的主鍵）以及非鍵屬性的關聯表（圖 6-11）
二元或一元的 1:N 關係	將關係基數為 1 之實體的主鍵，放到關係基數為多這方之實體關聯表的外來鍵（圖 6-12；圖 6-17 的一元關係）
二元或一元的 M:N 關係或是沒有自己擁有鍵的聯合實體	建立一個使用相關聯實體的主鍵來作為複合主鍵，再加上此關係或聯合實體的任何非鍵屬性的關聯表（圖 6-13；圖 6-15 的聯合實體；圖 6-18 聯合實體的一元關係）
二元或一元的 1:1 關係	將某個實體的主鍵放入另一個實體的關聯表中，或是兩者都做；如果其中有一方的關係是選擇性的，則可將強制方實體的外來鍵放入選擇方實體的關聯表中（圖 6-14）
二元或一元的 M:N 關係或是自己擁有鍵的聯合實體	建立一個對應之聯合實體的主鍵，再加上聯合實體的任何非鍵屬性，和以相關實體主鍵作為外來鍵的關聯表（圖 6-16）
三元及 n 元關係	與上述的二元 M:N 關係相同；如果自己沒有擁有鍵，則將所有相關實體的主鍵加入，作為關係或聯合實體之關聯表主鍵的一部份；如果自己擁有鍵，則將對應之聯合實體的主鍵納入關係或聯合實體關聯表中當作外來鍵（圖 6-19）
超類型／子類型關係	建立超類型的關聯表，包含所有子類型的主鍵及共有的非鍵屬性，再為每個子類型建立與超類型關聯表相同的主鍵（可用相同名稱或子類型內部自訂的名稱）以及只與該子類型相關之非鍵屬性的個別關聯表（圖 6-20 與 6-21）

6.4 正規化簡介

正規化是為了決定哪些屬性應該要一起放在關聯表中的正式流程。例如，我們利用正規化的原則將 EMPLOYEE2 表格（帶有重複性）轉換成 EMPLOYEE1 與 EMP_COURSE（圖 6-7）。

在整個資料庫開發流程期間，有 3 個主要的時機適合進行正規化：

1. 在概念性資料塑模期間（第 3-5 章），應該要將這個階段所發展出來的 E-R 圖進行正規化。

2. 在邏輯資料庫設計期間（本章），應該運用正規化的觀念，對那些由 E-R 圖對應過來的關聯表進行品質查核。

3. 舊有系統的反向工程。舊有系統的許多表格與使用者視界都是重複的，容易有本章所描述的異常。

我們已經簡單說明過良好結構之關聯表，現在要給予正式的定義。正規化是一種流程，要將帶有異常之關聯表，分解成較小的、良好結構之關聯表。以下是正規化的主要目標：

1. 將資料重複性減到最小，以避免異常，並節省儲存空間。

2. 簡化參考完整性限制的強制措施。

3. 使資料（新增、修改、刪除）維護更加容易。

4. 對真實世界的呈現提供一個較佳的設計，並且對於未來的成長提供較穩固的基礎。

6.4.1 正規化的步驟

正規化可以分階段來完成與瞭解，每一階段各對應一種正規化形式（參見圖 6-22）。正規化形式是關聯表的一種狀態，它是將功能相依性（或屬性之間的關係）的相關規則應用到關聯表所產生的結果。

1. 第一正規化形式：移除多值屬性（又稱為重複群組），因此表格的每個行列交集點都是單一值（可能為虛值），如圖 6-2(b)。

2. 第二正規化形式：移除部份的功能相依性，也就是說透過整個主鍵來識別非鍵屬性。

3. 第三正規化形式：移除遞移相依性，也就是說只由主鍵來識別非鍵屬性。

4. Boyce/Codd 正規化形式：移除因為功能相依性所產生的其餘異常，因為相同的非鍵屬性值可能有不只一個主鍵。

5. 第四正規化形式：移除多值相依性。

6. 第五正規化形式：移除其餘的異常。

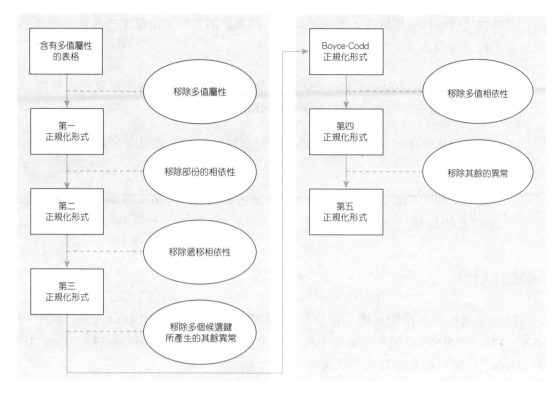

圖 6-22　正規化的步驟

本章將說明第一到第三正規化形式，其餘的正規化形式則在附錄 A 說明。

6.4.2　功能相依性與鍵

正規化是以功能相依性的分析為基礎。所謂功能相依性（functional dependency）是指 2 個或 2 組屬性之間的限制：對於關聯表 R 而言，如果對於每個屬性 A 的有效實例而言，A 的值可以決定出唯一的 B 值內容，則我們說屬性 B 功能相依於屬性 A。B 對 A 的功能相依性以一個箭號表示如下：A→B。功能相依性並不是一種數學上的相依，因為從 A 無法計算出 B。但是，如果已知 A 的值，則就能對應到 B 唯一的一個值。一個屬性可能功能相依於 2（或更多）個屬性，而不只相依於一個屬性。以圖 6-7的關聯表EMP_COURSE(Emp_ID, Course_Title, Date_Completed) 為例，我們將這個關聯表的功能相依性表示如下：

Emp_ID,Course_Title → Date_Completed

Emp_ID 與 Course_Title 之間的逗號，代表邏輯的 AND 運算子，因為 Date_Completed 功能相依於 Emp_ID 與 Course_Title 的組合。

這條敘述中的功能相依性，意味著課程的結束日期完全可由員工的識別子與課名來決定。以下舉幾個功能相依性範例：

1. SSN → Name, Address, Birthdate：一個人的名字、地址及生日是功能相依於它的社會安全號碼（類似我們的身分證字號）。

2. VIN → Make, Mode, Color：一部汽車的品牌、型號、顏色是功能相依於它的車牌號碼。

3. ISBN → Title, First_Author_Name：一本書的書名及第一個作者姓名是功能相依於它的 ISBN。

決定性屬性

功能相依性中，箭號左邊的屬性稱為決定性屬性（determinant）。上例中的 SSN、VIN、ISBN都是決定性屬性，而在EMP_COURSE關聯表中（圖6-7），Emp_ID 與 Course_Title 合起來成為決定性屬性。

候選鍵

候選鍵（candidate key）在關聯表中可唯一識別出某一列資料的一個屬性或一組屬性。候選鍵必須滿足下列條件：

1. 唯一識別性：這個鍵的值必須能唯一識別出每一筆資料；也就是說，每個非鍵屬性都功能相依於該鍵。

2 無重複性：假如這個鍵是由數個屬性組成，那麼這個鍵的每個屬性都不可以刪除，否則就會破壞它的唯一識別性。

接下來以 EMPLOEE1 和 EMPLOEE2 關聯表為例，找出它們的候選鍵。 EMPLOYEE1 關聯表（圖 6-1）的綱要如下：

EMPLOYEE1 (Emp_ID, Name, Dept_Name, Salary)

其中 Emp_ID 是這個關聯表中的唯一一個決定性屬性，其餘的所有屬性都功能相依於 Emp_ID；因此，Emp_ID 是個候選鍵，而且也是主鍵（因為沒有其他的候選鍵）。

EMPLOYEE1 關聯表的功能相依性如圖 6-23(a) 所示。圖中的水平線代表功能相依性，先從主鍵（Emp_ID）拉一條垂直線連到這條水平線，然後拉垂直的箭頭指向每個功能相依於主鍵的非鍵屬性。

圖 6-2(b) 的 EMPLOYEE2 關聯表與 EMPLOYEE1 不同，它的 Emp_ID 無法唯一識別出關聯表中的一列，例如關聯表中有 2 列資料的 Emp_ID 號碼為 100。這個關聯表中有 2 個功能相依性：

1. Emp_ID → Name,Dept_Name, Salary

2. Emp_ID, Course_Title → Date_Completed

這個功能相依性顯示 Emp_ID 與 Course_Title 是 EMPLOYEE2 的唯一候選鍵（因此是主鍵）；換句話說，EMPLOYEE2 的主鍵是個複合鍵。因為 Emp_ID 或 Course_Title 都無法唯一識別出關聯表中的每一列，無法滿足候選鍵的第一個條件，因此單獨都不能成為候選鍵。請檢查圖6-2(b) 中的資料，確認Emp_ID與Course_Title 的組合確實可以唯一識別出 EMPLOYEE2 的每一列。

在圖 6-23(b) 是這個關聯表的功能相依性。請注意 Date_Completed 是唯一功能相依於這個由 Emp_ID 與 Course_Title 所組成之完整主鍵的屬性。

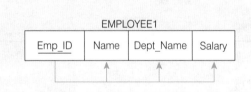

（a）EMPLOYEE1 中的功能相依性

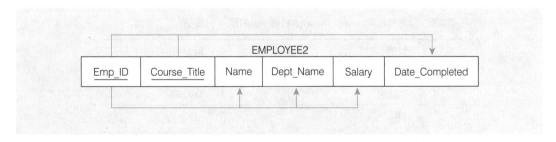

（b）EMPLOYEE2 中的功能相依性

圖 6-23　表示功能相依性

我們將決定性屬性與候選鍵之間的關係摘要如下：

● 候選鍵一定是決定性屬性，而決定性屬性不一定是候選鍵。例如 EMPLOYEE2 中的 Emp_ID 是個決定性屬性，但不是候選鍵。

● 候選鍵是要能唯一識別出關聯表中其餘（非鍵）屬性的決定性屬性。決定性屬性可能是候選鍵（例如 EMPLOYEE1 中的 Emp_ID）、複合候選鍵的一部份（例如 EMPLOYEE2 中的 Emp_ID），或者是非鍵屬性（稍後有例子）。

下面的範例可以說明正規化的效果，在此先提醒一下：正規化的關聯表是以主鍵來決定所有的非鍵屬性，並且在此關聯表中應該沒有其他的功能相依性。

 ## 6.5 正規化範例：三宜家具公司

接下來以範例來說明正規化的步驟。如果 EER 資料模型已經被轉換成資料庫的完整關聯表集合，則所有這些關聯表都需要經過正規化。另外，如果邏輯資料模型是從螢幕畫面、表單及報表等使用者介面產生時，也將為這些介面建立關聯表，並進行正規化。

以下利用三宜家具公司開立給顧客的發票（圖 6-24）來說明。

三宜家具公司　顧客發票

顧客編號	2		訂單編號	1006
顧客名稱	雅閣家具		訂單日期	10/24/2006
住址	屏東縣恆春鎮常春路202號			

產品編號	產品名稱	表面材質	數量	單價	小計
7	餐桌	天然梣木	2	$24,000	$48,000
5	寫作桌	櫻桃木	2	$9,750	$19,500
4	視聽櫃	天然楓木	1	$19,500	$19,500
				總計	$87,000

圖 6-24　發票（三宜家具公司）

6.5.1 步驟 0：以表格的形式呈現視界

在正規化之前，第一個步驟是要利用單一表格或關聯表來呈現使用者視界（這個案例是發票）。其中屬性將記錄成欄位的標頭，而範例資料應該記錄在表格的資料列，包括出現在資料中的重複群組。

發票的表格外觀如圖 6-25 所示。請注意圖 6-25 中也有第二筆訂單（Order_ID 1007）的資料。

Order_ID	Order_Date	Customer_ID	Customer_Name	Customer_Address	Product_ID	Product_Description	Product_Finish	Unit_Price	Ordered_Quantity
1006	10/24/2006	2	雅閣家具	屏東縣恆春鎮	7	餐桌	天然梣木	24000	2
					5	寫作桌	櫻桃木	9750	2
					4	視聽櫃	天然楓木	19500	1
1007	10/25/2006	6	嘉美家飾	南投縣埔里鎮	11	4抽梳妝台	橡木	15000	4
					4	視聽櫃	天然楓木	19500	3

圖 6-25　INVOICE 資料（三宜家具公司）

6.5.2 步驟 1：轉換成第一正規化形式

關聯表如果符合以下兩種限制，則可說它是第一正規化形式（1NF）：

1. 關聯表中沒有重複群組（因此，表格的每個行列交集處只會有一個事實）。

2. 已經定義一個主鍵，可唯一辨別出關聯表中的每一列資料。

移除重複群組

圖 6-25 中的發票資料對於出現在某個訂單中的每個產品有重複群組。因此，Order_ID 1006 包含 3 個重複群組，對應於該訂單中的 3 個產品。

先前我們藉由將相關的資料值，填入之前空的表格欄位中（參閱圖 6-2(a) 與 6-2(b)），以移除重複群組。現在將這樣的程序應用在發票表格上，將產生如圖 6-26 所示的新表格（稱之為 INVOICE）。

選擇主鍵

INVOICE 中有 4 個決定性屬性，它們的功能相依性如下：

Order_ID → Order_Date, Customer_ID, Customer_Name, Customer_Address

Customer_ID → Customer_Name, Customer_Address

Product_ID → Product_Description, Product_Finish, Unit_Price

Order_ID, Product_ID → Ordered_Quantity

我們怎麼知道這些是功能相依性呢？這些業務法則是從研究三宜家具公司的業務性質而發現的。在圖6-26中的資料都沒有違反這些功能相依性，但我們無法確定會不會有某些發票，可能會違反其中的某一項功能相依性，因此必須依賴對公司的瞭解來判斷。

從中可發現 INVOICE 唯一的候選鍵是個複合鍵，包括 Order_ID 與 Product_ID 屬性（因為這些屬性值的任意組合都只會有一列）。因此，圖 6-26 中的 Order_ID 與 Product_ID 是劃上底線的，表示它們構成主鍵。

在形成主鍵時必須非常小心，不可以納入多餘的（非必要的）屬性。因此，雖然 Customer_ID 是 INVOICE 中的決定性屬性，但不可以納為主鍵的一部份，因為所有非鍵屬性都可由 Order_ID 與 Product_ID 的組合來辨別。之後的正規化流程將會看到 Customer_ID 的角色。

Order_ID	Order_Date	Customer_ID	Customer_Name	Customer_Address	Product_ID	Product_Description	Product_Finish	Unit_Price	Ordered_Quantity
1006	10/24/2006	2	雅閣家具	屏東縣恆春鎮	7	餐桌	天然梣木	24000	2
1006	10/24/2006	2	雅閣家具	屏東縣恆春鎮	5	寫作桌	櫻桃木	9750	2
1006	10/24/2006	2	雅閣家具	屏東縣恆春鎮	4	視聽櫃	天然楓木	19500	1
1007	10/25/2006	6	嘉美家飾	南投縣埔里鎮	11	4抽梳妝台	橡木	15000	4
1007	10/25/2006	6	嘉美家飾	南投縣埔里鎮	4	視聽櫃	天然楓木	19500	3

圖 6-26　INVOICE 關聯表（INF）（三宜家具公司）

INVOICE 關聯表的功能相依性顯示在圖 6-27。圖中列出 INVOICE 的所有屬性，其中的主鍵屬性劃上了底線（Order_ID 與 Product_ID）。

請注意，唯一相依於整組鍵的屬性是 Ordered_Quantity 。其他的功能相依性都只是部份相依（partial dependency）或遞移相依（transitive dependency）；這些術語稍後會定義。

1NF 中的異常

圖6-26中的資料雖然已經移除重複群組，但仍然含有相當可觀的重複資料。例如在表格中「雅閣家具」的Customer_ID、 Customer_Name 與 Customer_Address 至少記錄了 3 列。因為這個重複現象，日後對表格中的資料進行運算時，可能會導致以下的異常現象：

1. 新增異常：如果顧客打電話來要求要在他的 Order_ID 1007 訂單中追加另一個產品，則必須加入一列新資料，其中訂單日期與所有的顧客資訊都要重複。這可能產生資料記錄的錯誤（例如顧客姓名可能輸入成「雅格家具」）。

2. 刪除異常：如果顧客打電話來要求要取消他 Order_ID 1006 訂單中的餐桌，則必須將關聯表中的這一列刪除，但這樣關於該項目的表面材質（天然梣木）與價格（24000 元）就會喪失了。

3. 更新異常：如果三宜家具將視聽櫃（Product_ID 4）的價格調整為 22500 元，則這樣的變更必須記錄在所有包含該項目的資料列（圖 6-26 中這樣的資料有 2 列）。

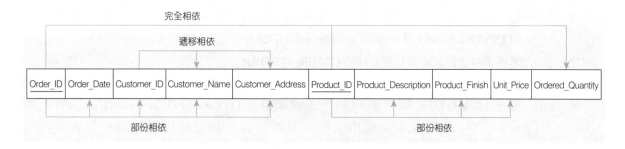

圖 6-27　INVOICE 的功能相依圖

第二正規化形式（second normal form, 2NF）：符合第一正規化形式，而且所有非鍵屬性均完全功能相依於主鍵的關聯表。

部份的功能相依（partial functional dependency）：一或多個非鍵屬性功能相依於部份（而非全部）主鍵的一種功能相依性。

6.5.3　步驟 2：轉換成第二正規化形式

藉由將 INVOICE 關聯表轉換成第二正規化形式，可移除表中的許多重複現象（以及所產生的異常）。一個關聯表如果已經是 1NF，而且沒有部份相依性，則稱它為第二正規化形式（2NF）。

當有非鍵屬性功能相依於部份的（但不是全部）主鍵時，就存在部份的功能相依。目前圖 6-27 存在以下的部份相依：

Order_ID → Order_Date, Customer_ID, Customer_Name, Customer_Address

Product_ID → Product_Description, Product_Finish, Unit_Price

第一個部份相依性是訂單日期（Order_Date）可由訂單號碼（Oder_ID）唯一的識別出來，而與產品號碼（Product_ID）無關。

要將一個帶有部份相依性的關聯表轉換成 2NF，必須進行以下的步驟：

1.　針對主鍵屬性（可能一個或一組），如果它是部份相依性中的決定性屬性，就為它產生新的關聯表。而該屬性將成為新關聯表的主鍵。

2.　將功能相依於主鍵屬性的非鍵屬性，從舊的關聯表移至新的關聯表。

對 INVOICE 執行這些步驟，將產生圖 6-28 的結果。移除部份相依性將產生兩個新的關聯表：PRODUCT 與 CUSTOMER_ORDER。

現在 INVOICE 關聯表只剩下主鍵屬性（Order_ID 與 Product_ID）與 Ordered_Quantity（功能相依於全部的鍵）。我們將這個關聯表重新命名為 OREDR_LINE，因為這個表格中的每列資料，都是代表某個訂單上的一種產品項目。

如圖 6-28 所示，ORDER_LINE 與 PRODUCT 關聯表都是 3NF。不過 CUSTOMER_ORDER 帶有遞移相依性，因此還不是 3NF（它是 2NF）。

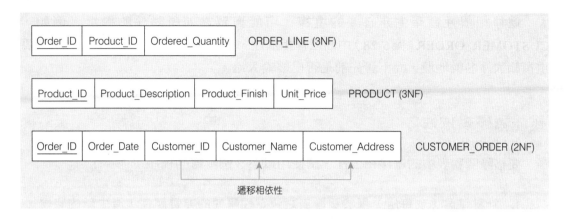

圖 6-28　移除部份相依性

一個符合 1NF 的關聯表，如果滿足以下的任何一個條件，就可以符合 2NF：

1. 主鍵只由一個屬性構成，例如圖 6-28 中 PRODUCT 關聯表的 Prodcut_ID 屬性。根據定義，這種關聯表不可能有部份相依性。

2. 關聯表中不存在非鍵屬性，因此關聯表中的所有屬性都是主鍵的成份。這種關聯表不可能有部份相依性。

3. 每個非鍵屬性功能相依於整組主鍵屬性，例如圖 6-28 中 ORDER_LINE 關聯表的 Ordered_Quantity 屬性。

6.5.4　步驟 3：轉換成第三正規化形式

一個關聯表如果符合 2NF，而且沒有遞移相依性存在，那它就是第三正規化形式（3NF）。關聯表中的遞移相依性，是指 2 或 2 個以上非鍵屬性之間的功能相依性。例如圖 6-28 中的 CUSTOMER_ORDER 關聯表中有 2 個遞移相依性：

Customer_ID → Customer_Name, and
Customer_ID → Customer_Address.

換句話說，顧客姓名與地址都可由 Customer_ID 唯一識別出來，但 Customer_ID 並非主鍵的一部份。

　　遞移相依性會產生非必要的重複，可能導致之前所討論的異常。例如，CUSTOMER_ORDER（圖6-28）中的遞移相依性，會導致顧客每次下一筆新訂單都要重複輸入姓名與地址，而不管先前是否已經輸入過。

移除遞移相依性

　　要移除關聯表中的遞移相依性，請使用以下 3 個步驟的程序：

1. 針對每個（或每組）屬於關聯表之決定性屬性的非鍵屬性，產生新的關聯表。該屬性將成為新關聯表的主鍵。

2. 將舊關聯表中功能相依於該屬性的所有屬性，移至新的關聯表。

3. 將該屬性（扮演新關聯表中的主鍵）留在舊關聯表中，並當作外來鍵，用來對應這兩個關聯表。

　　對 CUSTOMER_ORDER 關聯表進行這些步驟，結果如圖 6-29 。這將產生一個新的關聯表 CUSTOMER ，用來收留遞移相依性的成員。決定性屬性 Customer_ID 成為這個關聯表的主鍵， Customer_Name 與 Customer_Address 也移到這個表格中。

　　CUSTOMER_ORDER 重新命名為 ORDER ，而 Customer_ID 仍然留在該關聯表中，並扮演外來鍵的角色。這樣做可以關聯訂單與下該筆訂單的顧客。現在圖 6-29的關聯表全部都已經是 3NF 了。

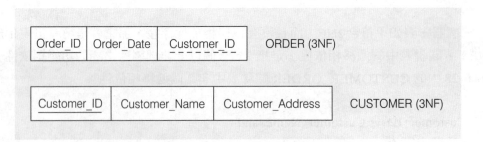

圖 6-29　移除遞移相依性

　　正規化 I N V O I C E 視界中的資料後，結果產生 4 個屬於 3 N F 的關聯表：CUSTOMER 、 PRODUCT 、 ORDER 及 ORDER_LINE 。圖6-30顯示這4個關聯表與它們的關係（以 Microsoft Visio 描繪而成）。

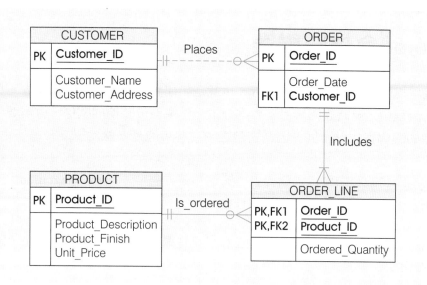

圖 6-30　INVOICE 資料的關聯式綱要（ Microsoft Visio ）

請注意，Customer_ID 是 ORDER 中的外來鍵，Order_ID 與 Product_ID 是 ORDER_LINE 中的外來鍵（Visio 的邏輯資料模型會顯示外來鍵，但概念性資料模型則沒有）。

6.5.5　決定性屬性與正規化

前面說明進行到3NF正規化的各個步驟。其實還有個簡單的捷徑，如果回頭研究最初的4個決定性屬性以及相對的功能相依性，可以發現每一個都對應到圖 6-30 中的一個關聯表，其中每個決定性屬性就是一個關聯表的主鍵，而每個關聯表的非鍵屬性就是與該決定性屬性功能相依的那些屬性。

因此如果可以確定決定性屬性之間沒有重疊的相依屬性，就表示你已經定義出3NF關聯表了。因此，你可以像在此個案一樣逐步進行正規化，也可以直接從決定性屬性的功能相依性來建立 3NF 關聯表。

6.5.6　步驟 4：進階的正規化

在完成步驟 0 到 3 之後，所有的非鍵屬性應該都只與整個主鍵相依。事實上，正規化也就是找出決定性屬性及它們相關之非鍵屬性的結果。這裡的正規化只討論到3NF，至於 3NF 以上的其他正規化形式參見附錄 A 。

6.6 合併關聯表

　　之前所描述的是由上而下的分析，也就是如何將 E-R 圖轉換成關聯表。另外在邏輯設計的流程中，有時候因為大型專案分工合作或前後時期的關係，會需要將不同流程所產生的關聯表加以合併，因為它們之中有些可能是多餘的。

　　因此本節將說明如何合併關聯表（又稱為視界整合， view integration）。瞭解如何合併關聯表是很重要的，這有 3 個理由：

1. 在大型的專案中，幾個小組的工作成果在邏輯設計期間要整合起來，因此可能需要合併關聯表。

2. 若要整合現有資料庫與新的資訊需求，通常會需要整合不同的視界。

3. 在系統開發生命週期的期間可能會產生新的資料需求，因此需要合併新關聯表與已經開發的關聯表。

6.6.1 範例

　　假設有個使用者視界的模型設計產生如下的 3NF 關聯表：

EMPLOYEE1 (Employee_ID, Name, Address, Phone)

第二個使用者視界的模型設計可能產生如下的關聯表：

EMPLOYEE2 (Employee_ID, Name, Address, Jobcode, No_Years)

　　因為這兩個關聯表有相同的主鍵（Employee_ID），它們可能描述相同的實體，因此可以合併成一個關聯表，於是合併成如下的關聯表：

EMPLOYEE (Employee_ID, Name, Address, Phone, Jobcode, No_Years)

　　請注意，出現在兩個關聯表中的屬性（例如這個例子中的 Name）合併後只要出現一次即可。

6.6.2 視界整合的問題

在整合關聯表時，資料庫分析師必須瞭解資料的意義，而且必須準備好解決這個流程可能產生的問題。本節將說明視界整合時可能產生的 4 種問題：

1. 同義異名屬性（synonym）

2. 同名異義屬性（homonym）

3. 遞移相依性

4. 超類型／子類型關係

同義異名屬性

在描述實體的相同特徵時，可能會發生兩個（或更多）屬性名稱不同，但意義一樣的情況。這種屬性稱為同義異名屬性（synonym）。例如，Employee_ID 與 Employee_No 可能就是同義異名屬性。

在合併包含有同義異名屬性的關聯表時，應該盡量整合，讓該屬性使用一個標準的名稱，並消除另一個同義異名（另一種做法是選擇第三個名稱來取代這些同義異名）。以下列關聯表為例：

STUDENT1(Student_ID ,Name)
STUDENT2(Matriculation_No,Name,Address)

在此例分析師發現 Student_ID 與 Matriculation_No 是個人社會安全號碼的同義異名屬性，而且根本就是同一個屬性。

第一種可能的解決方式是標準化成其中一個屬性名稱，例如 Student_ID；另一種做法是使用新的屬性名稱，例如 SSN，來取代這兩個同義異名。假設採用後面這種做法，則合併的結果如下：

STUDENT(SSN,Name,Address)

有時使用者的確需要使用他們覺得比較熟悉的名稱。別名（alias）就是給屬性使用的替代名稱，許多 DBMS 都支援別名功能，允許別名與真正的屬性名稱交替使用。

同名異義屬性

可能有一個以上意義的屬性稱為同名異義屬性（homonym）。例如，「帳戶」一詞可能代表銀行的支票帳戶、存款帳戶、貸款帳戶等類型的帳戶。因此帳戶可能參考到不同的資料，依據它的使用方式而定。

在合併關聯表時，對同名異義屬性要非常小心。例如：

STUDENT1(Student_ID,Name,Address)
STUDENT2(Student_ID ,Name,Phone_No,Address)

在與使用者討論之後，分析師可能發現 STUDENT1 中的 Address 屬性參考到學生的校園地址，而 STUDENT2 中的同一個屬性參考到的則是學生的永久（或老家）地址。要解決這種衝突，可能需要產生新的屬性名稱，所以這個合併後的關聯表於是就變成：

STUDENT(Student_ID,Name,Phone_No,Campus_Address,Permanent_Address)

遞移相依性

將 2 個 3NF 關聯表合併成一個關聯表時，可能會產生遞移相依性。例如：

STUDENT1(Student_ID,Major)
STUDENT2(Student_ID, Advisor)

因為 STUDENT1 與 STUDENT2 有相同的主鍵，於是可合併成：

STUDENT(Student_ID,Major,Advisor)

然而，假設每個主修科目只有一個指導教授，那麼這時 Advisor 就功能相依於 Major：

Major → Advisor

如果上述的功能相依性存在，那麼 STUDENT 就是 2NF，而非 3NF，因為它帶有遞移相依性。分析師可藉由移除遞移相依性來產生 3NF 的關聯表（Major 變成 STUDENT 中的外來鍵）：

STUDENT(Student_ID,Major)
MAJOR ADVISOR(Major,Advisor)

超類型／子類型關係

這些關係可能隱藏在使用者視界或關聯表中。假設有以下 2 個與醫院有關的關聯表：

PATIENT1(Patient_ID,Name,Address)
PATIENT2(Patient_ID,Room_No)

一開始，這2個關聯表似乎可以合併成一個PATIENT關聯表，但仔細探究後發現可能有2種不同的病人：住院病人與門診病人。事實上 PATIENT1 包含所有病人共通的屬性，而 PATIENT2 包含住院病人才有的屬性（Room_No）。在這種情況下，分析師應該設計成超類型／子類型關係：

PATIENT(Patient_ID,Name,Address)
RESIDENT PATIENT(Patient_ID,Room_No)
OUTPATIENT(Patient_ID,Date_Treated)

這裡有建立OUTPATIENT關聯表；事實上如果只有PATIENT1與PATIENT2使用者視界時，未必需要 OUTPATIENT 這個關聯表。

 # 6.7 定義關聯鍵的最後步驟

近年來資料庫專家建議要加強主鍵規格的條件。包括建議主鍵在整個資料庫中必須是唯一的，而不是只在它的關聯表中才具有唯一性，這就是所謂的企業鍵（enterprise key）。根據這個建議，關聯表的主鍵變成了資料庫系統內部的值，但是不一定有業務上的意義。

　　例如圖 6-1 之 EMPLOYEE1 關聯表中的 Emp_ID，或圖 6-29 之 CUSTOMER 關聯表中的 Customer_ID，這些候選主鍵稱為業務鍵（business key），它們會加入關聯表中，成為非鍵屬性。

　　然後 EMPLOYEE1 與 CUSTOMER 關聯表（以及資料庫中的每個其他關聯表）就會有一個新的企業鍵屬性（例如稱為 Object_ID），它並沒有業務上的意義。

　　為什麼要產生這個額外的屬性呢？企業鍵的主要動機之一就是提昇資料庫的演進能力，方便合併新關聯表到已經產生的資料庫中。例如以下這 2 個關聯表：

　　EMPLOYEE(Emp_ID,Emp_Name,Dept_Name,Salary)
　　CUSTOMER(Cust_ID,Cust_Name,Address)

　　這個例子沒有企業鍵，Emp_ID 與 Cust_ID 不一定有相同的格式、長度和資料型態。假設後來發現員工也可能變成客戶，那麼 EMPLOYEE 與 CUSTOMER 就可以變成是同一個 PERSON 超類型的 2 個子類型。因此變成以下 3 個關聯表：

　　PERSON(Person_ID,Person_Name)
　　EMPLOYEE(Person_ID,Dept_Name,Salary)
　　CUSTOMER(Person_ID,Address)

　　在這個案例中，假設同一個人在所有的角色中都要有相同的 Person_ID 值，但如果在產生 PERSON 關聯表之前，就已經選擇了 Emp_ID 與 Cust_ID 的值，而 Emp_ID 與 Cust_ID 的值可能並不相配。甚至，如果我們更改 Emp_ID 與 Cust_ID 的值來配合新的 Person_ID，但可能與其他員工或顧客的 Person_ID 值相衝突，要如何確保所有的 Emp_ID 與 Cust_ID 是唯一的呢？更糟糕的是，如果有其他的表格關聯到 EMPLOYEE，那麼這些表格的外來鍵就必須更改，因而產生外來鍵異動的連鎖效應。

　　唯一能保證每個關聯表主鍵對整個資料庫具有唯一性的方法，就是一開始就產生企業鍵，使得主鍵從頭到尾都不需要更改。

　　以圖 6-31 為例，圖 6-31(a) 與 (b) 是含有企業鍵的原始資料庫（沒有 PERSON），其中圖 6-31(a) 是關聯表，而圖 6-31(b) 是範例資料。

```
OBJECT (OID, Object_Type)
EMPLOYEE (OID, Emp_ID, Emp_Name, Dept_Name, Salary)
CUSTOMER (OID, Cust_ID, Cust_Name, Address)
```

（a）含有企業鍵的關聯表

OBJECT

OID	Object_Type
1	EMPLOYEE
2	CUSTOMER
3	CUSTOMER
4	EMPLOYEE
5	EMPLOYEE
6	CUSTOMER
7	CUSTOMER

EMPLOYEE

OID	Emp_ID	Emp_Name	Dept_Name	Salary
1	100	Jennings, Fred	Marketing	50000
4	101	Hopkins, Dan	Purchasing	45000
5	102	Huber, Ike	Accounting	45000

CUSTOMER

OID	Cust_ID	Cust_Name	Address
2	100	Fred's Warehouse	Greensboro, NC
3	101	Bargain Bonanza	Moscow, ID
6	102	Jasper's	Tallahassee, FL
7	103	Desks 'R Us	Kettering, OH

（b）含有企業鍵的範例資料

```
OBJECT (OID, Object_Type)
EMPLOYEE (OID, Emp_ID, Dept_Name, Salary, Person_ID)
CUSTOMER (OID, Cust_ID, Address, Person_ID)
PERSON (OID, Name)
```

（c）新增 PERSON 關聯表之後的所有關聯表

OBJECT

OID	Object_Type
1	EMPLOYEE
2	CUSTOMER
3	CUSTOMER
4	EMPLOYEE
5	EMPLOYEE
6	CUSTOMER
7	CUSTOMER
8	PERSON
9	PERSON
10	PERSON
11	PERSON
12	PERSON
13	PERSON
14	PERSON

PERSON

OID	Name
8	Jennings, Fred
9	Fred's Warehouse
10	Bargain Bonanza
11	Hopkins, Dan
12	Huber, Ike
13	Jasper's
14	Desks 'R Us

EMPLOYEE

OID	Emp_ID	Dept_Name	Salary	Person_ID
1	100	Marketing	50000	8
4	101	Purchasing	45000	11
5	102	Accounting	45000	12

CUSTOMER

OID	Cust_ID	Address	Person_ID
2	100	Greensboro, NC	9
3	101	Moscow, ID	10
6	102	Tallahassee, FL	13
7	103	Kettering, OH	14

（d）新增 PERSON 關聯表之後的範例資料

圖 6-31　企業鍵

　　在圖中，Emp_ID 與 Cust_ID 變成了業務鍵，而 OBJECT 是所有其他關聯表的超類型。OBJECT 可能的屬性包括物件類型的名稱（名稱為 Object_Type 屬性）、產生日期、最後異動日期等屬性。

　　後來加入 PERSON 時，資料庫發展成圖 6-31(c) 與(d) 的設計。圖 6-31(c) 是關聯表，圖 6-31(d) 是範例資料。

要演進成含有 PERSON 的資料庫，仍然需要變更既有的表格，但不是改變主鍵值。將 Name 屬性移到 PERSON 中，因為它是 2 個子類型共同的；並且在 EMPLOYEE 與 CUSTOMER 中加入外來鍵，指到共同的 PERSON 實例。

如同你將於第 7 章看到的，在表格定義中要新增與刪除非鍵欄位是非常容易的，即使外來鍵亦然。相反的，由於外來鍵連鎖效應的成本很龐大，因此大部分 DBMS 都不允許改變關聯表的主鍵。

本章摘要

● 邏輯資料庫設計是一種將概念性資料模型轉換為邏輯資料模型的流程，本章的重點在關聯式資料模型。

● 關聯式資料模型以表格形式來表達資料，稱之為關聯表。關聯表是一種有名稱的、二維的資料表格。關聯表的重要特性是它們不可以包含多值屬性。

● 邏輯資料庫設計的目標，是要將概念性設計，轉換成邏輯資料庫設計。

● 邏輯資料庫設計流程的主要步驟，是轉換 E-R 圖為正規化的關聯表。

● 邏輯資料庫設計流程的 3 個步驟如下：（1）轉換 EER 圖為關聯表；（2）正規化關聯表；（3）合併關聯表。這個流程的結果是一組第三正規化形式的關聯表。

● 將 E-R 圖轉換成關聯表的步驟摘要整理如下：（1）對應一般實體；（2）對應弱勢實體；（3）對應二元關係；（4）對應聯合實體；（5）對應一元關係；（6）對應三元（以及 n 元）關係；（7）對應超類型 / 子類型關係。

● E-R 圖中的每個實體類型會轉換為一個關聯表，含有與實體類型相同的主鍵。

● 一對多關係的表示方式是加入外來鍵到關係基數為多的實體關聯表中（這個外來鍵是關係基數為 1 之實體的主鍵）。

● 多對多關係的表示方式是產生一個個別的關聯表，這個關聯表的主鍵是複合鍵，由每個參與關係之實體的主鍵所組成。

● 關聯式模型並不直接支援超類型 / 子類型關係，但我們可以為超類型與每個子類型各產生對應的關聯表。

● 每個子類型的主鍵和超類型是一樣的（或至少來自相同的值域），超類型必須有一個稱為子類型鑑別子的屬性，以表明每個超類型的實例究竟屬於那個（或那些）子類型。

● 正規化的目的是為了要產生良好結構之關聯表，以避免關聯表在更新時產生異常（不一致或錯誤）。

● 正規化是以功能相依性的分析為基礎，功能相依性是 2 個或 2 組屬性之間的限制。

● 正規化可分幾個階段來達成，第一正規化（1NF）的關聯表不包含多值屬性或重複群組，2NF 的關聯表沒有部份的功能相依性，而 3NF 的關聯表沒有遞移相依性。

● 合併關聯表時必須小心處理同義異名屬性、同名異義屬性、遞移相依性、超類型 / 子類型關係等問題。

詞彙解釋

■ 關聯表（relation）：一種具有名稱的二維資料表。

■ 主鍵（primary key）：一個或一組屬性，可以唯一區別出關聯表中的每一列。

■ 複合鍵（composite key）：由一個以上之屬性所組成的主鍵。

■ 外來鍵（foreign key）：資料庫中某個關聯表的一個或一組屬性，而它同時也是同一資料庫中另一個關聯表的主鍵。

■ 虛值：當沒有其他值可用，或不知道可用的值為何的時候，用來指定給屬性的一種值。

■ 實體完整性限制（entity integrity rule）：任何的主鍵屬性（或主鍵屬性的成份）都不可以是虛值。

■ 參考完整性限制（referential integrity rule）：這種規則聲明，如果一個關聯表中有個外來鍵，則每個外來鍵的值都必須在另一個關聯表中找到一個主鍵值與之相配，否則外來鍵的值就必須是虛值。

■ 良好結構之關聯表（well-structured relation）：包含最小重複性的一種關聯表，讓使用者能新增、修改、刪除關聯表中的資料列，而不會有錯誤或不一致。

- 異常（anomaly）：當使用者試圖要更新有重複資料的表格時，所可能導致的錯誤或不一致。有三種異常類型，包括新增、刪除、修改。

- 遞迴式外來鍵（recursive foreign key）：參考到同一個關聯表之主鍵值的外來鍵。

- 正規化（normalization）：將帶有異常之關聯表，分解成較小的、良好結構之關聯表的一種流程。

- 正規化形式（normal form）：一種關聯表的狀態，它是將功能相依性（或屬性之間的關係）的相關規則應用到關聯表所產生的結果。

- 功能相依性（functional dependency）：兩個屬性之間的限制，其中一個屬性的值由另一個屬性的值來決定。

- 決定性屬性（determinant）：功能相依性中，箭號左邊的屬性。

- 候選鍵（candidate key）：在關聯表中可唯一識別出某一列資料的一個屬性或一組屬性。

- 第一正規化形式（first normal form, 1NF）：具有一個主鍵，而且沒有重複群組的關聯表。

- 第三正規化形式（third normal form, 3NF）：符合第二正規化形式，而且不存在遞移相依性的關聯表。

- 遞移相依性（transitive dependency）：2 或 2 個以上非鍵屬性之間的功能相依性。

- 同義異名屬性（synonym）：在描述一個實體的相同特徵時，出現名稱不同但意義一樣的兩（或更多）個屬性。

- 別名（alias）：給屬性使用的替代名稱。

- 同名異義屬性（homonym）：可能有一個以上之意義的屬性。

- 企業鍵（enterprise key）：其值對所有關聯表都具有唯一性的主鍵。

學習評量

選擇題

_____ 1. 請問一個多值屬性會對應產生幾個關聯表?

    a. 會產生 1 個關聯表

    b. 會產生 2 個關聯表

    c. 會產生 3 個關聯表

    d. 會產生 4 個關聯表

_____ 2. 請問一個一般實體會對應產生幾個關聯表?

    a. 會產生 1 個關聯表

    b. 會產生 2 個關聯表

    c. 會產生 3 個關聯表

    d. 會產生 4 個關聯表

_____ 3. 請問一個二元多對多關係會對應產生幾個關聯表?

    a. 會產生 1 個關聯表

    b. 會產生 2 個關聯表

    c. 會產生 3 個關聯表

    d. 會產生 4 個關聯表

_____ 4. 請問一個一元多對多關係會對應產生幾個關聯表?

    a. 會產生 1 個關聯表

    b. 會產生 2 個關聯表

    c. 會產生 3 個關聯表

    d. 會產生 4 個關聯表

_____ 5. 請問一個三元關係和一個聯合實體在一起會對應產生幾個關聯表？

     a. 會產生 1 個關聯表

     b. 會產生 2 個關聯表

     c. 會產生 3 個關聯表

     d. 會產生 4 個關聯表

問答題

1. 請描述表格中可能出現的 3 種異常。

2. 填充題：

     a. 沒有部份功能相依性的關聯表是 _____ 正規化形式。

     b. 沒有多值屬性的關聯表是 _____ 正規化形式。

     c. 沒有遞移相依性的關聯表是 _____ 正規化形式。

3. 何謂良好結構之關聯表？為什麼良好結構之關聯表在邏輯資料庫設計中非常重要？

4. 解釋以下的每一種完整性限制，如何靠 SQL CREATE TABLE 命令來強制執行：

     a. 實體完整性

     b. 參考完整性

5. 對於以下的每個關聯表，指出該關聯表的正規化形式。如果該關聯表不是第三正規化形式，將它分解成 3NF 關聯表。如果有功能相依性就加以顯示（非主鍵所隱含的）。

     a. CLASS(Course_No,Section_No)

     b. CLASS(Course_No,Section_No,Room)

     c. CLASS(Course_No,Section_No,Room,Capacity)
     Room $\rightarrow$ Capacity

     d. CLASS(Course_No,Section_No,Course_Name,
     Room,Capacity)
     Course_No $\rightarrow$ Course_Name Room $\rightarrow$ Capacity

07 CHAPTER

實體資料庫設計與效能

本章學習重點

● 反正規化，說明實體資料庫設計的流程、目標及輸出

● 為邏輯資料模型中的屬性選擇儲存格式

● 選擇適當的檔案結構，以平衡各種重要的設計因素

● 描述 3 種重要的檔案結構

● 說明索引的目的，以及要選擇利用哪些屬性來建構索引時的考慮因素

● 將關聯式資料模型轉換成有效率的資料庫結構，包括瞭解何時以及如何進行反正規化

簡介

前面的第 3 章到第 6 章，是針對概念性資料模型設計與邏輯資料庫設計階段。然而，ER 符號或關聯式資料模型，並沒有指定資料要如何處理或儲存。而實體資料庫設計階段的目的，就是要將資料的邏輯描述，轉換成實際儲存與擷取資料的規格。目標是要產生如何儲存資料的設計、提供適當的效能，並確保資料庫的完整性、安全性及可復原性。

請注意：實體資料庫設計並不包括實作檔案與資料庫（也就是建立它們並載入資料給它們）。實體資料庫設計只負責產生技術規格，讓程式設計人員和資訊系統開發的其他人員在實作階段使用（參見第 8 至 12 章）。

進行實體資料庫設計時必須非常小心，因為在這個階段所作的決策對於資料的可存取性、回應時間、資料品質、安全性、使用者友善程度等方面，都有重大的影響。

在本章將說明：

● 如何評估使用者在資料庫需要的資料量

● 用來儲存屬性值的幾種選項，以及如何挑選這些選項以取得效率與資料品質

● 如何在實體資料庫設計中指定適當的控制

● 了解為什麼正規化的表格不一定會形成最好的實體資料檔案，以及如何進行反正規化來改善資料擷取的速度

● 了解不同的檔案結構和索引的使用方式，這對於加速資料擷取非常重要

● 本章是專注於單一、集中式資料庫的設計，至於分散式資料庫的設計參見第 15 章

 7.1 實體資料庫設計流程

實體資料庫設計的主要目標是盡量提昇資料處理的效率。由於儲存空間的單位成本一直在快速下降，因此現在的目標通常是集中在儘可能縮短使用者與資訊系統互動的回應時間，而比較不在意空間的使用效率。

設計實體檔案與資料庫需要某些特定的資訊,它們應該在先前的系統開發階段就已經蒐集或產生了。實體檔案與資料庫設計所需的資訊如下:

● 正規化關聯表,包括資料量的估計。

● 每個屬性的定義和實體規格,例如可能的最大長度。

● 資料要在何處與何時使用的描述:輸入、擷取、刪除和更新(包括這些動作的頻率)。

● 回應時間與資料安全性、備份、復原、保留及完整性的預期或需求。

● 對於要用來實作資料庫相關技術(如 DBMS)的描述。

實體資料庫設計需要幾個關鍵的決策,這些決策將會影響應用系統的完整性與效能。這些關鍵的決策包括:

1. 為邏輯資料模型的每個屬性選擇儲存格式(稱為資料型態),目的是為了盡量縮小儲存空間,並盡量提昇資料完整性。

2. 將邏輯資料模型的屬性分組轉為實體記錄(physical record)。其實關聯表的欄位並非一定是最理想的屬性分組方式。

3. 在輔助儲存體中(主要是硬碟)安排類似結構的記錄,使得個別記錄與整組記錄(稱為檔案結構)可以快速的儲存、擷取和更新。同時也必須考量要如何保護資料,當發現錯誤時要如何使資料復原。

4. 選擇適當的資料庫結構和索引,使得擷取資料時更有效率。

5. 事先規劃要如何處理資料庫查詢讓效能最佳化,並善用所指定的檔案結構與索引的優點。

7.1.1 資料量與用法的分析

由於資料量與使用頻率的統計,是實體資料庫設計流程的重要輸入。因此如果不是在邏輯設計的最後步驟,就是會在實體資料庫設計的第一個步驟,必須估計資料庫的大小與使用模式。

要顯示資料量與用法的統計值，有種簡單方式就是增加符號到 EER 圖上。圖 7-1 是三宜家具公司庫存資料庫的 EER 圖（沒有屬性），這是以圖 5-5(b) 為基礎所修改的成果。

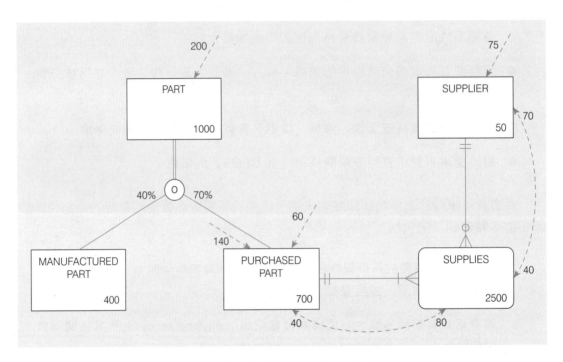

圖 7-1　綜合使用圖（三宜家具公司）

圖 7-1 中同時顯示了資料量與存取頻率。例如，資料庫中有 1000 個 PART，PART 超類型有 2 個子類型：MANUFACTURED PART（佔全部 PART 的 40%）和 PURCHASED PART（佔全部 PART 的 70%，因為有些 PART 同時屬於這 2 種子類型，因此比例的加總會超過 100%）。分析人員估計公司約有 50 家 SUPPLIER，平均從每家 SUPPLIER 收到 50 個 SUPPLIES 實例，所以總共產生 2500 個 SUPPLIES。

圖 7-1 中的虛線箭頭表示存取頻率，例如所有使用這個資料庫的應用程式，平均每小時存取 200 次 PART 資料，因此根據子類型的比例，平均每小時存取 140 次 PUR-CHASED PART；另外有 60 次是直接存取 PURCHASED PART。在這 200 次對 PUR-CHASE PART 的存取中，也要對 SUPPLIES 存取 80 次，而在這 80 次對 SUPPLIES 的存取中，也要對 SUPPLIER 資料存取 70 次。對於像是網站式的應用系統，使用量圖形應該要顯示每秒的存取次數。有些使用量圖形可能也需要根據每天的不同時段，顯示不同的使用模式。效能也會受到網路規格的影響。

　　資料量與使用頻率的統計數字，是在系統分析階段所收集產生的。資料量統計表示業務的規模，其計算應該要假設業務至少含括未來幾年的成長。存取頻率是從事件的計時、異動量、同時上線的使用者人數，以及報表與查詢動作等方面來估計。

　　存取頻率的統計可能隨時間不同而有很大的變化，因此比資料量的統計更不確定。不過我們並不需要很精確的數字，重要的是數量的相對大小。例如，從圖 7-1 中我們注意到：

● 因為會有多達 1000 個 PART 實例，所以如果 PART 有許多屬性，而且有些屬性（例如描述）可能相當長，則如何有效率的儲存 PART 就變得非常重要。

● 在每小時透過 SUPPLIER 存取 SUPPLIES 的 40 次存取中，同時也會存取到 PURCHASED PART；因此，這個圖暗示可能可以將這 2 個一起存取的實體結合為一個資料庫表格（或檔案）。將正規化後的表格（或檔案）再重新結合的做法，就是反正規化（denormalization）的一個例子（本章稍後將會討論）。

● 在 MANUFACTURED 與 PURCHASED 零件間只有少部分重疊，所以將這些實體分開存放在 2 個獨立的表格，並且將同時屬於自製與外購的那些零件重複存放在這兩個表格中，應該是個蠻合理的做法；這種有計畫的重複是可以接受的。

● 此外，每小時總共有 200 次對 PURCHASED PART 資料的存取（140 次來自對 PART 的存取，以及 60 次對 PURCHASED PART 的直接存取），但每小時只有 80 次對 MANUFACTURED PART 的存取。有鑑於它們在存取量上的大幅差異，為 MANUFACTURED PART 與 PURCHASED PART 資料分別組織不同的表格，也是很合理的做法。

　　如果能說明那些虛線所表示的存取軌跡細節，對於後續的實體資料庫設計步驟可能非常有幫助。例如，如果知道對於 PART 資料的 200 次存取中，有 150 次是根據主鍵 Part_No 來查詢某個零件，而另外 50 次存取則是根據 Qty_on_Hand 的值來查詢。這類更精確的描述有助於如何挑選索引，這也是本章稍後要討論的一個重點。如果知道存取的運算是新增、擷取、更新或刪除，也可能是有幫助的。要對存取頻率做這些更明確的描述，可以在如圖 7-1 中的圖上加上額外的符號，或在其他的文件上加上文字與表格的敘述。

7.2 設計欄位

欄位（field）是由系統軟體（如程式語言或 DBMS）所認得之最小單位的應用資料。欄位對應到邏輯資料模型的單一屬性，因此欄位代表複合屬性的每個成份。

在設計每個欄位時，要決定的基本項目包括：

1. 用來表示欄位值的資料型態（或儲存型態）。

2. 內建於資料庫的資料完整性控制。

3. DBMS 如何處理欄位缺值的情況。

4. 還有其他的欄位規格，例如顯示格式；但它們通常不是由 DBMS 來處理。

7.2.1 選擇資料型態

資料型態（data type）是指系統軟體（例如 DBMS）所認得的細部編碼機制，用來表達組織化的資料。通常是由採用的 DBMS 產品，來決定有哪些種資料型態可選擇。例如表 7-1 列出的是 Oracle 10i 產品的資料型態種類。

表 7-1　Oracle 10i 中的資料型態

資料型態	說明
VARCHAR2	變動長度的字元資料，最大長度是 4000 個字元。對於有最大長度的欄位，你必須輸入最大的欄位長度，例如 VARCHAR2(30)，則欄位的最大長度為 30 個字元，而少於 30 個字元的值就只會分配它實際上所需的空間
CHAR	固定長度的字元資料，最大長度是 2000 個字元，預設長度是 1 個字元。例如 CHAR(5)，表示欄位有固定長度 5 個字元，可以保存 0 到 5 個字元長的值
LONG	最多可儲存 2GB 容量的變動長度的字元資料欄位
NUMBER	範圍從 10-130 到 10126 之間的正負數，可以指定其精準度（小數點的左邊與右邊共有幾位數）及最小刻度（小數點右邊有幾位數）。例如，NUMBER(5) 表示一個最多有 5 位數的整數欄位，而 NUMBER(5,2) 表示一個最多 5 位數，而小數點右邊有 2 位數的欄位
INTEGER	最高 38 位數的正負整數（與 SMALL INT 相同）

資料型態	說明
DATE	範圍從西元前 4712 年 1 月 1 日到西元 4712 年 12 月 31 日的日期，這種型態儲存世紀、年、月、日、時、分和秒
BLOB	二進位的大型物件，最多可以儲存 4GB 容量的二進位資料（例如一張照片或一段聲音）

選擇資料型態牽涉到 4 個目標，對於不同的應用方式，它們相對的重要性可能不同：

1. 儲存空間盡量節省

2. 要能表達所有可能的值

3. 改善資料完整性

4. 能支援所有的資料運算

為欄位選擇正確的資料型態，不但可以用最小的空間來表示每一種可能值（但排除不合法的值），並且能支援所需要的資料運算動作（例如數值資料型態有算術運算，而字元資料型態有字串運算）。不過，有時候無法同時達成這 4 個目標，此時就必須依照優先順序。例如，假設某個資料型態最長是 2 個位元組，使用它就足以表達某個銷售量欄位，所以選擇它應當是最省空間；但是等到要對這個銷售量欄位加總時，總和的數值卻可能超過 2 個位元組，所以不能使用這種資料型態來儲存該欄位的計算結果。有些型態則是具有特殊的運算功能，例如只有 DATE 資料型態允許進行日期的運算。

編碼及壓縮技術

假如欄位的可能值是有限的數種，可以考慮轉換成只需要較小空間的代碼來儲存。以圖 7-2 的產品 Finish 欄位為例，三宜家具的產品只會用到少數幾種木料：樺木（Birch）、楓木（Maple）及橡木（Oak），藉由編碼或轉換表，每個 Finish 欄位值可以用一個代碼來取代，這可縮減 Finish 欄位所佔的空間，因而縮減 PRODUCT 檔案的大小。但在另一方面，這樣做需要儲存 FINISH 對照表的額外空間，並且在存取時需要額外存取這個對照表。如果 Finish 欄位很少用到，或是欄位值分布很廣，則編碼的相對優點就不一定能超過它所帶來的成本。

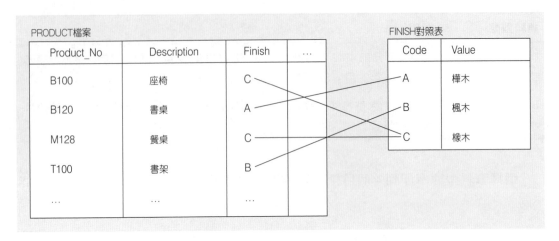

圖 7-2　編碼對照表範例（三宜家具）

　　請注意編碼表不會出現在概念性或邏輯模型中，編碼表屬於實體設計的結構，它是為了改善資料處理效能而加上去的，而不是含有業務值的資料。

7.2.2 控制資料完整性

　　近年來由於大企業的詐欺舞弊案頻傳，國際間與某些國家因此對財務報表制定了更嚴謹的規範，希望藉由安全法規來改善企業揭露資訊的精確性與可靠度，達到保障投資人的目的。

　　這類預防性的控制動作，如果能在資料庫中設定，並且由DBMS來執行，就能夠一致而且徹底的實施。許多DBMS都可將資料完整性控制（也就是控制欄位可能採用的值）內建於欄位的實體結構中，由DBMS強行控制這些欄位。

　　資料型態其實也是某種形式的資料完整性控制，因為它限制了資料的型態（數值或字元）及欄位值的長度。DBMS支援的其他完整性控制包括：

● 預設值：除非使用者在欄位中輸入明確的值，否則欄位就會採用預設值。指定預設值給欄位可以縮短資料的登錄時間，而且也有助於降低資料輸入的錯誤率。

● 範圍控制：範圍控制是限制欄位可以採用的值域。範圍可以是介於下限與上限之間的數值，或一組特定的值。範圍控制的使用必須非常小心，因為範圍限制可能隨時間而改變，例如 Y2K 問題。透過 DBMS 來實作範圍控制是比較好的做法。

● 虛值控制：第 6 章將虛值定義成空的值。每個主鍵必須有一個完整性控制，禁止它的值為虛值。而必要時其他欄位也可以設定虛值控制。

● 參考完整性：欄位上的參考完整性限制，是規定欄位的值必須存在於某表格中。也就是說，合法值的範圍是來自某個資料庫表格中某個欄位的動態內容，而非來自事先定義好的一組值。

處理缺值的資料

當欄位值可以是虛值時，假設要製作彙總報表時要如何處理？有種處理方法是以估計值（如平均值）來代替所缺的值，但這種估計必須加以標示，讓使用者知道這些不是真正的值；或者是追蹤缺值的資料，記錄在檔案中讓人員來找出未知的值。

7.3 設計實體記錄與反正規化

在邏輯資料模型中，是將一群由相同主鍵決定的屬性組成關聯表；而相形之下，實體記錄（physical record）則是儲存在緊鄰記憶體位置的一群欄位，DBMS 會把它當成擷取與寫入的最小單位。實體記錄的設計會牽涉到要如何安排欄位的順序到相鄰記憶體的位置，以達成兩個目標：有效使用輔助儲存體和提升資料處理速度。如何有效的使用輔助儲存體，會受到實體記錄的大小與輔助儲存體結構的影響，電腦的作業系統從硬碟讀取資料時，是以分頁為單位，而不是以實體記錄為單位。

分頁（page）是作業系統在輔助儲存體的單筆輸入或輸出作業中，所讀取或寫入的資料量。實體記錄也許可以、也許不能橫跨 2 個分頁，依據電腦系統而定。因此，如果分頁的長度不是實體記錄長度的整數倍，就可能在分頁的結尾處產生浪費空間的現象。

每個分頁能容納的實體記錄數目稱為區塊係數（blocking factor）。有些 DBMS 也會將數個實體記錄塞到一個資料區塊（data block）；在這種情況下，DBMS 管理的是資料區塊，而作業系統管理的是分頁。

7.3.1　反正規化

前面關於實體記錄設計的討論，主要集中在如何有效的使用記憶體空間。其實在大部分情況下，實體記錄設計的第二個目標，也就是有效率的資料處理會更受重視。

要能有效率的處理資料，取決於相關資料彼此間有多靠近。但是經過完全正規化步驟的資料庫，會把資料分配到許多的表格中。此時如果有個常用查詢，需要參考多個表格的資料時，DBMS 就必須耗費很多時間來存取每個表格進行比對（稱為合併運算）。而合併運算是非常耗時的工作。

例如有一項關於完全與部份正規化資料庫的研究顯示，假設有個完全正規化的資料庫中包含 8 個表格，每個表格約有 50,000 筆資料；另外一個部份正規化的資料庫有 4 個表格，每個表格有大約 25,000 筆資料；而另外一個部份正規化的資料庫則只有 2 個表格。結果顯示，沒有完全正規化的資料庫速度，可能比完全正規化的資料庫快上一個級數。

因此有時候設計人員寧願讓資料庫不是完全的正規化，以提升資料庫存取的效能。所以在實體設計階段可能會採取所謂的「反正規化」動作，也就是把原本已經正規化的關聯表，反過來變成不是正規化的關聯表。

反正規化（denormalization）是將正規化關聯表，轉換成非正規化之實體記錄規格的一種流程。本節將說明各種反正規化的方式和理由。

一般而言，反正規化可能會將一個關聯表分割成幾個實體記錄；也可能合併數個關聯表的屬性成為一個實體記錄；或是同時進行這兩種運算。

小心使用反正規化

反正規化有它的危險性。反正規化可能會增加錯誤和不一致的機會（因為有重複的資料）；如果業務法則改變，可能被迫要重新設計系統；相同資料的重複部份，需要額外的程式設計才能確保同步更新；反正規化反正規化而且反正規化幾乎一定會導致需要更多的儲存空間。

因此，反正規化的使用時機，應該是當其他的實體設計方式活動無法達成效能的要求時，為了大幅改善處理速度才慎重採用的步驟。

反正規化的機會與種類

以下是幾個常見的反正規化機會（這 3 種情況的正規化與反正規化關聯表的範例參見圖 7-3 到 7-5）：

1. **有一對一關係的兩個實體**：即使其中一個實體只是選擇性的參與者，如果大部分時間兩個搭配的實體都存在，則可考慮將這兩個關聯表結合成一個（尤其是如果這兩個實體類型之間的存取頻率很高時）。

2. **含非鍵屬性的多對多關係（聯合實體）**：有時將其中一個實體的屬性，併入代表多對多關係的記錄中是明智的選擇，這樣就不必合併（join）3 個檔案，即可擷取參與關係之 2 個基本實體的資料，因此可以省去一個合併運算。而且如果這種合併經常發生，產生的效益也會最大。

3. **參考資料**：參考資料存在於一對多關係中關係基數為 1 這邊的實體上，而且這個實體不會參與其他的資料庫關係。在這種情況下，當每個關係基數為 1 這邊的實體實例只對應少數幾個關係基數為多的實體實例時，可考慮將這兩個實體併成一個。

正規化的關聯表：

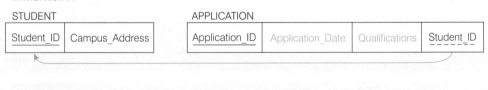

反正規化的關聯表：

而且Application_Date和Qualifications可以是虛值

圖 7-3　可能的反正規化情況 1：有一對一關係的 2 個實體（註：此處假設當所有欄位儲存在一筆記錄中時，就不再需要 Application_ID；但如果它是必要的申請資料，則這個欄位就一定要納入）

　　例如圖 7-3 是上述情況 1 的範例。圖中顯示學生資料與可能會申請獎學金的資料。在這種情況下，可以從 STUDENT 與 SCHOLARSHIP APPLICATION 等正規化關聯表形成一個含 4 個欄位的記錄（假設已經不需要 Application_ID，而且請注意：在這種情況中，來自選擇性實體的欄位必須允許有虛值）。

　　圖 7-4 是上述情況 2 的範例。圖中顯示來自不同廠商對不同品項的報價，在這個情況中，來自 ITEM 與 PRICE QUOTE 關聯表的欄位可考慮合併成一筆記錄，免得必須將三個檔案合併在一起（註：但要考慮重複的資料量會不會太大，可分析綜合使用圖研究 VENDOR 或 ITEM 之 PRICE_QUOTE 的存取頻率或出現次數）。

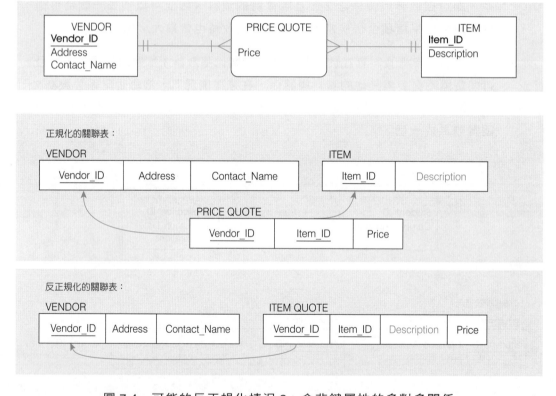

圖 7-4　可能的反正規化情況 2：含非鍵屬性的多對多關係

　　圖7-5是上述情況3的範例。其中幾個ITEM會有相同的STORAGE INSTRUCTIONS，而 STORAGE INSTRUCTIONS 只與 ITEM 相關。在這種情況下，STORAGE IN-STRUCTIONS的資料可以儲存在ITEM記錄中，當然，這會導致重複及額外的資料維護工作（但不再需要 Instr_ID）。

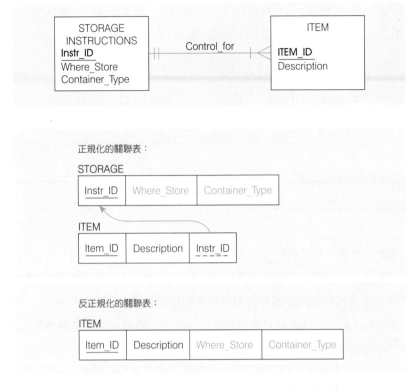

圖 7-5　可能的反正規化情況 3：參考資料

　　以上幾種情況都是要結合表格，以避免合併的運算。其實反正規化也可以將一個關聯表分割為多個表格，而產生更多的表格。例如水平分割或垂直分割，或者合併這兩種分割方式都是可能的做法。

　　水平分割（horizontal partitioning）是以共同的欄位（column）值為依據，將關聯表分割成數個關聯表。根據這種分割所產生的每個檔案，都有相同的記錄結構。例如，一個CUSTOMER關聯表可以根據Region（地區）欄位分割成4個區域的顧客檔。當表格內不同類別的資料列會分開處理時，對它做水平分割是很合理的。例如，以剛提到的 CUSTOMER 表格為例，如果有很高比例的資料處理是一次只會集中處理某個地區（Region），就很適合這樣分割。

　　而且水平分割也可以更安全，因為這樣可以利用檔案層級的安全性，來防止使用者看到其他列的資料。而且復原其中一個分割的檔案，也會比復原全部資料列的檔案快得多。此外，如果其中某個分割的檔案因為損壞等原因無法提供服務，而必須進行復原的同時，其他分割檔案的處理動作也還可以持續進行。

最後，每個分割的檔案可以放置在不同的磁碟，以降低同一個磁碟的競爭，進而改善資料庫的效能。水平分割的優點與缺點摘要列在表 7-2（事實上所有形式的分割都適用）。

請注意水平分割與產生超類型／子類型關係非常類似，因為不同類型的實體（其中的子類型鑑別子就是用來分開資料列所用的欄位）牽涉到不同的關係，因此需要不同的處理。

表 7-2　資料分割的優缺點

分割的優點

1. 效率：一起使用的資料會儲存在一起，而與沒有一起使用的資料分開。
2. 區域最佳化：每份分割資料的儲存方式可以因應它自己的使用而達到效能最佳化。
3. 安全性：將使用者可以使用的資料和那些與他們無關的資料分開。
4. 復原與上線時間：較小的檔案所需的復原時間也較少；而當某個檔案損壞時，其他檔案仍然可以存取，所以可以隔離損壞的影響。
5. 負載平衡：檔案可以配置到不同的儲存區域（磁碟或其他儲存媒體），降低存取相同儲存區域的競爭，甚至能夠平行處理不同區域的資料。

分割的缺點

1. 不一致的存取速度：不同的分割可能會產生不同的存取速度，因此讓使用者感到困惑。此外，當必須結合不同分割的資料時，使用者所感受到的回應時間，會比沒有分割時明顯慢很多。
2. 複雜度：分割對程式的設計會有影響，因此要結合不同分割的資料時，程式設計者必須要撰寫比較複雜的程式。
3. 額外的空間與更新時間：資料可能會重複出現在不同的分割區域中，因此會佔用額外的儲存空間。而當更新動作到會影響多個分割區中的資料時，所花的時間也會比單純只使用一個檔案時更多。

對於進行水平分割的關聯表，整組的資料列可以利用 SQL UNION 運算重新建構起來（請參考第 8 章的說明）。因此，例如所有的 CUSTOMER 資料在需要時也可以一起檢視。

垂直分割（vertical partitioning）是將一個關聯表的欄位分散到不同的實體記錄中，而在每筆記錄中重複儲存主鍵。例如將 PART 關聯表垂直分割，將零件號碼與會計相關的零件資料放到一個實體記錄的規格中，而將零件號碼與工程相關的資料放到另一筆記錄的規格中，再將零件號碼與業務相關的零件資料放到又另一筆記錄規格中。垂直分割的優缺點與水平分割的優缺點類似。例如，當會計、工程與業務相關的

零件資料需要一起使用時，這些表格可以合併起來。因此不管是水平或垂直分割，都仍然可將原始的關聯表視為一個整體表格。另外，也可以結合水平分割與垂直分割動作，這種反正規化（即記錄分割）對於檔案散佈在多部電腦上的資料庫（也就是分散式資料庫）特別常見。

藉由使用者視界（user view，定義於第8章）的概念，可邏輯分割某個實體表格，或者邏輯結合某幾個表格。我們可以利用水平分割、垂直分割或其他形式的反正規化步驟，來產生這些邏輯表格。然而，任何形式之使用者視界，包括經由視界進行邏輯分割，其目的是為了要簡化查詢的撰寫，以及產生更安全的資料庫，而不是要改善查詢的效能。最後一種反正規化是資料複製（data replication）。這種反正規化會故意將相同的資料儲存在資料庫中的幾個地方，以圖 7-1 為例，之前說過可以結合聯合實體與它所聯合的其中一個簡單實體，對反正規化這個關聯表進行反正規化。

因此，圖7-1的QUOTATION資料可能與PURCHASED PART資料一起儲存在一個擴充的 PURCHASED PART 實體記錄規格中。利用資料複製的技巧，相同的 QUOTATION 資料也可能與它聯合的 SUPPLIER 資料一起儲存在另一個擴充的SUPPLIER實體記錄規格中。

利用這種資料複製的技巧，不論是要擷取 SUPPLIER 或 PURCHASED PART 記錄，相關的QUOTATION資料也都馬上可以得到，而不必再存取輔助儲存體。但請注意，只有當 QUOTATION 資料經常會與 SUPPLIER 和 PURCHASED PSRT 一起存取，而且額外所需的輔助儲存體與資料維護的成本不大時，這種技巧所改善的速度才值得。

7.4 設計實體檔案

實體檔案（physical file）是一塊有名稱的輔助儲存體（磁帶或硬碟），配置的目的是為了要儲存實體記錄。有些電腦作業系統可以讓實體檔案分裂成幾塊，有時候會稱為實體檔案塊（extent）。在後續小節中，我們假設實體檔案沒有分裂，而且檔案中的每筆記錄都有相同的結構。也就是說，後續小節強調的是要如何從實體儲存空間中的單一資料庫，儲存與連結關聯表格的資料列。為了要最佳化資料庫處理的效能，資料庫管理師需要知道DBMS是如何管理實體儲存空間的細節，這種細節會因為特定DBMS而有很大的不同。不過後面所說明的原則，則是大部分關聯式 DBMS 所通用的實體資料結構。

　　大部分的**DBMS**是將資料儲存於作業系統的檔案中。例如，Oracle所使用的實體儲存結構稱作**表格空間**（tablespace）。一個Oracle資料庫中可能包含多個表格空間，例如系統資料有一個（資料字典或關於資料的資料）、暫時工作空間有一個，資料庫復原有一個，以及保存使用者資料的表格空間則有好幾個。

　　一個實體的作業系統檔案可能會包含一或多個表格空間，由Oracle負責管理表格空間內的資料儲存。表格空間可能散佈在數個**實體檔案塊**（extent），每塊都是一段連續的磁碟儲存空間。當表格空間需要加大，以保存更多的資料時，就會指派給它其他的實體檔案塊。圖7-6是一個EER模型，顯示在Oracle環境的實體資料庫設計中，各個實體與邏輯資料庫用語之間的關係。

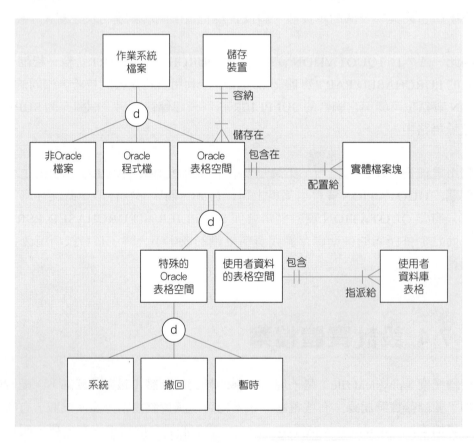

圖 7-6　Oracle 環境中的實體檔案術語

7.4.1 指標

所有檔案的組織方式，都是利用兩個基本元件來連結一塊資料與另一塊資料：循序儲存與指標。循序儲存是將一個欄位或記錄直接儲存在另一個欄位或記錄的後面。雖然它的實作與使用都很簡單，但有時候並不是最有效率的資料組織方式。

指標（pointer）是一種可用來找出相關欄位或資料記錄的資料欄位，在大部分的情況下，指標包含所關聯資料的位址或位置。指標在資料儲存結構中使用得非常廣泛。通常你不會直接用到指標，因為 DBMS 會自動處理所有指標的使用與維護。

7.4.2 檔案結構

檔案結構（file organization）是實際在輔助儲存體上安排檔案記錄的技術。在使用現代的關聯式DBMS時，並不需要設計檔案結構，但可以為表格或實體檔案選擇某種結構以及它的參數。

在為資料庫中的檔案挑選檔案結構時，應該要考慮下列 7 個重要的因素：

1. 資料擷取要快速

2. 在處理資料輸入與維護交易方面能有大量的產出

3. 有效率的使用儲存空間

4. 保護資料庫不會故障或遺失資料

5. 讓重組的需要降到最低

6. 能適應企業規模的成長

7. 防止未經授權的使用

這些目標經常會彼此衝突，我們必須在這些目標之間尋找平衡點，選擇一種妥協的檔案結構。

以下將討論幾種基本的檔案結構：循序式、索引式、雜湊式。圖 7-7 以大學球隊隊名的外號為例來展示這些結構。

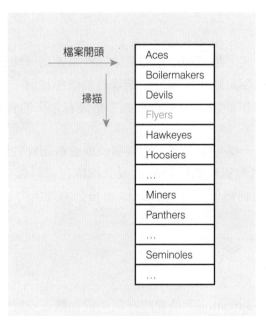

（a）循序式

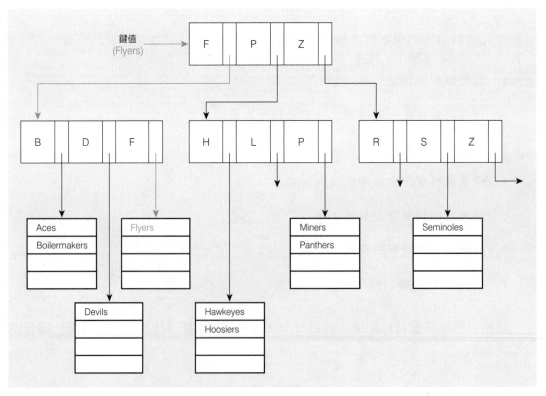

（b）索引式

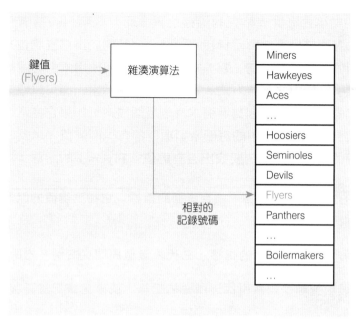

（c）雜湊式

圖 7-7　檔案結構的比較

循序式檔案結構

循序式檔案結構（sequential file organization）是根據主鍵值依序儲存檔案中的記錄（請參考圖 7-7(a)）。因此如果要找尋某一筆記錄的位置，程式必須從頭掃描檔案，一直到找到想要的記錄為止。例如通訊錄中按照字母排序的人名清單，就是循序式檔案的例子。循序式檔案與其他兩種檔案的能力比較參見表 7-3。由於循序式檔案缺乏彈性，所以資料庫中不使用這種檔案，但可能用在從資料庫備份出來的檔案上。

索引式檔案結構

在索引式檔案結構（indexed file organization）中，記錄可能依序或不是依序儲存，但會產生索引，讓應用軟體可以找出個別的記錄（參考圖 7-7(b)）。索引（index）是一種表格，用來找出符合某個條件的資料列在檔案中的位置。每個索引項目會將一個鍵值與一或多項記錄關聯在一起，一個索引可能只有指到一筆記錄（主鍵索引，例如 PRODUCT 記錄的 Product_ID 欄位），也可能指到一筆以上的記錄。允許每個項目指到多筆記錄的索引稱為次鍵（secondary key）索引，例如 PRODUCT 記錄的 Finish 欄位上的索引。因為在關聯式 DBMS 中會大量使用索引，而且選擇哪些索引以及如何儲存索引，對資料庫的處理效能影響很大，因此我們對索引式檔案結構的討論最多。

　　有些索引的結構會影響表格列的儲存位置，而有些索引的結構則與列的位置無關。因為索引的實際結構不會影響資料庫設計，而且對於撰寫查詢也不重要，所以本章不會說明索引的真正實體結構。圖7-7(b) 是顯示如何使用索引的邏輯觀點，而非資料如何儲存在索引結構中的實體方式。圖中的例子顯示索引還可以建構在其他索引之上，產生階層式的索引集合。因為索引本身也是個檔案，如果它非常大，那麼也可以在它裡面建立索引。圖7-7(b) 中的每個索引項目都有一個鍵值，以及一個指到另一個索引或資料記錄的指標。例如，要找出含有鍵值「Flyers」的記錄：

1. 從最高的索引開始，選擇 F 項目後面的指標，它指到鍵值的開頭從 A 到 F 的另一個索引。

2. 然後跟著索引中 F 後面的指標，它代表鍵值開頭從 E 到 F 的所有記錄。

3. 最後，透過搜尋這些索引找出所要的記錄，或確認該記錄不存在。

　　索引式檔案結構最強大的能力之一就是它能產生多個索引。例如圖書館有書名、作者、主題等各種索引，都可以指到相同的書籍。因此，只要在同一組資料記錄上產生另一個索引，就可以有另一種查詢資料的方式，而不必重複這些記錄。

　　另外，在查詢時可以運用多個索引。例如使用 Finish 索引來尋找樺木外皮的產品記錄，同時使用 Cost 索引來尋找製造成本在 15000 元以下的產品。我們可以取這兩個集合的交集，尋找那些外皮為樺木且成本在 15000 元以下的產品。像這樣能在一個查詢中使用多個索引的能力，對於處理關聯式資料庫的查詢是很重要的。還有，邏輯AND、OR 及 NOT 運算的處理，就只要在索引掃描的結果上進行運算即可，不必去存取那些不符合查詢之限制條件的記錄。

　　常見的階層式索引結構，就像圖7-7(b) 顯示的一樣，稱為樹狀結構（tree，頂端有個根節點 root，而樹葉節點 leaf 在底部，而且這棵樹是上下顛倒的）。樹狀結構的特性對索引樹的效能影響非常大，DBMS 用來儲存索引的樹狀結構中，最常見的一種是平衡樹（balanced tree，或稱 B-tree），而最普遍的 B-tree 形式是 B+-tree。在 B-tree 中，所有樹葉節點（通常包含資料記錄或指到各筆記錄的指標）的儲存位置與根節點都有一樣的距離，例如圖7-7(b) 中，所有資料記錄都儲存在距離根節點兩層的位置。作業系統與 DBMS 會自動管理索引樹狀結構。資料庫人員對於索引的類型與設定參數（例如要配置多少空間給這個索引）可能都沒有、或是只有很少的選擇權。

雜湊式檔案結構

在雜湊式檔案結構（hashed file organization）中，每筆記錄的位址乃是利用雜湊演算法決定的，參見圖 7-7(c)。雜湊演算法（hashing algorithm）是一種常式，會將主鍵值轉換成一筆記錄位址。雜湊式檔案有好幾種變形，其中大部分類型的記錄都是非循序的配置方式，由雜湊演算法決定。因此，不適合使用循序的資料處理方式。

典型的雜湊演算法所利用的技巧，是針對每個主鍵值除以一個適當的質數，然後以這個除法運算的餘數當作對應的儲存位置。例如，假設有大約 1,000 筆員工記錄要儲存在磁碟中，則適合的質數應該是 997，因為它很接近 1,000。假設有一筆員工編號為 12396 的記錄，將它除以 997，得到的餘數是 432，因此這筆記錄就儲存在檔案中的 432 位置。

利用這種除法／餘數的方法，可能會有一個以上的鍵值雜湊到相同的位址（也就是所謂的雜湊碰撞，hash clash），這時就會發生重複（或溢位）的問題，此時需要其他技巧加以解決（參見資料結構的書籍）。

雜湊法有個嚴重限制，由於資料列的位置是由雜湊演算法決定，所以只能用一個鍵值來進行雜湊存取動作。因此後來發展出結合雜湊與索引技術的雜湊索引表，來克服這種限制。雜湊索引表（hash index table）是利用雜湊法將鍵值對映到索引表中的位置，該位置儲存著一個指標，指到與雜湊鍵相關聯的資料記錄。由於實際資料的儲存位置與雜湊法產生的位址是分開的，所以實際資料的儲存可以自由使用適合該資料表格的檔案結構（例如，循序或第一個可用的空間）。

因此雜湊索引表技術就如同其他索引機制一樣（而不像純粹的雜湊機制），可以有幾個主鍵與次鍵，而每個都有它自己的雜湊演算法與索引表，但分享同一個資料表格。因此優點是資料的擷取很快速。

不過所有索引技術都有一個隱憂，就是要考量一旦表格儲存之後，要移動資料的困難度或成本。如果有某資料列需要移動，則每個指到它的索引中的指標也必須跟著更新。如果資料必須經常重組，則這種額外負擔就很大。其實DBMS會處理雜湊式檔案結構的所有管理工作，資料庫設計者不需要處理，重要的是必須瞭解不同檔案結構的特性，因而有能力選擇最適合的檔案結構，這有助於設計出比較好的資料庫與比較有效率的查詢指令。

7.4.3 檔案結構的摘要

以上介紹的三種檔案結構，已經涵蓋在設計實體檔案與資料庫時，最常使用的檔案結構。表 7-3 摘要整理循序式、索引式與雜湊式檔案結構的特性比較。

表 7-3　不同檔案結構的特性比較

	檔案結構		
因素	循序式	索引式	雜湊式
儲存空間	沒有浪費的空間	在資料方面沒有浪費的空間，但在索引方面需要額外的空間	可能需要額外的空間，讓一開始載入一組記錄之後還可新增和刪除記錄
依據主鍵循序擷取	非常快	普通快	不實用，除非使用雜湊索引
依據主鍵隨機擷取	不實用	普通快	非常快
多鍵擷取	可能，但需要掃描整個檔案	利用多個索引則非常快	不可能，除非使用雜湊索引
刪除記錄	可能浪費空間或需要重組	如果空間可以動態配置就很容易，但需要維護索引	非常容易
增加新記錄	需要重寫檔案	如果空間可以動態配置就很容易，但需要維護索引	非常容易，但有相同位址的多個鍵還需要額外的
更新記錄	通常需要重寫檔案	容易，但需要維護索引	工作非常容易

7.4.4 叢集檔案

有些DBMS允許使用相鄰的輔助儲存體空間，來儲存不同關聯表的資料列。在這種情況下，實體檔案中的記錄其結構會不同。例如在 Oracle 中，一些經常合併在一起的表格資料列，可以儲存在相同的磁碟區域中。

叢集（cluster）是由表格與合併表格所根據的欄位定義而成的。例如， Customer 表格與 Customer_Order 表格根據相同值的 Customer_ID 來合併，或 Price_Quote 表格的資料列可能根據共同值的 Item_ID 聚集在一起。

叢集可縮短存取相關記錄的時間，因為叢集使得相關的記錄彼此比較靠近。以下是 Oracle 定義叢集以及指派表格給某叢集的命令。首先設定一個叢集（相鄰的磁碟空間）：

```
CREATE CLUSTER ORDERING (CLUSTERKEY CHAR(25));
```

ORDERING是這個叢集空間的名稱，CLUSTERKEY是必要的。然後在產生表格時，將表格指派給這個叢集：

```
CREATE TABLE CUSTOMER (
    CUSTOMER_ID              VARCHAR2(25) NOT NULL,
    CUSTOMER_ADDRESS         VARCHAR2(15)
    )
    CLUSTER ORDERING (CUSTOMER_ID);

CREATE TABLE ORDER (
    ORDER_ID                 VARCHAR2(20) NOT NULL,
    CUSTOMER_ID              VARCHAR2(25) NOT NULL,
    ORDER_DATE               DATE
    )
    CLUSTER ORDERING (CUSTOMER_ID);
```

要在Oracle中存取叢集中的記錄，可透過叢集鍵上的索引或透過叢集鍵上的雜湊函數來設定，而選擇索引式或雜湊式叢集的理由則類似索引式與雜湊式檔案之間的抉擇（請參考表 7-3）。

當叢集記錄非常靜態時，其使用效果最好。但如果記錄經常要新增、刪除與修改，則可能會浪費空間。然而，對於那些經常在相同查詢與報表中一起使用的表格，叢集技術是檔案設計者要改善這種表格效能的適當選擇。

 ## 7.5 運用與選擇索引

大部分的資料庫動作，都需要找出滿足某種條件的資料列，例如擷取位於某郵遞區號的所有客戶，或是主修某科目的所有學生。假如要掃描表格的每一列來尋找，速度可能會慢得令人無法接受，尤其是當表格非常大時，而真實世界的應用通常是如此。

其實利用索引技術，可以顯著加速這個流程，因此定義索引是實體資料庫設計的一個非常重要的部份。

　　　檔案上的索引可以是為主鍵、次鍵或兩者所產生的，通常都會為每個表格的主鍵產生一個索引。索引本身也是一種含有 2 個欄位的表格：鍵值與包含該鍵值之記錄（可能不只一個）的位址。如果是主鍵，則每個鍵值只會有一個索引項目。

7.5.1　產生唯一鍵索引

　　　前面在叢集一節所定義的 Customer 表格有個主鍵 Customer_ID，我們可以用以下的 SQL 命令，在這個欄位上產生一個唯一鍵索引：

```
CREATE UNIQUE INDEX CUSTINDEX ON CUSTOMER(CUSTOMER_ID);
```

　　　在這個命令中，CUSTINDEX 是所要產生的索引檔名稱，用來儲存索引的項目。ON 子句指定要為它產生索引的表格，以及形成索引鍵的欄位（可能多個）。執行這個命令時，會為 Customer 表格中現存的記錄產生索引；如果有重複的 Customer_ID 值，則 CREATE INDEX 命令會失敗。一旦索引產生之後，在 CUSTOMER 表格中新增或更新資料時，如果會因而違反 Customer_ID 上的唯一性限制，則 DBMS 會拒絕這個運算動作。

　　　請注意每個唯一鍵索引都會造成 DBMS 的額外負擔；當具有唯一鍵索引的表格資料列，要執行任何新增或更新動作時，DBMS 都必須去驗證其唯一性。

　　　如果唯一鍵是複合鍵，則只要在 ON 子句中列出唯一鍵的所有成份即可。例如，顧客訂單的明細表格可能有一組複合鍵 Order_ID 與 Product_ID，則要為 Order_Line 表格產生此索引的命令如下：

```
CREATE UNIQUE INDEX LINEINDEX ON ORDER_LINE(ORDER_ID,
PRODUCT_ID);
```

7.5.2　產生次鍵（非唯一的）索引

　　　有時資料庫使用者也會需要根據非主鍵的屬性來擷取關聯表的資料列。例如，在 Product 表格中，使用者可能想要擷取那些滿足下列條件組合的記錄：

● 所有桌子產品（Description = '桌'）

● 所有橡木家具（Finish = '橡木'）

● 所有餐廳家具（Room = '餐廳'）

● 所有價格在 15000 以下的家具（Price < 15000）

為了加速這種擷取，可以在每一種可用來限定擷取的屬性上定義索引。例如，以下的 SQL 命令可在 Product 表格的 Description 欄位上，產生一個非唯一的索引：

CREATE INDEX DESCINDX ON PRODUCT(DESCRIPTION);

請注意在次鍵（非唯一的）屬性上不會使用 UNIQUE 的關鍵字，因為此屬性的值可能會重複。和唯一鍵一樣，次鍵索引也可以在複合屬性上產生。

7.5.3 何時要使用索引

在實體資料庫設計期間，必須選擇要用那些屬性來產生索引。利用索引可改善擷取的效能，但會降低新增、刪除及更新記錄的效能（因為大量索引維護造成的額外負擔），這兩者之間必須作取捨。因此，對於主要是用來讀取資料的資料庫，應該要大量的使用索引，例如決策支援與資料倉儲等應用。而對於支援異動處理與其他有大量更新需求的應用，則要審慎使用索引，因為索引會增添額外的負擔。

以下是在關聯式資料庫中選擇索引的一些經驗法則：

1. 索引對大表格比較有用。

2. 為每個表格的主鍵建立一個唯一性索引。

3. 對於經常出現在 SQL 命令的 WHERE 子句，針對以下兩種情況經常會建立索引：

■ 要限定所選擇的列：例如 WHERE FINISH = "橡木"，則在 Finish 欄位上的索引會加速此命令的擷取。

■ 為了連結（合併）表格：例如 WHERE PRODUCT.PRODUCT_ID = ORDER_LINE.PRODUCT_ID，則在 Order_Line 表格之 Product_ID 上的次鍵索引，以及在 Product 表格之 Product_ID 上的主鍵索引，將會改善擷取的效能。

對於後者，索引是建立在 Order_Line 表格的外來鍵上，其目的是為了合併表格。

4. 為 ORDER BY（排序）及 GROUP BY（分類）子句中參考的屬性建立索引。不過要事先確認 DBMS 確實會對這些子句中所列的屬性使用索引，例如 Oracle 會對 ORDER BY 子句中的屬性使用索引，但不會對 GROUP BY 子句中的屬性使用索引。

5. 當屬性的值有很大差異時，可考慮使用索引。根據 Oracle 的建議，屬性的值若少於 30 種，則建立索引用處不大；但如果屬性的值超過 100 種，則這種索引的效果會很明顯。同樣的，只有當使用該索引的查詢結果，不超過檔案記錄總數的 20% 時，該索引才有幫助。

6. 在具有值很長的欄位上建立索引之前，可以考慮先替這些值編碼，然後在編碼版本上建立索引。從長的索引欄位建立的大型索引，在處理上的速度通常比小索引要慢。

7. 如果要使用索引的鍵值來決定記錄儲存的位置，要盡量選擇能讓記錄均勻分散在儲存空間中的索引。許多 DBMS 號稱能夠建立序號，使得表格中每筆新增的資料列都會依序指定到下一個號碼。

8. 確認使用的 DBMS 每個表格最多可以建立多少個索引。許多系統允許的索引數目上限為 16，而且可能會限制索引鍵值的長度（例如不可超過 2000 個位元組）。

9. 為含有虛值值的屬性建立索引時要很小心。許多 DBMS 無法在索引中參考到含有虛值的列，若要擷取必須靠掃描檔案。

選擇索引可以說是實體資料庫設計的最重要決策，但它並不是改善資料庫效能的唯一方式。還有其他解決這類問題的方法，例如降低重新配置資料記錄的成本、最佳化閒置空間的使用，以及最佳化處理查詢的演算法。本章稍後將探討有關查詢最佳化的主題。

7.6 RAID：藉由平行處理來改善檔案存取效能

本章前面已探討了反正規化與叢集，這兩種機制都是在磁碟空間中將一起使用的資料儘量放在一起，目的是加快反正規化資料存取的時間。這對小型記錄很有效果，但是如果資料量較大而必須儲存在不同的分頁，那麼改善的幅度就很有限。

由於電腦硬體有越來越小和越來越便宜的趨勢，因此可藉由多使用幾個硬體元件，來加快存取速度並提升容錯能力。

要達成資料庫的平行處理與容錯，資料庫設計者可以使用一種稱為磁碟陣列（redundant array of inexpensive disks, RAID）的硬體或軟體技術。RAID 儲存裝置是使用一組實體磁碟，在資料庫使用者（和程式）看起來，它們就像一個大型的邏輯儲存單元。因此，RAID 不會改變應用程式或資料庫查詢的邏輯或實體結構。

RAID 依照磁碟的配置和使用方式分成幾個等級，包括 RAID-0、RAID-1、RAID 0+1（也稱為 RAID-10 或 RAID-6）、RAID-2、RAID-3、RAID-4、RAID-5 等。詳細資訊請參考作業系統專書。RAID 有一個很嚴重的風險：會增加整個資料庫所在的磁碟發生故障的可能性。例如，假設個別磁碟發生故障的平均間隔是 1,200,000 次運算，則對於 4 個磁碟的 RAID，發生故障的平均間隔就是 1,200,000 次除以 4，也就是 300,000 次的平行磁碟運算。

為了處理這種風險，並且讓磁碟有容錯能力，許多種 RAID 技術會重複儲存資料，使得當故障發生時至少有一份資料的備份可用；或者是儲存額外的錯誤修正碼（error correction code, ECC），使得受損或遺失的資料可以重建。

儲存裝置一直是變動快速的領域。儲存區域網路（storage area networks, SAN）與網路附加儲存（network-attached storage, NAS）等新技術正開始嶄露頭角，以因應大型企業儲存環境的需求。

 ## 7.7 設計資料庫

到目前為止，資料庫領域已經發展出數種資料庫模型。而資料庫設計者必須決定要用哪一種資料庫模型來設計資料庫。目前實務上最常見的資料庫結構，在異動

處理上是以關聯式為主，而資料倉儲則是以多維度為主。在圖 7-8 有整理比較下列 5 種結構：

1. **階層式資料庫模型**：這種模型的檔案是由上而下的結構，類似樹或族譜，資料是以巢狀的一對多關係相互關聯。頂端的檔案稱為根（root），底端的檔案稱為樹葉（leaf）。這是最早期的資料庫結構，目前已經很少使用。

2. **網狀式資料庫模型**：在這種模型中，每個檔案可能會與任意個檔案相關聯。這種形式雖然因為任何關係都可以實作而很有彈性，但它的實作卻會在儲存空間與維護時間上產生嚴重的額外負擔。網路模型系統在威力強大的大型主機（mainframe）上仍然非常普遍，通常是支援高容量的異動處理應用領域。

3. **關聯式資料庫模型**：新系統最常見的資料庫模型，只要為每個關聯表與多對多的關係定義表格，交互參照的鍵會將表格鏈結在一起，表達實體之間的關係。主鍵與次鍵索引可根據限制條件提供快速的資料存取。大部分新的應用軟體都是利用關聯式 DBMS 建構而成的，而且有許多的關聯式 DBMS 產品存在。

4. **物件導向式資料庫模型**：在這種模型中，屬性與在這些屬性上運算的方法一起封裝在一種稱為物件類別（object class）的結構中。物件類別之間的關係，以巢狀（nest）或封裝某個物件類別於另一個物件類別內的方式來呈現。這種資料模型的主要優點是容易表達複雜的資料型態，如圖形、視訊、聲音等。這是最新的 DBMS 技術。

5. **多維資料庫模型**：這種資料庫模型用於資料倉儲的應用。有兩種看待這種模型的方式存在：

   - 第一種將資料看成多維的立方體（multidimensional cube）。在這個立方體中，每一格包含一或多個簡單的屬性，而維度則是原始資料的分類方式。這些類別（或維度）是使用者想要彙總或切割資料的方式，例如時間區間、地理區域、產品線或人。方格包含的資料與它所有維度值的交集相關，例如某個方格可能存有某時間區間、位置、產品線與業務員的銷售單元數量。

   - 第二種（對等的）視界稱為星狀綱要（star-schema）。其中心是事實表格，對等於多維度視界中的方格。這個表格包含所有的原始屬性，以及由所有周圍維度表格之主鍵所構成的複合鍵。周圍的維度表格定義每一種分類資料的方式，例如關於每個業務員的所有描述資料。

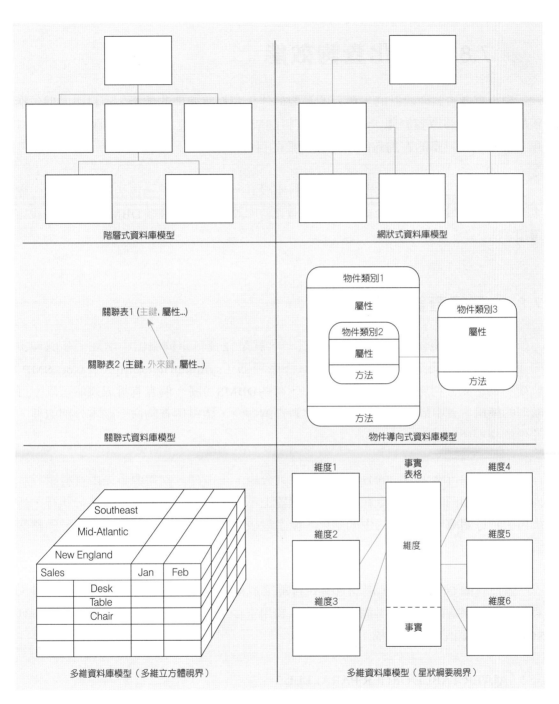

圖 7-8　資料庫結構

　　在本書最詳細探討的是關聯式資料庫模型,而新興的物件導向式也會在最後一章摘要說明,其餘資料庫模型的資訊請參考其他資源。

7.8 最佳化查詢效能

現今實體資料庫設計的主要目的是要最佳化資料庫處理的效能，資料庫處理包括新增、刪除與修改資料庫，以及各種資料擷取活動。對於擷取量比維護量高的資料庫，最佳化資料庫的查詢效能將是最主要的目標。

本章前面已經討論過大部分調校資料庫設計所能做的決策，包括叢集、索引、檔案結構等。而最後本節將介紹其他的進階資料庫設計，以及許多DBMS所提供的設定選項。

7.8.1 平行查詢處理

最近幾年來電腦結構的主要演變之一，就是在資料庫伺服器中增加了多處理器的運用。資料庫伺服器經常使用對稱式多處理器（symmetric multiprocessor, SMP）技術。為了充分利用這種平行處理能力，有些DBMS可將一個查詢拆成幾個可以平行處理的模組。其中最常見的做法就是複製查詢命令，讓每個查詢命令副本分別處理一部份的資料庫。

通常是進行水平方向的分割（將資料列分組），這種分割需要事先由資料庫設計人員定義。相同的查詢命令在不同的處理器上，針對不同部份的資料庫平行執行，然後再組合每個處理器產生的中間結果，產生最後的查詢結果，就好像查詢是針對整個資料庫在進行的一樣。

假設有個 Order 表格，裡面含有幾百萬筆資料，所以對它進行查詢時效能很慢。假如想要確保這個表格的掃描運算，可以利用至少 3 個處理器平行執行，可使用下列SQL 命令來更改表格的結構：

ALTER TABLE ORDER PARALLEL 3

了達到最佳程度的平行性，往往需要調校每個表格，改變表格好幾次，直到找到適當的平行程度為止。

平行查詢的處理速度蠻吸引人的。在一篇1997年發表的測試報告中，平行處理與一般表格掃描相比，查詢的執行時間可縮減到一半。因為索引本身也是表格，所以也

可以設計成平行的結構，使得索引的掃描也可以更快。報告中有個實際測試的例子，以平行處理方式產生索引的時間，竟然可從 7 分鐘縮減到 5 秒鐘！

除了表格掃描之外，還有其他部份的查詢運算也可以平行處理，例如：

● 對相關表格進行某種形式的合併

● 對查詢結果進行分類

● 將個別的查詢結果結合在一起（稱為聯集，union）

● 排序資料列

● 計算總和

● 列的更新、刪除與新增運算

此外，某些資料庫的建立命令也可以靠平行處理來改善效能。這些運算包括建立與重建索引，以及從資料庫中的資料建立表格。在 Oracle 環境中，必須預先設定虛擬平行資料庫伺服器的數目，設定好之後，查詢處理器就會為所有的命令決定它認為最好的平行處理方式。

有些資料庫的平行處理是隱藏的，它的查詢最佳化模組（DBMS 用來決定如何處理查詢的模組）會考慮實體資料庫規格與資料的特性（例如，屬性中不同值的數量多寡），以決定是否要使用平行處理的能力。

7.8.2 覆蓋自動的查詢最佳化

有時候撰寫查詢命令的人知道某些資訊，而 DBMS 的查詢最佳化模組卻可能忽略或不知道。目前大部分的關聯式 DBMS 都可以在執行查詢之前，讓使用者先得知最佳化模組在該查詢上的處理計畫。例如 EXPLAIN 或 EXPLAIN PLAN（各種 DBMS 的命令不同）等命令，將會顯示查詢最佳化模組想要如何存取索引、使用平行伺服器和合併表格。

有些 DBMS 還可以分析查詢的執行成本（例如 Oracle 的 Analyze 命令），因此你可以用幾種不同的方式撰寫查詢，並分別執行 EXPLAIN 命令，找出處理效能最好的方式。

例如，假設我們希望計算業務代表李富田所處理的訂單數目。在 Oracle 中，只有進行表格掃描時才能利用平行表格處理，經由索引的存取則不行。因此，在 Oracle 中如果想要強迫進行完整的表格掃描，而且是平行的掃描，這種查詢的 SQL 命令如下：

```
SELECT /*+ FULL(ORDER) PARALLEL(ORDER,3) */ COUNT(*)
FROM ORDER
WHERE SALESPERSON = " 李富田 ";
```

/* */ 內的子句是要給 Oracle 的建議，這個建議會覆蓋 Oracle 原本為這個查詢產生的執行計畫。使用這種建議必須同時也改變表格的結構，才能進行平行處理。

7.8.3 選擇資料區塊大小

本章之前提過，資料在 RAM 與磁碟之間的傳輸是以區塊或分頁為單位。資料區塊的大小會嚴重影響查詢的效能。如果太小，則存取表格列時可能需要許多次實體的 I/O 運算；如果太大，則一個區塊可能會傳輸多餘的資料，因而浪費時間。通常最小的區塊單位是 2K 個位元組，上限由電腦作業系統決定，通常是 32K 個位元組或更多。一旦為資料庫設定好區塊大小，之後如果要更改就必須要卸載資料、重新定義資料庫，再重新載入資料才行。

一般而言，即時異動處理的應用系統適合使用比較小的區塊，而決策支援或資料倉儲系統的資料庫則適合使用比較大的區塊。如果是混合的環境，則資料區塊大小的調整將非常困難。

7.8.4 平衡磁碟控制模組之間的 I/O

磁碟控制模組是負責處理磁碟 I/O 運算，多幾個控制模組會比較好（較多的平行性會有較好的效能），但成本會限制能擁有的控制模組數量。

因此在將資料庫與 DBMS 系統檔案配置到磁碟時，最好能讓每個控制模組有大致相同的工作負荷，當然如果能平衡到每個磁碟更好。為了改善查詢的處理效能，我們必須：

● 瞭解哪些檔案在哪些磁碟上，而哪些磁碟又是連結到哪些控制模組。

● 瞭解在資料庫上執行的每個程式和查詢命令的本質（可專注在最重要的程式或最忙碌的時段）。

● 收集有關磁碟和控制模組的利用率及表格（或分割區）存取的統計值。

● 在磁碟與控制模組之間移動表格，以平衡其工作負荷。

一般而言，最好讓同一次查詢（或並行執行的查詢）中所需的資料，儲存在不同控制模組上的不同磁碟上，使得這些資料可以平行處理。

有時會無法面面俱到，此時必須專注在幾個最重要（或執行效能令人無法接受）的應用系統上，對這些應用系統進行分析，並且平衡檔案的配置，提升這些應用系統的效能，同時不要嚴重影響到其他應用系統。

7.8.5 優良查詢命令的設計原則

本章前面幾節已經為資料庫與查詢的設計，提供許多技術與做法，目的是產生快速的查詢處理。其中比較通用的一些建議摘要如下：

1. **瞭解查詢處理是如何使用索引的**：許多 DBMS 在一次查詢中只對每個表格使用一個索引，有些 DBMS 盡量不使用有許多虛值的欄位索引。因此瞭解 DBMS 如何選擇使用哪個索引是很重要的。一般而言，使用等式條件如

   WHERE Finish = " 樺木 " OR " 胡桃木 "

   的查詢，比使用其他較複雜條件的查詢，如

   WHERE Finish NOT = " 胡桃木 "

   處理起來會比較快，因為等式條件可利用索引來計算。

2. **讓最佳化模組的統計資料保持最新的狀態**：有些 DBMS 不會自動更新查詢最佳化模組所需的統計值。如果效能逐漸下降，就請強迫執行更新統計之類的命令。

3. **在查詢中的欄位與條件值使用相容的資料型態**：相容的資料型態可能意味著 DBMS 在查詢處理期間不必轉換資料。

4. **撰寫簡單的查詢**：通常形式最簡單的查詢，DBMS 最容易處理。例如，既然關聯式 DBMS 是以集合論為基礎，所以就盡量撰寫執行集合運算的查詢。

5. **將複雜的查詢拆成多個簡單的部份**：因為 DBMS 在每個查詢中可能只使用一個索引，所以比較好的方式，是將複雜的查詢拆成多個簡單的部份，讓每個簡單的查詢都能使用索引，然後再將幾個小查詢的結果結合起來。

6. **不要將巢狀查詢套疊於另一個查詢中**：SQL 語言允許將一個查詢寫在另一個查詢內（裡頭的查詢稱為子查詢，subquery），通常這種寫法比起產生同樣結果、但避開子查詢的寫法要來得沒有效率。

7. **不要結合表格與它自己**：儘可能避免在同一個查詢中進行自我合併運算（參見第 8 章）。通常比較好的做法是為這個表格產生一個暫時的備份，然後將原始表格與這個暫時的表格關聯在一起，這種查詢處理起來比較有效率。

8. **為一群查詢產生暫時的表格**：如果一連串的查詢都會參考同一組資料，則先將這組資料集合儲存到一或多個暫時的表格中，然後讓這些查詢參考那些臨時的表格，效率可能會比較好。因為這樣可以避免為每個查詢重複合併相同的資料，或重複掃描資料庫。

9. **結合更新運算**：如果可能的話，將多個更新命令結合成一個。這樣可以減少處理查詢的額外負擔，讓 DBMS 試圖去平行處理更新運算。

10. **只擷取需要的資料**：這會減少存取與傳輸的資料區塊。例如像「SELECT * from EMP」這樣的 SQL 命令，會從 EMP 表格擷取所有資料列的所有欄位，但也許使用者只需要某些欄位的資料，傳送多餘的欄位資料會增加查詢的處理時間。

11. **不要叫 DBMS 進行沒有索引的排序**：如果資料要以排序好的順序顯示，而排序鍵的欄位上又沒有索引存在，則請先處理沒有排序過的結果，然後再命令 DBMS 排序結果資料，因為排序的資料越多，時間就越長。

12. **學習！**：追蹤查詢處理時間、使用 EXPLAIN 命令研究查詢的執行計畫，並且多了解 DBMS 會如何處理查詢。

13. **最後，對於互動式查詢要考慮整體時間**：這個整體時間包括它耗費程式設計人員撰寫查詢的時間，以及處理查詢的時間。有時寧願讓 DBMS 多做工作，而讓人員可以更快寫出查詢命令，以提高生產力。因此，不要花太多時間一定要撰寫出最有效率的查詢，特別是互動式查詢，只要邏輯正確即可。

以上這些調校資料庫效能的選項，並非每種DBMS都全部具備，而且也可能會提供自有選項，詳細資訊請研讀 DBMS 產品的參考資源。

本章摘要

● 實體資料庫設計的任務，是將資料的邏輯描述轉換成儲存與擷取資料的技術規格。目標是要產生儲存資料的設計，以提供適當的效能，並確保資料庫的完整性、安全性及可復原性。

● 在實體資料庫設計中，需要考慮正規化的關聯表與資料容量的預估、資料定義、資料處理需求與它們的使用頻率、使用者預期，以及資料庫的技術特性，來建立欄位規格、記錄設計、檔案結構及資料庫結構。

● 欄位是應用程式資料的最小單位，對應於邏輯資料模型中的屬性。設計者必須為每個欄位決定它的資料型態、完整性控制、如何處理缺值的情況等。

● 資料型態是表達組織化資料的細部編碼分類系統，資料可能加以編碼或壓縮，以縮減儲存空間。

● 欄位完整性控制包括指定其預設值、允許的值域範圍、是否允許虛值，以及參考完整性等。

● 實體記錄是儲存在緊鄰位置，被當作一個單元一起擷取的一群欄位。

● 實體記憶體經常儲存在分頁中（或資料區塊），分頁是指輔助儲存體單次 I/O 運算所讀寫的資料量。

● 一個分頁能容納的記錄數量稱為區塊因數。

● 反正規化的流程是要轉換正規化的關聯表，成為反正規化的實體記錄規格。

● 反正規化主要是將那些經常會在一個 I/O 運算中一起使用到屬性，放入一個實體記錄中。

● 反正規化的方式包括水平分割、垂直分割或資料複製。

● 水平分割是根據相同的欄位值域，將不同的列置於不同的記錄，以便將一個關聯表分割成幾筆記錄規格。

● 垂直分割則是將關聯表的欄位分散成不同的檔案,而在每個檔案中重複關聯表的主鍵。

● 實體檔案是一塊有名稱的輔助儲存體區域,用來儲存實體記錄。實體檔案中的資料是透過循序的儲存空間與指標組織而成。

● 指標是一種資料欄位,用來找出相關的欄位或資料記錄。

● 檔案結構是關於如何在輔助儲存體裝置上安排檔案中的記錄,檔案結構主要有三大類:(1)循序式:根據主鍵值循序地儲存記錄;(2)索引式:記錄可能循序或非循序儲存,並且利用索引來追蹤記錄的儲存位置;(3)雜湊式:利用某種演算法來決定每筆記錄的位址,這種演算法會將主鍵值轉換成記錄位址。

● 幾種實體記錄可叢集在一起成為一個實體檔案,以便將那些經常一起使用的記錄相鄰配置在輔助儲存體中。

● 索引式檔案結構是目前使用最普遍的其中一種,索引可以根據唯一鍵或次(非唯一的)鍵,允許一個以上的記錄對應相同的鍵值。

● 雜湊索引表讓資料的配置與雜湊演算法分開,並且讓相同的資料可以經由不同欄位上的幾個雜湊函數來存取。

● 索引對於資料擷取的加速是很重要的,特別是使用多個條件來進行選擇、排序或關聯資料時。

● 檔案存取效率與檔案可靠度可以靠磁碟陣列(RAID)來加強,這種裝置可讓來自一或多個程式的資料區塊,平行的在不同的磁碟進行讀寫。

● 不同層級的 RAID 有不同的存取效率、磁碟空間的利用率,以及容錯能力。

● 今日使用的資料庫結構包括階層式、網路式、關聯式、物件導向式以及多維資料庫。階層式與網路式結構主要出現在舊時的應用程式上,而關聯式、物件導向式與多維結構則用在新系統的開發。

● 多處理器資料庫伺服器的主要功能之一,是它可將一個查詢拆開,平行的對各部份的表格進行查詢。這種平行的查詢處理可顯著改善查詢的處理速度。

● 資料庫程式設計師可以提供有關表格運算之執行順序的建議給 DBMS,以改善資料庫的處理效能,這些建議會覆蓋 DBMS 的最佳化處理模組。

詞彙解釋

- 欄位（field）：系統軟體所認得之最小單位且有名稱的應用資料。

- 資料型態（data type）：系統軟體（如 DBMS）所認得的細部編碼機制，用來表達組織化的資料。

- 實體記錄（physical record）：儲存在緊鄰記憶體位置的一群欄位，DBMS 會把它當成擷取與寫入的最小單位。

- 分頁（page）：是作業系統在輔助儲存體（磁碟）的單筆輸入或輸出運算中，所讀取或寫入的量。對於磁帶 I/O 而言，對等的術語是記錄區塊。

- 區塊係數（blocking factor）：每個分頁能容納的實體記錄數目。

- 反正規化（denormalization）：將正規化關聯表轉換成非正規化之實體記錄規格的一種流程。

- 水平分割（horizontal partitioning）：將表格的列分散到幾個分開的檔案。

- 垂直分割（vertical partitioning）：將一個表格的欄位分散到幾個分開的實體記錄。

- 實體檔案（physical file）：一塊有名稱的輔助儲存體（磁帶或硬碟），配置的目的是為了要儲存實體記錄。

- 表格空間（tablespace）：有名稱的一組磁碟儲存元素，資料庫表格的實體檔案可能會儲存在其中。

- 實體檔案塊（extent）：一段連續的磁碟儲存空間。

- 指標（pointer）：可用來找出相關欄位或資料記錄的資料欄位。

- 檔案結構（file organization）：實際在輔助儲存體上安排檔案記錄的技術。

- 循序式檔案結構（sequential file organization）：根據主鍵值依序儲存檔案中的記錄。

- 索引式檔案結構（indexed file organization）：記錄可能依序或不是依序儲存，但含有索引，讓軟體可以找出個別的記錄。

- 索引（index）：一種表格或其他的資料結構，用來找出符合某個條件的資料列在檔案中的位置。

- 次鍵（secondary key）：一或一組欄位，而這些欄位值相同的記錄可能會超過一筆。又稱為非唯一鍵（nonunique key）。

- 雜湊索引表（hash index table）：一種檔案結構，利用雜湊法將鍵映射到索引中的一個位置，而其上會有一個指標指到與雜湊鍵相符的資料記錄。

- 磁碟陣列（redundant array of inexpensive disks, RAID）：實體磁碟的集合或陣列，在資料庫使用者（和程式）看起來，它們就好像是一個大型的邏輯儲存單元。

- 雜湊式檔案結構（hashed file organization）：一種儲存系統，其中每筆記錄的位址是利用雜湊演算法決定的。

- 雜湊演算法（hashing algorithm）：將主鍵值轉換成對應之記錄編號（或對應的檔案位址）的一種常式。

學習評量

選擇題

_____ 1. 如果針對一個一對一的二元關係進行反正規化，請問下列何者為真？

　　　a. 所有欄位會儲存在 1 個關聯表中

　　　b. 所有欄位會儲存在 2 個關聯表中

　　　c. 所有欄位會儲存在 3 個關聯表中

　　　d. 所有欄位會儲存在 4 個關聯表中

_____ 2. 如果針對一個多對多的二元關係進行反正規化，請問下列何者為真？

　　　a. 所有欄位會儲存在 1 個關聯表中

　　　b. 所有欄位會儲存在 2 個關聯表中

　　　c. 所有欄位會儲存在 3 個關聯表中

　　　d. 所有欄位會儲存在 4 個關聯表中

_____ 3. 下列何者是分割的優點？

    a. 複雜性

    b. 存取速度不一致

    c. 需要額外的空間

    d. 安全性

_____ 4. 下列敘述何者對次鍵而言為真？

    a. 非唯一鍵

    b. 主鍵

    c. 對於反正規化的決策有幫助

    d. 可決定所需要的表格儲存空間大小

_____ 5. 下列何者可以加快查詢處理的速度？

    a. 盡量撰寫複雜的查詢

    b. 將表格與自己合併

    c. 在查詢中嵌入另一個查詢

    d. 使用相容的資料型態

問答題

1. 水平與垂直分割的優缺點為何？

2. 請列舉選擇索引時的幾個經驗法則。

3. 考量 Millennium College 的以下兩個關聯表：

    STUDENT (Student_ID, Student _Name, Campus _Address, GPA)
    REGISTRATION (Student _ID, Course _ID, Grade)

以下是對這些關聯表所進行的一個典型查詢：

```
SELECT STUDENT.STUDENT_ID, STUDENT_NAME,
    COURSE_ID, GRADE
FROM STUDENT, REGISTRATION
    WHERE STUDENT.STUDENT_ID =
        REGISTRATION.STUDENT_ID
    AND GPA > 3.0
ORDER BY STUDENT_NAME;
```

請回答下列問題：

a. 如果想要加速以上的查詢，應該要在些欄位上建立索引？請說明你選擇該欄位的理由。

b. 使用 SQL 命令為你在 (a) 小題中選擇的每個欄位產生索引。

4. 以下是從大型零售連鎖店的資料庫中擷取出來的正規化關聯表：

STORE (Store_ID, Region, Manager_ID, Square_Feet)
EMPLOYEE (Employee_ID, Where_Work, Employee_Name, Employee_Address)
DEPARTMENT (Department_ID, Manager_ID, Sales_Goal)
SCHEDULE (Department_ID, Employee_ID, Date)

在為這個資料庫定義實體記錄時，這些關聯表有反正規化的機會嗎？在什麼情況下你會考慮使用反正規化？

5. 假設你有個硬碟檔案，最多可容納 1,000 筆記錄，而每筆記錄有 240 個位元組。假設一個分頁的長度是 4,000 個位元組，而記錄不可以跨分頁。請問這個檔案需要多少個位元組？

08 CHAPTER

SQL 簡介

本章學習重點

- 解釋 SQL 在資料庫開發中的歷史與角色

- 說明 SQL 標準的好處

- 描述 SQL 環境的元件

- 利用 SQL 資料定義語言定義資料庫

- 簡介 SQL 的資料操作語言與資料控制語言

- 利用 SQL 建立參考完整性

- 利用 SQL 命令撰寫單一表格的查詢

簡介

　　不管是唸成「S-Q-L」或叫做「sequel」，SQL 已經變成建立與查詢關聯式資料庫所用的業界標準，第 8-10 章的主要目的是要深入探討 SQL。 SQL 是關聯式系統最常用的語言，它已經被美國國家標準局（ANSI）納為美國的標準，同時也是國際標準組織（ISO）承認的國際標準。

　　ANSI SQL 標準首先發表於 1986 年，並陸續於 1989 年、 1992 年（SQL-92）、1999 年（SQL:1999），以及 2003 年（SQL:2003）進行改版。目前大部分的 DBMS 都宣稱符合 SQL:1999，並且部份有符合 SQL:2003。本章的範例除非有特別指明是某產品的語法，否則都是符合標準的 SQL。雖然有標準存在，但各家產品對於這個標準的解釋卻彼此不同，並且紛紛將自己產品的功能延伸到標準之外。這使得不同廠商的 SQL 移植變得很困難。因此你必須熟悉所使用的 SQL 版本，但不能期待可以一成不變的轉換到另一個版本上。

　　SQL 已經實作在大型主機與個人電腦系統上，所以本章適用於這兩種電腦環境。雖然許多的 PC 資料庫套裝軟體都使用 QBE（query-by-example）介面，但也可以選擇使用 SQL 程式碼。 QBE 介面使用圖形式的表示方式，然後在執行查詢之前，將 QBE 的動作轉換為 SQL 程式。例如在 Microsoft Access 中，你可以在這兩種介面中互相切換；利用 QBE 介面建構的查詢只要按個鈕就可以檢視它的 SQL 命令，這個功能可幫助讀者學習 SQL 的語法。而在主從式架構中， SQL 命令是在伺服器上執行，而結果則傳回客戶端工作站上。

 8.1 SQL 標準的歷史

　　關聯式資料庫技術的觀念第一次出現在 1970 年由 E. F. Codd 發表的經典論文中，當時 Codd 任職於 IBM 的實驗室，進行 R 系統的開發。由於安裝 R 系統的使用者接受度極高，於是其他資料庫廠商也紛紛加入支援 SQL 的行列，包括 Oracle、 INGRES、Sybase 等。後來為了提供一些發展關聯式 DBMS 的方向，而提出 SQL 關聯式查詢語言（功能與語法）標準，一般稱為 SQL/86。後來歷經 SQL/89、 SQL-92、 SQL:1999，一直到目前最新的 SQL:2003。

　　第一個支援 SQL 的商用 DBMS 是 1979 年推出的 Oracle 資料庫管理系統。現在 Oracle 在大型主機、主從式架構，以及 PC 等平台上都有，而且支援許多作業系統，

包括各種 UNIX 、 Linux 與 Microsoft Windows 作業系統。 IBM 的 DB2 、 Informix ，以及 Microsoft SQL Server 等 DBMS 產品也同樣都支援這些作業系統。

現在有許多產品都支援SQL，而且在各種規模的電腦上都可執行，無論是從小型的個人電腦到大型主機都有。目前除了前 3 大廠商 Oracle 、 IBM 及 Microsoft 外，開放程式碼版本的 MySQL 也有不少人使用。

無論將來的產品變化如何，它們全部都會持續使用SQL，而且某種程度上一定會遵循 SQL 標準。

 ## 8.2 SQL 在資料庫結構中的角色

由於今日的關聯式 DBMS 在使用者介面方面的進步， SQL 語言對一般使用者的重要性並不明顯，使用者即使完全沒有SQL的知識，一樣可以存取資料庫。例如網站上顯示的資訊經常是利用 SQL 語言擷取的，但使用者卻沒有下過 SQL 命令。

在關聯式資料庫管理系統（relational DBMS, RDBMS）中， SQL 可用來建立表格、表達使用者要求、維護資料字典與系統目錄、更新與維護表格、建立安全性，以及實施備份與回復程序。所謂關聯式 DBMS（RDBMS）是一種資料管理系統，它實行關聯式資料模型，其中的資料儲存在一群表格中，而這些資料的關係則是藉由相關表格中所存在的共同值來呈現，而非以鏈結（link）的方式呈現。本章的 SQL 查詢範例將以三宜家具資料庫系統為基礎。

對於各家廠牌的資料庫而言，SQL標準是代表最小的功能集合，而非完整的功能集合。那麼 SQL 標準的優缺點如何呢？這種標準關聯式語言的好處如下：

1. 降低訓練成本：教育訓練只要集中訓練一種語言，可節省訓練成本與時間。

2. 生產力：因為持續使用同一種語言，人員比較能徹底專精 SQL，變得更有生產力。

3. 應用程式的可攜性：當每部機器都使用 SQL 時，應用程式會比較容易在這些機器之間移植。

4. 延長應用程式的壽命：標準語言比較會維持長久的時間，因此也比較沒有重新撰寫舊應用程式的壓力。

5. 減少對單一廠商的依賴性：方便使用不同廠商的 DBMS、訓練與教育服務、應用軟體及顧問支援，因而使價格降低、服務品質提升。

6. 跨系統的溝通：不同的 DBMS 與應用程式在管理資料與處理使用者程式方面，可以比較容易溝通與合作。

SQL 標準的缺點是：

1. 標準可能會扼殺創新，單一標準絕對不足以符合所有的需求，而且產業標準總是不盡理想，因為它可能是許多團體妥協下的產物。

2. 標準可能很難改變（因為存在這麼多廠商在上面的既得利益），所以要修正缺點可能要耗費相當的精力。

3. 如果使用特定廠商在 SQL 上新增的特殊功能，就可能喪失某些優點，例如應用程式的可攜性。

 ## 8.3 SQL 環境

　　圖 8-1 是 SQL 環境的概略圖，SQL 環境包括 DBMS 與可經由該 DBMS 存取的資料庫，以及可以用該 DBMS 存取資料庫的使用者與程式。每個資料庫都包含在目錄（catalog）中，目錄是描述屬於資料庫的任何物件，而不管它們是那個使用者產生的。

　　圖 8-1 顯示 2 個目錄：DEV_C 與 PROD_C。大部分的公司都至少會為他們所用的資料庫保持兩個版本：

1. 營運版 PROD_C 是線上運作的版本，它正在捕捉業務資料，因此必須非常嚴格的監控。

2. 開發版 DEV_C 是在建構資料庫時使用的，而且擔任開發工具的任務。在要將任何動作應用到營運資料庫之前，必須在開發版的資料庫上測試。通常這份資料庫的控管不會很嚴格，因為它不含實際的業務資料。

　　每個資料庫會有一份命名的綱要與目錄結合，綱要（schema）是一群相關聯的物件，包括基底表格與視界、值域、限制、字元集、觸發程序、角色等。

　　如果有一個以上的使用者在資料庫中產生物件，則結合所有使用者的綱要資訊，就會產生整個資料庫的資訊。

　　每個目錄必須也包含一份資訊綱要，以描述目錄、表格、視界、屬性、權限、限制與值域等物件的綱要，以及與資料庫相關的其他資訊。目錄中所含的資訊是由 DBMS 來維護，使用者可以使用 SQL 的 SELECT 敘述來瀏覽目錄的內容。

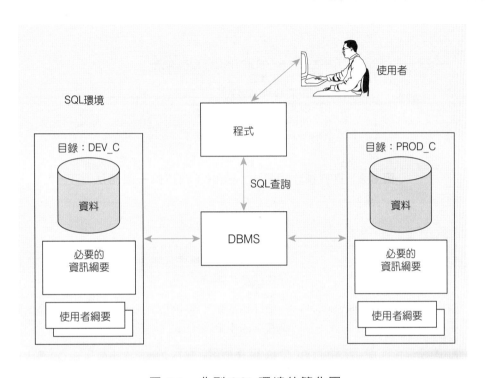

圖 8-1　典型 SQL 環境的簡化圖

SQL 命令可以分成 3 類：

1. 資料定義語言（data definition language, DDL）命令，這些命令是要用來建立、改變與卸除表格，本章會先介紹這部份。

2. 資料操作語言（data manipulation language, DML）命令，許多人認為 DML 命令是 SQL 的核心命令，這些命令是要用來更新、新增、修改與查詢資料庫中的資料。其中最常見的是 SELECT 命令，其語法如圖 8-2 所示。

3. 資料控制語言（data control language, DCL）命令，這些命令幫助 DBA 控制資料庫；包括允許或撤銷資料庫或資料庫內特定物件的權限，以及儲存或移除那些會影響資料庫的異動（transaction）。

　　每個 DBMS 都會定義一組它能處理的資料型態，通常都會包括數值、字串和日期／時間型態的變數，有些也包含圖形、空間或影像資料的資料型態，這會大大增加資料處理的彈性。

在建立資料庫時，每個屬性的資料型態都必須事先指定，這會連帶影響這個屬性上的資料可以儲存什麼樣的值、可以進行什麼運算，以及有些什麼限制等。例如電話號碼雖然看起來是數字，但是存成字串比較適合，因為這種資料不會有數學運算。表 8-1 整理出常見的 SQL 資料型態。

```
SELECT [ALL/DISTINCT] 欄位清單
FROM 表格清單
[WHERE 條件運算式]
[GROUP BY 分組欄位清單]
[HAVING條件運算式]
[ORDER BY 排序欄位清單]
```

圖 8-2　資料操作語言中 SELECT 敘述的一般語法

表 8-1　SQL 資料型態範例

字串	CHARACTER(CHAR)	儲存包含字元集中任意字元的字串值。 CHAR 是固定長度的字串
	CHARCTER VARYING(VARCHAR)	儲存包含字元集中任意字元的字串值，但這是變動長度的字串
	BINARY LARGE OBJECT(BLOB)	以 16 進位格式儲存 2 進位字串值。 BLOB 是固定長度的字串
數值	NUMERIC	使用預先定義的精準度與小數位數來儲存數字
	INTERGER(INT)	使用預先定義的精準度來儲存數字，小數位數為 0（整數）
時間	TIMESTAMP	儲存事件發生的時間，事先定義精確度為幾分之一秒
布林	BOOLEAN	儲存邏輯運算值，包括 TRUE 、 FALSE 或 UNKNOWN

本章 SQL 命令的範例資料如圖 8-3 所示。每個表格名稱都遵循固定的命令標準，也就是在表格名稱後加上底線字母與 t 字母，例如 Order_t 或 Product_t 。在檢視這些表格時，請特別注意以下幾個事項：

1. 在 Order_t 表格中的每張訂單，必須具有一個有效的顧客編號。

2. 訂單中的每個品項，必須同時具備有效的產品編號和有效的訂單號碼，與它結合在 Order_Line_t 表格中。

3. 這 4 個表格是最常見的一組有關產品和訂單的關聯表。產生 Customer 與 Order 表格所需的 SQL 命令在第 3 章介紹過，這裡再加以擴充。

Customer_t表格

Customer_ID	Customer_Name	Customer_Address	City	County	Postal_Code
1	德和家具	建國路101號	鳳山市	高雄縣	830
2	雅閣家具	常春路202號	恆春鎮	屏東縣	946
3	瑞成家飾	信義路一段33號	中壢市	桃園縣	320
4	冠品家具	中山路二段64號	三重市	台北縣	241
5	吉霖家具	重慶街105號	新化鎮	台南縣	712
6	嘉美家飾	仁愛路166號	埔里鎮	南投縣	545
7	新茂家具	博愛街117號	竹北市	新竹縣	302
8	富鈺家具	東門街88號	新營市	台南縣	730
9	宜品家飾	民享路79號	岡山鎮	高雄縣	820
10	大昌家具	和平西路10號	美濃鎮	高雄縣	843
11	尚美家飾	忠孝路211號	板橋市	台北縣	220
12	博愛家具	西門街12號	池上鄉	台東縣	958
13	新雅寢具	中華路213號	北港鎮	雲林縣	651
14	永安家具	玉山街114號	布袋鎮	嘉義縣	625
15	大發家具	漢口路315號	竹南鎮	苗栗縣	350

（a）

Order_Line_t表格

Order_ID	Product_ID	Order_Quantity
1001	1	2
1001	2	2
1001	4	1
1002	3	5
1003	3	3
1004	6	2
1004	8	2
1005	4	4
1006	4	1
1006	5	2
1006	7	2
1007	1	3
1007	2	2
1008	3	3
1008	8	3
1009	4	2
1009	7	3
1010	8	10

（b）

Order_t表格

Order_ID	Order_Date	Customer_ID
1001	10/21/2006	1
1002	10/21/2006	8
1003	10/22/2006	15
1004	10/22/2006	5
1005	10/24/2006	3
1006	10/24/2006	2
1007	10/27/2006	11
1008	10/30/2006	12
1009	11/5/2006	4
1010	11/5/2006	1

（c）

PRODUCT_t表格

Product_ID	Product_Description	Product_Finish	Standard_Price	Product_Line_ID
1	茶几	櫻桃木	5250	1
2	咖啡桌	天然梣木	6000	2
3	電腦桌	天然梣木	11250	2
4	視聽櫃	天然楓木	19500	3
5	寫字桌	櫻桃木	9750	1
6	8抽書桌	白色梣木	22500	2
7	餐桌	天然梣木	24000	2
8	電腦桌	胡桃木	7500	3

（d）

圖 8-3　三宜家具公司的範例資料

　　圖8-4描述的是資料庫開發流程中使用的各種命令。在說明 SQL 命令時將使用以下這些習慣符號：

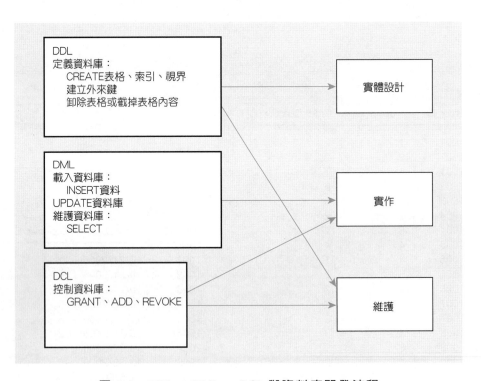

圖 8-4　DDL、DML、DCL 與資料庫開發流程

1. 大寫的字代表命令的語法，請完全依照書上的顯示輸入，不過 RDBMS 產品可能不要求一定要大寫。

2. 小寫的字代表必須由使用者提供的值。

3. 中括弧括住選擇性的語法。

4. ...表示伴隨的子句可以視需要重複出現。

5. 每個 SQL 命令以分號（；）結束。在互動模式中，當使用者按下 RETURN 鍵時，SQL 命令就會執行。本章顯示的空格與縮排方式是為了可讀性，而非標準 SQL 語法所要求的一部份。

 ## 8.4 以 SQL 定義資料庫

大部分系統在建立資料庫時，會配置儲存空間來容納基底表格、視界、限制、索引，以及其他資料庫物件，因此需要使用建立資料庫的命令。建立資料庫的基本語法是：

CREATE SCHEMA 資料庫名稱; **AUTHORIZATION** 擁有者識別碼

這代表此資料庫將由被授權的使用者所擁有，不過可以設定讓其他使用者使用這個資料庫，或甚至轉讓資料庫的所有權。

8.4.1 產生 SQL 資料庫定義

SQL:2003 包括幾個 SQL DDL CREATE 命令（每個命令後面跟著要建立的物件）：

CREATE SCHEMA　　用來定義特定使用者所擁有的某部份資料庫，綱要是附屬於目錄，並且包含綱要物件，包括基底表格與視界、值域、限制、主張、字元集等。

CREATE TABLE　　定義新的表格與它的欄位。這個表格可能是基底表格或衍生表格。表格附屬於綱要，而衍生表格則是利用一或多個表格或視界上的查詢結果產生的。

CREATE VIEW　　從一或多個表格或視界定義出來的邏輯資料。視界不可以設置索引，透過視界來更新資料會有一些限制。視界可以更新，所作的改變也會套用基底表格。

這些 CREARE 命令都可以利用 DROP 命令加以取消，因此 DROP TABLE 可以摧毀一個表格，包括它的定義、內容，以及任何與它結合的限制、視界或索引。

通常只有表格的建立者才能移除該表格，DROP SCHEMA 與 DROP VIEW 也會摧毀指定的綱要或視界。ALTER TABLE 可以藉由新增、卸除或改變欄位，或者卸除限制，來改變基底表格的定義。

還有 5 個其他的 CREATE 命令，包括：

CREATE CHARACTER SET	讓使用者定義字串的字元集，這樣就可使用英文以外的語言，促進 SQL 的全球化。每個字元集包含一組字元、每個字元的內部表達方式、用來呈現的資料格式，以及排列方式（collation）。
CREATE COLLATION	指定字元集採用何種順序排列的一種有名稱的綱要物件。我們可以運用現有的排列方式來產生新的排列方式。
CREATE TRANSLATION	為了翻譯或轉換的目的，將字元從來源字元集對應到目的字元集的一組有名稱的規則。
CREATE ASSERTION	建置 CHECK 限制的綱要物件，如果此限制值為偽，表示違反了這個限制。
CREATE DOMAIN	為屬性建置值域或一組有效值的綱要物件。你可以設定資料型態，如果需要的話也可以設定預設值、排列方式或其他限制。

8.4.2　建立表格

設計與正規化資料模型之後，就可利用 SQL 的 CREATE TABLE 命令來為每個表格定義欄位。CREATE TABLE 的語法如圖 8-5 所示。以下是準備建立表格的一系列步驟：

1. 為每個欄位找出適當的資料型態，包括長度、精準度等。

2. 確認哪些欄位可以接受虛值。在建立表格時為不可以有虛值的欄位設定欄位控制，這樣當輸入資料時，每次對表格的更新都會強制執行這樣的欄位控制。

3. 找出需要具有唯一性的欄位。如果為欄位設定 UNIQUE 的欄位控制，則該欄位在表格的每一列都必須有不同的值（也就是不可以重複）。指定為 UNIQUE 的一個或一組欄位，也就是候選鍵。

雖然每個基底表格可能有多個候選鍵，但只可以指定一個候選鍵為主鍵 PRIMARY KEY。當一個或一組欄位設定為 PRIMARY KEY 時，則即使該（組）欄位沒有明確設定為 NOT NULL， RDBMS 也會假定它是 NOT NULL。

UNIQUE 與 PRIMARY KEY 都是一種欄位限制。請注意在圖 8-6 的定義中，具有複合主鍵的表格 Order_Line_t。在 Order_Line_PK 限制中，將 Order_ID 與 Product_ID 都指定在主鍵限制中來建立複合鍵。在建立複合鍵時，還可以在括號中加入其他的屬性。

4. 找出所有的主鍵／外來鍵配對。外來鍵可以在表格建立時立即建立，或稍後改變表格時再產生。在父子關係中的父表格應該要先行產生，這樣在建立子表格時才有存在的父表格可供參考。 REFERENCES 欄位限制可以用來強制執行參考完整性限制。

```
CREATE TABLE 表格名稱
（{欄位定義 [表格限制]}....
[ON COMMIT {DELETE | PRESERVE} ROWS] );
其中，欄位定義 ::=
欄位名稱
        {值域名稱 | 資料類型 [(大小)] }
        [欄位限制子句...]
        [預設值]
        [排列子句]
還有，表格限制 ::=
        [CONSTRAINT 限制名稱]
        限制類型 [限制屬性]
```

圖 8-5　DDL 中 CREATE TABLE 敘述的一般語法

5. 對於需要有預設值的欄位設定預設值。可以使用 DEFAULT 來定義，這樣在資料輸入時如果沒有給值，就會自動使用該值。在圖 8-6 產生 ORDER_T 表格的命令中，我們為 ORDER_DATE 屬性定義的預設值是 SYSDATE（系統日期）。

6. 設定欄位的值域限制。例如在圖 8-6 建立 PRODUCT_T 表格的命令中，利用 CHECK 當欄位限制，列出 PRODUCT_FINISH 的可能值。因此輸入「白色楓木」會被拒絕，因為它不在這個清單中。

7. 利用 CREATE TABLE 與 CREATE INDEX 敘述，建立表格與索引。

　　圖 8-6 是利用 Oracle 10g 的資料庫定義命令來建立表格，還包括主鍵、外來鍵和欄位限制。例如，Customer 表格的主鍵是 CUSTOMER_ID，而主鍵限制的名稱為 CUSTOMER_PK。假如有定義外來鍵限制，就可以強制實施參考完整性。舉例來說，如果有人要使用無效的 CUSTOMER_ID 值來新增一筆訂單，就會收到錯誤訊息。

　　有時，使用者會想建立某個與現有表格類似的表格。 SQL:1999 在 CREATE TABLE 敘述中加入了 LIKE 子句，可將現有的表格結構複製到新的表格上。新表格與原始表格是獨立存在的兩個表格；在原始表格中新增資料並不影響新表格。

```
CREATE TABLE CUSTOMER_T
        (CUSTOMER_ID               NUMBER(11, 0) NOT NULL,
        CUSTOMER_NAME              VARCHAR2(25)  NOT NULL,
        CUSTOMER_ADDRESS           VARCHAR2(30),
        CITY                       VARCHAR2(20),
        County                     VARCHAR2(20),
        POSTAL_CODE                CHAR2(3),
CONSTRAINT CUSTOMER_PK PRIMARY KEY (CUSTOMER_ID));

CREATE TABLE ORDER_T
        (ORDER_ID                  NUMBER(11, 0) NOT NULL,
        ORDER_DATE                 DATE DEFAULT SYSDATE,
        CUSTOMER_ID                NUMBER(11, 0),
CONSTRAINT ORDER_PK PRIMARY KEY (ORDER_ID),
CONSTRAINT ORDER_FK FOREIGN KEY (CUSTOMER_ID) REFERENCES CUSTOMER_T(CUSTOMER_ID));

CREATE TABLE PRODUCT_T
        (PRODUCT_ID                INTEGER        NOT NULL,
        PRODUCT_DESCRIPTION        VARCHAR2(50),
        PRODUCT_FINISH             VARCHAR2(20)
                        CHECK (PRODUCT_FINISH IN ('Cherry', 'Natural Ash', 'White Ash',
                                'Red Oak', 'Natural Oak', 'Walnut')),
        STANDARD_PRICE             DECIMAL(6,2),
        PRODUCT_LINE_ID            INTEGER,
CONSTRAINT PRODUCT_PK PRIMARY KEY (PRODUCT_ID));

CREATE TABLE ORDER_LINE_T
        (ORDER_ID                  NUMBER(11,0)  NOT NULL,
        PRODUCT_ID                 NUMBER(11,0)  NOT NULL,
        ORDERED_QUANTITY           NUMBER(11,0),
CONSTRAINT ORDER_LINE_PK PRIMARY KEY (ORDER_ID, PRODUCT_ID),
CONSTRAINT ORDER_LINE_FK1 FOREIGN KEY(ORDER_ID) REFERENCES ORDER_T(ORDER_ID),
CONSTRAINT ORDER_LINE_FK2 FOREIGN KEY (PRODUCT_ID) REFERENCES PRODUCT_T(PRODUCT_ID));
```

圖 8-6　三宜家具公司的 SQL 資料庫定義命令（ Oracle 10g ）

8.4.3 建立資料完整性的控制

　　在圖 8-6 中展示了外來鍵的語法。在關聯式資料模型中的兩個有 1:M 關係的表格之間，是使用外來鍵來建立參考完整性。關係之單基數邊上的表格主鍵，會被關係之多基數邊上的表格中的欄位參考到。

　　參考完整性的意義是：多基數邊表格中相對欄位的值，必須對應到單基數邊表格中某列資料之主鍵值，或者為 NULL 。

　　SQL REFERENCES 子句的意義是：一個外來鍵的值如果不是參考主鍵欄位中已經存在的有效值，就不允許新增到表格中。

　　另外還有其他完整性方面的問題。例如，假設CUSTOMER_ID值改變，則該顧客與他所下訂單之間的關係就會被破壞。 REFERENCES 子句禁止你修改外來鍵的值，但卻沒有禁止改變主鍵的值。這種問題的處理方式可能有很多種：

1. 利用 ON UPDATE RESTRICT 選項：這種方式是規定主鍵值一旦產生，就不許更改，這也是大部分系統所使用的方式。這樣一來，如果更新會因而刪除或改變主鍵值，則更新會被拒絕，除非子表格中沒有外來鍵參考到該值。語法參見圖 8-7 。

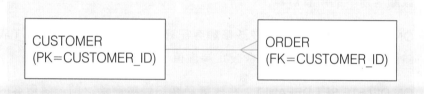

受限的更新：對於顧客ID，只有在ORDER表格中找不到它時，它才可以被刪除。

```
CREATE TABLE CUSTOMER_T
            (CUSTOMER_ID          INTEGER DEFAULT 'C999'   NOT NULL,
             CUSTOMER_NAME        VARCHAR(40)              NOT NULL,
             . . .
CONSTRAINT CUSTOMER_PK PRIMARY KEY (CUSTOMER_ID),
ON UPDATE RESTRICT);
```

連鎖的更新：改變CUSTOMER表格的顧客ID，也同時會更新它在ORDER表格中的對應欄位值。

```
. . . ON UPDATE CASCADE);
```

設定虛值更新：當顧客ID改變時，它在ORDER表格中的對應欄位值會設定成虛值。

```
. . . ON UPDATE SET NULL);
```

設定預設更新：當顧客ID改變時，它在ORDER表格中的對應欄位值會設定成預先定義的預設值。

```
. . . ON UPDATE SET DEFAULT);
```

圖 8-7　保證資料更新的完整性

2. 利用 ON UPDATE CASCADE 選項：將修改反應到子表格中。因此當 CUSTOMER_T 表格的 CUSTOMER_ID 改變時，同時也會連鎖更新它在 ORDER_T 表格中的對應欄位值。

3. 利用 ON UPDATE SET NULL 選項：讓 CUSTOMER_T 進行更新，但將 ORDER_T 表格的 CUSTOMER_ID 欄位值設為虛值。這將導致訂單與顧客之間的聯繫斷掉，通常這個效果並不是我們想要的。最有彈性的選項應該是 CASCADE 選項。

那麼刪除一筆顧客記錄則要如何處理呢？這時也會有類似的 ON DELETE RESTRICT 、 CASCADE 或 SET NULL 可用：

1. ON DELETE RESTRICT：除非 ORDER_T 表格中沒有來自該顧客的訂單，否則不允許刪除該顧客記錄。

2. ON DELETE CASCADE：移除一筆顧客記錄將會連動移除 ORDER_T 表格中由該顧客所下的所有訂單。

3. ON DELETE SET NULL：在該筆顧客記錄被刪除之前， ORDER_T 表格中由該顧客所下的訂單記錄都會設定為虛值。

4. ON DELETE SET DEFAULT：在該筆顧客記錄被刪除之前，該顧客的訂單記錄都會設成某個預設值。

這些選項中， DELETE RESTRICT 可能最合理。並非所有的 SQL RDBMS 都提供主鍵參考完整性限制，在這種情況下，在主鍵欄位上進行更新與刪除的權限可能會被撤銷。

8.4.4 改變表格定義

藉由修改欄位規格可以更改基底表格的定義。而 ALTER TABLE 命令便可用來增加新欄位到既有的表格中，也可以用來改變現有的欄位，或者新增或移除表格限制。

ALTER TABLE 命令可能包括 ADD 、 DROP 或 ALTER 等關鍵字，可用來改變欄位的名稱、資料型態、長度、限制等，但是這個命令並不可以用來改變視界。

在增加新欄位時，通常它的虛值狀態是 NULL，目的是為了處理那些已經存在表格中的資料。當新欄位產生時，這些欄位要加入表格的所有實例中，而虛值是最合理的值。

語法：

ALTER TABLE 表格名稱 更改表格的動作

其中「更改表格的動作」可以是：

ADD [COLUMN] 欄位定義
ALTER [COLUMN] 欄位名稱 SET DEFAULT 預設值
ALTER [COLUMN] 欄位名稱 DROP DEFAULT
DROP [COLUMN] 欄位名稱 [RESTRICT] [CASCADE]
ADD 表格限制

命令：新增一個名稱為 TYPE 的顧客種類欄位到 CUSTOMER 表格中。

ALTER TABLE CUSTOMER_T
ADD COLUMN TYPE VARCHAR (20) DEFAULT "Commercial"？

資料庫會因為需求變動、雛形建立、演進式開發與錯誤等原因而變動，因此 ALTER 命令對於調整資料庫是非常重要的。

8.4.5 移除表格

要從資料庫中移除表格，表格的擁有者可以使用 DROP TABLE 命令，而視界則利用類似的 DROP VIEW 命令。

命令：自表格綱要中移除表格。

DROP TABLE CUSTOMER_T;

這個命令會卸除表格，只有表格的擁有者，或者被授與 DROP ANY TABLE 的系統權限者，才能移除表格。移除表格也會導致相關的索引和授與的權限一起移除。DROP TABLE 命令可以利用關鍵字 RESTRICT 或 CASCADE 加以設限。如果有指定

RESTRICT，則如果有任何相依的物件（例如視界或限制）目前正在參考它，則這個命令就會失敗。如果有指定 CASCADE，則當這個表格被移除時，所有相依的物件也會跟著移除。

 ## 8.5 新增、修改及刪除資料

在建立了表格與視界之後，下一步就是填入資料，並且維護資料。用來填資料給表格的 SQL 命令是 INSERT 命令。如果想要為表格中的所有欄位輸入資料，可以使用如下的命令，它是要新增一列資料給 CUSTOMER_T 表格。請特別注意，這些資料值的順序必須與表格中的欄位順序相同。

命令：新增一列資料到表格中，每個屬性都要有一個值。

INSERT INTO CUSTOMER_T VALUES
(001, ' 德和家具 ', ' 建國路 101 號 ', ' 鳳山市 ', ' 高雄縣 ', '830');

新增資料時如果不是表格的每個欄位都有值，就要為空的欄位輸入虛值，或者指定要輸入資料的欄位。同樣的，這些資料值的順序也要和 INSERT 命令中所指定的欄位順序一致。

例如，以下的命令是要新增一列資料到 PRODUCT_T 表格中，不過沒有產品的描述資料。

命令：新增一列資料到表格中，其中有些欄位是虛值。

INSERT INTO PRODUCT_T (PRODUCT_ID, PRODUCT_DESCRIPTION,
PRODUCT_FINISH, STANDARD_PRICE, PRODUCT_ON_HAND)
　　VALUES (1, ' 茶几 ', ' 櫻桃木 ', 5250, 8);

一般而言，INSERT 命令可根據敘述中提供的值，放置一列新資料到表格中、複製其他資料庫的資料到表格中，或者萃取某個表格中的資料並新增到另一個表格。例如假設 CA_CUSTOMER_T 與 CUSTOMER_T 有相同的結構，以下的命令是要將三宜公司在「台南縣」的顧客加到 CA_CUSTOMER_T 表格中。

命令：利用另一個結構相同之表格的子集合來新增表格資料。

```
INSERT INTO CA_CUSTOMER_T
SELECT * FROM CUSTOMER_T
        WHERE COUNTY = '台南縣';
```

INSERT 命令中指定的表格可以是視界，但必須是可更新的視界。這樣透過視界新增的資料，也可以新增到視界所依據的基底表格中。

如果視界的定義包括 WITH CHECK OPTION，則當新增的資料值不符合 WITH CHECK OPTION 的條件時，新增的動作就會失敗。

8.5.1 批次輸入

INSERT 命令是要用來一次輸入一列資料，或新增查詢結果的資料列。有些 SQL 版本有特殊的命令或工具軟體，可以批次的方式來輸入多列資料：INPUT命令。例如 Oracle的SQL*Loader程式，它是在命令列模式執行，能從檔案載入資料到資料庫中。

8.5.2 刪除資料庫內容

資料列可以個別刪除或整組刪除。假設三宜家具公司決定不再處理「嘉義縣」的顧客，可利用以下的命令來刪除 CUSTOMER_T 表格中，地址在嘉義縣的所有顧客資料列。

命令：刪除 CUSTOMER 表格中符合特定條件的資料列。

```
DELETE FROM CUSTOMER_T
   WHERE COUNTY = '嘉義縣';
```

最簡單的 DELETE 命令會移除表格中的所有列。

命令：刪除 CUSTOMER 表格中的所有資料列。

```
DELETE FROM CUSTOMER_T;
```

這種命令應該要非常謹慎使用。如果刪除的資料列是來自數個關聯表時，也要小心處理。例如，如果在刪除相關的 ORDER_T 表格的資料列之前，就先刪除某列 CUSTOMER_T 資料，則會違反參考完整性，而且這個 DELETE 命令就不會執行（註：在欄位定義中加上 ON DELETE 子句可改善此問題）。

SQL 的 DELETE 命令會真的消除所選取的記錄。所以，最好先執行 SELECT 命令，顯示將會被刪除的記錄有哪些，親眼確認是否真的只包含想要刪除的資料列。

8.5.3 更新資料庫的內容

在 SQL 中更改資料的命令是 UPDATE 敘述。假設現在要修改 RODUCT_T 表格中的餐桌價格，命令如下：

命令：將 PRODUCT 表格中 7 號產品的單位價格修改為 23250 元。

UPDATE PRODUCT_T
SET UNIT PRICE = 23250
     WHERE PRODUCT_ID = 7;

SET 命令也可以將值改變成虛值，其語法是：

SET 欄位名稱 = NULL

和 DELETE 命令一樣，UPDATE 命令中的 WHERE 子句也可以包含子查詢，但是要更新的表格不可以被子查詢參考到。子查詢會在第 10 章討論。

 ## 8.6 RDBMS 中的內部綱要定義

為了考慮處理與儲存的效率，我們可以控制關聯式資料庫的內部綱要。有些技巧可用來調校關聯式資料庫內部資料模型的運算效能，包括：

1. 為主鍵和（或）次鍵建立索引，可提昇選取資料列、表格合併及排序的速度。但不使用索引則會增加表格更新的速度。

2. 為基底表格選擇適宜的檔案結構，來配合那些表格上的處理動作。例如有個表格經常被用來作報表而需要排序，不妨先建立好排序鍵。

3. 索引其實也是表格，所以也應該為索引選擇適合的檔案結構。並且為索引檔配置額外的空間，這樣索引就可以增長而不需要重組。

4. 對於經常合併的表格使用叢集技術，將相關的資料列儲存在附近，以縮短擷取時間。

5. 維護有關表格與索引的統計值，方便 DBMS 找出最有效率的方式，執行各種資料庫運算。

這些技巧並不是所有的 SQL 系統都能用，不過索引與叢集通常都會支援。

8.6.1 建立索引

大部分的 RDBMS 都可產生索引，方便對基底表格進行快速而隨機或循序的存取。但因為 ISO SQL 標準沒有建立索引的標準語法，因此這裡是以 Oracle 的語法為例。請注意，使用者在撰寫 SQL 命令時不會直接參考到索引，但 DBMS 會知道使用哪個索引可改善查詢效能。索引通常可以建構在主鍵與次鍵，以及單一鍵與多個欄位的鍵值上。

例如，以下是在 Oracle 環境中，在 CUSTOMER_T 表格的 CUSTOMER_NAME 欄位上建立索引。

命令：在 CUSTOMER_T 表格中，建立一個按照顧客名稱排序的索引。

CREATE INDEX NAME_IDX ON CUSTOMER_T (CUSTOMER_NAME);

任何時候都可以建立或卸除索引，如果鍵的欄位中已經存在資料，則會自動為現有的資料建立對應的索引項目。如果索引是定義成 UNIQUE（利用 CREATE UNIQUE INDEX …語法），而且現有的資料違反這個條件，則索引的建立動作會失敗。索引一旦建立完成，則輸入、更新或刪除資料時，也會跟著更新索引。

當不再需要表格、視界或索引時，可使用對應的 DROP 敘述。例如以下命令是卸除前例的 NAME_INDEX 索引。

命令：移除CUSTOMER_T表格中顧客名稱欄位上的索引。

DROP INDEX NAME_IDX;

雖然表格的每個欄位都可以建立索引，但是請謹慎考慮。因為索引會消耗額外的儲存空間，也需要額外的維護時間，這些成本都可能會顯著影響擷取的回應時間。另外，即使在某個命令中有幾個欄位都是索引，但系統可能也只使用一個索引。資料庫人員必須確實知道DBMS產品是如何使用索引的，這樣才能明智選擇適當的索引。 Oracle 有個「explain plan」工具，可用來檢視 SQL 敘述的處理順序與索引的使用方式。其輸出也包括利用不同索引所執行出來的成本評估，方便你決定那一種最有效率。

本章摘要

- 一般使用 SQL 中的資料定義語言（DDL）、資料操作語言（DML）和資料控制語言（DCL），來定義與查詢關聯式資料庫管理系統（RDBMS）。

- SQL 標準的好處包括縮減訓練成本、改善生產力、提升應用程式的可攜性與延續性、降低對單一廠商的依賴，以及增進跨系統的溝通。

- SQL 環境包括一個 SQL DBMS 實例與可存取的資料庫，以及相關的使用者與程式。

- 每個資料庫將收納在目錄中，而且會有一個綱要來描述資料庫物件。

- 目錄中的資訊由 DBMS 本身維護，不需要靠 DBMS 的使用者。

- SQL 的資料定義語言（DDL）是用來定義資料庫，包括資料庫的產生，以及建立表格、索引及視界；參考完整性限制也是透過 DDL 命令建置的。

- SQL 的資料操作語言（DML）命令是用來載入、更新、刪除資料，以及透過 SELECT 命令查詢資料庫。

- SQL 的資料控制語言（DCL）命令是用來建置使用者對資料庫的存取權限。

詞彙解釋

■ 關聯式 DBMS（relational DBMS, RDBMS）：一種資料庫管理系統，以一群表格來管理資料，而其中所有的資料關係則是藉由相關表格中所存在的共同值來呈現。

■ 目錄（catalog）：一組綱要，放在一起時就可構成資料庫的說明。

■ 綱要（schema）：這個結構包含對使用者產生之物件描述，例如基底表格、視界及限制，這也是資料庫的一部份。

■ 資料定義語言（data definition language, DDL）：用來定義資料庫的命令，包括建立、改變與卸除表格，以及建置限制。

■ 資料操作語言（data manipulation language, DML）：用來維護與查詢資料庫的命令，包括更新、新增、修改與查詢資料。

■ 資料控制語言（data control language, DCL）：用來控制資料庫的命令，包括管理權限與資料的交付（commit）或儲存。

■ 參考完整性（referential integrity）：一種完整性限制，限定一個關聯表中某個屬性的值（或存在）必須根據同一個或另一個關聯表中的主鍵值（或存在）。

學習評量

選擇題

_____ 1. 下列命令何者可在資料庫中去除資料表？

    a. REMOVE TABLE CUSTOMER;

    b. DROP TABLE CUSTOMER;

    c. DELETE TABLE CUSTOMER;

    d. UPDATE TABLE CUSTOMER;

_____ 2. 下列命令何者可在資料表中去除資料行？

　　　　　a. REMOVE FROM CUSTOMER

　　　　　b. DROP FROM CUSTOMER

　　　　　c. DELETE FROM CUSTOMER

　　　　　d. UPDATE FROM CUSTOMER

_____ 3. 將關聯式資料庫的語言標準化有何優點？

　　　　　a. 降低訓練成本

　　　　　b. 增加對單一廠商的依賴度

　　　　　c. 不需要應用程式

　　　　　d. 以上皆是

_____ 4. 在使用 SQL 建立資料表時，應該考慮什麼？

　　　　　a. 資料型態

　　　　　b. 主鍵

　　　　　c. 預設值

　　　　　d. 以上皆是

_____ 5. ON UPDATE CASCADE 可以確保什麼？

　　　　　a. 去正規化

　　　　　b. 資料完整性

　　　　　c. 實體化視界

　　　　　d. 以上皆是

問答題

1. 請列出 SQL 標準的好處。

2. 描述典型 SQL 環境中的元件與結構。

3. 請區分資料定義命令、資料操作命令與資料控制命令的不同。

以下問題 4-8 是以圖 8-8 為例。

4. 請使用 SQL DDL 命令，為圖中的每個關聯表撰寫資料庫描述（你可以視需要縮短、縮寫或修改資料名稱）。假設你採用以下的屬性資料型態：

STUDENT_ID (整數, 主鍵)
STUDENT_NAME (25 個字元)
FACULTY_ID (整數, 主鍵)
FACULTY_NAME (25 個字元)
COURSE_ID (8 個字元, 主鍵)
COURSE_NAME (15 個字元)
DATE_QUALIFIED (日期)
SECTION_NO (整數, 主鍵)
SEMESTER (7 個字元)

5. 請使用 SQL 命令撰寫出以下視界：

Student_ID	Student_Name
38214	Letersky
54907	Altvater
54907	Altvater
66324	Aiken

STUDENT (STUDENT_ID, STUDENT_NAME)

STUDENT_ID	STUDENT_NAME
38214	Letersky
54907	Altvater
66324	Aiken
70542	Marra
...	

QUALIFIED (FACULTY_ID, COURSE_ID, DATE_QUALIFIED)

FACULTY_ID	COURSE_ID	DATE_QUALIFIED
2143	ISM 3112	9/1988
2143	ISM 3113	9/1988
3467	ISM 4212	9/1995
3467	ISM 4930	9/1996
4756	ISM 3113	9/1991
4756	ISM 3112	9/1991
...		

FACULTY (FACULTY_ID, FACULTY_NAME)

FACULTY_ID	FACULTY_NAME
2143	Birkin
3467	Berndt
4756	Collins
...	

SECTION (SECTION_NO, SEMESTER, COURSE_ID)

SECTION_NO	SEMESTER	COURSE_ID
2712	I-2006	ISM 3113
2713	I-2006	ISM 3113
2714	I-2006	ISM 4212
2715	I-2006	ISM 4930
...		

COURSE (COURSE_ID, COURSE_NAME)

COURSE_ID	COURSE_NAME
ISM 3113	Syst Analysis
ISM 3112	Syst Design
ISM 4212	Database
ISM 4930	Networking
...	

REGISTRATION (STUDENT_ID, SECTION_NO, SEMESTER)

STUDENT_ID	SECTION_NO	SEMESTER
38214	2714	I-2006
54907	2714	I-2006
54907	2715	I-2006
66324	2713	I-2006
...		

圖 8-8 排課關聯表

6. 在你輸入任何資料到 SECTION 表格之前，所要輸入的 COURSE_ID 必須已經存在 COURSE 表格中（參考完整性），請撰寫一個 SQL 主張敘述（assertion）來強制實施這個限制。

7. 請為以下每個查詢撰寫 SQL 定義命令：

   a. 如何新增 CLASS 屬性到 STUDENT 表格中？

   b. 如何移除 IS_REGISTERED 表格？

   c. 如何更改 FACULTY_NAME 欄位的定義，從 25 個字元改成 40 個字元？

8. 請為以下每個查詢撰寫 SQL 命令，並列出你預期查詢會傳回的結果資料：

   a. 撰寫 2 種不同形式的 INSERT 命令，分別新增學生識別子為 65798 與姓名為 Lopez 的學生到 STUDENT 表格中。

   b. 撰寫一個命令，從 STUDENT 表格中移除 Lopez。

   c. 產生一個 SQL 命令，修改 ISM 4212 課程的名稱，從 "Database "改成 "Introduction to Relational Database"。

09

CHAPTER

處理單一表格

本章學習重點

- 利用 SQL 命令撰寫單一表格的查詢
- 瞭解 SELECT 敘述中各種子句的用法
- 說明運算式與函數的使用方式
- 瞭解萬用字元、比較運算子和布林運算子的用法
- 說明 ORDER BY 子句、GROUP BY 子句和 Having 子句的意義
- 說明如何使用與定義視界

 **簡介**

　　SQL中使用4種資料操作語言命令，上一章已介紹其中3種：UPDATE、INSERT 和DELETE，這些命令可對表格中的資料進行修改。第4種是SELECT命令（含有各種子句），它可讓我們查詢表格中的資料。

　　SQL命令的基本建構方式非常簡單，也很容易學，不過SQL卻仍是威力十足的工具，並可用來指定複雜的資料分析處理。雖然要寫出語法正確的SELECT查詢很容易，但是在邏輯上卻可能是錯誤的。

　　因此在針對大型資料庫執行查詢之前，一定要先在少量的測試資料上小心測試查詢命令，確認它們傳回的結果是正確的。另外，也可以將查詢拆成幾個較小的部份，檢查這些簡單查詢的結果再重新合併。

　　本章先講解只影響單一表格的SQL查詢，下一章再說明如何合併表格，來處理使用需要多個表格的查詢。

 ## 9.1 SELECT 敘述的子句

　　大部分的 SQL 資料擷取敘述都包含以下 3 個子句：

SELECT　　列出要從基底表格或視界中投影到命令結果資料表的欄位（包括欄位的運算式）。

FROM　　指定要從哪些表格或視界來選取顯示在結果資料表的欄位，以及查詢時需要進行合併處理的表格或視界。

WHERE　　在單一表格或視界中的選取條件，以及在表格或視界之間進行合併的條件。

　　前 2 個子句是必要的，而第 3 個子句只有當我們要擷取特定條件的資料列或合併多個表格時才需要。本節範例是以圖 8-3 的資料為例。例如以下的例子是選擇 PROD-UCT 視界中價格少於 8250 元的產品，顯示它們的產品名稱與價格。

查詢：那些產品的價格少於 8250 元？

SELECT PRODUCT_NAME, STANDARD_PRICE
  FROM PRODUCT_V
    WHERE STANDARD_PRICE <8250;

結果：

PRODUCT_NAME	STANDARD_PRICE
茶几	5250
電腦桌	7500
咖啡桌	6000

每個SELECT敘述執行後，會傳回一個結果表格。關於這些欄位清單的顯示，有兩個關鍵字可用：

1. DISTINCT：如果不希望看到結果中有重複的資料列，就可以用 SELECT DISTINCT 加以避免。

2. *：「SELECT *」敘述中的 * 是個萬用字元，表示所有的欄位。它會顯示 FROM 子句中的表格或視界的所有欄位。

此外，請注意 SELECT 敘述的子句必須保持順序，否則就會產生語法錯誤的訊息，而且查詢不會執行。如果SQL命令中有模擬兩可的情況產生，就必須精確指出所要求的資料是出自哪個表格或視界。

例如，在圖 7.3 中 CUSTOMER_ID 同時是 CUSTOMER_T 與 ORDER_T 的欄位，如果想要讓 CUSTOMER_ID 是來自 CUSTOMER_T 表格，則要指定 CUSTOMER_T.CUSTOMER_ID；如果希望它是來自 ORDER_T 表格，則要指定 ORDER_T.CUSTOMER_ID。

即使不在乎 CUSTOMER_ID 到底要來自哪個表格，也一定要指定，因為 SQL 如果沒有使用者的指示，是無法解決這種模糊情況的。

還有，如果這些資料是由他人產生的，還必須加上擁有者的使用者ID來限定表格的擁有者。例如從CUSTOMER_T表格選取CUSTOMER_ID欄位，則敘述語法如下：

擁有者識別碼.CUSTOMER_T.CUSTOMER_ID

本書範例是假定讀者擁有所用的表格或視界，所以都不需要指定擁有者。

如果因為輸入限定詞與欄位名稱會太過冗長，或者在輸出結果中不想使用欄位名稱，而想要改用其他標題，此時可考慮為欄位、表格或視界建立別名，然後用在查詢命令上。這種方式能讓查詢命令看起來簡潔且可讀性較高，因此很常用。

查詢：「瑞成家飾」客戶的地址為何？請為顧客名稱使用別名 NAME。

SELECT CUST.CUSTOMER_NAME **AS NAME**, CUST.CUSTOMER_ADDRESS
   FROM ownerid.CUSTOMER_V **AS CUST**
      WHERE NAME = '瑞成家飾';

以上這個利用 CUSTOMER_V 視界的擷取敘述，在許多 SQL 版本的執行結果如下所示。請注意結果的欄位標題是 NAME，而非 CUSTOMER_NAME；另外，雖然視界的別名（CUST）一直到 FROM 子句才定義，但在 SELECT 子句中已經可以先行使用。

結果：

NAME	CUSTOMER_ADDRESS
瑞成家飾	信義路一段 33 號

當我們使用 SELECT 子句來選取結果表格的欄位時，可以重新加以安排順序，讓結果表格的欄位順序與它們在原始表格中的順序不同。事實上，它們的顯示順序就是依照 SELECT 敘述中的順序。

查詢：列出 PRODUCT 表格中所有產品的價格、產品名稱和產品識別碼。

SELECT STANDARD_PRICE, PRODUCT_DESCRIPTION, PRODUCT_ID
   FROM PRODUCT_T;

結果：

STANDARD_PRICE	PRODUCT_DESCRIPTION	PRODUCT_ID
5250	茶几	1
6000	咖啡桌	2
11250	電腦桌	3

19500	視聽櫃	4
9750	寫字桌	5
22500	8 抽書桌	6
24000	餐桌	7
7500	電腦桌	8

9.2 使用運算式

利用基本的 SELECT ... FROM ... WHERE 子句，還可以對單一表格做幾種其他的事情。例如產生運算式（expression），也就是對表格中的資料進行數學運算；或者是使用內建函數，如 SUM 或 AVG 來對所選擇的表格資料進行運算。

假設現在想要知道所有產品的價格平均值，可以用 AVG 內建函數。另外還可將這個運算式的結果命名為 AVERAGE。以下是使用 SQL*Plus 的查詢命令與結果。

查詢：庫存中每項產品的平均價格為何？

```
SELECT AVG (STANDARD_PRICE) AS AVERAGE
        FROM PRODUCT_V;
```

SQL：1999 的內建函數包括 ANY、AVG、COUNT、EVERY、GROUPING、MAX、MIN、SOME 與 SUM。SQL:2003 又加入了 LN、EXP、POWER、SQRT、FLOOR、CEILING 與 WIDTH_BUCKET。

數學運算還可以利用「+, -, *, /」等運算子，這些運算子可作用在數值欄位上。有些系統也提供餘數運算「%」，就是兩個整數相除所得的餘數。例如 14 % 4 等於 2，因為 14/4 的商為 3，而餘數為 2。另外還有年／月與日／時的間隔運算式，這樣就可以對日期與時間進行數學運算。在以上 PRODUCT_V 視界的查詢結果中，請注意有顯示運算式的名稱 AVERAGE。

結果：

AVERAGE
_____

13218.75

在運算式中求值（evaluate）順序的先後規則，與其他程式語言及數學中所用的一樣。求值的順序一樣是「先乘除後加減」且由左至右來計算，如果需要改變順序則可使用括號。如果有巢狀的括弧時，最內層的計算要先完成。

 ## 9.3 使用函數

在 SELECT 命令的欄位清單中，可使用 COUNT 、 MIN 、 MAX 、 SUM 與 AVG 等函數，讓所產生的結果表格包含函數的結果資料，而非原始資料。這些聚合函數的答案都是一筆資料列。

查詢：1004 號訂單訂購了多少種不同的品項？

```
SELECT COUNT (*)
   FROM ORDER_LINE_V
        WHERE ORDER_ID = 1004;
```

結果：

COUNT (*)
2

以上的查詢命令，很容易改成也列出 1004 號訂單的內容。

查詢：1004 號訂單上訂購了多少種不同的品項，它們又是什麼？

```
SELECT PRODUCT_ID, COUNT (*)
   FROM ORDER_LINE_V
        WHERE ORDER_ID = 1004;
```

但在 Oracle ，結果卻出人意料。

結果：

```
ERROR at line 1:
ORA-00937: not a single-group group function
```

在 Microsoft SQL Server 的結果如下：

結果：

Select 清單中「order_line_v.Product_ID」欄位是無效的，因為它不在聚合函數中，而且沒有 GROUP BY 子句。

問題出在符合 ID=1004 條件的有 2 列資料，因此傳回的 PRODUCT_ID 值有 2 個（6 與 8），但 COUNT 函數卻只會傳回一個值（2）。在大部分的 SQL 產品中，SQL 不可以同時傳回數個分開的值和一個集合值，這時必須分別執行兩個查詢命令。

此外，COUNT (*)與 COUNT 函數是非常容易混淆的，以上例子所用的 COUNT (*)會計算查詢共選取了多少列，而不管這些列是否有包含虛值。但 COUNT 只計算帶有值的列，而忽略所有的虛值。

SUM與AVG只能用在數值型態的欄位上，而COUNT、COUNT(*)、MIN、MAX 則可以用在任何的資料型態。例如在文字欄位上使用 MIN，將會找出欄位中的最低值，也就是最接近字母表開頭的資料。但不同的SQL產品對英文字母順序的解釋可能有所不同。例如，有些系統從 A-Z 開始，然後是a-z，然後才是0-9與特殊字元；有些則將大小寫字母視為一樣；有些則從特殊字元開始，然後數字、字母與其他的特殊字元。這部份要事先查證。以下的查詢是要找出 PRODUCT_T 表格中 PRODUCT_DESCRIPTION 名稱順序的第一個。這裡是以 Oracle 10g 中的 AMERICAN 字元集為例。

查詢：根據名稱順序，PRODUCT 表格中的第一個產品名稱為何？

```
SELECT MIN (PRODUCT_DESCRIPTION)
    FROM PRODUCT_V;
```

結果如下。這代表這個字元集的數字排在字母之前，請注意這是 Oracle 的結果，其他 DBMS 產品請參考產品手冊。

結果：

MIN(PRODUCT_DESCRIPTION)
_____

8 抽書桌

9.4　使用萬用字元（Wildcard）

前面已經顯示過，在 SELECT 敘述中使用星號「*」當作萬用字元的用法。萬用字元也可以用在 WHERE 子句上，表示無法進行精確的比對。例如 LIKE 關鍵字可與萬用字元搭配，表示要找出有包含比對條件字元的字串。萬用字元「%」是用來表示一群任意字元。因此，如果利用「LIKE '% 桌'」條件來搜尋 PRODUCT_DESCRIPTION 欄位，就可找到三宜家具公司所有名稱中最後一個字是「桌」這個字的產品。底線「_」是用來表示只有一個字元的萬用字元，而非一群字元。因此如果利用「LIKE '_ 抽 %'」條件來搜尋 PRODUCT_DESCRIPTION 欄位，則會找出所有名稱中含有抽屜數目的產品，例如「3 抽梳妝台」、「5 抽碗櫃」或「8 抽書桌」等。

9.5　使用比較運算子

除了本節的第一個 SQL 範例以外，之前其餘的範例都是在 WHERE 子句中使用相等的比較運算子，而第一個範例是使用小於運算子。SQL 產品中最常見的比較運算子如表 9-1 所示。也許你會習慣性的認為，比較運算子一定要用在數值資料上。但在 SQL 中，其實也可以將比較運算子用在字元資料與日期資料上。以下的查詢就是要查詢所有在 10/24/2006 之後所下的訂單。

表 9-1　SQL 中的比較運算子

運算子	意義
=	相等
>	大於
>=	大於或等於
<	小於
<=	小於或等於
<>	不等於
!=	不等於

查詢：從 10/24/2006 以來有那些訂單？

```
SELECT ORDER_ID, ORDER_DATE
  FROM ORDER_V
      WHERE ORDER_DATE > '24-OCT-2000';
```

請注意日期要用單引號括起來，而且日期的格式與圖 8-3 中的格式不同，圖 8-3 是 Access 採用的格式，而這個查詢是在 SQL*Plus 中執行的。

結果：

ORDER_ID	ORDER_DATE
1007	27-NOV-00
1008	30-OCT-00
1009	05-NOV-00
1010	05-NOV-00

查詢：在三宜家具公司所賣的家具產品中，有那些不是櫻桃木的家具？

```
SELECT PRODUCT_DESCRIPTION, PRODUCT_FINISH
    FROM PRODUCT_V
        WHERE PRODUCT_FINISH != '櫻桃木';
```

結果：

PRODUCT	PRODUCT_FINISH
咖啡桌	天然梣木
電腦桌	天然梣木
視聽櫃	天然楓木
8 抽書桌	白色梣木
餐桌	天然梣木
電腦桌	胡桃木

 ## 9.6 使用布林運算子

若進一步調整 WHERE 子句，還可以回答更複雜的問題。例如布林或邏輯運算子 AND、OR 及 NOT，就可以用來達到這樣的目的。

AND　　合併 2 或 2 個以上的條件，只有當所有條件都符合時才傳回結果。

OR　　　合併 2 或 2 個以上的條件，只要有任何一個條件符合就傳回結果。

NOT　　否定一個運算式。

　　如果在 SQL 敘述中使用多個布林運算子，如果沒有括號，計算順序是 NOT 最先，然後 AND，最後才是 OR。以下面這個查詢為例：

查詢A： 找尋 PRODUCT 視界中以「桌」字結束的產品，以及價格高於 9000 元的「櫃」字結束的產品，列出它們的產品名稱、外皮材質與價格。

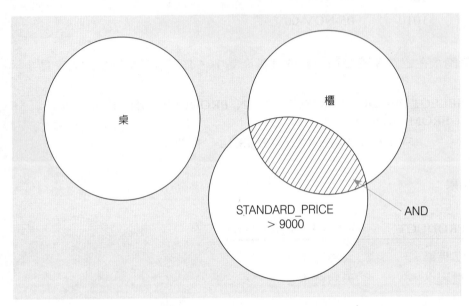

（a）查詢 A 邏輯的維恩圖（Venn diagram），首先處理 AND

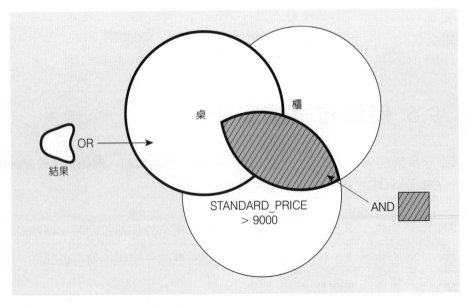

（b）查詢 A 邏輯的維恩圖（Venn diagram），其次處理 OR

圖 9-1　沒有使用括號的布林查詢

```
SELECT PRODUCT_DESCRIPTION, PRODUCT_FINISH, STANDARD_PRICE
  FROM PRODUCT_V
    WHERE PRODUCT_DESCRIPTION LIKE '% 桌 '
    OR PRODUCT_DESCRIPTION LIKE '% 櫃 '
    AND STANDARD_PRICE > 9000;
```

這樣的查詢結果會列出所有以「桌」字結束的產品,即使是價格少於 9000 元的「咖啡桌」和「電腦桌」也是;還有列出所有以「櫃」字結束的產品,不論價格為何。這個查詢敘述會先處理 AND,並傳回所有價格高於 9000 元的櫃子(圖 9-1(a));然後再處理 OR,傳回所有類型的桌子(不管它們的價格)及價格高於 9000 元的櫃子(圖 9-1(b));也就是圖 9-1(b) 中由粗的 OR 線條所圍起來的區域。

結果:

PRODUCT_DESCRIPTION	PRODUCT_FINISH	STANDARD_PRICE
咖啡桌	天然梣木	6000
電腦桌	天然梣木	11250
視聽櫃	天然楓木	19500
寫字桌	櫻桃木	9750
8 抽書桌	白色梣木	22500
餐桌	天然梣木	24000
電腦桌	胡桃木	7500

如果我們只想要傳回價格高於 9000 元的桌子或櫃子,則應該在 WHERE 後面與 AND 前面加上小括弧,如查詢 B 所示。圖 9-2(a) 與 9-2(b) 是因為在查詢中特別使用括號所造成的不同處理效果。

結果會顯示所有價格高於 9000 元的桌子或櫃子,以陰影表示。但因為咖啡桌和胡桃木電腦桌的價格低於 9000 元,所以沒有包含在內。

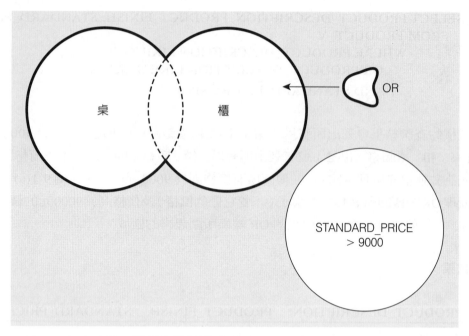

（a）查詢 B 邏輯的維恩圖（Venn diagram），首先處理 OR

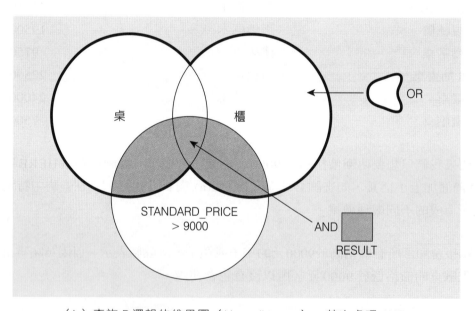

（b）查詢 B 邏輯的維恩圖（Venn diagram），其次處理 AND

圖 9-2　使用括號的布林查詢

查詢 B： 找尋 PRODUCT 視界中，價格高於 9000 元的所有桌子或櫃子，列出它們的產品名稱、外皮材質與價格。

```
SELECT PRODUCT_DESCRIPTION, PRODUCT_FINISH, STANDARD_PRICE
    FROM PRODUCT_V
        WHERE (PRODUCT_NAME LIKE '%桌'
        OR PRODUCT_NAME LIKE '%櫃')
    AND STANDARD_PRICE > 9000;
```

查詢的結果如下，這次只有價格高於 9000 元的產品才會列出來。

結果：

PRODUCT_DESCRIPTION	PRODUCT_FINISH	STANDARD_PRICE
電腦桌	天然梣木	11250
視聽櫃	天然楓木	19500
寫字桌	櫻桃木	9750
8 抽書桌	白色梣木	22500
餐桌	天然梣木	24000

這個範例非常清楚的展示了為什麼 SQL 是集合導向、而非記錄導向的語言（C、Java 與 COBOL 都是記錄導向語言的例子，因為他們必須一次處理一筆記錄，或者說表格中的一列資料）。

為了回答這個查詢，SQL 的處理過程如下：

1. 尋找屬於桌子產品的資料列集合。

2. 然後與櫃子產品的資料列集合聯集（合併）。

3. 最後，再將聯集的結果集合與價格超過 9000 元的資料列集合進行交集（找出共同的資料列）。

如果有索引可用，這個工作會加速許多；因為 SQL 將會產生滿足每個限定條件的索引項目集合，並且在對這些索引項目集合進行集合的運算。這樣所需的空間較少，而且可以運作得更快。

9.7 使用範圍當限定條件

我們可以利用 < 與 > 這類的比較運算子來建立一個範圍,也可以使用BETWEEN 或 NOT BETWEEN 關鍵字。例如要找尋價格在 6000 元與 9000 元之間的產品,查詢如下。

查詢:PRODUCT 視界中那些產品的價格落於 6000 元與 9000 元之間?

```
SELECT PRODUCT_DESCRIPTION, STANDARD_PRICE
    FROM PRODUCT_V
        WHERE STANDARD_PRICE > 5999 AND STANDARD_PRICE < 9001;
```

結果:

PRODUCT_NAME	STANDARD_PRICE
咖啡桌	6000
電腦桌	7500

以下的查詢也會有相同的結果。

查詢:PRODUCT 視界中那些產品的價格落於 6000 元與 9000 元之間?

```
SELECT PRODUCT_DESCRIPTION, STANDARD_PRICE
    FROM PRODUCT_V
        WHERE STANDARD_PRICE BETWEEN 6000 AND 9000;
```

結果:與前一個查詢一樣。

如果在這個查詢中的 BETWEEN 前面加上 NOT,則會傳回 PRODUCT_V 視界中的所有其他產品,因為它們的價格小於 6000 元或大於 9000 元。

9.8 使用 DISTINCT

有時候如果傳回的資料列沒有包括主鍵，則可能會傳回重複的資料列。例如：

查詢：列出 ORDER_LINE 表格中每一筆的訂單號碼。

```
SELECT ORDER_ID
    FROM ORDER_LINE_T;
```

共傳回 18 列，但有許多列是重複的，因為有些訂單上會訂購多項產品。

結果：

ORDER_ID
1001
1001
1001
1002
1003
1004
1004
1005
1006
1006
1006
1007
1007
1008
1008
1009
1009
1010

18 rows selected.（共 18 筆資料）

但如果我們加上 DISTINCT 關鍵字，則每一種 ORDER_ID 只會傳回一次，也就是這表格中的 10 筆訂單各傳回一次。

查詢：ORDER_LINE 表格中有哪些不同的訂單號碼？

```
SELECT DISTINCT ORDER_ID
    FROM ORDER_LINE_V;
```

結果：

ORDER_ID
1001
1002
1003
1004
1005
1006
1007
1008
1009
1010

10 rows selected.（共 10 筆資料）

ALL 是與 DISTINCT 對應的關鍵字，不能同時出現在 SELECT 敘述，它們要放在 SELECT 之後，以及任何要列出的欄位或運算式之前。

此外，如果 SELECT 敘述是選擇一個以上的欄位，則 DISTINCT 只會消除欄位組合完全相同的列。因此，如果上個查詢還包括 QUANTITY，則會傳回 14 列，因為只會有 4 列重複，而非 8 列。例如，ORDER_ID 為 1004 的訂單所訂購的兩項產品都是 2 件，所以第二列的 1004 與 2 會被消除。

查詢：ORDER_LINE 表格中，有哪些不同的訂單號碼與訂單數量組合？

```
SELECT DISTINCT ORDER_ID, ORDERED_QUANTITY
    FROM ORDER_LINE_V;
```

結果：

ORDER_ID	QUANTITY
1001	1
1001	2
1002	5
1003	3
1004	2
1005	4
1006	1
1006	2
1007	2
1007	3
1008	3
1009	2
1009	3
1010	10

14 rows selected.（共 14 筆資料）

 # 9.9 在清單中使用 IN 與 NOT IN

如果要比對清單中的值，可考慮 IN 關鍵字。

查詢：列出所有住在南部地區的顧客。

```
SELECT CUSTOMER_NAME, CITY, COUNTY
   FROM CUSTOMER_V
        WHERE COUNTY IN ('高雄縣', '屏東縣', '台南縣', '嘉義縣');
```

結果：

CUSTOMER_NAME	CITY	COUNTY
德和家具	鳳山市	高雄縣
雅閣家具	恆春鎮	屏東縣
吉霖家具	新化鎮	台南縣

富鈺家具	新營市	台南縣
宜品家飾	岡山鎮	高雄縣
大昌家具	美濃鎮	高雄縣
永安家具	布袋鎮	嘉義縣

IN 在使用子查詢的 SQL 敘述中特別有用，在第 10 章將討論子查詢的用法。

 ## 9.10 排列結果的順序：ORDER BY 子句

在上例的查詢結果中，如果能依序列出高雄縣、屏東縣、台南縣或嘉義縣的顧客，要查看結果會更方便。這個要求與 SQL 敘述的其他 3 個基本子句有關：

ORDER BY　　以遞增或遞減的順序對最後的結果進行排序。

GROUP BY　　對中間結果表格的資料列進行分組，其中資料列的一或多個欄位的值是相同的。

HAVING　　只能跟著 GROUP BY 子句使用，扮演第二個 WHERE 子句，只傳回符合特定條件的群組。

例如加上 ORDER BY 子句來對顧客排序。

查詢： 針對CUSTOMER視界中地址在高雄縣、屏東縣、台南縣或嘉義縣的所有顧客，列出他們的姓名、城市與縣。而顯示的順序是依據縣名的順序，每個縣則依據顧客名稱的順序。

```
SELECT CUSTOMER_NAME, CITY, COUNTY
  FROM CUSTOMER_V
        WHERE COUNTY IN ('高雄縣', '屏東縣', '台南縣', '嘉義縣')
            ORDER BY COUNTY, CUSTOMER_NAME;
```

現在結果變得更容易解讀。

結果：

CUSTOMER_NAME	CITY	COUNTY
吉霖家具	新化鎮	台南縣
富鈺家具	新營市	台南縣
雅閣家具	恆春鎮	屏東縣
大昌家具	美濃鎮	高雄縣
宜品家飾	岡山鎮	高雄縣
德和家具	鳳山市	高雄縣
永安家具	布袋鎮	嘉義縣

請注意每縣的所有顧客會列在一起，而且會依據顧客名稱的順序排列。排列的順序是依據 ORDER BY 子句中所列的欄位順序來決定，以這個例子而言，先是縣名，然後才是顧客名稱的順序。如果順序要改成從高到低，則要在用來排序的欄位後面加上 DESC 關鍵字。

那麼虛值要如何排序呢？虛值應該要放在所有含值欄位的最前面或最後面，至於確實放在何處，則依 SQL 的版本而定。

 ## 9.11 對結果分類：GROUP BY 子句

GROUP BY 子句與聚合函數搭配時特別有用，例如 SUM 或 COUNT 。 GROUP BY 先將結果表格分成子集合（群組），然後再利用聚合函數為這些子集合提供總結資訊。這種聚合函數所傳回的單一值就稱為數量聚合。如果在 GROUP BY 子句中使用聚合函數，並傳回多個值，這些值就稱為向量聚合。

查詢：計算公司出貨到每個縣的顧客數目。

```
SELECT COUNTY, COUNT(COUNTY)
    FROM CUSTOMER_V
        GROUP BY COUNTY;
```

結果：

COUNTY	COUNT(COUNTY)
台南縣	2
南投縣	1
高雄縣	3
嘉義縣	1
台東縣	1
台北縣	2
桃園縣	1
雲林縣	1
屏東縣	1
苗栗縣	1
新竹縣	1

11 rows selected.（共 11 筆資料）

群組內還可以有巢狀的群組，邏輯與排序多項產品時相同。

查詢： 計算我們出貨到每個城市的顧客數目，請依據縣名順序來列出這些城市。

```
SELECT COUNTY, CITY, COUNT(CITY)
    FROM CUSTOMER_V
        GROUP BY COUNTY, CITY;
```

　　請注意，GROUP BY 如果遺漏了子句的邏輯，可能會產生非預期的結果。加入 GROUP BY 子句時，SELECT 子句中可以指定的欄位是有限制的，只能納入每個群組中有單一值的欄位。舉例而言，在上個查詢中，每個群組都只包含一個城市與它所在的縣，因此 SELECT 敘述可以同時納入 CITY 與 COUNTY 欄位，因為每個城市與縣的組合可算成一個值。但是，本節的第一個查詢若也加入 CITY 欄位就會失敗。一般而言，SELECT 敘述中參考到的每個欄位必須在 GROUP BY 子句中也參考到，除非該欄位是 SELECT 子句中之聚合函數的參數。

 ## 9.12 根據類別來限定結果：Having 子句

　　HAVING 子句的行為跟 WHERE 類似，但它是要指定符合條件的群組，而非資料列。因此，我們經常會看到 HAVING 子句跟在 GROUP BY 後面。

查詢：找出有一個以上顧客的縣。

```
SELECT COUNTY, COUNT(COUNTY)
    FROM CUSTOMER_V
        GROUP BY COUNTY
            HAVING COUNT(COUNTY) > 1;
```

這個查詢移除了之前的結果中只含有一個顧客的縣。請注意這裡不能使用 WHERE，因為 WHERE 子句中不允許聚合函數。更進一步的說，WHERE 是要限定一組資料列，而 HAVING 則是要限定一組群組。

結果：

COUNTY	COUNT(COUNTY)
台南縣	2
高雄縣	3
台北縣	2

如果想要在 HAVING 子句中加入一個以上的條件，可以利用 AND、OR 或 NOT，就像在 WHERE 子句中的使用方式一樣。

最後這個範例是設計成綜合上述的所有 6 個子句。請記住，它們必須以這種順序出現。

查詢：　針對平均價格少於 22500 元、且外皮材質在規定集合中的產品，列出這些
　　　　　產品的外皮材質與平均價格。

```
SELECT PRODUCT_FINISH, AVG (STANDARD_PRICE)
    FROM PRODUCT_V
        WHERE PRODUCT_FINISH IN ('櫻桃木', '天然梣木', '天然楓木',
                                 '白色梣木')
        GROUP BY PRODUCT_FINISH
            HAVING AVG (STANDARD_PRICE) < 22500
                ORDER BY PRODUCT_FINISH;
```

結果：

PRODUCT_FINISH	AVG(STANDARD_PRICE)
櫻桃木	7500
天然梣木	13750
天然楓木	19500

圖 9-3 顯示 SQL 處理子句的順序，箭號表示可能的處理順序。請記住，其中只有 SELECT 與 FROM 子句是必要的。 請注意，處理順序與用來產生敘述的語法順序是不同的。每處理一個子句，就會產生一個中間的結果表格，供下個子句使用。使用者看不到中間的結果表格，他們只看到最終的結果。因此在對查詢命令進行除錯時，要記住圖 9-3 的順序，先移走選擇性的子句，然後依據它們的處理順序再逐次納入，一次一個。利用這種方式，就可以看到中間的結果，而且通常可以找出問題所在。

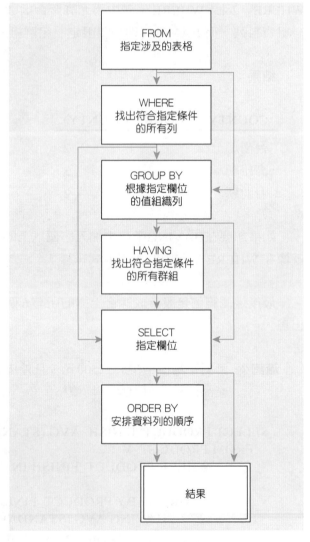

圖 9-3　SQL 敘述的處理順序

9.13 使用與定義視界

圖8-6的SQL語法展示了如何在資料庫綱要中，以Oracle 10g建立4個基底表格，這些表格是用來實際儲存資料庫中的資料，對應到概念性綱要的實體。另外我們可以利用SQL查詢產生虛擬表格，或所謂的動態視界，它的內容在參考時會加以實體化。我們可以就像操作基底表格一樣，透過 SQL SELECT 查詢來操作這些視界。

視界的目的是為了要簡化查詢命令，但也可以提供資料的安全性，大幅改善程式設計的生產力。以三宜家具的發票處理流程為例，這需要存取圖 8-3 三宜家具資料庫中的4個表格：CUSTOMER_T、ORDER_T、ORDER_LINE_T 及 PRODUCT_T。在設計牽涉這麼多表格的查詢時會比較費時，也很容易會出錯。而視界可事先將這些關聯表組成一個虛擬表格，當作資料庫的一部份。有了這個視界，只需要發票資料的使用者就不必合併表格，即可查詢或產生報表。表 9-2 列出使用視界的優缺點。

視界的定義方式是設定一個SQL查詢（SELECT …FROM…WHERE），視界是這個查詢的結果，如下例的 INVOICE_V。如果不想要選擇其他屬性，那就移除 ORDERED_QUANTITY 之後的逗號部份。

查詢：為客戶產生發票需要那些資料元素？請將這個查詢儲存成一個名為 INVOICE_V 的視界。

```
CREATE VIEW INVOICE_V AS
   SELECT CUSTOMER_T.CUSTOMER_ID, CUSTOMER_ADDRESS,
   ORDER_T.ORDER_ID, PRODUCT_T.PRODUCT_ID,STANDARD_PRICE,
   ORDERED_QUANTITY, 以及其他需要的欄位
     FROM CUSTOMER_T, ORDER_T, ORDER_LINE_T, PRODUCT_T
       WHERE CUSTOMER_T.CUSTOMER_ID = ORDER_T.CUSTOMER_ID
       AND ORDER_T.ORDER_ID = ORDER_LINE_T.ORDER_ID
       AND PRODUCT_T.PRODUCT_ID = ORDER_LINE_T.PRODUCT_ID;
```

表 9-2　利用動態視界的優缺點

優點	缺點
簡化查詢命令	每次要參考時就要消耗處理時間來重建視界
有助於提供資料安全性與機密性	不一定能直接更新
增進程式設計師的生產力	
包含大部分目前的基底表格資料	
使用少量的儲存空間	
提供給使用者客製化的視界	
建置實體的資料獨立性	

此例的 SELECT 子句是限定要將哪些資料元素（欄位）加入視界表格中，FROM 子句是列出與這個視界有關的表格和視界，而 WHERE 子句則限定那些要用來合併 CUSTOMER_T、ORDER_T、ORDER_LINE_T 及 PRODUCT_T 表格的共同欄位名稱。因為視界也是一個表格，所以視界中的資料列不會排序。但參考這個視界的查詢可以用任何順序顯示它們的結果。

例如要產生訂單號碼 1004 的發票時，不必再合併 4 個表格，而只要從 INVOICE_V 視界表格，就可加入所有相關的資料元素。

查詢：產生訂單號碼 1004 的發票需要那些資料元素？

```
SELECT CUSTOMER_ID, CUSTOMER_ADDRESS, PRODUCT_ID,
    ORDERED_QUANTITY, 以及其他需要的欄位
        FROM INVOICE_V
            WHERE ORDER_ID = 1004;
```

動態視界是一個虛擬表格，DBMS 會視需要動態的建構它，而且不必像真實資料一樣的維護。任何 SQL SELECT 敘述都可用來產生視界，真實資料是儲存在基底表格，也就是那些由 CREATE TABLE 命令建立的表格。請注意，動態視界一定會包含最近的值，因此在資料的即時性方面，它比那些從幾個基底表格建構而成的暫時性真實表格還要即時。而且，與暫時的真實表格相比，視界消耗的儲存空間非常少。但視界的缺點是每次要存取內容時，都得重新計算。

視界可能將多個表格或視界合併在一起，而且可能包含衍生（或虛擬）的欄位。例如假設使用者只想要知道每個家具產品的總訂單量，就可從 INVOICE_V 產生需要的視界。

查詢：每個家具產品的總訂單量是多少？

```
CREATE VIEW ORDER_TOTALS_V AS
    SELECT PRODUCT_ID PRODUCT, SUM (STANDARD_PRICE*QUANTITY)
TOTAL
    FROM INVOICE_V
        GROUP BY PRODUCT_ID;
```

視界欄位的名稱，可以和基底表格的欄位不同，例如此例將 PRODUCT_ID 重新命名為 PRODUCT，這個名稱的有效範圍只侷限在這個視界。TOTAL 是要指定給每個產品總銷售額之運算式的欄位名稱，之後，這個視界的子查詢中就可將這個運算式當成像欄位一樣來參考，不需要再使用衍生的運算式。視界也有助於建立安全性。對於不在視界中的表格與欄位，視界的使用者是看不到的。利用 GRANT 與 REVOKE 敘述來限制對視界的存取，則可以增加另一層的安全性。

資料的隱私與機密性也可以藉由產生視界來達成，限制使用者只能使用那些他們達成任務所需的資料。例如某員工在工作上需要看到員工的地址，而不需要員工的薪資，此時就可以設計給他一個不包含薪資資訊的視界。

要直接從視界來更新資料，而不透過基底表格是有可能的，但有某些限制。一般而言，對視界中的資料進行更新運算是允許的，只要這種更新在基底表格的資料修改方面不會造成含糊不清即可。但是當 CREATE VIEW 敘述包含以下的任何一種情況時，該視界就不可以直接更新：

1. SLECET 子句包括 DISTINCT 關鍵字。

2. SELECT 子句包含運算式，包括衍生的欄位、聚合、統計函數等。

3. FROM 子句、子查詢或 UNION 子句中參考到一個以上的表格。

4. FROM 子句或子查詢參考到其他不可更新的視界。

5. CREATE VIEW 命令包含 GROUP BY 或 HAVING 子句。

修改資料的動作，可能會導致它從視界中消失。例如假設產生一個名為 EXPENSIVE_STUFF_V 的視界，它包含所有 STANDARD_PRICE 欄位值超過 9000 元的家具產品。此時這個視界將會包含 PRODUCT_ID 為 5 的寫字桌，單位價格為 9750 元。但如果透過 EXPENSIVE_STUFF_V 修改資料，將這種寫字桌的價格降為 8850 元，則這種寫字桌就不會再出現於 EXPENSIVE_STUFF_V 的虛擬表格中，因為它的價格已經低於 9000 元。如果我們想要找出所有原價超過 9000 元的商品，可以在

CREATEVIEW 命令的 SELECT 子句後面加上 WITH CHECK OPTION 子句。 WITH CHECK OPTION 的作用是當 UPDATE 與 INSERT 敘述會導致更新或新增的資料列自視界中移除時，就拒絕這樣的敘述。這種選項只能用在可更新的視界。

以下是 EXPENSIVE_STUFF_V 的 CREATE VIEW 敘述：

查詢：列出 STANDARD_PRICE 曾經超過 9000 元的家具產品。

```
CREATE VIEW EXPENSIVE_STUFF_V
AS
SELECT PRODUCT_ID, PRODUCT_DESCRIPTION, STANDARD_PRICE
      FROM PRODUCT_T
           WHERE STANDARD_PRICE > 300
           WITH CHECK OPTION;
```

利用以下的 Oracle SQL*Plus 語法，將寫字桌的價格修改為 8850 元：

```
UPDATE EXPENSIVE_STUFF_V
SET STANDARD_PRICE = 295
        WHERE PRODUCT_ID = 5;
```

結果 Oracle 會出現以下的錯誤訊息：

```
ERROR at line 1:
ORA-01402: view WITH CHECK OPTION where-clause violation
```

但如果將寫字桌的價格漲為 10500 元，則會發生作用而沒有錯誤，因為這個視界是可更新的，而且這樣的修改不會違反視界所設定的條件。

視界的相關資訊是儲存在 DBMS 的系統表格中，例如在 Oracle 10g 中，所有視界的資訊會存在 DBA_VIEWS 中，有系統權限的使用者就可以看到這樣的資訊。

查詢： 名稱為 EXPENSIVE_STUFF_V 的視界有哪些相關資訊（請注意 EXPENSIVE_STUFF_V 是以大寫方式儲存，你必須輸入大寫才能正確執行）。

```
SELECT OWNER,VIEW_NAME,TEXT_LENGTH FROM DBA_VIEWS
WHERE VIEW_NAME = 'EXPENSIVE_STUFF_V';
```

結果:

OWNER	VIEW_NAME	TEXT_LENGTH
MPRESCOTT	EXPENSIVE_STUFF_V	110

本章摘要

● SQL 命令可能會直接影響包含原始資料的基底表格,也可能影響資料庫視界,但對視界所作的改變與更新不一定會轉嫁到基底表格。

● SQL SELECT 敘述的基本語法包括以下的關鍵字:SELECT、FROM、WHERE、ORDER BY、GROUP BY 及 HAVING。

● SELECT 子句決定要在查詢的結果表格中顯示那些屬性。

● FROM 子句決定要在查詢中使用哪些表格或視界。

● WHERE 子句設定查詢的條件,可能包括多個表格的合併。

● ORDER BY 子句用來對結果進行排序。

● GROUP BY 子句用來對結果進行分類。

● HAVING 子句是限定分類的結果。

● 只有 SELECT 與 FROM 子句是必要的。

● 以上 6 個子句的使用順序:SELECT、FROM、WHERE、GROUP BY、HAVING,最後是 ORDER BY。

詞彙解釋

■ 數量聚合(scalar aggregate):包含聚合函數的 SQL 查詢所傳回的單一值。

■ 向量聚合(vector aggregate):包含聚合函數的 SQL 查詢所傳回的多個值。

■ 基底表格(base table):關聯式資料模型中的表格,包含新增的原始資料。基底表格對應到資料庫概念性綱要中所指出的關聯表。

- 虛擬表格（virtual table）：由 DBMS 在需要時自動建立的表格。虛擬表格並不會被當作真實資料來維護。

- 動態視界（dynamic view）：根據使用者要求而動態產生的虛擬表格。動態視界並非暫時的表格，它的定義會儲存在系統目錄中，而視界的內容則會實體化成使用這個視界之 SQL 查詢結果。

學習評量

選擇題

_____ 1. 下列 SQL 命令何者的功用是將資料列排序？

a. SORT BY

b. ALIGN BY

c. ORDER BY

d. GROUP BY

_____ 2. 下列何者是 SQL SELECT 敘述正確的處理順序？

a. SELECT, FROM, WHERE

b. FROM, WHERE, SELECT

c. WHERE, FROM, SELECT

d. SELECT, WHERE, FROM

_____ 3. 所謂的視界是什麼？

a. 一個可經由 SQL 命令存取的虛擬表格

b. 一個無法經由 SQL 命令存取的虛擬表格

c. 一個可經由 SQL 命令存取的基底表格

d. 一個無法經由 SQL 命令存取的基底表格

_____ 4.　下列 SQL 敘述何者與以下這個敘述相等：

SELECT NAME FROM CUSTOMER WHERE STATE = 'VA';

    a.　SELECT NAME IN CUSTOMER WHERE STATE IN ('VA');

    b.　SELECT NAME IN CUSTOMER WHERE STATE = 'VA';

    c.　SELECT NAME IN CUSTOMER WHERE STATE = 'V';

    d.　SELECT NAME FROM CUSTOMER WHERE STATE IN ('VA');

_____ 5.　在 WHERE 子句中的萬用字元在什麼時候有用？

    a.　在 SELECT 敘述中需要進行完全相等的比對動作時

    b.　在 SELECT 敘述中無法進行完全相等的比對動作時

    c.　在 CREATE 敘述中需要進行完全相等的比對動作時

    d.　在 CREATE 敘述中無法進行完全相等的比對動作時

問答題

1.　請說明利用 SQL 產生視界的幾個可能的目的，特別是請解釋視界為什麼可用來強制實施資料安全性。

2.　SQL 中 COUNT、 COUNT DISTINCT 及 COUNT(*) 之間有何差異？何時這 3 個命令會產生相同與不同的結果？

3.　SQL 命令中布林運算子（AND、 OR 及 NOT）的求值順序為何？你如何確定運算子確實根據你想要的順序運作，而非根據系統預定的順序？

　以下問題是以三宜家具資料庫為例，請撰寫下列問題的 SQL 命令。

4.　貼梣木皮的產品有那些？

5.　找出每個產品線的平均價格。

6.　針對每項已經被訂購的產品，找出訂購的總量。首先列出最受歡迎的產品，而最不受歡迎的產品則放在最後。

7.　針對每個顧客，列出 Customer_ID 與所下的訂單總數。

8.　針對每個顧客，列出 Customer_ID 與他在 2006 年所下的訂單總數。

9.　針對每個訂單超過 2 筆的顧客，列出 Customer_ID 與所下的訂單總數。

10.　請查出何種產品訂購數量最多？

10 CHAPTER

SQL 深入探討

本章學習重點

● 利用 SQL 敘述撰寫單一與多個表格的查詢

● 定義 3 種合併命令，並利用 SQL 撰寫這些命令

● 瞭解子查詢及它們的使用時機

● 利用 SQL 建立參考完整性

● 瞭解資料庫觸發程序與內儲程序的用法

簡介

前兩章介紹過如何使用 SQL 來查詢單一表格，而本章則是要探討如何使用 SQL 來查詢多個表格，並展示各種不同的做法，包括利用子查詢、內部與外部合併，以及聯集合併。

另外還會說明 SQL 的幾種應用方式：

1. 觸發程序是包括 SQL 的小程式模組，當特定條件存在時就會自動執行。

2. 內儲程序是類似的程式模組，但必須呼叫才會執行。

3. SQL 命令經常會內嵌在以寄主語言寫成的程式碼中，例如 C 與 Java。

4. 動態的 SQL 會產生 SQL 敘述，並可視需要加入參數值，這在網站應用程式是非常重要的。

 10.1 處理多個表格

RDBMS 的威力在處理多個表格時最明顯。當表格之間存在關係時，就可在查詢中將它們連結起來。參與關係的表格中會加入共同的欄位，這通常是靠主鍵與外來鍵的關係。其中一個表格中的外來鍵會參考另一個表格的主鍵，而且兩個鍵值都會源自相同的值域。

而查詢時是藉由尋找這些欄位的共同值，來建立表格之間的連結。例如在圖 8-3 中，Order_t 的 Customer_ID 會與 Customer_t 中的 Customer_ID 相符。對照時將會發現顧客「德和家具」下了兩筆訂單1001與1010，這是因為「德和家具」的Customer_ID 是 1，而根據 Order_t 顯示，#1 顧客下了兩筆訂單，Order_ID 分別是 1001 與 1010。

要將 2 個或更多個關聯表的資料結合成一個結果表格，可用關聯式運算，最常見的關聯式運算稱為**合併**（join）。SQL 可以在 WHERE 子句或 FROM 子句中指定要合併的欄位，但請注意要合併的欄位其值域必須相同。這是內隱式的合併運算。

另一種方式是在 FROM 子句中包含明確的 JOIN...ON 命令。標準中有包含下面這幾種合併運算，不過 RDBMS 產品可能只支援其中的一部份：INNER、OUTER、FULL、LEFT、RIGHT、CROSS 與 UNION。詳細資訊請參考產品手冊。

每一對要合併的表格，都應該要指定一個 ON 條件。因此，如果有兩個表格要進行合併，至少要有一個條件；但如果要合併 3 個表格（A、B 與 C），則至少要有 2 個條件，因為有兩對表格（A-B 與 B-C）要進行合併，其餘依此類推。大部分系統規定在單一 SQL 命令中，最多支援 10 對表格的合併。

下面將分別描述各種類型的合併。

10.1.1 等值合併

在等值合併（equi-join）中，合併的條件是根據相等的共同欄位值。例如，如果我們想要知道下訂單的客戶名稱，這份資訊儲存在 2 個表格中：CUSTOMET_T 與 ORDER_T。要回答這個問題必須比對顧客與他們的訂單，然後將名稱與訂單號碼資訊收集到一個表格中。

查詢：下訂單的所有顧客名稱。

```
SELECT CUSTOMER_T.CUSTOMER_ID, ORDER_T.CUSTOMER_ID,
CUSTOMER_NAME, ORDER_ID
  FROM CUSTOMER_T, ORDER_T
    WHERE CUSTOMER_T.CUSTOMER_ID = ORDER_T.CUSTOMER_ID;
```

結果：

CUSTOMER_ID	CUSTOMER_ID	CUSTOMER_NAME	ORDER_ID
1	1	德和家具	1001
8	8	富鈺家具	1002
15	15	大發家具	1003
5	5	吉霖家具	1004
3	3	瑞成家飾	1005
2	2	雅閣家具	1006
11	11	尚美家飾	1007
12	12	博愛家具	1008
4	4	冠品家具	1009
1	1	德和家具	1010

10 rows selected.（共 10 筆資料）

結果中有重複的 CUSTOMER_ID 欄位，這可證明它們的顧客 ID 是相符的，而且會為顧客 ID 相符的每筆訂單產生一列結果。

此時如果移除 WHERE 子句，則查詢會傳回顧客與訂單的所有組合，而產生 150 列的結果。這包括這兩個表格中所有資料列的所有可能組合，這種合併並沒有反應兩個表格之間的關係，是沒有意義的結果。

以上這種結果的列數相當於將每個表格的列數相乘（10 筆訂單 * 15 位顧客 = 150 列），這種合併稱為**卡笛生合併**（Cartesian join）。在 FROM 子句中使用 CROSS JOIN 即可產生卡笛生合併結果，例如下列子句：

FROM CUSTOMER_T CROSS JOIN ORDER_T

會產生所有顧客與所有訂單的卡笛生乘積。

FROM 子句中的關鍵字 INNER JOIN...ON 則是用來建立等值合併。下面的範例使用的是 Microsoft Access SQL 的語法，請注意有些系統（如 ORACLE）則是將不包含 INNER 的 JOIN 關鍵字，直接視為是要建立等值合併。

查詢：下訂單的所有顧客名稱。

SELECT CUSTOMER_T.CUSTOMER_ID, ORDER_T.CUSTOMER_ID,
CUSTOMER_T.CUSTOMER_NAME, ORDER_T.ORDER_ID
FROM CUSTOMER_T **INNER JOIN** ORDER_T **ON**
CUSTOMER_T.CUSTOMER_ID = ORDER_T.CUSTOMER_ID;

結果：與前一個查詢一樣。

最簡單的方法是使用 JOIN...USING 的語法。如果資料庫設計師事先規劃，並且為主鍵及外來鍵指定相同的欄位名稱，例如前面 CUSTOMER_T 與 ORDER_T 表格中的 CUSTOMER_ID，則它的語法將如下面的範例：

SELECT CUSTOMER_T.CUSTOMER_ID, ORDER_T.CUSTOMER_ID,
CUSTOMER_T.CUSTOMER_NAME, ORDER_T.ORDER_ID
FROM CUSTOMER_T **INNER JOIN** ORDER_T **USING** CUSTOMER_ID;

SQL 是集合導向的語言。因此，以上合併範例的做法是把 CUSTOMER 表格與 ORDER 表格當作 2 個集合，將 CUSTOMER 的資料列與 ORDER 資料列中

CUSTOMER_ID值相等的部份合在一起。這是一種交集的集合運算，後面再附加符合的資料列。

10.1.2 自然合併

自然合併（natural join）與等值合併一樣，只是它會消除結果表格中的重複欄位。自然合併是最常用的一種合併運算。搜尋顧客名稱與訂單號碼的SQL命令會省去一個 CUSTOMER_ID。

請注意，此例的 CUSTOMER_ID 仍然必須加上限定詞，因為它同時存在於 CUSTOMER_T 與 ORDER_T 表格中，因此必須加以限定，這樣才知道應該要從哪個表格選取CUSTOMER_ID。在FROM子句定義合併時，也可選擇性的使用NATURAL 關鍵字。

查詢：對於每位有下訂單的顧客，他的姓名與訂單號碼為何？

```
SELECT CUSTOMER_T.CUSTOMER_ID, CUSTOMER_NAME, ORDER_ID
FROM CUSTOMER_T NATURAL JOIN ORDER_T ON
    CUSTOMER_T.CUSTOMER_ID = ORDER_T.CUSTOMER_ID;
```

請注意FROM子句中表格名稱的順序是無關緊要的，因為DBMS的查詢最佳化模組會決定要用那個順序來處理每個表格。而共同欄位是否有建立索引，則會影響表格的處理順序。

10.1.3 外部合併

在合併兩個表格時，有時會發生其中一個表格的某些列，在另一個表格中無法找到相符合的資料。例如在此例有幾個CUSTOMER_ID沒有出現在ORDER_T表格中。圖 10-1 顯示 CUSTOMER_t 與 ORDER_t 表格，現在將每個顧客連線到他們的訂單，箭頭指向訂單。

在這個範例中，德和家具下了 2 筆訂單，而嘉美家飾、新茂家具、宜品家飾、大昌家具、新雅寢具和永安家具則沒有下任何訂單。因此，以上所顯示的等值合併與自然合併並沒有包含 CUSTOMER_T 中的所有顧客。

假如希望結果中也列出那些沒有下訂單的顧客，則利用**外部合併**（outer join）就可找出這樣的資訊。使用外部合併時，即使共同欄位值不相符的資料列，也會出現在結果表格中，而且其中的欄位值會顯示為虛值（null）。

主流的 RDBMS 產品都可以處理外部合併，但語法各異。以下是外部合併的例子，這裡是使用 ANSI 標準的語法。

ORDER_t表格			CUSTOMER_t表格		
Order_ID	Order_Date	Customer_ID	Customer_ID	Customer_Name	Customer_Address
1001	10/21/2006	1	1	德和家具	建國路101號
1002	10/21/2006	8	2	雅閣家具	常春路202號
1003	10/22/2006	15	3	瑞成家飾	信義路一段33號
1004	10/22/2006	5	4	冠品家具	中山路二段64號
1005	10/24/2006	3	5	吉霖家具	重慶街105號
1006	10/24/2006	2	6	嘉美家飾	仁愛路166號
1007	10/27/2006	11	7	新茂家具	博愛街117號
1008	10/30/2006	12	8	富鈺家具	東門街88號
1009	11/5/2006	4	9	宜品家飾	民亨路79號
1010	11/5/2006	1	10	大昌家具	和平西路10號
			11	尚美家飾	忠孝路211號
			12	博愛家具	西門街12號
			13	新雅寢具	中華路213號
			14	永安家具	玉山街114號
			15	大發家具	漢口路315號

圖 10-1　三宜家具公司 Customer 與 Order 表格，顯示從顧客到他們訂單的對應線

查詢：針對 CUSTOMER 表格中的所有顧客，列出他們的顧客姓名、識別碼及訂單號碼。即使沒有訂單的顧客，也請列出他們的顧客識別碼與姓名。

SELECT CUSTOMER_T.CUSTOMER_ID, CUSTOMER_NAME, ORDER_ID
　　FROM CUSTOMER_T **LEFT OUTER JOIN** ORDER_T
　　WHERE CUSTOMER_T.CUSTOMER_ID = ORDER_T.CUSTOMER_ID;

我們選擇 LEFT OUTER JOIN 語法，因為敘述中先列出 CUSTOMER_T 表格，而且我們希望傳回的資料列是要來自這個表格，而不管它們在 ORDER_T 表格中是否有相符的值。假設將敘述的表格順序互換，則選擇 RIGHT OUTER JOIN 也可得到相同的結果。

另外也可以使用 FULL OUTER JOIN，如此一來，所有的列都會比對並傳回，包括那些在另一個表格比對不到的資料列。 INNER JOIN 比 OUTER JOIN 更普遍，因

為只有當使用者需要看到所有資料列時（即使在另一個表格中沒有相符的資料列），才需要使用外部合併。

值得注意的是，OUTER JOIN 語法無法很容易的應用在 2 個以上表格的合併條件，而且不同的產品所傳回的結果可能會有很大的差異。所以對於 2 個以上表格的外部合併命令務必要先測試，確認你確實瞭解 DBMS 如何解譯這種語法。

此外，因為外部合併會將共同欄位值不相符的列也會出現在結果表格中，而且其中的欄位值會出現虛值。因此，如果那些欄位原本就允許虛值，那麼我們將無法分辨結果表格中的虛值到底是屬於哪一種，除非你執行另一個查詢，檢查基底表格或視界中的虛值。而且在 OUTER JOIN 的結果表格中，即使定義為 NOT NULL 的欄位也可以被指定虛值。

結果：

CUSTOMER_ID	CUSTOMER_NAME	ORDER_ID
1	德和家具	1001
1	德和家具	1010
2	雅閣家具	1006
3	瑞成家飾	1005
4	冠品家具	1009
5	吉霖家具	1004
6	嘉美家飾	
7	新茂家具	
8	富鈺家具	1002
9	宜品家飾	
10	大昌家具	
11	尚美家飾	1007
12	博愛家具	1008
13	新雅寢具	
14	永安家具	
15	大發家具	1003

16 rows selected.（共 16 筆資料）

現在回頭看看圖 10-1。在 CUSTOMER_T 與 ORDER_T 的 INNER JOIN 中，只有劃上箭頭的 10 筆資料列會被回傳。對 CUSTOMER_T 使用 OUTER JOIN 時，所有的顧客以及它們的訂單都會回傳，甚至於沒有訂單的顧客也會傳回來。由於 1 號顧客「德和家具」擁有 2 筆訂單，因此總共會傳回 16 筆資料，其中有兩筆是「德和家具」的。

外部合併的優點是不會遺漏任何資訊，這裡，所有顧客的姓名都會傳回來，而不管他們是否有下任何訂單。請求 RIGHT OUTER 的合併則會傳回所有的訂單（因為參考完整性規定每筆訂單都要結合一個有效的顧客 ID，所以 RIGHT OUTER JOIN 的效果就只是確認它確實滿足參考完整性）。沒有訂單的顧客將不會包含在結果中。

查詢：針對 ORDER 表格中的所有訂單，列出它們的顧客姓名、識別碼與訂單號碼；即使沒有顧客姓名與識別碼，也要列出訂單號碼。

> SELECT CUSTOMER_T.CUSTOMER_ID, CUSTOMER_NAME, ORDER_ID
> FROM CUSTOMER_T **RIGHT OUTER JOIN** ORDER_T ON
> CUSTOMER_T.CUSTOMER_ID = ORDER_T.CUSTOMER_ID;

10.1.4 聯集合併

SQL:1999 與 SQL:2003 的延伸功能也支援 UNION JOIN，但並非所有的 DBMS 都有實作這個功能。

UNION JOIN 的結果是每個合併表格的所有資料，包含每個表格中的所有資料列實例。因此，CUSTOMER_T 表格（15 個顧客與 6 個屬性）與 ORDER_T 表格（10 筆訂單與 3 個屬性）的 UNION JOIN 將產生 25 列（15+10）與 9（6+3）個欄位的結果表格。

另外，假設每個原始表格都沒有虛值，則結果表格中的顧客列中會有 3 個屬性的值為虛值，而訂單列中會有 6 個屬性的值為虛值。

UNION JOIN 未必會包含關鍵字 NATURAL、ON 子句或 USING 子句。這些都暗示著一種等值，因而可能會跟 UNION JOIN 要納入每個合併表格中所有資料的目的相衝突。請注意不要與 UNION 命令相互混淆，UNION 命令是要合併多個 SELECT 敘述，本章稍後會描述。

10.1.5 涉及 4 個表格的多重合併範例

關聯式模型的威力大多來自它可以處理資料庫中物件之間的關聯性。因此雖然前兩章的範例都很簡單，但其實這些命令可以建構比較複雜的查詢，提供企業報表或作業流程所需的資訊。

以下是一個牽涉到 4 個表格的合併查詢範例，這個查詢產生的結果表格包含產生訂單號碼1006的發票所需要的資訊。在發票中我們想要列出顧客資訊、訂單與訂單明細資訊，以及產品資訊，所以需要合併 4 個表格。

查詢：組合出產生 1006 號訂單的發票所需的資訊。

```
SELECT CUSTOMER_T.CUSTOMER_ID, CUSTOMER_NAME,
CUSTOMER_ADDRESS, CUSTOMER_CITY, CUSTOMER_COUNTY,
POSTAL_CODE,ORDER_T.ORDER_ID, ORDER_DATE, RDERED_QUANTITY,
PRODUCT_DESCRIPTION, STANDARD_PRICE,
(ORDERED_QUANTITY * STANDARD_PRICE)
    FROM CUSTOMER_T, ORDER_T, ORDER_LINE_T, PRODUCT_T
    WHERE CUSTOMER_T.CUSTOMER_ID = ORDER_T.CUSTOMER_ID
        AND ORDER_T.ORDER_ID = ORDER_LINE_T.ORDER_ID
        AND ORDER_LINE_T.PRODUCT_ID = PRODUCT_T.PRODUCT_ID
        AND ORDER_T.ORDER_ID = 1006;
```

查詢的結果如圖10-2所示，這裡使用的是傳統的語法。請注意，因為這個合併涉及 4 個表格，所以需要 3 個欄位合併條件。

CUSTOMER_ID	CUSTOMER_NAME	CUSTOMER_ADDRESS	CUSTOMER_CITY	CUSTOMER_ST	POSTAL_CODE
2	雅閣家具	常春路202號	恆春鎮	屏東縣	946
2	雅閣家具	常春路202號	恆春鎮	屏東縣	946
2	雅閣家具	常春路202號	恆春鎮	屏東縣	946

ORDER_ID	ORDER_DATE	ORDERED_QUANTITY	PRODUCT_NAME	STANDARD_PRICE	(QUANTITY* STANDARD_PRICE)
1006	24-OCT-06	1	視聽櫃	19500	19500
1006	24-OCT-06	2	寫字桌	9750	19500
1006	24-OCT-06	2	餐桌	24000	48000

圖 10-2　4 個表格的合併結果（為方便閱讀而做了編排處理）

1. CUSTOMER_T.CUSTOMER_ID＝ORDER_T.CUSTOMER_ID 是連結顧客與他們的訂單。

2. ORDER_T.ORDER_ID＝ORDER_LINE_T.ORDER_ID 是連結每筆訂單與所訂購的產品明細。

3. ORDER_LINE_T.PRODUCT_ID＝PRODUCT_T.PRODUCT_ID 是連結每筆訂單的明細記錄與該訂單明細的產品說明。

10.1.6 子查詢

SQL 還有提供子查詢功能，是將內層查詢（SELECT、FROM、WHERE）放入另一個（外層）查詢的 WHERE 或 HAVING 子句中。內層查詢是用來提供外層查詢搜尋條件的值，這種查詢稱為子查詢或巢狀查詢，並且可能會有好幾層。

有時，合併與子查詢技巧會得到相同的結果，在撰寫時可以選擇自己慣用的方式。但有時這兩者的效果不同。當要擷取與顯示來自數個關聯表的資料，並且未必是巢狀關係時，可以使用合併技巧。

比較下面兩個傳回相同結果的查詢。問題都一樣：「請問編號 #1008 訂單的顧客姓名與地址？」首先使用合併查詢：

查詢：訂單編號 1008 的顧客姓名與地址？

```
SELECT CUSTOMER_NAME, CUSTOMER_ADDRESS, CUSTOMER_CITY,
CUSTOMER_STATE, POSTAL_CODE
FROM CUSTOMER_T, ORDER_T
    WHERE CUSTOMER_T.CUSTOMER_ID = ORDER_T.CUSTOMER_ID AND
        ORDER_ID = 1008;
```

以集合處理的術語來說，這個查詢會先找尋 ORDER_T 表格中 ORDER_ID=1008 的子集合，然後對這些子集合中的資料列與 CUSTOMER_T 表格中的資料列進行比對，找出 CUSTOMER_ID 相符的部份。這種做法不一定只有一筆 ORDER_ID 值為 1008 的訂單。接下來是對相同查詢使用子查詢技巧：

查詢：編號 1008 訂單顧客的姓名與地址？

```sql
SELECT CUSTOMER_NAME, CUSTOMER_ADDRESS, CUSTOMER_CITY,
CUSTOMER_COUNTY, POSTAL_CODE
    FROM CUSTOMER_T
        WHERE CUSTOMER_T.CUSTOMER_ID =
            (SELECT ORDER_T.CUSTOMER_ID
                FROM ORDER_T
                    WHERE ORDER_ID = 1008);
```

　　請注意括號中的子查詢也是遵循SQL查詢的形式，並且本身是個獨立的查詢。換句話說，子查詢的結果是一個資料列集合。這個例子是一組CUSTOMER_ID的值，而且剛好只有一個值會出現在結果中（針對 ORDER_ID 1008 的訂單只會有一個 CUSTOMER_ID）。不過為了安全起見，在撰寫子查詢時應該要使用 IN 運算子，而非「=」。

　　此處可以使用子查詢是因為只需要顯示外層查詢中的表格資料。ORDER_ID的值並沒有出現在查詢結果中，它只是用來作為外層查詢的選取條件。但如果是要將子查詢的資料包含在結果中，就得使用合併技巧，因為子查詢的資料不能出現在最終的結果中。

　　如之前所說的，我們事先知道上述子查詢最多只會傳回一個值：與 ORDER_ID #1008 相關的 CUSTOMER_ID。如果沒有這個 ID 的訂單，結果會是空值。但是藉由使用關鍵字 IN，子查詢也可以傳回一串值（裡面可能有 0、1 或多個項目）。

　　由於子查詢的結果是要用來比對一個屬性（查詢中的CUSTOMER_ID），子查詢的 select 清單可能只包含一個屬性。例如下面是用來回答「哪些顧客下過訂單？」的查詢：

查詢：哪些顧客下過訂單？

```sql
SELECT CUSTOMER_NAME
    FROM CUSTOMER_T
        WHERE CUSTOMER_ID IN
            (SELECT DISTINCT CUSTOMER_ID
                FROM ORDER_T);
```

這個查詢會產生下面的結果。根據所要求的，子查詢的 select 清單只包含一個屬性 CUSTOMER_ID，這是外部查詢的 WHERE 子句所需要的。此例在子查詢中使用 DISTINCT，是因為只想要找出有下過訂單的顧客，而不在意他們的訂單筆數。

結果將針對在 ORDER_T 表格中所找到的每名顧客，從 CUSTOMER_T 中傳回他們的姓名（這個查詢將在圖 10-3(a) 中再次討論）：

結果：

CUSTOMER_NAME
德和家具
雅閣家具
瑞成家飾
冠品家具
吉霖家具
富鈺家具
尚美家飾
博愛家具
大發家具

9 rows selected.（共 9 筆資料）

限定子 NOT 、 ANY 與 ALL 可以使用在 IN 的前面，或是與邏輯運算子 = 、>與 <等一起使用。因為 IN 可以與內層查詢結果的 0 、 1 或多個值搭配使用，所以很多人即使在可以使用等號的情況下，也習慣用 IN 來取代所有查詢中的「=」。下一個範例顯示 NOT 的用途，以及在內層查詢中使用合併的方式：

查詢：哪些顧客從未訂購過電腦桌？

```
SELECT CUSTOMER_NAME
  FROM CUSTOMER_T
    WHERE CUSTOMER_ID NOT IN
        (SELECT CUSTOMER_ID
          FROM ORDER_T, ORDER_LINE_T, PRODUCT_T
            WHERE ORDER_T.ORDER_ID =
                ORDER_LINE_T.ORDER_ID AND
```

ORDER_LINE_T.PRODUCT_ID =
PRODUCT_T.PRODUCT_ID
AND PRODUCT_DESCRIPTION = '電腦桌');

結果：

CUSTOMER_NAME
雅閣家具
瑞成家飾
冠品家具
嘉美家飾
新茂家具
宜品家飾
大昌家具
尚美家飾
新雅寢具
永安家具

10 rows selected.（共 10 筆資料）

結果顯示有10名顧客從未訂購過電腦桌。內層查詢會傳回所有訂過電腦桌的顧客清單，外層查詢則列出不在該清單中的顧客姓名。

使用子查詢的另外兩種情況是 EXISTS 與 NOT EXISTS。這些關鍵字在 SQL 中的位置與IN相同，都是位於子查詢正前方。如果子查詢傳回的中間結果表格中包含一或多筆資料列（也就是集合不是空的），EXISTS 會傳回 true；否則（也就是空集合時）EXISTS 會傳回 false。

NOT EXISTS 則是在沒有傳回資料列時，傳回 true，反之則傳回 false。以下列 SQL 敘述為例。

查詢：所有包含天然梣木（natural ash）家具的訂單編號。

SELECT DISTINCT ORDER_ID FROM ORDER_LINE_T
WHERE **EXISTS**
 (SELECT *
  FROM PRODUCT_T
   WHERE PRODUCT_ID = ORDER_LINE_T.PRODUCT_ID
    AND PRODUCT_FINISH = ' 天然梣木 ');

子查詢會檢查每一個訂單明細，查看該訂單明細中的產品外皮材質是否為天然梣木。如果檢查結果為 True（EXISTS），主查詢就顯示該訂單的編號。外部查詢會針對所參考的資料列集（ORDER_LINE_T 資料表）中的每一列檢查這個條件。下面是查詢的結果，共有 7 筆符合此條件的訂單（這個查詢將在圖 10-3(b) 中再次討論）。

結果：

ORDER_ID
1001
1002
1003
1006
1007
1008
1009

7 rows selected.（共 7 筆資料）

在子查詢中使用 EXISTS 與 NOT EXISTS 時，子查詢的 select 清單通常是選擇所有欄位（SELECT *），因為它並不在意傳回哪些欄位。這種子查詢的目的是測試是否有資料符合條件，而不是傳回特定欄位的值，它們的目的是為了進行外部查詢中的比對，要顯示哪些欄位是由外層查詢所決定。

簡而言之，當限定條件是巢狀，或是很容易以巢狀方式理解的時候，就使用子查詢。大多數系統只允許內層查詢的單一欄位與外層查詢的一個欄位進行合併。唯一的例外情況是當子查詢與 EXISTS 關鍵字一同使用的時候。查詢結果只能是外層查詢所參考的表格資料。

巢狀運算通常最高支援到16層。查詢是從內向外進行處理，但相關聯子查詢則是從外向內處理。

10.1.7　相關聯子查詢

在第一個子查詢範例中，我們必須先檢查內層查詢，才能考慮外層查詢。也就是說，內層查詢的結果是用來限制外層查詢的處理。反之，**相關聯子查詢**（correlated subquery）則是使用外層查詢的結果來限制內層查詢的處理。

```
SELECT CUSTOMER_NAME
              FROM CUSTOMER_T
                      WHERE CUSTOMER_ID IN


                                                (SELECT DISTINCT CUSTOMER_ID
                                                      FROM ORDER_T);
```

1. 子查詢（顯示在方框中）會先處理，並建立中間的結果表格：

CUSTOMER_ID
_____
　　1
　　8
　15
　　5
　　3
　　2
　11
　12
　　4
9 rows selected.

2. 外層查詢會傳回包含在中間結果表格中每名顧客的顧客資訊：

CUSTOMER_NAME
_____
德和家具
雅閣家具
瑞成家飾
冠品家具
吉霖家具
富鈺家具
尚美家飾
博愛家具
大發家具
9 rows selected.（共9筆資料）

（a）處理非關聯的子查詢

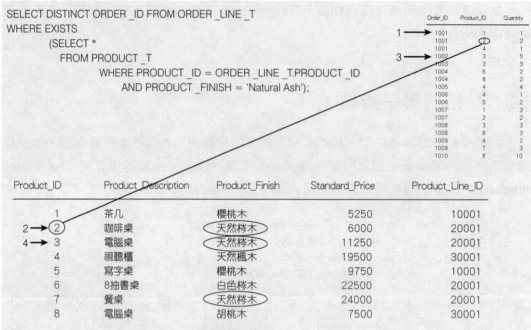

1. 從ORDER_LINE_T: ORDER_ID = 1001選取第一個訂單ID。

2. 執行子查詢，判斷該訂單中是否有任何產品是要梣木的外皮材質。產品編號2的表面材質是梣
   木，並且是該筆訂單的一部份，所以EXISTS的值為true，而訂單ID會新增到結果表格中。

3. 從ORDER_LINE_T: ORDER_ID = 1002選取下一個訂單ID。

4. 執行子查詢，判斷該訂單中是否有任何產品是要梣木的外皮材質。結果的確如此，所以
   EXISTS的值為true，而訂單ID會新增到結果表格中。

5. 繼續處理每筆訂單ID。訂單1004、1005與1010並沒有放入結果表格中，因為它們之中並沒
   有外皮材質為梣木的家具。

（b）處理相關聯子查詢

圖 10-3　子查詢的處理

　　此時，內層查詢必須針對外層的每一列進行運算。而在稍早的範例中，針對外層
查詢所處理的所有資料列，總共只要處理一次內層查詢即可。前一節的 EXISTS 子查
詢就有這個特性，它會針對每個列 ORDER_LINE 資料執行內層查詢，而且每次執行
時，內層查詢是針對不同的 PRODUCT_ID 值（來自外層查詢的 ORDER_LINE_T 資料
列）。圖 10-3(a) 與 10-3(b) 描繪出不同子查詢範例的處理順序。

　　下面的查詢會列出在 PRODUCT_T 中定價高於其他產品的產品明細：

查詢：列出產品定價最高的產品明細。

```sql
SELECT PRODUCT_DESCRIPTION, PRODUCT_FINISH,STANDARD_PRICE
    FROM PRODUCT_T PA
        WHERE STANDARD_PRICE > ALL
            (SELECT STANDARD_PRICE FROM PRODUCT_T PB
                WHERE PB.PRODUCT_ID ! = PA.PRODUCT_ID);
```

查詢的結果是：餐桌的定價比其他產品都高。

結果：

PRODUCT_DESCRIPTION	PRODUCT_FINISH	STANDARD_PRICE
餐桌	天然梣木	24000

這個SQL敘述的邏輯是要針對每項產品執行一次子查詢，以確定沒有其他產品的定價更高。請注意這裡是讓表格與它自己做比較，而之所以能夠這樣做，是透過對表格指定2個別名：PA 與 PB 。

首先考慮目標表格的PRODUCT_ID 1。當執行子查詢時，它會傳回除了外層查詢所考慮的產品（第一次執行是 PRODUCT_ID 1）以外的其他產品的定價。

接著，外層查詢會檢查所考慮的產品，是否大於子查詢所傳回的所有產品的定價。如果是的話，就當作查詢的結果傳回，否則，則考慮外層查詢的下一個值，而內層查詢同樣會傳回該值之外的其他所有產品的定價。因為內層查詢的清單會隨著外層查詢的改變而改變，因此這使它成為相關聯子查詢。

10.1.8 使用衍生性表格

子查詢並不限於只能出現在 WHERE 子句中，也可以使用在 FROM 子句中，用來建立查詢要使用的暫時性衍生表格。具有聚合值（例如MAX、 AVG或MIN）的衍生性表格，就可以在 WHERE 子句中使用聚合功能。例如下面查詢會列出超過平均定價的家具：

```
SELECT PRODUCT_DESCRIPTION, STANDARD_PRICE, AVGPRICE
FROM
    (SELECT AVG(STANDARD_PRICE) AVGPRICE FROM PRODUCT_T),
        PRODUCT_T
        WHERE STANDARD_PRICE > AVGPRICE;
```

結果：

PRODUCT_DESCRIPTION	STANDARD_PRICE	AVGPRICE
視聽櫃	19500	13218.75
8 抽書桌	22500	13218.75
餐桌	24000	13218.75

10.1.9 查詢的組合

UNION 子句可以將多個查詢的輸出，組合為單一的結果表格。為了使用 UNION 子句，每個參與的查詢都必須輸出相同的欄位數目，並且必須具有 UNION 相容性；也就是說，每個查詢的每個欄位輸出必須具有相容的資料型態。但不同 DBMS 產品對於相容資料型態的認定各不相同。

在進行聯集時，如果某個欄位的輸出是合併兩種不同的資料型態，最保險的方式是使用 CAST 命令來自動控制資料型態的轉換。例如 ORDER_T 的 DATE 資料型態可能必須轉變為文字的資料型態，則 SQL 命令如下：

SELECT CAST(ORDER_DATE AS CHAR) FROM ORDER_T;

下面的查詢命令會判斷三宜家具訂貨量最大與最小的顧客，並且將結果放在表格中傳回：

查詢：

```
SELECT C1.CUSTOMER_ID,CUSTOMER_NAME,ORDERED_QUANTITY,
'訂貨量最大' QUANTITY
    FROM CUSTOMER_T C1,ORDER_T O1, ORDER_LINE_T Q1
        WHERE C1.CUSTOMER_ID =O1.CUSTOMER_ID
        AND O1.ORDER_ID =Q1.ORDER_ID
        AND ORDERED_QUANTITY =
```

```
                    (SELECT MAX(ORDERED_QUANTITY)
                    FROM ORDER_LINE_T)

        UNION
        SELECT C1.CUSTOMER_ID,CUSTOMER_NAME,ORDERED_QUANTITY,
        '訂貨量最小'
            FROM CUSTOMER_T C1,ORDER_T O1, ORDER_LINE_T Q1
                    WHERE C1.CUSTOMER_ID =O1.CUSTOMER_ID
                    AND O1.ORDER_ID =Q1.ORDER_ID
                    AND ORDERED_QUANTITY =
                        (SELECT MIN(ORDERED_QUANTITY)
                        FROM ORDER_LINE_T)
        ORDER BY ORDERED_QUANTITY;
```

請注意,為更容易了解,我們這裡會新增字串「訂貨量最小」與「訂貨量最大」。ORDER BY 子句則是用來組織輸出的順序。

結果:

CUSTOMER_ID	CUSTOMER_NAME	ORDERED_QUANTITY	QUANTITY
1	德和家具	1	訂貨量最小
2	雅閣家具	1	訂貨量最小
1	德和家具	10	訂貨量最大

10.1.10 條件式運算

使用 CASE 關鍵字可以在 SQL 敘述中建立 IF-THEN-ELSE 的邏輯處理。圖 10-4 是 CASE 的語法,基本上具有 4 種形式。

CASE形式可以使用等於某個值或某個述詞(predicate)的運算來建構,而述詞的形式則是以 3 值邏輯(真、偽、未知)為基礎,但是也允許更複雜的運算。 NULLIF 與 COALESCE 則是與另外兩種 CASE 運算式相關的關鍵字。

例如 CASE 可以用來建構「Product_Line 1 中包含哪些產品?」的查詢。

查詢：

```
SELECT CASE
        WHEN PRODUCT_LINE = 1 THEN PRODUCT_DESCRIPTION
        ELSE  '####'
END AS PRODUCT_DESCRIPTION
FROM PRODUCT_T;
```

結果：

PRODUCT_DESCRIPTION
茶几
####
####
####
寫字桌
####
####
####

```
{CASE 運算式
{WHEN 運算式
THEN {運算式 | NULL}} . . .
| {WHEN 述詞
THEN {運算式 | NULL}} . . .
[ELSE {運算式 NULL}]
END }
| ( NULLIF (運算式, 運算式) )
  ( COALESCE (運算式. . .) )
```

圖 10-4　CASE 條件式語法

10.2 確保異動完整性

　　關聯式DBMS與其他類型的資料管理程式有個共通處，那就是它們都必須確保資料的完整性。資料維護的工作單位稱為異動（transaction），它可能包含一或多個資料運算命令。異動是指為了維持資料庫的有效性，而必須全部都做完或完全都不做的一組密切相關的更新命令。

　　以圖 10-5 為例，當訂單輸入資料庫時，所有訂購的品項也應該要同時輸入。因此，要不就是表單中所有的 ORDER_LINE_T 資料列與 ORDER_T 的所有資訊都要輸入，要不就是都不要輸入，不能只輸入一部份到資料庫中。

　　因此我們需要定義異動疆界的命令，以便將異動工作交付給資料庫成為永久的變動，或是在必要時廢止某筆異動。此外，我們也需要資料回復服務，以便在異動中途異常終止時能夠進行清理。

例如在輸入訂單的過程中,電腦系統運作發生問題或是停電。此時,我們並不希望只有部份資料發生改變,而部份沒有。如果資料庫要有效,就必須是全部資料都被改變或全部資料都未改變。

如果異動是由單一的 SQL 命令所構成,有些 RDBMS 會自動在執行該命令後進行交付(commit)或撤回(rollback)。不過如果異動中包含多個 SQL 命令,則須額外使用管理異動的命令。

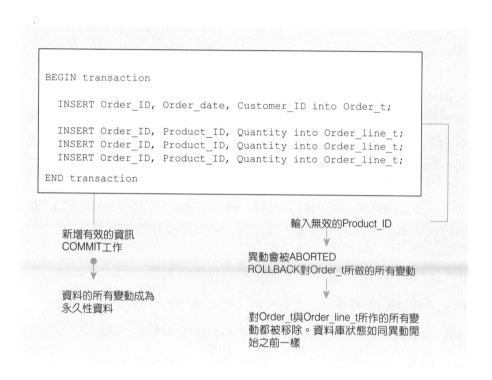

圖 10-5　SQL 的異動序列(以虛擬碼表示)

許多系統有 **BEGIN TRANSACTION** 與 **END TRANSACTION** 命令,用來標示工作邏輯單位的疆界。 **BEGIN TRANSACTION** 會建立日誌檔案,並且在此檔案中開始記錄資料庫的所有變動(新增、刪除與修改)。

接下來,使用 **END TRANSACTION** 或 **COMMIT WORK** 則可將日誌檔的內容套用到資料庫中(產生永久的變動),然後清除日誌檔案。 **ROLLBACK WORK** 則會要求 SQL 清除日誌檔案。

10.3 資料字典工具

　　RDBMS 會在系統建立的表格中儲存資料庫定義資訊，這些系統表格可被視為是資料字典。無論是使用者或是資料庫管理人員，都必須熟悉所使用的 RDBMS 產品的系統表格，因為表格中可提供非常珍貴的資訊。

　　因為資訊是儲存在表格中，所以我們可以使用 SQL SELECT 命令來查出系統的使用情況、使用者權限、限制等資訊。通常一般使用者被限制不能直接修改系統表格的結構或內容。DBMS 會維護它們，並且依賴它們來解譯與分析查詢。

　　每種 RDBMS 產品的內部表格都不同，例如 Oracle 10g 中有 522 個資料字典視界供資料庫管理人員使用。其中有許多視界或視界的子集合（與個別使用者相關的資訊），不具備 DBA 權限的使用者也可以存取。這些表格名稱是以「USER」或「ALL」開頭，而不是 DBA 。

　　例如下面是由 DBA 能存取的關於表格、叢集、欄位與安全的系統表格，以及與儲存空間、物件、索引、鎖定、稽核、匯出與分散式環境相關的表格。

DBA_TABLES	描述資料庫的所有表格
DBA_TAB_COMMENTS	資料庫之所有表格的註解
DBA_CLUSTERS	描述資料庫的所有叢集
DBA_TAB_COLUMNS	描述所有表格、視界與叢集的欄位
DBA_COL_PRIVS	包含資料庫欄位的所有權限
DBA_COL_COMMENTS	表格與視界中所有欄位的註解
DBA_CONSTRAINTS	資料庫之所有表格的限制定義
DBA_CLU_COLUMNS	將表格欄位對應到叢集欄位
DBA_CONS_COLUMNS	限制定義中的所有欄位資訊
DBA_USERS	資料庫之所有使用者的資訊
DBA_SYS_PRIVS	描述賦予使用者與角色的系統權限
DBA_ROLES	描述資料庫中所存在的所有角色
DBA_PROFILES	包含指定給每個 profile 的資源限制

| DBA_ROLE_PRIVS | 描述賦予使用者及其他角色的角色 |
| DBA_TAB_PRIVS | 描述資料庫中物件的所有權限 |

系統表格中會包含什麼樣的資訊類型呢？以 **DBA_USERS** 為例，它包含的是資料庫有效使用者的相關資訊，包括使用者姓名、使用者ID、加密的密碼、預設的表格空間、臨時性的表格空間、建立日期等。

例如下面的 SQL 查詢可以從 DBA_TABLES 找出誰擁有 PRODUCT_T 表格：

查詢：誰是 PRODUCT 表格的擁有者？

```
SELECT OWNER, TABLE_NAME
  FROM DBA_TABLES
  WHERE TABLE_NAME =  'PRODUCT_T';
```

結果：

OWNER TABLE_NAME
MPRESCOTT PRODUCT_T

每個 RDBMS 產品都會有一組系統表格。例如 Microsoft SQL Server 2000 的系統表格設計，就和 Oracle 的不一樣，Microsoft SQL Server 有 19 個伺服器系統表格，全部的名稱都是以 SYS 開頭。另外還提供數十個系統綱要視界。以下是 Microsoft SQL Server 2000 的一些系統表格：

SYSCOLUMNS	表格與欄位的定義
SYSDEPENDS	根據外來鍵的物件相依性
SYSINDEXES	表格索引資訊
SYSINDEXKEYS	主鍵資訊
SYSMEMBERS	指定給角色的使用者
SYSOBJECTS	資料庫物件清單
SYSPERMISSIONS	授與使用者、群組或角色的存取權限
SYSPROPERTIES	主資料庫目前執行的行程資訊
SYSUSERS	資料庫使用者，可能是Windows或SQL Server的使用者

例如 SELECT * FROM SYSUSERS 命令會傳回所有使用者帳號的資訊，包括建立的日期、更改日期、密碼等。

如 TABLES 、 VIEWS 、 ROUTINES 、 KEY_COLUMN_USAGE 等系統視界，可以透過 Microsoft SQL Server 2000 的 Information Schema 視界來存取。例如，假設要取得資料庫中所有表格與其類型的清單，可執行以下的 SELECT 命令：

SELECT * FROM INFORMATION_SCHEMA.TABLES

知道資料庫中的表格名稱之後，還可使用另外一個視界來檢視它們：

SELECT * FROM INFORMATION_SCHEMA.KEY_COLUMN_USAGE

這個查詢會傳回建置在資料庫中的限制，包括主鍵與外來鍵。同樣的，

SELECT * FROM INFORMATION_SCHEMA.TABLE_PRIVILEGES

則是會傳回有關表格擁有權與使用者權限的相關資訊。

10.4 SQL:2003 對 SQL 的改良與延伸

雖然 SQL 的威力強大，但是熟悉其他程式語言的人員，可能會好奇要如何定義變數、建立流程控制或是建立使用者自定資料型態（user-defined datatype, UDT）。此外，當程式設計越來越物件導向時，SQL 標準也會逐漸修改，以納入物件導向的觀念。

SQL:2003 加入了一組分析函式，稱為 OLAP（線上分析處理）函式，提供給資料庫引擎一些統計分析功能。包括線性迴歸、相關性，以及移動平均等，現在都可以直接計算，而不用將資料移到資料庫外計算。

此外 SQL:2003 包含 3 種新的資料型態，並且移除另外 2 種資料型態。被移除的資料型態為 BIT 與 BIT VARYING ，這是因為目前大部分 RDBMS 產品沒有支援它們。而三種新的資料型態則是 BIGINT 、 MULTISET 與 XML 。

其中 BIGINT 是小數部份為 0 的數值型態，也就是一種整數，它的精準度高於 INT 或 SMALLINT 。 MULTISET 則是一種新的集合式資料型態。

　　SQL原本是適合擷取資料的語言，而不是程式語言。因此，SQL一直是與具有完整運算能力的語言一起使用（如C或Java）。後來SQL加入程式設計功能，包括流程控制功能，如 IF-THEN 、 FOR 、 WHILE 敘述與迴圈等。

　　例如SQL/PSM延伸模組可以直接使用SQL資料型態來建立應用程式，而且同時具有幾種控制命令，包括CASE 、 IF 、 LOOP 、 FOR 、 WHILE 等。

 ## 10.5 觸發程序與常式

　　觸發程序（trigger）與常式（routine）是非常有威力的資料庫物件，因為它們是儲存在資料庫中，並且由DBMS控制。因此它們的程式碼只需儲存在一個地方，並且被集中管理，所以在管理上也比較簡單。

　　觸發程序與常式都是由程序程式碼區段所組成。常式是儲存起來的一段程式碼，必須被呼叫才會執行（參見圖 10-6），它們不會自動執行。

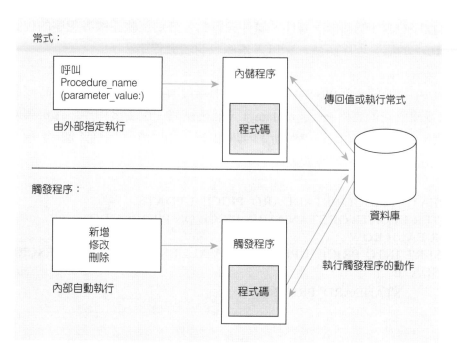

圖 10-6　觸發程序與內儲程序的比較

相反的，觸發程序的程式碼是儲存在資料庫中，並且在觸發事件（例如 UPDATE）發生時自動執行。觸發程序是特殊的內儲程序，只能在回應 INSERT 、 UPDATE 或 DELETE 命令時執行。

各種 RDBMS 產品的觸發程序語法與功能都不一樣，在 Oracle 資料庫上寫成的觸發程序，如果要移植到 Microsoft SQL Server 上就必須重改；反之亦然。

10.5.1　觸發程序

因為觸發程序是在資料庫中儲存與執行，所以它們的執行是針對存取資料庫的所有應用程式。觸發程序也可以連鎖起來，由一個觸發程序引發另一個觸發程序開始作用。因此，客戶端只要發出一次請求，就可能導致在伺服器端執行一系列的完整性或邏輯檢查，而不會在客戶端與伺服器間造成大量的網路交通。

因此，觸發程序可以用來確保參考完整性、強制實施業務法則、建立稽核軌跡、複製表格或是啟動程序。

觸發程序包含 3 個部份：事件、條件與行動，分別反映在觸發程序的程式結構中（參見圖 10-7 的觸發程序語法）。以下舉例說明觸發程序。

假設使用者希望，當 PRODUCT_T 表格中存貨項目的定價發生變動時要通知他。則我們可以建立新的表格 Price_update_t，然後撰寫一個觸發程序，在每項產品變動時能夠輸入產品資訊、變動日期和新的定價。這個觸發程序稱為 standard_price_update，其程式碼如下：

```
CREATE TRIGGER STANDARD_PRICE_UPDATE
AFTER UPDATE OF STANDARD_PRICE ON PRODUCT_T
FOR EACH ROW
INSERT INTO PRICE_UPDATES_T VALUES ( 'PRODUCT_DESCRIPTION,
SYSDATE,
        STANDARD_PRICE' );
```

```
CREATETRIGGER觸發程序名稱
    {BEFORE | AFTER | INSTEAD OF} {INSERT | DELETE | UPDATE} ON
    表格名稱
    [FOREACH {ROW | STATEMENT}] [WHEN(搜尋條件)]
    <被觸發的SQL敘述>；
```

圖 10-7　簡化的 SQL:2003 觸發程序語法

　　觸發程序可能發生在引發它的敘述之前或之後，或「取代（instead of）」該敘述。「取代」觸發程序與「事前」觸發程序不同，它是用來取代本來想要執行的交易。如果觸動了「取代」觸發程序，則不會執行原先所要執行的交易。

　　可能引發觸發程序的命令包括 INSERT、UPDATE 或 DELETE。它們可能在每一列資料被影響的時候觸發，也可能每個敘述只觸發一次，而不論該敘述影響到多少列資料。在上例中，觸發程序會在 Product_t 被更新之後，將新的定價資訊新增到 Price_update_t 中。

　　想要加入觸發程序的開發人員必須要很小心，因為觸發程序會自動啟動，除非該觸發程序有送訊息給使用者，否則使用者將不會知道有執行這個程序。此外，觸發程序也可能引發其他觸發程序的連鎖反應，有可能造成非預期的後果，甚至可能造成無窮迴圈！

10.5.2　常式

　　由 SQL 所叫用的常式，可能是函式或程序。在程式語言的用法中，函式（function）是指儲存的子常式，會傳回一個值，並且只有輸入的參數。程序（procedure）則可以有輸入參數、輸出參數與同時扮演輸入與輸出的參數。

　　程序是一組程序性與SQL敘述的集合，在綱要中被指派一個唯一的名稱，並且儲存在資料庫中。只要呼叫程序的名稱就可以執行該程序，呼叫後就會執行程序中的所有敘述。

　　舉例而言，假設現在要撰寫一個設定售價的程序，因此我們先在現有的 PRODUCT_T 表格中，加入新的欄位 SALE_PRICE，用來儲存產品的售價：

```
ALTER TABLE PRODUCT_T
ADD (SALE_PRICE DECIMAL (6,2));
```

結果：

表格已改變

下面簡單的程序會執行 2 個 SQL 敘述。STANDARD_PRICE 高於 12000 元的產品會減價 10%，而 STANDARD_PRICE 小於 12000 元的產品則減價 15%。下面是 Oracle 語法的 PRODUCT_LINE_SALE 程序：

```
CREATE OR REPLACE PROCEDURE PRODUCT_LINE_SALE
  AS BEGIN
    UPDATE PRODUCT_T
      SET SALE_PRICE = .90 * STANDARD_PRICE
      WHERE STANDARD_PRICE > = 12000;
    UPDATE PRODUCT_T
        SET SALE_PRICE = .85 * STANDARD_PRICE
        WHERE STANDARD_PRICE < 12000;
  END;
```

如果這個語法被接受，則 Oracle 會傳回一行訊息「Procedure created」。

要在 Oracle 中執行這個程序，請使用下列命令：

```
SQL> EXEC PRODUCT_LINE_SALE
```

Oracle 傳回的回應為：

```
SQL> EXEC PRODUCT_LINE_SALE
```

PL/SQL 程序成功執行完畢。

現在 PRODUCT_T 表格的內容如下：

PRODUCT_LINE	PRODUCT_ID	PRODUCT_DESCRIPTION	PRODUCT_FINISH	STANDARD_PRICE	SALE_PRICE
10001	1	茶几	櫻桃木	5250	4462.5
20001	2	咖啡桌	天然梣木	6000	5100
20001	3	電腦桌	天然梣木	11250	9562.5
30001	4	視聽櫃	天然楓木	19500	17550
10001	5	寫字桌	櫻桃木	9750	8287.5
20001	6	8抽書桌	白色梣木	22500	20250
20001	7	餐桌	天然梣木	24000	21600
30001	8	電腦桌	胡桃木	7500	6375

10.6 內嵌式 SQL 與動態 SQL

前面所使用的 SQL 命令形式都是交談式 SQL，也就是一次只輸入一個 SQL 命令並直接執行它，而每個 SQL 命令構成一個邏輯工作單位，也就是一筆異動。

其實另外有兩種常被用來建立客戶端與伺服端應用程式的SQL形式，分別是內嵌式 SQL（embedded SQL）與動態 SQL（dynamic SQL）。

內嵌式 SQL 程式是將 SQL 命令內嵌在如 Ada、COBOL、C 或 Java 之類的 3GL 程式中。此時這個 3GL 程式被稱為寄主程式（host program），其中散佈著一段段的 SQL 程式碼。

此處的每段 SQL 程式碼，都是以關鍵字 EXEC SQL 開始，這表示在執行前置編譯器（precompiler）時，會將這個內嵌式 SQL 命令轉換為符合寄主程式的原始程式碼。不同的寄主程式語言，所使用的前置編譯器也不同，記得要確定該3GL的編譯器能夠與你所使用的前置編譯器相容。

下面內嵌式 SQL 的程式範例，它是使用 C 語言為寄主程式。範例中的 getcust 是預先編譯好的 SQL 敘述，它是以執行碼的方式儲存在資料庫中。Cust_ID 是顧客表格的主鍵，getcust 會根據訂單編號，傳回顧客的資訊（c_name、c_address、city、state、postcode）。

另外，問號是個輸入參數，用來表示訂單資訊。SQL 查詢的輸出則是顧客資訊，並且會透過 into 子句儲存到寄主變數中。下面範例是假設該查詢一次只傳回一筆資料。

```
exec sql prepare getcust from
  "select c_name, c_address, city, state, postcode
from customer_t, order_t
where customer_t.cust_id = order_t.cust_id and order_id = ?";
.
.
./* code to get proper value in theOrder */
exec sql execute getcust into :c_name, :c_address, :city, :state,
:postcode using theOrder;
.
.
.
```

　　如果預先準備的敘述會傳回多筆資料，就必須使用游標（CURSOR），以便一次傳回一筆要儲存的資料。

　　動態 SQL 是在執行時期才會產生真正要執行的 SQL 敘述。程式設計人員是利用 API（應用程式設計介面），如 ODBC，將使用者的請求傳送到具有 ODBC 功能的資料庫。動態 SQL 是大多數網際網路應用程式的核心。

　　目前 ODBC（Open Database Connectivity）標準是最常使用的 API。JDBC（Java Database Connectivity，Java 資料庫連結）標準則是用來連結 Java 程式，但還不是 ISO 標準。

　　使用動態 SQL 可以建立更有彈性的應用程式，因為實際的 SQL 敘述是在執行時期才決定，包括要傳送的參數數目、要存取的表格等。當 SQL 敘述的框架可反覆使用時，動態 SQL 就非常有用，因為它能在每次執行時放入不同的參數值。

本章摘要

● 等值合併是根據表格間共同欄位值相等者進行合併，然後傳回所有請求的結果，包括合併的各個表格的共同欄位值。

● 自然合併會傳回所有請求的結果，但是共同欄位的值只會出現一次。

● 外部合併會傳回所合併之某個表格的所有值，而不論在另一表格中是否有與它相符的欄位存在。

● 聯集合併會傳回參與合併的每個表格的所有資料。

● 巢狀子查詢是在單一查詢中有多個巢狀的 SELECT 敘述，適用於更複雜的查詢情況。

● 相關聯子查詢是一種特殊形式的子查詢，必須在處理內層查詢前，先知道外層查詢的值。其他的子查詢則是將內層查詢的處理結果傳回給上一層的外層查詢，然後再處理外層查詢。

● 觸發程序是當記錄被新增、修改或刪除時，會被自動執行的使用者自定函式。

● 常式是可以被呼叫執行的使用者自定程式模組。

詞彙解釋

- 合併（join）：將兩個含有相同值域的表格結合成一個表格或視界的關聯式運算。

- 等值合併（equi-join）：以相等的共同欄位值為合併條件的一種合併，共同的欄位會（冗餘重複地）出現在結果表格中。

- 自然合併（natural join）：會消除結果表格中的重複欄位，除此之外，其作用相當於等值合併。

- 外部合併（outer join）：這種合併仍然會將共同欄位值不相符的列納入結果表格中。

- 相關聯子查詢（correlated subquery）：在 SQL 中的一種子查詢，其內層查詢的處理必須取決於外層查詢的資料。

- 使用者自定資料型態（user-defined datatype, UDT）：SQL:1999 讓使用者可以藉由建立標準型態的子類別或是物件的資料型態，來定義自己想要的資料型態。UDT 也可以定義函式與方法。

- 觸發程序（trigger）：具有名稱的一組 SQL 敘述，會在資料發生修改（INSERT、UPDATE、DELETE）時被觸發。如果符合觸發程序所陳述的條件，就會執行預先設定的行動。

- 函式（function）：預儲的子常式，會傳回一個值，並且只有輸入的參數。

- 程序（procedure）：一組程序性與 SQL 敘述的集合，會在綱要中被指定派一個唯一的名稱，並且儲存在資料庫中。

- 內嵌式 SQL（embedded SQL）：將固定的 SQL 敘述寫入以其他語言（如 C 或 Java）所撰寫的程式中。

- 動態 SQL（dynamic SQL）：讓應用在進行處理時，能夠產生特定 SQL 程式碼的能力。

學習評量

選擇題

_____ 1. 假如希望不符合條件的資料也出現在結果中，請問應該使用哪種合併敘述？

　　a. 等值合併

　　b. 自然合併

　　c. 外部合併

　　d. 以上皆是

_____ 2. 假如希望符合條件的資料會出現在結果中，請問應該使用哪種合併敘述？

　　a. 等值合併

　　b. 自然合併

　　c. 外部合併

　　d. 以上皆是

_____ 3. 請問以下的 SQL 敘述是哪種合併？

```
SELECT CUSTOMER_T. CUSTOMER_ID, ORDER_T. CUSTOMER_ID,
   NAME, ORDER_ID
      FROM CUSTOMER_T,ORDER_T
         WHERE CUSTOMER_T.CUSTOMER_ID = ORDER_T.CUSTOMER_ID
```

　　a. 等值合併

　　b. 自然合併

　　c. 外部合併

　　d. 卡笛生合併

_____ 4. 請問以下的 SQL 敘述是哪種合併？

SELECT CUSTOMER_T. CUSTOMER_ID, ORDER_T. CUSTOMER_ID, NAME, ORDER_ID
　　　FROM CUSTOMER_T,ORDER_T;

   a. 等值合併

   b. 自然合併

   c. 外部合併

   d. 卡笛生合併

_____ 5. 下列有關相關聯子查詢的敘述何者正確？

   a. 它是使用內層查詢的結果來處理外層查詢

   b. 它是使用外層查詢的結果來處理內層查詢

   c. 它是使用內層查詢的結果來處理內層查詢

   d. 它是使用外層查詢的結果來處理外層查詢

問答題

以下問題是以三宜家具資料庫為例，請撰寫下列問題的 SQL 命令。

1. 請撰寫 SQL 命令顯示 Order 1001 的訂單編號、顧客編號、訂單日期與品項。

2. 請撰寫 SQL 命令顯示 Order 1001 訂單所訂購的每個品項、定價，以及每項產品的訂購總金額。

3. 請撰寫 SQL 命令計算出 Order 1001 的總價。

4. 請撰寫 SQL 命令找出所有沒下訂單的顧客。

5. 請撰寫 SQL 命令產生所有產品的產品描述清單，以及它們被訂購的次數。

6. 請撰寫 SQL 命令顯示所有顧客的顧客編號、姓名及其訂單的訂單編號。

7. 請撰寫 SQL 命令，列出所有訂單數量超過該產品平均訂購量的顧客訂單其訂單編號與訂單數量（提示：這與相關聯子查詢有關）。

11 CHAPTER

主從式資料庫環境

本章學習重點

● 列出幾個主從式架構相對於其他計算方法的主要優點

● 說明 3 種應用程式邏輯元件：資料呈現服務、處理服務及儲存服務

● 分辨檔案伺服器、資料庫伺服器、三層與 n 層式架構

● 描述中介軟體，並說明中介軟體如何幫助主從式架構

● 解釋如何利用 ODBC 或 JDBC 來連結外部資料表格到主從式環境的應用程式

資料與儲存地點

好的資料庫設計奠基於正確的資料儲存位置，它的重要性就像是在找房子時，最重要的考慮條件是地點一樣。

第 7 章介紹過在儲存裝置上存放資料的位置概念，例如反正規化、分割與 RAID。此外，多層式電腦架構的每一層，也都可能會儲存資料，而這正是這類架構的好處，因為它可以視情況調整來得到最佳的效能。

資料與儲存地點的關係非常密切。以行動電話為例，哪些資料應該放在客戶端？哪些是儲存在伺服端？還有在請求資料的時候（例如 SQL 查詢），應該將多少資訊從伺服器送到行動電話？這些都是要慎重考慮的問題。

 ## 簡介

主從式系統（client/server system）是一種在有網路的環境中運作的系統，它會將應用服務的處理工作，分解成前端的客戶端及後端的處理器。

一般而言，客戶端程序會請求某些資源，而伺服端則提供這些資源給客戶端。客戶端與伺服端可能位於同一部電腦中，也可能在不同電腦中（藉由網路連結在一起）。

過去15年間主從式應用程式所造成的衝擊很大。個人電腦技術的進步、圖形式使用者介面（GUI）、網路與通訊技術的快速演進，已經改變企業使用計算系統的方式，以因應更多的企業需求。例如：

● 電子商務要求客戶端瀏覽器，能夠存取那些連到資料庫的動態網頁，以提供即時的資訊。

● 個人電腦經由網路連結在一起，來支援工作群組的計算模式。

● 大型主機的應用程式已經被重新改寫成能在主從式環境中執行的程式，並以更具成本效益的方式利用個人電腦與工作站網路。

主從式解決方案可滿足不同企業環境，因為它具有彈性、擴充性（能夠升級系統而不須重新設計）與延伸性（可定義新資料型態與運算）。面對企業營運的全球化趨勢，企業必須設計分散式系統來因應，而計畫中通常會包括主從式架構。

本章將回顧多使用者資料庫管理環境的各種不同的主從式策略，包括以區域網路為基礎的 DBMS、主從式 DBMS（包括 3 層式架構）、平行計算架構、網際網路與企業內部網路 DBMS，以及中介軟體。

 # 11.1 主從式架構

主從式環境利用區域網路（LAN）來支援個人電腦的網路，每部電腦有它自己的儲存裝置，也能夠分享連結到 LAN 上的共同裝置（例如硬碟或印表機）與軟體（例如 DBMS）。

演進至今的幾種主從式架構，是根據應用程式邏輯的元件，是如何分散到客戶端與伺服端來區分的。應用程式邏輯有 3 個元件（請參考圖 11-1）：

1. 第一個是輸入／輸出（I/O）或呈現邏輯元件，此元件負責格式化資料，並呈現資料在使用者的螢幕等輸出裝置，以及管理使用者從鍵盤等輸入裝置的輸入。

2. 第二個元件是處理元件，此元件負責管理資料處理邏輯、業務法則邏輯，以及資料管理邏輯。資料處理邏輯包括資料驗證與處理錯誤的識別活動；未在 DBMS 層次表達的業務法則，也可能被編製在處理元件中；而資料管理邏輯是找出處理異動或查詢所需的資料。

3. 第三個元件是儲存元件，此元件負責與應用軟體所連結的實體儲存裝置，進行資料儲存與擷取的工作。DBMS 的活動就是發生在儲存元件的邏輯。

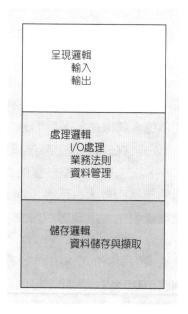

圖 11-1 應用程式邏輯的元件

11.1.1 檔案伺服器架構

第一個發展出來的主從架構是檔案伺服器。在基本的檔案伺服器環境中（請參考圖11-2），所有的資料操作都發生在請求資料的工作站上，客戶端負責呈現邏輯、處理邏輯，還有大部分的儲存邏輯（部份與 DBMS 結合）。

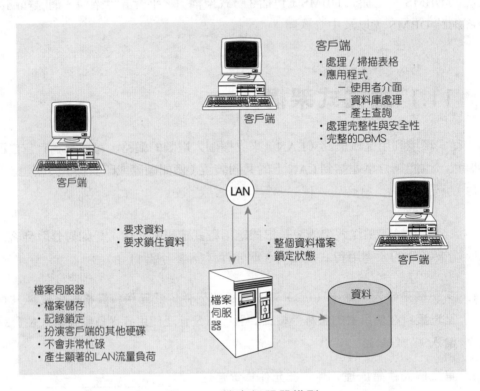

圖 11-2　檔案伺服器模型

LAN 上可能會連結一或多個檔案伺服器。**檔案伺服器**（file server）是一種裝置，負責管理檔案運算，並且由連結到 LAN 上的每個客戶端 PC 共享。這些檔案伺服器所扮演的角色，就像每部客戶端 PC 的另一顆硬碟一樣。例如 PC 可能認得某個邏輯的 F: 硬碟，而它其實是 LAN 上某部檔案伺服器的硬碟。當 PC 上的程式要參考這個硬碟上的檔案時，就像一般路徑一樣的設定，包含磁碟代碼、目錄，以及檔案名稱。就檔案伺服器的架構而言，每部客戶端 PC 可稱為**肥胖型客戶端**（fat client），也就是大部分的處理都發生在這種客戶端上，而非伺服器上。

在檔案伺服器的環境中，當資料庫應用程式在某部 PC 上執行時，該客戶端 PC 就被授權使用 DBMS。因此，每個資料庫會有許多並行執行的 DBMS 副本，也就是每個作用中的 PC 各一份 DBMS 副本。檔案伺服器架構的主要特徵是，所有資料操作都在客戶端 PC 上執行，而不是在檔案伺服器上。檔案伺服器只扮演共享的資料儲存裝

置，檔案伺服器上的軟體會將存取請求放入佇列，但由每部客戶端 PC 上的應用程式運用該 PC 上的 DBMS 副本，處理所有的資料管理功能。例如，資料安全檢查與檔案及記錄鎖定都是在這個環境中的客戶端 PC 上啟動的。

11.1.2 檔案伺服器的限制

在區域網路上使用檔案伺服器時有 3 個限制：

1. 首先，網路上會產生可觀的資料移動。例如，當三宜家具公司中某部客戶端 PC 上執行的應用程式，想要存取橡木產品時，整個產品表格都要傳送到該客戶端 PC，然後在客戶端掃描表格，找出所要的幾筆記錄。

    此時的伺服端執行的工作非常少，而客戶端卻有大量的資料處理工作，而且網路要傳輸大量的資料。這種以客戶端為基礎的 LAN 會在客戶端 PC 上加上可觀的負擔，並且產生大量的網路流量負荷。

2. 其次，每個客戶端工作站必須提供記憶體給 DBMS 使用。這意味著客戶端 PC 上留給應用程式的記憶體空間更少了；而且因為客戶端工作站執行大部分的工作，因此每部客戶端的威力都必須相當強大，才能提供夠快的回應時間。相反的，檔案伺服器卻不需要很多的 RAM，而且也不需要是非常強大的 PC，因為它沒做多少工作。

3. 第三，而且可能是最重要的，每部工作站上的 DBMS 副本必須管理共享資料庫的完整性。此外，每個應用程式都必須認識鎖定，並且小心使用適當的鎖定。因此，應用程式設計師必須瞭解他們的應用程式要如何與 DBMS 的並行、回復與安全控制功能進行互動，而且有時候必須將這種控制設計到應用程式中。

11.1.3 資料庫伺服器架構

在檔案伺服器方案之後，接下來出現的是 2 層式的主從架構。在這種系統中，客戶端工作站負責管理使用者介面，包括呈現邏輯、資料處理邏輯與業務法則邏輯；而資料庫伺服器（database server）則負責資料庫的儲存、存取與處理。圖 11-3 是個典型的資料庫伺服器架構。因為 DBMS 放在資料庫伺服器上，因為只有符合請求條件的記錄會傳送到客戶端工作站，而不是整個資料檔案，所以會減少 LAN 的流量。

有些人將中央的 DBMS 功能稱為後端功能（back-end function），而將客戶端 PC 上的應用程式稱為前端程式（front-end program）。

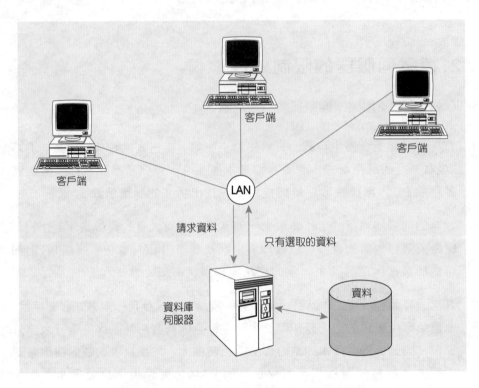

圖 11-3　資料庫伺服器架構（2 層式架構）

將 DBMS 移到資料庫伺服器有幾個好處：

1. 在這種架構中，只有資料庫伺服器需要擁有能足夠處理資料庫的資源，而且資料庫是儲存在伺服器上，而非客戶端上。因此，調校資料庫伺服器即可最佳化資料庫處理效能。

2. 因為送到 LAN 上的資料比較少，所以通訊負荷也降低了。

3. 使用者驗證、完整性檢查、資料字典的維護，以及查詢與更新處理，全都集中在一個地方處理，也就是在資料庫伺服器上。

使用檔案伺服器與 2 層式的主從架構，比較傾向於部門的應用，支援較少的使用者人數，而且這種應用程式通常交易量不高，也沒那麼重視可用性與安全性。但是如果想要有可擴充性、彈性及低成本這些優點，就必須採用更新的主從式架構。

內儲程序（stored procedure）是實作應用程式邏輯的程式模組，放在資料庫伺服器上。使用內儲程序，能夠讓資料庫伺服器處理更多的關鍵業務應用。內儲程序有下列好處：

● 事先編譯的 SQL 敘述可改善效能。

● 因為處理的工作從客戶端移至伺服端，因而減少了網路的流量。

● 如果是存取內儲程序而不是直接存取資料，而且程式碼移到了伺服端，隔離了終端使用者的直接存取，就可增進安全性。

● 讓多個應用程式存取相同的內儲程序，可增進資料的完整性。

● 內儲程序導致可以使用更精簡的客戶端與更肥胖的資料庫伺服器。

但是，撰寫內儲程序比使用 Visual Basic 或 PowerBuilder 來產生應用程式，要花更多的時間。而且，因為內儲程序是專屬於伺服器，因此可移植性較低；如果沒有重新撰寫這些內儲程序，就很難轉換 DBMS。此外，每個客戶端要必須載入要使用的應用程式，效能可能會隨著線上使用者的遞增而遞減；而且要升級應用程式也必須個別升級每個客戶端。由於資料庫伺服器架構有以上這些缺點，導致 3 層式架構的普及。

 ## 11.2 3 層式架構

一般而言，3 層式架構（three-tier architecture）除了前述的客戶端與資料伺服器層之外，還包括另一個伺服器層（請參考圖 11-4）。這種架構又稱為 n- 層、多層或加強型的主從式架構。3 層式架構中多出來的伺服器，可能被用於不同的目的上。通常應用程式會位在這個伺服器上，這樣我們就稱它為應用伺服器。或者這個額外的伺服器可能負責保存某個本地資料庫，而另一個伺服器則保存另一個企業資料庫；這些架構都可能稱為 3 層式架構，但每一種的功能不同，各適合不同的情況。

與 2 層式架構相比，3 層式架構的優點包括增加擴充性、彈性、效能與再利用性，這些都使得 3 層式架構，成為網際網路應用與以網路為中心的資訊系統等應用的最佳選擇。

在 3 層式架構中，大部分的應用程式碼都儲存在應用伺服器上，這種情況與 2 層式架構將內儲程序放在資料庫伺服器上所得到的好處一樣。使用應用伺服器，也會因為是執行機器碼而改善效能，也比較容易應用程式碼移植到其他的平台上，而且較不

依賴於專屬的語言。很多時候，大部分的業務處理動作都發生在應用伺服器上，而不是在客戶端工作站或資料庫伺服器上，這樣就會產生所謂的**精簡型客戶端**（thin client）。例如在客戶端上使用瀏覽器來存取網站，就是精簡型客戶端架構的例子。

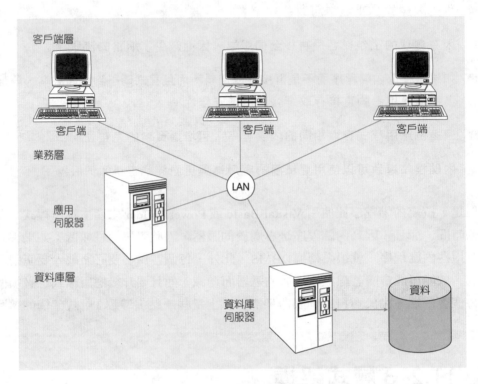

圖 11-4　3 層式架構

　　目前將應用程式放在伺服器上，並在伺服器上執行，而不需要下載到客戶端的情況已經變得越來越普遍。如此一來，要昇級應用程式只需在應用伺服器上載入新版程式即可，不需要在每個客戶端上載入。

 # 11.3 分割應用程式

　　很明顯的，沒有任何一種最佳的主從式架構，可以成為所有業務問題的最好解決方案。反倒是主從式架構所具備的彈性，使得組織能夠調整他們的架構，來配合他們當時的處理需求。圖11-1顯示必須分散於客戶端與伺服端之間的計算邏輯，呈現邏輯是放在客戶端上，也就是系統的使用者介面所在。處理邏輯可能被分割橫跨在客戶端與伺服端上。儲存邏輯通常都位於資料庫伺服器上，接近資料的實體位置，資料完整性控制活動通常也放在這裡。觸發程序則會在符合適當條件時執行，而且會與新增、

修改、更新、刪除等命令結合在一起，因為這些命令會直接影響資料，所以觸發程序通常也會儲存在資料庫伺服器上。與查詢結果一起運作的元件，可能會儲存在應用伺服器或客戶端上。然而，為了達成最佳的產出與效能，上述這些原則未必會被遵循，不過這都要視所要解決業務問題的特質而定。

應用程式分割（application partitioning）可幫忙進行這種調整。它讓開發人員可以先撰寫應用程式，稍後再依據放哪邊可以得到最佳的效能，決定要放到客戶端工作站或伺服器上。但是開發人員不必為分割動作加入或撰寫任何程式碼，這些動作是由應用程式分割的工具來處理。

例如利用物件導向程式設計產生的物件，就非常適合用在應用程式分割上。此外，網站應用程式必須是多層式且經過分割的，它們需要很容易組合的元件，因為它們需要與不同的作業系統、使用者介面和資料庫相容。我們也可以在主從式系統中，加入監控模組來改善效能。如果有多個應用程式伺服器與資料庫伺服器可用，監控模組便可平衡工作負荷，將異動導引到不忙碌的伺服器上。事實上，監控模組不僅可在主從式系統中使用，在分散式環境也是很有用的。

當分割環境決定建立成兩層、三層或 n 層式架構的時候，就意味著必須要考慮處理邏輯的放置位置。不論在哪種情況，儲存邏輯（資料庫引擎）都是由伺服端處理，而呈現邏輯（presentation logic）總是放在客戶端處理。

圖 11-5(a) 是幾種可能的兩層式系統，分別將處理邏輯放在客戶端（建立肥胖型客戶端）、伺服端（建立精簡型客戶端）或是分割放到主從兩端（分散式環境）。這三種情況強調的是處理邏輯的擺放位置。在肥胖型客戶端中，應用程式的處理完全是在客戶端進行；在精簡型客戶端中，這些處理則是發生在伺服端；在分散式的範例中，應用程式的處理則是經過切割而放在主從兩端。

圖11-5(b) 則是典型的三層式與n層式架構。同樣的，必要時有些處理邏輯還是可以放置在客戶端。但是在網站式主從環境中，典型的客戶端是精簡型的客戶端，使用瀏覽器進行呈現邏輯。中間層級則通常是使用具有移植性的程式語言，如 C 或 Java。

雖然 n 層式架構會增加管理層級間通訊的複雜度，但它的彈性與較易管理使得這種架構日益普及。網際網路與電子商務活動的快速、分散與異質性環境，也導致許多 n 層式架構的開發。

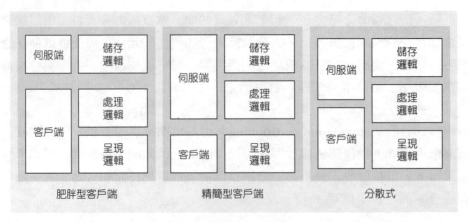

（a）2層式主從環境

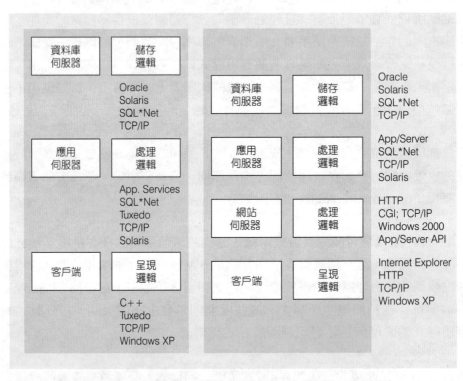

（b）n層式主從環境（有許多種可能性，這些只是例子）

圖 11-5 一般的邏輯分布

 # 11.4 大型主機的角色

　　由於主從式架構的普及，以及企業對未來的展望更廣更全球化，因此除了一般新建系統外，也期望把關鍵任務系統從大型主機移往主從式架構。但這會面臨相當多的

挑戰，包括是否有適合的軟體可用、能否有效的進行效能管理、上線系統調校、完善的疑難排解程序，以及程式碼管理等。企業發現當他們將關鍵任務應用轉換到分散式系統時，管理起來更加複雜。因此利用威力強大的平行處理設備置，將運算集中在應用程式伺服器或資料庫伺服器上，這類方案反而更有吸引力。

目前的企業需要在大型主機與主從式架構之間，還有集中式與分散式解決方案之間取得平衡點，並調整資料的特性與資料使用者的位置。有學者建議，不需要移動的資料通常可以集中在大型主機上，而使用者需要經常存取的資料、複雜的圖形，以及使用者介面應該要儘量接近使用者的工作站。

 ## 11.5 使用中介軟體

中介軟體通常稱為黏膠軟體（glue），功用是讓客戶端及伺服器的應用程式可連接在一起。這個術語通常用來描述 n 層式架構中，PC 客戶端與關聯式資料庫之間的軟體元件。所謂的**中介軟體**（middleware），就是可讓某個應用程式與其他軟體互通的軟體，其目的是讓使用者不需瞭解和撰寫為使應用程式與其他軟體互通所需的低階運算程式。

中介軟體已經存在數十年，但主從式架構的出現，以及網站導向的開發趨勢，刺激了商業用中介軟體的新發展。目前沒有萬用的中介軟體，所以大部分的組織通常需要使用數種不同的中介軟體，有時甚至在同一個應用軟體內要使用好幾種。中介軟體的種類很多，常見的包括同步與非同步的遠端程序呼叫（RPC）、物件請求代理者（object request broker, ORB）、訊息導向和 SQL 導向的資料存取中介軟體。

在主從式系統中，資料庫導向的中介軟體可提供某些**應用程式介面**（application program interface, API）來存取資料庫。API 是一組函式，供應用程式用來命令電腦上的作業系統執行程序。例如，負責存取資料庫的 API 會呼叫程式庫常式，將來自前端客戶端應用程式的 SQL 命令傳送到資料庫伺服器。API 可能與既有的前端軟體一起運作，如第三代語言或報表產生器，也可能有自己的應用程式建置工具。API 這種中介軟體讓軟體開發者可以很容易將應用程式連結到資料庫中。

ODBC（open database connectivity）類似 API，但它適用於以 Windows 為基礎的主從式應用。它適合用來存取關聯式的資料，而不適合存取其他類型的資料（如 ISAM 檔案）。雖然 ODBC 不容易撰寫與實作，但已普遍被接受，因為透過 ODBC 幾乎可以連結所有廠商的資料庫。

JDBC（Java database connectivity）類別可用來幫助 Java applet 存取任何資料庫，而不需瞭解每個資料庫的原始特性。OMG 聯盟建立 CORBA 架構（common object request broker architecture），定義出物件導向的通用中介軟體的規格。而微軟也發展出一個競爭的模型，稱為 DCOM（distributed component object model）。

 ## 11.6 主從式架構方面的議題

主從式架構無疑的已經影響了整個資料庫環境，但時常又能聽到有關實作失敗的案例。為了要讓主從式專案能夠成功，有一些方面要特別小心：

- **精確的業務問題分析**：開發人員應該要先精確定義問題的範圍、決定需求，然後再根據這些資訊來選擇技術。而不是先挑選技術，再調適到應用程式中。

- **細部架構分析**：具體指定主從式架構的細節也是很重要的，建置主從式方案涉及到要連結許多元件，它們可能無法很容易一起運作。如果所選擇的異質性元件很難連結，則對專案的進展會很不利。除了要指定客戶端工作站、伺服器、網路與 DBMS 之外，分析師還要指定網路基礎架構、中介軟體，以及所使用的應用開發工具。在每個連結的環節，分析師都要確定工具能連結中介軟體、資料庫、網路等等。

- **避免工具導向的架構**：如前所述，請在選擇軟體工具之前決定專案需求，不要本末倒置。如果先選擇工具再應用到問題上，將會面臨問題與工具之間配合不良的風險。

- **達成適當的擴充性**：多層的解決方案讓主從式系統能擴充到任意的使用者，並且能處理各種不同的處理負荷。但多層式解決方案非常昂貴、建置困難，而且開發工具有限。因此除非真正必要，否則應該避免採用多層式解決方案。小型的環境靠傳統的 2 層式系統通常就能有效率的執行。

- **恰當的服務配置**：要小心分析所要解決的業務問題，再決定要如何配置處理服務。如果將應用程式邏輯移往伺服端，就必須要肥胖型的伺服端。但是將應用程式處理移到客戶端也有好處，可以得到較好的延展性。因此必須詳細瞭解業務問題，以便適當的分散應用程式邏輯。

- **網路分析**：分散式系統中最常見的瓶頸仍然是網路，因此絕不能忽視系統必須使用的網路頻寬容量。如果網路頻寬不足以處理主從兩端之間的資訊量，回應時間就會很糟，系統就可能會失敗。

- 注意隱藏成本：主從架構的實作問題不只是以上所列的分析、開發與架構問題。例如，要整合硬體、網路、作業系統與 DBMS 這些異質性元件很不容易，而教育訓練的重要性與成本也不容忽視。請注意，要採用多重廠商的這種複雜工作環境，其實成本是相當高的。

- 建立主從式架構的安全：主從式資料庫運算的分散式本質，意味著它的安全性議題要比集中式的環境複雜得多。伺服器與網路的安全都必須注意。結合網站的資料庫環境還有更多的安全問題。

如果以上這些問題能適當解決，則移到主從式架構有以下好處：

- 功能可以分階段交付給終端使用者，因此能夠比較快開始部署專案。

- 主從式環境中共同的使用者介面，能激勵使用者來使用應用程式。

- 主從式方案的彈性與擴充性有利於企業流程再造。

- 有更多的處理動作能夠靠近資料來源，因此可改善回應時間，縮減網路流量。

主從式架構容許網站式應用的開發，促進組織內部進行更有效的溝通，而且能透過網際網路經營外部業務。

11.7 利用 ODBC 連結儲存在資料庫伺服器上的外部表格

ODBC 標準是大約在 1990 年代所發展出來的，它讓任何應用程式可利用共同的 API 來存取 RDBMS；這種 RDBMS 稱為「符合 ODBC」（ODBC-compliant）。由於微軟在他們的產品中普遍實作 ODBC，因此 ODBC 已廣為業界所接受。 ODBC 對於網際網路應用程式也非常重要，因為它讓應用程式可存取不同的資料庫產品。為了達到這樣的能力， ODBC 會使用 ANSI 標準的通用型 SQL 敘述（參見第 10 章）。但這樣無法充分利用擴充功能與每個廠牌資料庫引擎的特殊功能。

ODBC規格允許驅動程式符合不同層級的規格，這會影響驅動程式的功能等級；而驅動程式本身撰寫方式的差異則會影響它的效能。每個想要有符合 ODBC 資料庫的廠商，都會撰寫可安裝在 Windows 系統上的 ODBC 驅動程式。因此，每個 Windows 應用程式透過適當的驅動程式，就可與指定的資料庫伺服器通訊。例如， MS Access 應用程式可以連結並與Oracle 資料庫伺服器運作。資料庫表格透過ODBC連結與 MS Access 應用程式相連，但是表格保存在 Oracle 資料庫中，並不會送到 MS Access 資料庫中。

要建立 ODBC 連線，必須定義 5 個參數：

1. 需有特定的 ODBC 驅動程式

2. 要連結的後端伺服器名稱

3. 要連結的資料庫名稱

4. 被授權存取資料庫的使用者 ID

5. 使用者 ID 的密碼

如果需要的話，還需額外的資訊如下：

● 資料來源名稱（data source name, DSN）

● Windows 客戶端的電腦名稱

● 客戶端應用程式的可執行檔名稱

　　圖 11-6 是一個典型的 ODBC 架構，客戶端應用程式要求要與一個資料來源建立連線，這個要求由微軟的驅動程式管理模組處理，指定適當的 ODBC 驅動程式來處理。請注意這些驅動程式是由廠商提供的，所以可能會有 SQL Server 驅動程式、Oracle 驅動程式、Informix 驅動程式等等。而初始化請求、格式檢查，以及 ODBC 要求管理等工作也是由驅動管理模組負責。

　　而管理模組挑選的驅動程式，將會負責處理自客戶端所收到的請求，並且將查詢交付給指定的 RDBMS，這些查詢是以該 RDBMS 的專用 SQL 撰寫而成的。

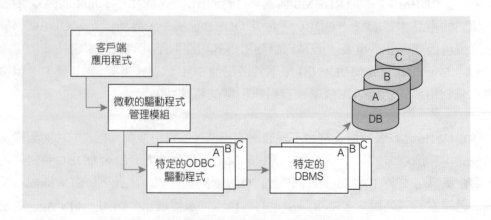

圖 11-6　OBDC 架構

11.8 利用 JDBC 連結儲存在資料庫伺服器上的外部表格

JDBC（Java database connectivity）的 API 讓 Java 程式可執行 SQL 敘述，並連結資料庫伺服器。JDBC 類似 ODBC，但它是特別為 Java 應用程式而設計的，ODBC 則與程式語言無關。Java 很適合用在主從式計算中，因為它是網路導向的程式語言，具備了安全性強及可攜性高的特性。Oracle 也擁護 Java，而且 Oracle 的專屬語言 PL/SQL 似乎將由 Java 取代，以提供除了 SQL 以外所需的程式設計能力。

JDBC 標準類似微軟 ODBC 的觀念，JDBC 以 X/Open SQL 的呼叫層次介面（call level interface）為基礎，JDBC 主要包含 2 層：

1. 一層是 JDBC API，支援從 Java 應用到 JDBC 驅動程式管理模組的通訊。

2. 另一層是 JDBC 驅動程式 API，支援從 JDBC 驅動程式管理模組直接到 JDBC 驅動程式，以及到網路驅動程式與 ODBC 驅動程式的通訊。

在 Java 中使用 SQL 的 ANSI 標準稱為 SQLJ（SQL-Java 的縮寫）。

 ## 11.9 主從式架構的前景

對資訊系統從業人員而言，了解多層式環境並針對特定環境進行最佳化，仍將是未來十年間的重大挑戰。企業發現使用網站式服務與服務導向式架構（SOA）方法論，最多可能可以減少 60% 的程式設計與開發時間，因此網站式服務開始受到矚目。

SOA 是一種軟體開發方法論，能夠支援以鬆散連結之服務來實作企業流程。同時，服務還可以由各種客戶端來存取與使用，包括 PC 工作站、手機或是具行動運算能力的筆記型電腦。這些服務都可以使用包括 Java 與 C# 在內的各種語言來撰寫，但是必須使用諸如 XML 與 SOAP 之類共通的通訊協定。我們將在第 12 章詳細討論這些領域。

本章摘要

● 本章討論了幾種主從式架構，包括檔案伺服器架構、資料庫伺服器架構，以及 3 層式架構。

● 檔案伺服器架構裡的檔案伺服器是負責管理檔案運算，並由每部連結其區域網路的客戶端 PC 所共享。檔案伺服器會產生大量的網路負荷，要求每個客戶端要有完整的 DBMS，並且需要複雜的程式設計，以管理共享的資料庫整合性。

● 資料庫伺服器架構是由客戶端管理使用者介面，而資料庫伺服器是管理資料庫的儲存與存取。這種架構可減少網路流量，降低每個客戶端的硬體功能需求，並且能將使用者授權、完整性檢查、資料字典維護，以及查詢與更新處理等集中在資料庫伺服器上。

● 3 層式架構除了客戶端與資料庫伺服器外，還加上另一層的伺服器，讓應用程式碼可儲存在這個額外的伺服器上。這種做法讓業務處理在額外的伺服器上執行，產生精簡型客戶端。

● 應用程式分割是要在寫完應用程式後，指定部份的應用程式碼給客戶端，部份給伺服器，以達成較好的效能與互通性。

● 中介軟體是能讓應用程式可與其他的軟體互通，而不需要使用者瞭解與撰寫低層運算碼來達成互通性的軟體。

● 最近在資料庫導向的中介軟體方面的發展包括 ODBC 與 JDBC。

● 要提高主從式應用程式成功建置的機會，必須處理的問題包括：精確的業務問題分析、詳細的架構分析、避免根據工具來決定架構、達成適當的可擴充性、適當的服務位置安排、恰當的網路分析，以及瞭解潛在的隱藏成本。

● 改用主從式環境的效益包括分階段釋出功能、彈性、擴充性、網路流量較小，以及結合網站之應用的開發等。

詞彙解釋

- 主從式系統（client/server system）：一種網路式計算模型，將處理工作分散在客戶端與伺服端之間，以提供要求的服務。在資料庫系統中，資料庫通常位於 DBMS 伺服器上，而客戶端是向伺服端請求服務。

- 檔案伺服器（file server）：管理檔案運算的裝置，並且由連結到 LAN 上的每個客戶端 PC 共享。

- 肥胖型客戶端（fat client）：一種客戶端 PC，負責處理呈現邏輯、延伸的應用與業務法則邏輯，以及許多 DBMS 的功能。

- 資料庫伺服器（database server）：在主從式環境中負責資料庫儲存、存取與處理的電腦。有些人也會用這個術語來描述 2 層式的主從式環境。

- 內儲程序（stored procedure）：一種程式模組，通常以專屬的語言寫成的，例如 Oracle 的 PL/SQL 或 Sybase 的 Transact-SQL，這種模組實作應用程式邏輯或業務法則，並且儲存在伺服器上，而且也是它被呼叫時所執行的位置。

- 3 層式架構（three-tier architecture）：包含一個客戶端層與兩個伺服器層的主從式結構。雖然兩個伺服器層的本質不同，但都有個共同的結構，就是包含一個應用伺服器。

- 精簡型客戶端（thin client）：一種 PC 組態，負責處理使用者介面與某些應用處理，它經常沒有或僅具備容量有限的儲存體。

- 應用程式分割（application partitioning）：分配最終的應用程式碼到客戶端與伺服端的程序，以達成較好的效能與互通性（元件在不同平台運作的能力）。

- 中介軟體（middleware）：讓應用程式可與其他軟體互通的一種軟體，其目的是讓使用者不需瞭解和撰寫為使應用程式與其他軟體互通所需的低階運算程式。

- 應用程式介面（application program interface, API）：供應用程式用來命令電腦上的作業系統執行程序的一組函式。

- ODBC（open database connectivity，開放式資料庫連結）標準：一種應用程式介面，提供共同的語言給應用程式存取與處理 SQL 資料庫，而不論所存取的 RDBMS 為何。

學習評量

選擇題

_____ 1. 下列何者是檔案伺服器的特性之一？

    a. 管理檔案動作並且可在網路上共用

    b. 管理檔案動作並且只限於一台 PC 使用

    c. 運作就像肥胖型客戶端，並且可在網路上共用

    d. 運作就像肥胖型客戶端，並且只限於一台 PC 使用

_____ 2. 3 層式架構是如何組成的？

    a. 3 層伺服器層

    b. 1 層客戶端層和 2 層伺服器層

    c. 2 層客戶端層和 1 層伺服器層

    d. 3 層客戶端層

_____ 3. 資料庫伺服器負責什麼工作？

    a. 資料庫的儲存

    b. 資料處理邏輯

    c. 資料呈現邏輯

    d. 以上皆是

_____ 4. 下列何者是應用程式邏輯的 3 個元件？

    a. 呈現邏輯、客戶端邏輯和儲存邏輯

    b. 呈現邏輯、客戶端邏輯和處理邏輯

    c. 呈現邏輯、處理邏輯和儲存邏輯

    d. 呈現邏輯、處理端邏輯和網路邏輯

_____ 5. 資料庫不能當作下列哪一層？

    a. 客戶端層

    b. 業務層

    c. 資料庫層

    d. 以上皆是

問答題

1. 請描述檔案伺服器的限制。

2. 請列出資料庫伺服器的優缺點。

3. 說明 3 層式或 n 層式架構的優缺點。

4. 要提高主從式應用程式建置成功的機會，應該要特別注意哪些問題？

5. 通常哪種應用程式可最快移植到主從式資料庫系統？而何種應用程式移植得最慢，為什麼？

12

CHAPTER

網際網路資料庫環境

本章學習重點

● 說明連結資料庫到網頁的重要性

● 描述啟動資料庫連線所需的環境

● 瞭解網際網路相關的術語

● 說明全球資訊網聯盟（W3C）的目的與成就

● 說明伺服端延伸模組的作用

● 描述網站式服務

● 比較各種網站伺服器介面的差異，包括 CGI 、 API 與 Java Servlet

● 描述平衡網站伺服器負荷的 3 種方法

● 解釋什麼是 plug-in

● 說明 XML 的目的，以及它如何橫跨在網站間進行標準化資料的解譯

簡介

　　全球資訊網（world wide web, WWW）的使用量逐步成長，而資料庫對這個成長的重要性也變得更為顯著。在網際網路上經營的電子商務也成為這種成長的重要因素。幾乎每一個企業都在加快企業轉型的腳步，透過採用網際網路這種具備全球化網路的特性，來提升企業競爭優勢。因此，網際網路技術在企業中也廣泛的被用來來建置企業內部網路。

　　對於公眾的網際網路與私有的企業內部網路（intranet），你可以想成是含有大量精簡型客戶端（瀏覽器）與肥胖型伺服器的主從式架構。伺服器將資訊儲存在資料庫中，並依照需求傳送給瀏覽器。

　　本章將討論各種網際網路資料庫結構，展示如何使用 PHP 來結合網站資料庫，以及如何管理這一類的環境。

 # 12.1 網際網路與資料庫連線

　　現代企業之所以會快速接受與建置網際網路和企業內部網路的應用系統，是因為網站環境有以下幾個特性：

1. 瀏覽器的使用很簡單，員工可以很容易學會。最普及的瀏覽器介面，在功能上有相當的類似性，使得使用者可以很容易的轉換各種瀏覽器與轉換各種網站。

2. 由於瀏覽器與硬體及軟體的獨立性，因此在平台之間交換資訊很容易，解決了跨平台存取問題。

3. 開發成本的門檻很低，開發時間也很快。由於目前有許多便宜或甚至免費的開發工具可以使用，因此現在已經很少企業沒有網站，然而這些網站的功能與及品質可能會有很大的差異。

　　許多網站並沒有連到資料庫，它們是提供以 HTML 、 JavaScript 、 CGI 或其他描述語言（script language）所設計的靜態資訊。另外有許多網站是需要從資料庫中擷取或儲存資訊。還有些網站只提供查詢資訊的功能，但使用者無法修改。目前有越來越多的網站，可提供使用者與資料庫之間更多的互動，使用者可以將資訊送回網站的

資料庫中。也因為有這種能力,近幾年電子商務才能夠有爆炸性的成長,因為顧客可以在下訂單之前,先查詢是否有現貨。

　　企業預見的電子商業潛在優點,包括能進行更好的供應鏈管理、改善顧客服務、更快的上市時間、較低的成本,以及增加銷售量等。要達成這些目標之前,必須先付出成本來建置整個系統,然而,目前它的獲利情況則尚未有定論。

12.2 網際網路環境

　　圖12-1描繪出要建立具備資料庫的企業內部網路與網際網路連線,所需要的基本環境。圖中右邊的方框中是企業網路,它是個主從式架構的網路。這個網路會連結遵循TCP/IP協定的客戶端工作站、網站伺服器與資料庫伺服器。不過,有時候也會使用多層式企業內部網路結構。圖 12-1 是一個較簡單的架構,由客戶端瀏覽器送出的請求,會通過網路送往網站伺服器,由網站伺服器將所儲存的HTML頁面傳回,並且透過客戶端瀏覽器顯示。如果所請求的資料必須由資料庫取得,網站伺服器會建立查詢,並且送給資料庫伺服器,由它處理查詢,並且傳回查詢的執行結果。

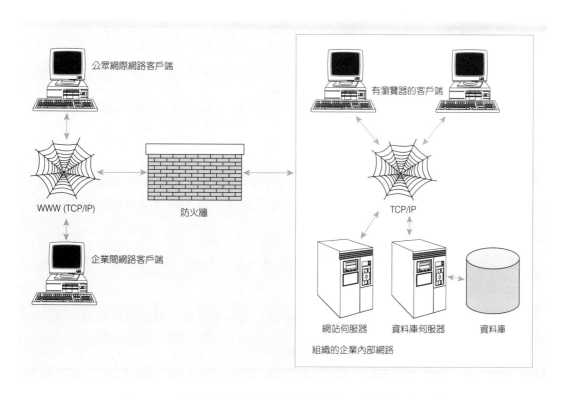

圖 12-1　結合資料庫之企業內部網路／網際網路環境

同樣的,如果要將客戶端工作站輸入的資料儲存在資料庫中,則可將資料傳送給網站伺服器,由它再傳給資料庫伺服器,將資料交付給資料庫。

連往企業間網路(extranet)時,它的處理流程也很類似。無論是連到特定顧客或供應商,或是連到網站上的任何工作站,都是如此。然而,對外界開放網站伺服器,一定要有額外的資料安全性措施,這點非常重要。

企業內部的資料存取,通常是由DBMS來控制,由資料庫管理人員設定員工存取資料的權限。防火牆則是用來限制外界對企業資料的存取,以及限制企業資料流出企業外部。

所有通訊都會行經網路外部的代理伺服器,由它控制進入網路的訊息或檔案。代理伺服器會將經常被請求的網頁放入快取(cache),這樣便可直接回答後面的相同請求,而不必連線到網站伺服器,因此可改善網站的效能。

大多數企業內部網路提供下列服務:

● 網站伺服器:用來處理客戶端請求,並且將 HTML 頁面傳回客戶端。

● 資料庫相關服務:透過網站伺服器可存取資料庫伺服器的資料庫。透過網站對主機的存取功能,可讓我們存取存放在大型主機上的舊時資料。

● 目錄、安全與驗證服務:用來防止未經授權而針對企業網路內部的存取動作,並提供權責機制(accountability)。

● 電子郵件:提供在企業內部網路、企業間網路或網際網路電腦間的訊息傳輸能力。

● 檔案傳輸協定(FTP):提供在企業內部網路、企業間網路或網際網路電腦間複製檔案的能力。使用者需要有 FTP 客戶端,遠端系統則需要 FTP 伺服器。

● 防火牆與代理伺服器:用來提供安全性,防止來自企業內部網路之外、未經授權之入侵行為。

● 新聞或討論群組:提供在電子佈告欄上張貼訊息供公眾存取的能力。

● 文件搜尋:提供搜尋網站內容的能力。

● 負載平衡與快取:分散龐大的網路交通流量以改善效能。

12.3 網際網路架構的常見元件

　　網際網路環境中包含了大量複雜的技術與工具，許多還經常使用縮寫來標示。本節將討論這個環境中最常見的元件。首先介紹的是用來建立網頁的各種語言，其次是網站伺服器的中介軟體，它們負責處理進入或離開網站伺服器的請求；我們將它們分類為伺服端延伸模組與網站伺服器介面。此外還會討論到網站伺服器與客戶端延伸模組。

　　圖12-1是架構的簡圖。不過組合這些元件的方式很多，也經常用到重複的工具。一般而言，同一類的網站技術都可以交換使用，或是解決相同的問題。例如本章將會介紹如何使用 PHP 來連結資料庫與網站，但其他如 ASP.NET 與 ColdFusion 等產品也可以達到相同的功能。在開發系統前必須決定所選擇的工具。首先要明確瞭解每個工具適用的類別，才知道何時應該考慮這些工具。

12.3.1 網際網路相關的語言

　　全球資訊網聯盟（World Wide Web Consortium, W3C）是 HTTP 與 HTML 的主要標準團體，在 1994 年由 Tim Berners-Lee 所創建，是個由各企業組成的國際性聯盟，試圖發展網站的開放性標準，使得全球資訊網的文件可以跨平台而有一致的顯示。

　　用來建立網站文件的基本語言是 HTML（Hypertext Markup Language，超文字標示語言的縮寫）。 HTML 與 SGML（Standard Generalized Markup Language，標準通用型標示語言）類似；SGML 是用來說明標示文件元素的規則，以便用標準的方式設定它們的格式；而 HTML 的標示方式則是以 SGML 規則為基礎。

　　HTML 是個描述語言，它使用各種標籤（tag）與屬性，來定義網站文件的結構及外觀供顯示之用。例如 HTML 檔案的開頭會有標籤（文件主題），後面跟著要顯示的資訊與其他的格式標籤，最後也會有標籤當結尾。

　　XML 是個快速發展中的描述語言；它也是以 SGML 為基礎，可以結合 XHTML 來取代 HTML。 XML（Extensible Markup Language，可延伸型標示語言的縮寫）是由 W3C 所發展的規格，特別針對網站文件所設計，能夠建立自訂化標籤，方便應用程式之間的資料定義、傳輸和驗證工作。 XML 也非常適合用來將舊時資料連到網站上，因為 XML 標籤可以根據舊時資料的儲存格式來定義資料，省去重新格式化的需要。由於 XML 正快速成為電子商務內容的標準，所以下一節將會詳細說明。

W3C 還提出了一種混合式的描述語言 XHTML 規格，它是延伸 HTML 碼來符合 XML。因為 XHTML 所使用的模組符合標準，所以在任何平台上都能顯示一致的外觀。W3C 希望 XHTML 能取代 HTML 成為標準的描述語言。

到目前為止所提到的語言，都是處理文件外觀與顯示的描述或標示語言；還有 XML 是處理資料的定義與解讀，但這些都不是功能或動態的程式設計語言。而我們接下來要介紹的是程式設計語言。首先，Java 是個通用型的物件導向式程式語言，非常適合用在網站設計。稱為 Java applet 的小型 Java 程式，可以從網站伺服器下載到客戶端，並且在與 Java 相容的網站瀏覽器（如 IE）上執行。Java 是由 Sun Microsystems 所設計的物件導向式語言，比 C++ 簡單，其目的是希望比較不會寫出常見的程式錯誤。Java 的來源程式碼會先編譯成所謂「bytecode」的格式，再由 Java 解譯程式負責執行。Java 解譯程式與執行環境稱為 Java 虛擬機器（virtual machine, VM），在大多數作業系統上都有提供，因此，編譯過的 Java 程式碼可以在大多數系統上執行。Bytecode 也可以直接轉換為機器語言指令。

JavaScript 與完整的 Java 語言有許多共同的特性與結構。網站寫作者可使用 JavaScript 來達成互動性，並納入動態內容。例如透過內嵌在 HTML 碼中的 JavaScript，可以在內容更新時自動通知，或是進行錯誤的處理。當指定事件發生時（例如滑鼠經過按鈕），JavaScript 就會被啟動。JavaScript 是種開放語言，不需要授權，目前常見的瀏覽器都有支援。

VBScript 很類似 JavaScript。就像 JavaScript 是以 Java 為基礎，但是比較簡單；VBScript 則是以微軟的 Visual Basic 為基礎，但是也比較簡單。VBScript 可以用來在網頁上加上按鈕、捲軸與其他的互動控制項。

串接樣式表（cascading style sheet，CSS）是由 W3C 所開發的另一項功能，並且已經加入 HTML 中。透過 CSS，設計人員與使用者可以建立定義不同元件外觀的樣式表，然後應用在任何網頁上。

XSL 是一種語言，用來發展 XML 文件的樣式表（style sheet）。XSL 樣式表是一個檔案，描述 XML 文件要如何顯示。

XSLT 原本是一種轉換語言，轉換如內容或索引表格等複雜的 XML 文件，現在也經常用來從 XML 文件中產生 HTML 網頁。

12.3.2 XML 概觀

HTML 文件掌管的是在網站瀏覽器中顯示資訊，而 XML 則是負責相關資料的結構與運用。因此，XML 讓資料項目的儲存在整個企業內都是一致的，因而逐漸成為電子商務資料交換的標準。XML 並不是要取代 HTML，而是要與 HTML 合作，以促進資料的傳輸、交換與運用。在 XML 中的 X 代表可延伸（eXtensible）的意思；使用者一方面可以利用共同定義的 XML 標籤，一方面也可以視需要定義新的 XML 標籤。

因此，所有類型的內容都可以用 XML 來管理，包括聲音與影像檔案。那些會與企業外界共享的資料，都應該遵循公開定義的 XML 綱要。內部資料也可以使用 XML 定義。

以 XML 為基礎的新語言，例如 XBRL（延伸式商業報表語言，Extensible Business Reporting Language）與 SPL（結構化產品標示，Structured Product Labeling），正逐漸成為開放標準。

這些標準使得報表與標籤能夠有意義且清楚的進行比較，這在過去是無法輕易達成的。例如 XBRL 是專門針對財務資料，因此如果企業使用 XBRL 標籤定義，就可以記錄多達2000種財務資料，包括成本、資產、淨收入等。這些資料可以再與其它機構的財務報表結合或比較。

另外美國藥品管理局（FDA）也開始要求使用 SPL 藥物標籤，來記錄處方藥與成藥資訊。

XML 使用標籤（在角括號內）來描述資料的特性，這種使用角括號的方式與 HTML 標籤類似。但 HTML 標籤是要用來描述內容的外觀，而 XML 標籤則是用來描述內容本身。除了這些元素標籤之外，XML 語言還使用 XML 綱要、文件類型宣告（document type declaration, DTD）、註解及實體參照等元件。若能瞭解所有這些元件，就能解讀 XML 文件。

XML 綱要標準是 W3C 在2001年5月發行的，它定義資料模型，並建立文件資料的資料型態。W3C XML 綱要定義語言（XML Schema Definition Language, XSD）利用客製化的 XML 辭彙來描述 XML 文件。它比使用 DTD 能表現出更多的意義，因為它可以表示出資料型態。以下是個非常簡單的 XML 綱要，描述業務人員記錄的結構、資料型態，以及有效性。請注意標籤 xsd 代表的是 XML 綱要定義（XML Schema Definition）；從 xsd 到對應的標籤 /xsd 之間定義的是 XML 文件的一個型態。

```
<xsd:schema xmlns:xsd= "http///www.w3.org/2001/XMLSchema">
    <xsd:element name= "Salesperson" type= "SalespersonType" />
    <xsd:complexType name= "SalespersonType">
            <xsd:sequence>
            <xsd:element name= "SalespersonID" type= "xsd:integer" />
            <xsd:element name= "SalespersonName" type= "xsd:string" />
            <xsd:element name= "SalespersonTelephone" type= "xsd:string" />
                <pattern value= "(?\d{3})?-?\d{3}-?\d{4}" />
                    <xsd:element name= "SalespersonFax" type= "xsd:string" />
                <pattern value= "(?\d{3})?-?\d{3}-?\d{4}" />
                <xsd:sequence>
    </xsd:complexType>
</xsd:schema>
```

W3C 的標準也支援命名空間（namespace）。在同一命名空間內的所有元素與屬性都必須具有唯一的名稱。在不同的命名空間中則可以放心使用相同的名稱。上面範例的標籤 xmlns 就是用來辨識這個 XML 綱要會使用的命名空間，它的值必須是個 URL 位址。

在第一份 XML 標準中有納入 DTD，但 DTD 有諸多限制。DTD 無法設定資料型態，也不支援 XML 一些較新的功能，例如命名空間。後來發展出 3 種比 DTD 更常使用、也更新的 XML 綱要語言：

1. XML Schema：也稱為 XML 綱要定義（XSD），它包含傳統的 XML 型態，例如 ID 與 ENTITY，因此有提供與 DTD 的向後相容性。

2. RELAX NG：是成為 ISO 國際標準的另一種 XML 綱要語言。

3. DSD：是使用 XML 綱要的另一種選擇，有些人認為它是主要的綱要語言中表達能力最強，且使用容易的一種語言。

下面是個符合前述綱要的 XML 文件。因為 SalespersonFax 定義為選擇性的（在 XML 綱要中以 SalespersonFax 後面的「?」符號表示），所以這裡不一定要為 SalespersonFax 輸入資料值。

```
<salesperson>
xmlns:xsi=http://www.w3.org/2001/XMLSchema-instance"
xsi:noNamespaceSchemaLocation= "Salesman.xsd"
        <SalespersonID>1</SalespersonID>
        <SalespersonName>Doug Henny</SalespersonName>
        <SalespersonTelephone>813-444-5555</SalespersonTelephone>
</Salesperson>
```

請注意，這些 XML 範例很少提供顯示資料方面的相關資訊，它們是專注於資料的模型。使用者可以比照這裡的做法，自己設置自己的 XML 辭彙。目前也有各式各樣的公共 XML 辭彙，可用來標示資料。相關網站請參考 **http://wdvl.com/Authoring/ Languages/XML/Specifications.html** 與 **http://www.service-architecture.com/xml/ar- ticles/xml_vocabularies.html**。選擇最佳的 XML 辭彙來描述資料庫是非常重要的。有些網站製作了一些標準，以方便外界開發人員使用。例如，開發人員可利用 XML 的 eBay API，在第三方的網站上顯示 eBay 的清單；或者是下載開發者工具，建立一個帳號，並取得授權碼，然後就可利用 Google API 從他們自己的網頁或應用程式中查詢 Google 的資料庫。

由 eBay 與 Google 所提供的功能可得知，當電子商務持續發展，XML 將會是一個與傳統資料庫密切結合的領域。

12.3.3 伺服端延伸模組

因為網站伺服器只瞭解 HTML 格式的網頁，因此為了要處理存取資料庫的客戶端請求，網站伺服器的能力必須加以延伸。伺服端延伸模組（server-side extension）是直接與網站伺服器互動來處理請求的程式。網站伺服器的能力必須要延伸，以便能夠支援資料庫的請求，參見圖12-2。一開始，瀏覽器是透過全球資訊網向網站伺服器提出資訊請求。描述中有包含 SQL 查詢命令，但是網站伺服器無法直接解譯這個查詢，而是由網站對資料庫（web-to-database）的中介軟體負責解譯這個查詢，並且傳送給儲存該資料項目的 DBMS 與資料庫。

查詢的結果集合會傳回給中介軟體，由它進行轉換，以便在網頁傳回客戶端瀏覽器後，能夠正確的顯示。

伺服端延伸模組提供高度的彈性。網路管理人員可以選擇任何網站伺服器，可能是 Apache、Netscape 的 Fast Track Server 或是微軟的 Internet Information Server（IIS），以及任何具有 SQL 能力並提供 ODBC 的資料庫，例如 Oracle、Sybase 或 MS Access 都可以使用，而諸如 ColdFusion 與 Netscape Application Server 等中介軟體會負責連結這兩者。

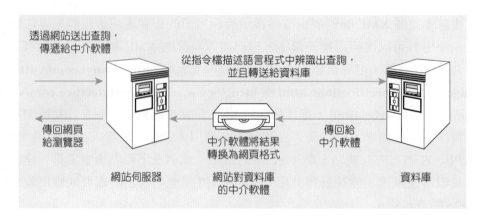

圖 12-2　網站對資料庫的中介軟體

12.3.4　網站伺服器介面

為了要讓網站伺服器能與外界的程式互動，必須建立介面的機制。靜態網頁並不需要這種介面，因為所有要顯示的資料都包含在會被顯示的 HTML 文件中。然而動態網頁是在客戶端瀏覽器請求頁面時，才能決定其中的部份內容，例如要顯示目前產品庫存量，此時就需要網站伺服器介面。下面是兩種常見的網站伺服器介面：

● 共同閘道介面（common gateway interface, CGI）

● 應用程式介面（Application Program Interface, API）

CGI 會指定在網站伺服器與 CGI 程式間的資訊傳輸。 CGI 程式能夠接收與回傳資料，並且能夠以任何能夠產生可執行檔的程式語言撰寫，包括 C 、 C++ 、 Perl 、 Java 或 Visual Basic 。其中資料必須符合 CGI 規格。 CGI 程式通常是用來從瀏覽器所顯示的表單中接受資料使用者所填入的資料，但它們也可以用來接收舊有資料庫的資料。請記住閘道程式是可執行檔，並且可以在不同的資訊伺服器下交互執行。

CGI 程式是網站伺服器與使用者請求動態互動的常見方式，稍後會介紹一些其他的方法。 CGI 描述語言程式是儲存在網站伺服器上，並且在使用者每次送出使用 CGI 描述語言程式的請求時執行。如果有許多使用者，同時都傳送需要 CGI 描述語言程式的請求時，效能可能會大幅降低，因而發展出一些伺服端的解決方案，如 Java 描述語言程式與 applet ，還有 Active X ，稍後將在客戶端延伸模組一節中討論。

Java Servlet 是 CGI 程式以外的另一個選擇，它就像 applet 一樣，是從另一個應用程式內啟動，而不是從作業系統啟動的小程式，只是它們是儲存在伺服器，而非客

戶端的應用程式中。Servlet可以讓客戶端程式將額外的程式碼上傳到伺服器中執行，因為Servlet的檔案長度很小，並且具有跨平台的相容性，所以適合用在從瀏覽器存取的小型網際網路應用程式。

Java Servlet 一旦啟動後，就會常駐在記憶體中，並且可以完成多個請求；而 CGI 程式則會在執行之後關閉。因此， Java Servlet 更有效率，因為它們具有駐留性，且伺服器的效能比較不會受到顯著的影響。

應用程式介面（API）也比 CGI 描述語言程式更有效率，它們是以共享程式碼或動態連結程式庫（DLL）的方式實作。這表示這些程式碼會常駐在記憶體中，並且可以視需要進行動態呼叫，而不需要每個請求都執行外部的程式。

API 是一組常式、協定與工具，供應用程式用來指示作業系統完成一些程序。API 可以對資料庫使用共用的連線，而不必在每次請求連線時建立新的連結。 API 當然也有一些缺點；因為 API 是位於網站伺服器上，所以它的錯誤可能會造成伺服器當機。此外，因為 API 是針對它們所在的作業系統與網站伺服器撰寫的，所以要在其他系統上執行時就必須重寫。

12.3.5 網站伺服器

近幾年來網站的數量急遽上升，而具備與資料庫通訊的能力更加速它的成長，因為網站可提供包含最新資訊的動態網頁。其中每個站台都會提供 HTTP 服務，這種協定讓網站瀏覽器與網站伺服器能相互溝通。

HTTP 是相單簡單的協定，透過 TCP 連線來傳遞純文字。一開始，要將每個物件下載到瀏覽器之前，必須先與網站伺服器建立新的 HTTP 連線；較新版本的 HTTP 則支援持久性連線，讓多個物件可以在封包中透過單一 TCP 連線傳送。

流量大的網站所接收到的存取請求，可能會超過單一伺服器的處理能力，所以必須安裝多個伺服器。要利用額外的伺服器來平衡負載，是件相當困難的任務。常見的方法有以下幾種：

1. DNS 式平衡（ DNS balancing ）：這是將網站的多個副本，放在個別但一樣的實體伺服器上。 DNS 伺服器會針對網站的主機名稱，傳回多個 IP 位址；可能傳回不只一個 IP 位址，或是針對每個 DNS 請求傳回不同的 IP 位址。這

個方法雖然簡單，但是並不保證伺服器上的負載能夠平衡，因為在 IP 位址的選擇可能沒那麼平均。

2. 軟體與硬體式的負載平衡（software and hardware load balancing）：這是將請求更平均的分散在網站伺服器上；它只公佈網站的一個 IP 位址，但是會在 TCP/IP 繞送層次上，將對該 IP 位址的請求，分散到多個代管該網站的伺服器上。使用軟體與硬體式的負載平衡所能達到的平衡效果，通常比 DNS 方法好。有些負載平衡模組還可以偵測出網站伺服器叢集中當機的伺服器，並且動態的將請求重新送往另一個網站伺服器。

3. 反向代理（reverse proxy）：這種方法是藉由攔截客戶端的請求，並且在傳送回應給客戶端時，將回應存放在網站伺服器的快取區域中，以減輕網站的負載。此時，代理者經常能透過本身的快取來服務客戶端的請求，而不需要連絡網站伺服器，因此可減輕網站伺服器的負載。

有些公司使用全球性的負載平衡技巧，將傳送資料檔案的工作分散到全世界。通常它們會同時使用DNS式與軟體與硬體式的負載平衡，根據客戶端的位置，使用最靠近的檔案來服務該使用者。

目前，隨著網站伺服器逐漸轉變為處理 XML 資料與 HTML 資料的應用伺服器，使得網站伺服器與應用伺服器間的差異開始有些混淆。此外，應用伺服器在扮演本身的角色之外，也經常被設定為扮演簡單的網站伺服器。

12.3.6 客戶端延伸模組

客戶端延伸模組（client-side extension）會增加瀏覽器的功能，下面將簡單討論其中最普遍的幾項，包括 plug-in、ActiveX 控制項與 cookie。

plug-in是藉由加入特定功能或服務，來延伸瀏覽器能力的硬體或軟體模組。只要從瀏覽器下載與安裝特定的plug-in，就能提供延伸功能。例如 RealAudio 可提供在網路上聆聽廣播的功能；Shockwave 會播放動畫檔案；其他功能還包括掌上型 PC 的同步、無線存取與加密等。

ActiveX 是微軟開發的一組技術。它是遵循微軟的另外兩項技術：OLE（Object Linking and Embedding）與 COM（Component Object Model）。ActiveX 控制項能夠延伸瀏覽器的功能，並且提供在瀏覽器內運用資料的功能。它們是使用 COM 技術來

提供與其他 COM 元件和服務的互通功能。例如它們讓使用者能在執行控制項之前，先辨識該控制項的作者，這是一項重要的網站安全功能。COM 架構可以在微軟的所有產品上運作，並且建立具有標準介面的物件，以便用在任何具有 COM 能力的程式中。ActiveX 控制項最常使用 C++ 或 Visual Basic 來撰寫。

Cookie可以在使用者返回網站時，用來辨識使用者。通常網站會要求訪客填寫包含姓名與電子郵件的表單，並可能還會要求諸如郵件位址、電話與興趣等資訊。所提供的資訊會儲存在cookie中，並且傳送給網站瀏覽器。當使用者日後回到該網站時，cookie的內容會傳回給網站伺服器，並且可被用來客製化要回傳的網頁。Cookie具有持久性，因為它們可能會長時間的儲存在瀏覽器中。

 ## 12.4 網站對資料庫工具

目前有多種能夠簡化資料庫對網站連線的中介軟體，其中最普遍的是 PHP、微軟的 ASP.net 與 ColdFusion。若要建立一個動態網站，大約需要同時使用 6 種不同的元件：

1. DBMS：包括多種 DBMS，如 Oracle、Microsoft SQL Server、Informix、Sybase、DB2、Microsoft Access 與 MySQL。

2. 網站伺服器：最常使用的網站伺服器是 Apache，Microsoft 的 IIS 網站伺服器也很常見。在第 3 種元件中討論的有些產品（例如 Coral Web Builder），則是包含網站伺服器功能的複合式產品。

3. 程式語言與開發技術：用來開發動態網站與網站應用程式。例如 ASP.NET、ColdFusion、PHP、Coral Web Builder 等工具。

要建立動態網站，必須要靠一組技術來提供上述功能。此外，開發工作還需要以下 2、3 項額外的元件：

1. 網站瀏覽器：例如 Microsoft 的 Internet Explorer、Netscape 的 Navigator、Mozilla Firefox、Apple 的 Safari 與 Opera 等。

2. 文書編輯程式：記事本、BBEdit 或 vi 都可以。不過具有 PHP 功能可呈現編輯效果的應用軟體通常更好，例如 Macromedia 的 Dreamweaver。另一種可能是使用整合式的開發環境（Integrated Development Environment, IDE），它們通常是針對特定的語言，例如 Java IDE，其中包含程式碼編輯程式、

編譯程式和（或）解譯程式，並且會建立自動化工具。 IDE 還可能會提供除
錯程式。

3. FTP 功能：如果是使用遠端伺服器，則另外還需要 FTP 功能。例如 SmartFTP
（免費取得）、 FTP Explorer（教育版免費）和 WS_FTP。

在網站開發方面，有一大堆工具可以使用，而每種工具也都有許多的網站或書籍
資源。圖 12-3 是建立動態網站所需的各種元件。

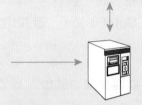

資料庫（開發時可能是與網站伺服器位於
同一台機器上）
（例如Oracle, MS SQL Server, Informix,
Sybase, DB2, MS Access, MySQL…）

程式語言（C, C#, Java, XML, XHTML, JavaScript…）
開發技術（ASP.NET, PHP, ColdFusion…）
客戶端延伸模組（ActiveX, plug-in, cookie）
網站瀏覽器（Internet Explorer, Navigator, Firefox…）
文書編輯程式（記事本, BBEdit, vi, Dreamweaver…）
FTP功能（SmartFTP, FTP Explorer, WS_FTP…）

網站伺服器（Apache, MS-IIS）
伺服端延伸模組（JavaScript Session
Management Service & LiveWire資料庫服務,
FrontPage延伸模組…）
網站伺服器介面（CGI, API, Java servlets）

圖 12-3　動態網站開發環境

目前有數種語言可以用來建立動態網頁， Java 、 C 、 C++ 、 C# 與 Perl 都是可以
與 MySQL 搭配的 API 。不過 PHP 是其中最普遍的一種，因為 PHP 從第 4 版開始，就
內建對 MySQL 的支援。

PHP 素來就以易於使用、開發時間短以及高效能著稱。最近推出的 PHP5 比 PHP4
更為物件導向，並且包含數個類別資料庫。它被公認相當容易學習，中等程度的程式
設計人員即可快速學會它。

圖 12-4 是個描述語言程式範例，用來展示 PHP 與 MySQL 資料庫和 HTML 程式碼
的整合。這個描述語言程式會接受網站訪客的註冊，包括姓名、電子郵件位址、使用
者帳號及密碼，並將這些資訊儲存在 MySQL 資料庫中。

```php
<?php # Script 6.6 - register.php

// Set the page title and include the HTML header.
$page_title = 'Register';
include ('templates/header.inc');

//Handle the form.
if (isset($_POST['submit'])) {

        // Create an empty new variable.
        $message = NULL;

        // Check for a first name.
        if (empty($_POST['first_name'])) {
                        $fn = FALSE;
                        $message .= '<p>You forgot to enter your first name!</p>';
        } else {
                        $fn = $_POST['first_name'];
        }

        // Check for a last name.
        if (empty($_POST['last_name'])) {
                        $ln = FALSE;
                        $message .= '<p>You forgot to enter your last name!</p>';
        } else {
                        $ln = $_POST['last_name'];
        }

        // Check for an email address.
        if (empty($_POST['email'])) {
                        $e = FALSE;
                        $message .= '<p>You forgot to enter your email address!</p>';
        } else {
                        $e = $_POST['email'];
        }

        // Check for a username.
        if (empty($_POST['username'])) {
                        $u = FALSE;
                        $message .= '<p>You forgot to enter your username!</p>';
        } else {
                        $u = $_POST['username'];
        }

        // Check for a password and match against the confirmed password.
        if (empty($_POST['password1'])) {
                        $p = FALSE;
                        $message .= '<p>You forgot to enter your password!</p>';
        } else {
                        if ($_POST['password1'] == $_POST['password2']) {
                                        $p = $_POST['password1'];
                        } else {

                                        $p = FALSE;
                                        $message .= '<p>Your password did not match
                                                        the confirmed password!</p>';
                        }
        }
//If everything's OK.
        if ($fn && $ln && $e && $u && $p) {

                        // Register the user in the database.
```

名稱為register.php的PHP檔案開始執行

這個檔案中包含HTML程式碼,是用來設定網頁範本,包括網頁標題和表頭

檢查是否要處理表單

驗證名字

驗證姓氏

驗證電子郵件位址

驗證使用者名稱

驗證密碼

假如所有的使用者資訊都驗證通過,資料便可以加入MySQL資料庫中

（a）PHP 描述語言程式初始化與輸入驗證

```php
// Connect to the db.          ←──── 建立與資料庫的連結
require_once ('../mysql_connect.php');

// Make the query.     ←──── 附帶加密過的密碼與目前日期資訊的SQL查詢命令
$query = "INSERT INTO users (username, first_name, last_name, email, password,
registration_date) VALUES ('$u', '$fn', '$ln', '$e', PASSWORD('$p'), NOW() )";

//Run the query.      ←──── mysql_query() 函式傳送SQL到MySQL
$result = @mysql_query ($query);

//If it ran OK.       ←──── 從mysql_query傳回來的結果放在$result中。假如為真
if ($result) {                 ，則顯示訊息、加上註腳並停止執行描述語言程式

        // Send an email, if desired.
        echo '<p><b>You have been registered!</b></p>';

        //Include the HTML footer.
        include ('templates/footer.inc');

        //Quit the script.
        exit();
                             ←──── 假如$result為假，指派值給$message
// If it did not run OK.
} else {

        $message = '<p>You could not be registered due to a system error.
        We apologize for any inconvenience.</p><p>' . mysql_error() . '</p>';

}

//Close the database connection.  ←──── 關閉與MySQL資料庫的連結
mysql_close();

} else {

        $message .= '<p>Please try again.</p>';
                                   ←──── 註冊條件的處理已完成
}

// End of the main Submit conditional.  ←──── 送出（submit）條件的處理已完成
}

// Print the message if there is one.  ←──── 如果有錯誤訊息，顯示出來
if (isset($message)) {
        echo '<font color="red">',$message, '</font>';
}
?>                           ←──── HTML表單開始

<form action="<?php echo $_SERVER['PHP_SELF']; ?>" method="post">
<fieldset><legend>Enter your information in the form below:</legend>


<p><b>First Name:</b> <input type="text" name="first_name" size="15" maxlength="15"
value="<?php if (isset($_POST['first_name'])) echo $_POST['first_name']; ?>" /></p>

<p><b>Last Name:</b> <input type="text" name="last_name" size="30" maxlength="30"
value="<?php if (isset($_POST['last_name'])) echo $_POST['last_name']; ?>" /></p>

<p><b>Email Address:</b> <input type="text" name="email" size="40" maxlength="40"
value="<?php if (isset($_POST['email'])) echo $_POST['email']; ?>" /> </p>

<p><b>User Name:</b> <input type="text" name="username" size="10" maxlength="20"
value="<?php if (isset($_POST['username'])) echo $_POST['username']; ?>" ></p>

<p><b>Password:</b> <input type="password" name="password1" size="20" maxlength="20"/></p>
```

（b）將使用者資訊加入資料庫

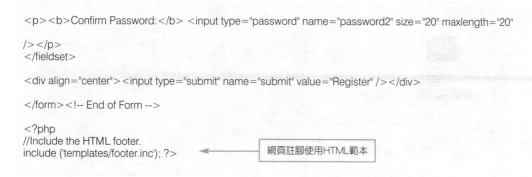

```
<p><b>Confirm Password:</b> <input type="password" name="password2" size="20" maxlength="20"
/></p>
</fieldset>

<div align="center"><input type="submit" name="submit" value="Register" /></div>

</form><!-- End of Form -->

<?php
//Include the HTML footer.
include ('templates/footer.inc'); ?>
```
網頁註腳使用HTML範本

（c）結束 PHP 描述並顯示 HTML 表單

圖 12-4　接受使用者註冊輸入的 PHP 描述語言程式範例

　　另外圖中也提供一個擷取結果並加以顯示的描述語言程式範例。圖 12-4是建立結合資料庫的動態網站的其中一種方式，同時並展示PHP的語法。請注意程式中建立動態網站所需的內嵌式 SQL 程式碼。

12.4.1　網站式服務

　　所謂網站式服務（Web Service）的協定組，可大幅提升電腦在網際網路上自動通訊的能力，因此有助於開發與佈署應用程式。網站式服務的做法比之前建立通訊的方法（如 EDI）更適合分散式環境的應用程式。

　　Amazon 與 Google 這兩個有名的網站，都已經在使用網站式服務，讓外界可以存取它們的庫存資料庫與搜尋資料庫。有些網站式服務則是要收費的，例如Microsoft的 Map Point（可從任何 HTTPS 連線查詢地點與繪製地圖）、 MapQuset 和 TerraService（提供衛星影像）。

　　網站式服務是利用 XML 來發展標準化通訊系統，因此更容易進行應用程式的整合，因為開發者不需要熟悉所要整合之應用程式的相關技術細節，也不必學習所要整合之應用程式的程式語言。

　　圖 12-5 是一個訂單系統的簡易示意圖，同時包括內部網站式服務（訂單與帳務）與外包的網站式服務，這些服務是外包給那些透過網站提供認證與信用確認服務的公司。

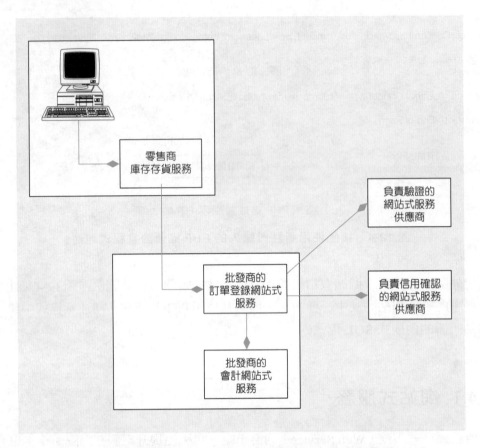

圖 12-5　典型使用網站式服務的訂單登錄系統（參見圖 1-3）

關於採用網站式服務，企業最關心的議題集中在交易速度、安全性及可靠性方面。

接下來，我們將說明網站式服務的一些相關術語，並討論典型的資料庫／網站式服務的協定堆疊。圖 12-6 是常見的網站式服務協定堆疊。

出版、搜尋、使用服務	UDDI	通用的描述、發現、整合
描述服務	WSDL	網站式服務描述語言
服務互動	SOAP	簡易物件存取協定
資料格式	XML	可延伸型標示語言
開放式通訊	網際網路	

圖 12-6　網站式服務的協定堆疊

與應用程式及資料庫進行資料轉換與通訊的工作，需要依靠一組 XML 相關協定。UDDI（Universal Description, Discovery, and Integration）是一種技術規格，目的要為網站式服務及開放透過網站式服務進行通訊的企業，建立分散式的登錄資訊。

WSDL（Web Services Description Language）是以 XML 為基礎的語言，用來描述網站式服務，並設定該服務的公開介面。WSDL檔案會自動產生客戶端介面，讓開發者可專心在企業邏輯，而非應用程式的通訊需求上。

這個公開介面的定義可能顯示出 XML 訊息的資料類型，訊息格式、網站式服務的位置資訊，以及所用的傳輸協定（HTTP、HTTPS 或電子郵件）等等。這些描述儲存在 UDDI 儲存庫中。WSDL 可以與 XML 綱要及 SOAP 結合，用來在網際網路上提供網站式服務。

SOAP（Simple Object Access Protocol）是以 XML 為基礎的通訊協定，用來透過網際網路在應用程式之間傳送訊息。因為它是一個與語言不相關的平台，所以可以讓各種不同的應用程式進行通訊。許多人將 SOAP 視為最重要的網站式服務。

下面摘自en.wikipedia.org/wiki/SOAP的範例，是關於三宜家具公司如何建立一個 SOAP 訊息，以便向某位供應商查詢產品資訊。三宜公司必須知道供應商的產品 ID 32879 是對應到哪個產品。

```
<soap:Envelope xmlns:soap=http://schemas.xmlsoap.org/soap/envelope/>
  <soap:Body>
    <getProductDetails xmlns=http://supplier.example.com/ws
      <productID>32879</productID>
    </getProductDetails>
  </soap:Body>
</soap:Envelope>
```

供應商的網站式服務可能會以下面的方式，建立包含所請求產品資訊的回覆訊息：

```
<soap:Envelope xmlns:soap=http://schemas.xmlsoap.org/soap/envelope/
  <soap:Body>
    <getProductDetailsResponse xmlns=" suppliers.example.com/ws">
      <getProductDetailsResult>
        <productName>Dining Table</productName>
        <Finish>Natural Ash</Finish>
        <Price>800</Price>
        <inStock>True</inStock>
      </getProductDetailsResult>
```

```
        </getProductDetailsResponse>
      </soap:Body>
    </soap:Envelope>
```

　　圖12-7是顯示應用程式與網站式服務系統的互動。請注意當交易從某個企業流向另一個企業，或從顧客流向企業時，SOAP處理器會產生訊息信封，以便在網站間交換格式化的 XML 資料。

　　由於 SOAP 訊息是連結遠端站台，所以必須實作適當的安全措施，以維護資料的完整性。

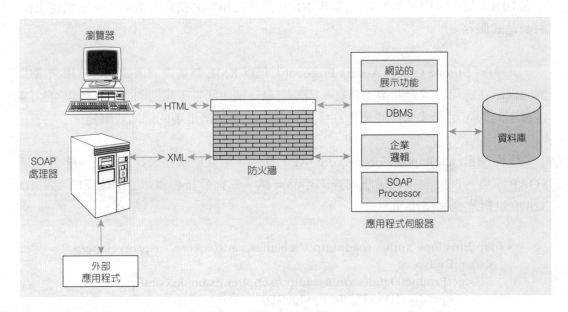

圖 12-7　網站式服務的部署

在網站式服務可以真正用在企業的關鍵性應用系統上之前，有兩個議題必須解決：

1. 必須先發展出可接受的標準，以促進系統間的開放通訊。

2. 發展出強大的安全控制功能。

缺少成熟的標準

　　目前雖然 SOAP 與 WSDL 已經成為核心網站式服務標準的一部份，但是 SOAP 與 WSDL規格只管理應用程式之間的資料移動，而對更複雜的網站式服務（如交易確認）並沒有標準化。

如果由單一團體來發展網站式服務的標準，腳步將會比較快而一致，但目前卻有4個團體在同時進行。無論如何，在網站式服務發展到完全符合預期之前，安全性、連結性和企業標準都必須有更多進展才行。

缺少安全性

網站式服務是否能有更廣泛的發展，將取決於網站式服務安全標準的持續發展。如果企業對於安全性風險已經被解決而感到很有信心，則網站式服務就能快速發展。

12.4.2 服務導向架構（SOA）

之前有些 SOA（Service-oriented architecture, 服務導向架構）架構其實是建立在CORBA 規格上。 SOA 是一組能夠以某種方式（通常是藉由傳遞資料或協調商業活動）相互溝通的服務，但是這些服務未必要是網站式服務。

SOA與傳統的物件導向式架構的不同之處，在於這些服務的耦合很鬆散，而且互通性很高。它的軟體元件有高度的再使用性，並且能橫跨不同的開發平台運作，包括Java 與 .NET 等。

12.4.3 語義網站

W3C 有一項計畫稱為語義網站（semantic web）計畫，目的是希望利用網站的metadata，達成自動化的知識收集與結構化的儲存，以便讓電腦與人都能簡單的瞭解。語義網站的結構是以 XML、 RDF（Resource Description Framework, 資源描述架構）及 OWL（Web Ontology Language, 網站本體語言）為基礎。

隨著語義網站的逐漸實現與完整，在上面所開發的應用程式也會越來越多元化與令人驚奇。包括PDA、筆記型電腦甚至車子之間的溝通，將會變得更容易。每個人將會發現更容易在網站上找到自己問題的答案，同時對於這些答案可信度的判斷力也會改善。

12.4.4 網際網路技術變動速度的問題

硬體、軟體與電信技術的快速變化，對資訊時代的發展有非常重大的影響。在過去二十年間，很少有企業能夠實作一套能使用一段很長時間的資訊系統，因為變化的速度與廣度實在太大。

在最近二十年間，資訊科技（IT）的規劃已經從獨立的戰術性活動，演變成以整體組織策略為核心的規劃流程。員工與客戶對 IT 系統的期望大幅提升，有效率的 IT 系統成為企業策略與營運的基礎。

當資料庫取代普通檔案時，資料管理已經開始朝向更整合的環境邁進。而關聯式資料庫與物件導向式資料庫技術，讓資料的整合性更高，而且表達的層面更多元。

電腦與通訊的整合，也已經改變人們取得與分享資訊的方式。傳統的技術界線開始模糊，電腦、手機、PDA、電視等產品的功能相互重疊。這些原本彼此獨立的技術的整合，產生了新的商機，也產生了對於控管公共服務（如無線電波及公眾網路）的新政策與法律的需要。隨著新型態的資料庫存取方法與存取地點出現，資料庫安全性議題也逐漸浮現。

現代資料庫人員的工作越來越複雜，因為企業經營的全球化程度越來越高，因此已經沒有可以用來備份與調校資料庫的關機時間，使用者會預期資料庫是一直都可以使用的。

同時資料庫人員除了瞭解IT技術與資料庫架構之外，還需要對企業策略也有所瞭解，並準備隨時因應企業內外環境所發生的變化而調整。

本章摘要

● 網際網路環境包括連結客戶端工作站、網站伺服器與資料庫伺服器的 TCP/ IP 網路。每台連到網際網路的電腦都必須有不同的 IP 位址。

● 在比較簡單的架構下，客戶端瀏覽器的請求會經過網路送到網站伺服器。如果該請求需要從資料庫取得的資料，網站伺服器會建構一個查詢，送往資料庫伺服器，由它來處理查詢，並傳回結果。

● 防火牆是用來限制外界對企業資料的存取。

● 網際網路架構的常見元件是專用的程式語言及標示語言。

● 網站伺服器中介軟體包括伺服端延伸模組、網站伺服器介面、網站伺服器，以及客戶端延伸模組。

● 網站式服務對網站開發可提供更大的彈性並加以簡化。

● 服務導向架構（SOA）則是一種使用網站式服務的軟體開發方法。

詞彙解釋

■ 全球資訊網聯盟（World Wide Web Consortium， W3C）：由各企業組成之國際性聯盟，試圖開發展網站的開放性標準，使得全球資訊網的文件可以跨平台而有一致的顯示。

■ XHTML：延伸 HTML 碼，以符合 XML 的混合式指令檔描述語言。

■ XSL：用來發展樣式表的語言。 XSL 樣式表類似 CSS，但它是要描述 XML 文件要如何顯示。

■ XSLT：用來轉換複雜 XML 文件的語言，也用來從 XML 文件產生 HTML 網頁。

■ XML Schema（XSD）：W3C 建議用來定義 XML 的語言。

■ RELAX NG（Regular Language for XML Next Generation）：成為 ISO 國際標準，用來定義 XML 資料庫的語言。

■ DSD（文件結構敘述，Document Structure Description）：用來定義 XML 資料的語言，以易於使用及表達能力著名。

■ 伺服端延伸模組（server-side extension）：直接與網站伺服器互動，以處理請求的軟體程式。

■ 共同閘道介面（common gateway interface, CGI）：網站伺服器介面，用來指定網站伺服器與 CGI 程式間的資訊傳輸。

■ Java Servlet：從另一個應用程式內啟動，而非從作業系統啟動的小程式，儲存在伺服器，而非客戶端的應用程式中。

■ DNS 式平衡（DNS balancing）：一種負載平衡的方法；由 DNS 伺服器（網域名稱伺服器）為網站的主機名稱傳回多個 IP 位址。

■ 軟體與硬體式負載平衡（software and hardware load balancing）：一種負載平衡的方法；在 TCP/IP 繞送層次上，將 IP 位址的請求分散到多個經營該網站的伺服器上。

■ 反向代理（reverse proxy）：一種負載平衡的方法；它會攔截客戶端的請求，並且在傳送回應給客戶端時，將回應存放在網站伺服器的快取區域中。

■ plug-in：藉由加入特定功能，例如加密、動畫或無線存取，來延伸瀏覽器能力的硬體或軟體模組。

■ ActiveX：微軟所開發的一組技術，它能夠延伸瀏覽器的能力，並且提供在瀏覽器內運用資料的能力。

■ Cookie：由網站伺服器儲存在客戶端的資料區塊。當使用者稍後日後再回到該網站時，cookie 的內容會傳回給網站伺服器；這些內容可能被用來辨識該名使用者，並且傳回客製化的網頁。

■ 網站式服務（Web Service）：一組新興的標準，定義能讓軟體程式得以透過網站彼此自動通訊的協定。網站式服務以 XML 為基礎，通常在幕後執行，建立電腦之間的透通式通訊。

■ UDDI（Universal Description, Discovery, and Integration）：一種技術規格，目的要為網站式服務及開放透過網站式服務進行通訊的企業，建立分散式的登錄資訊。

■ WSDL（Web Services Description Language, 網站式服務描述語言）：以 XML 為基礎的語法或語言，用來描述網站式服務，並設定該服務的公開介面。

■ SOAP（Simple Object Access Protocol, 簡易物件存取協定）：以 XML 為基礎的通訊協定，用來透過網際網路在應用之間傳送訊息。

■ 服務導向架構（Service-oriented architecture, SOA）：一組能夠以某種方式（通常是藉由傳遞資料或協調商業活動）相互溝通的服務。

■ 語義網站（semantic web）：W3C 的一項計畫，希望能將網站的 metadata 自動化，以便更容易讓電腦與人使用。

學習評量

選擇題

_____ 1. 沒有與資料庫相連結的網站，會具備什麼特性？

    a. 可經由 SQL 來產生資料

    b. 無法使用瀏覽器來顯示網頁

    c. 使用 HTML 或 JavaScript 顯示靜態資料

    d. 必須使用 TCP/IP 當作網路通訊協定

_____ 2. 下列何者符合 XML 的定義？

    a. 一種用來描述元素標籤規則的描述程式語言

    b. 一種用來描述元素標籤規則的程式語言

    c. 一種可用來建立自訂化標籤的程式語言

    d. 一種可用來建立自訂化標籤的描述程式語言

_____ 3. 伺服端延伸模組需要做什麼事？

    a. 讓客戶端可發出請求來存取資料庫

    b. 讓客戶端可發出請求來存取 HTML 格式的網頁

    c. 讓客戶端可發出請求來存取網頁

    d. 以上皆是

_____ 4. 客戶端延伸模組：

    a. 會增加伺服器的功能

    B. 會增加瀏覽器的功能

    C. 會增加防火牆的功能

    D. 會增加網路的功能

_____ 5. 下列有關 Microsoft Active Server Pages（ASP）的敘述何者為真？

    a. 它是儲存在 .cfm 檔案中

    b. 它是在客戶端上執行的

    c. 它沒有使用標籤

    d. 使用它便可以在 HTML 檔案中撰寫自訂的標籤

問答題

1. 請說明為什麼將資料庫連到網頁，對於促進電子商業很重要。

2. 請列出建立網際網路的資料庫連線所需的環境元件為何？

3. 資料庫中介軟體（如 ColdFusion 與 ASP.NET）的作用為何？

4. 描述平衡網站伺服器負載的 3 種方法。

5. 何謂 plug-in？請提供一個你使用過的例子。

13

CHAPTER

資料與資料庫管理

本章學習重點

● 列出資料管理與資料庫管理的主要功能

● 描述資料管理師與資料庫管理師的角色在目前企業環境中的改變

● 描述資料字典與資訊儲存庫的角色，以及它們在資料管理上的用途

● 描述資料庫安全的問題

● 列出改善安全的 5 種技巧

簡介

　　資料對企業的重要性，現在已經普遍受到重視。企業的資產並不只是人員、實體資源與財務資源，還包括資料。資料與資訊因為很有價值，所以必須小心管理。

　　雖然資訊技術的發展讓我們能更有效的管理企業資料，但資料也很容易受到意外或惡意的破壞與誤用。個人資料被盜用、竊取、販賣的例子屢見不鮮，發生這類事件的企業，有形的財務損失和無形的商譽損害更是難以估計。

　　因此現在企業越來越重視資料的管理與保全，所以也逐漸發展出資料與資料庫管理的標準程序，以期能協助企業達成有效管理資料的目標。

　　另一方面，無效的資料管理會導致不良的資料品質與資料利用。這類情況在許多組織都很常見，它們通常有下列的特徵：

1. 相同資料實體有多個定義，或是相同資料元素在不同資料庫中的呈現不一致，使得跨資料庫的資料整合非常危險。

2. 缺漏重要的資料元素，造成現有資料變得沒有價值。

3. 因為資料來源不當，或是在系統間轉換資料的時機不對，使得資料品質下降，也降低了資料的可靠度。

4. 對現有資料的熟悉度不夠（包括資料位置與資料的意義），因此降低了利用資料形成有效策略或規劃決策的能力。

5. 不良或不一致的查詢回應時間、資料庫當機時間過長，以及在確保資料隱私與安全性的機制方面，進行太嚴格或不適當的控制。

　　這些狀況會導致企業對於財務控管、資料透明化及保障資料隱私方面出現漏洞。但資料控制不能採用人工流程，所以必須導入自動化控制功能。其中部份是透過DBMS 來防止並偵測資料的意外損壞與詐欺活動。

　　組織會使用不同的策略來處理這些問題，包括：

1. **資料管理**：負責資料資源的全面性管理，負責領導這個功能的人稱為資料管理師或資訊資源經理。

2. 資料庫管理：負責實體資料庫的設計與處理技術問題，例如資料庫的安全措施、效能、備份與回復等。

有些組織則是將資料管理與資料庫管理這兩種功能結合。

13.1 資料與資料庫管理師的角色

現代的公司必須同時管理多種平台，而且平台上有著各式各樣的工具與開放原始碼軟體；同時儲存的資料型態越來越複雜、電子商務軟體暴增，以及必須與網際網路連結等，這些趨勢都讓資料管理與資料庫管理的工作產生變化。

為了對照這些變化的背景，首先必須了解傳統上的角色區分。因此接下來先說明傳統的資料管理工作。

13.1.1 傳統的資料管理

資料庫是屬於整個組織的共享資源，而資料管理師是資料的守護者，就像查帳員是財務資源的守護者一樣，必須發展出保護與控制資料的程序。此外，資料管理師是負責決定資料要存放在哪裡、由誰來管理等問題。資料管理（data administration）是一種高階的功能，負責組織中全面性的資料資源管理，它包括維護企業整體的定義與標準。

以下是傳統資料管理師的幾個重要任務：

● 資料政策、程序與標準：每個資料庫應用程式都需要透過一致的資料法則、程序與標準加以保護。傳統的資料管理師要負責制定與維護這些規範。

● 規劃：必須具備領導資訊架構發展的能力。

● 解決資料衝突：資料庫的目的是要共享，所以通常會包含組織內不同部門的資料，但資料的擁有權經常成為棘手的問題。而資料管理的角色很適合去解決資料擁有權的問題。

● 管理資訊儲存庫：儲存庫中包含描述組織資料與資料處理資源的 metadata。目前資訊儲存庫正逐漸取代資料字典。資料字典是簡單的資料記錄工具，而資訊儲存庫則可供資料管理師進行整個資訊處理環境的管理。

● 內部行銷：倡導遵循程序與標準的重要性，這可降低員工對變動的抗拒，以及資料擁有權的問題。

當組織沒有另外定義資料管理的角色時，以上的角色將會由資料庫管理與（或）IT 部門中的人員來擔任。

13.1.2　傳統的資料庫管理師

通常，資料庫管理被認為是屬於比較實際參與資料庫管理的角色。資料庫管理（database administration）是一種技術性的功能，負責實體資料庫的設計與處理技術問題，如安全措施、資料庫效能、備份與回復、資料庫可用性等。資料庫管理師（DBA）必須瞭解資料管理師建立的資料模型，並且能夠將它們轉換成有效率且適當的邏輯與實體資料庫設計。DBA 會實作資料管理師所建立的標準與程序，包括程式設計標準、資料標準、政策與程序等。

DBA就和資料管理師一樣，需要相當廣泛的專業技能，與豐富的技術背景，加上管理上的技能。因此 DBA 所需要的能力包括：

● 瞭解目前軟硬體的架構與功能

● 非常瞭解資料處理

● 瞭解資料庫開發的生命週期，包括傳統的方式與雛形法

● 具備在概念、邏輯與實體層次上的資料塑模技巧

● 在分析、設計與實作資料庫時，必須管理其他資訊系統人員

● 能夠與使用者互動並提供支援

以下是一些資料庫管理師的核心任務：

● DBMS 與相關軟體工具的選擇：對組織內部的 DBMS 與相關軟體（如編譯程式、系統監視程式等）制定相關規定，並評估廠商與其軟體產品，還有執行測試等。

● DBMS 的安裝與升級：DBMS 的安裝是個複雜的過程，要確保不同模組都使用正確的版本，所有適當的驅動程式都存在，而且 DBMS 能與其他廠商的軟體產品一同正確運作。DBMS 廠商會定期更新套裝模組，因此，規劃昇級版

的測試與安裝，以確保現有應用軟體能夠運作，這是非常費時與精細的工作。在安裝好 DBMS 後，還要建立與維護使用者的帳號。

● 調整資料庫的效能：因為資料庫是動態的，所以在資料庫的生命週期中，初期的設計後來可能會變得無法達成最佳的處理效能，因此必須要持續監控資料庫的效能（查詢與更新的處理時間，以及資料儲存空間的使用效率）。資料庫必須定期重建、重新組織與重新建構索引，清理出浪費的空間等。另外，DBMS 需要的各個系統表格，也需要定期重建，以便與資料庫最新的大小與使用情況維持一致。

● 改善資料庫查詢的處理效能：資料庫的工作負載通常會隨著時間而增加，因此原先在資料量小的資料庫中，執行速度很快的查詢命令，後來在資料量變大時可能需要改寫，如此方能使執行時間令人滿意。另外，資料也可能需要重新安排到不同裝置上，以便讓查詢與更新命令的執行更快速。事實上，DBA 大多數的時間都花費在調整資料庫效能，以及改善資料庫查詢的處理上。

● 管理資料安全、隱私與完整：保護組織資料庫的安全、隱私與完整，是資料庫管理功能的工作。隨著資料庫開始連上網際網路與企業內部網路，加上資料與資料庫分散到多個地點的可能性，都使得資料安全、隱私與完整的管理變得非常複雜。

● 資料備份與回復：DBA 平時必須建立資料的備份與回復策略，以便在應用程式失敗、硬體故障、天災或人為因素造成資料損失時，能夠回復所有必要的資料。這些策略必須定期進行完整的測試與評估。

圖13-1整理出一般資料及資料庫管理功能，與系統開發生命週期各階段間的對應關係。

13.1.3　資料管理方式的演進

企業資訊環境的快速變遷，帶動在資料與資料庫管理上的許多新做法。本節將說明這些新做法。

混合資料與資料庫管理

許多企業現在都將資料管理與資料庫管理角色合而為一。目的是要能快速建立資料庫、調整到最佳效能，並且在發生問題時快速回復營運狀態。

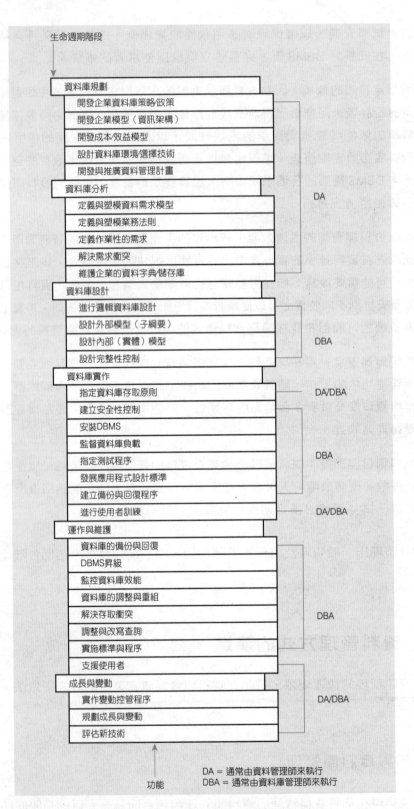

圖 13-1　資料管理與資料庫管理的功能

快速成功的開發

在資料庫開發生命週期的每個階段，可對資料管理與資料庫管理實務進行下列改變，以縮短開發時間：

● 資料庫規劃：在資料庫規劃階段謹慎選擇適當的產品與技術，以降低後續階段所需的時間。

● 資料庫分析：嘗試在實體設計時平行的開發邏輯模型與實體模型。

● 資料庫設計：根據數量、重要性與複雜度來安排應用系統中工作的優先順序。邏輯資料塑模、實體資料庫塑模與雛形法都可能同時進行。

● 資料庫實作：儘可能將模型分割為能夠比較快速分析與實作的模組，找出能夠更快速測試系統、但不會犧牲品質的方法。測試可能可以移到開發流程的更早期。

● 運作與維護：儘可能使用各廠商的工具與公用程式，來節省工作時間。

新的 DBA 任務

為了應付本章前面所描述的新挑戰，出現了幾個新的、更專業化的DBA任務，包括：

● 程序的 DBA：在 DBMS 中負責定義業務法則的觸發程序、內儲程序，以及駐留性儲存模組等程式，也需要有 DBA 來維護其品質、效能及可用性。負責這個任務的通常是來自應用程式設計的人員。

● e-DBA：電子商務網站一旦上線後，人們總是預期它能全年無休的運轉。 e-DBA 是一個有全面性 DBA 技能的人員，而且有能力管理支援網際網路的應用軟體和資料庫。

● PDA DBA：近年來企業使用 PDA 的情況大幅增加。大部分的 DBMS 廠商（如 Oracle、 IBM 和 Sybase）都提供有袖珍型的 DBMS 版本，以便在 PDA 上執行。 PDA 上通常會儲存少量的重要資料，並定期與伺服器上儲存的資料進行同步。 PDA DBA 負責設計這類個人資料庫，還有管理數百部 PDA 的資料同步，以維護資料的完整性。

● 資料倉儲管理師：在過去 5 年間，資料倉儲的大幅成長，因此出現「資料倉儲管理師」（data warehouse administrator, DWA）這個新角色。 DWA 的主

要工作是針對資料倉儲而非資料庫,因此 DWA 比較關切的是做決策的時間,而不是查詢的回應時間。DWA 要負責建立與管理一個適合執行決策支援應用程式的環境,並為資料倉儲建立穩定的架構。

總結

DBA 必須能隨時跟上快速變遷的新技術,而且通常會負責管理最重要的應用系統。DBA 必須隨時都準備好能處理問題,而且必須隨叫隨到。因此在報酬方面,DBA 是資訊技術專家中薪資最好的職位。

DBA的角色將會朝向越來越專業化的方向持續演進,例如專精於分散式資料庫 / 網路容量規劃的DBA、伺服器程式設計的DBA、套裝軟體客製化的DBA或是資料倉儲的 DBA 等。

而目前有些DBA工作,例如效能調整,可能會被那些能夠分析使用模式來調整系統的決策支援系統所取代。有些營運上的工作也可能會逐漸採用委外服務的方式執行,例如備份與回復。

13.2 開放原始碼的趨勢

現在除了 Oracle、DB2、Microsoft SQL Server、Informix 和 Teradata 外,開始有新的DBMS可以選擇。漸漸的,各種規模的企業都在認真考慮是否要選擇開放原始碼的 DBMS,如 MySQL 或 PostgreSQL 等。這主要是受到 Linux 作業系統與 Apache 網站伺服器成功的鼓舞。

為什麼開放原始碼軟體會如此受到歡迎呢?這可不全然是成本考量。開放原始碼具有下列優點:

● 受到廣泛使用的開放原始碼軟體,會有大量志願的測試人員及開發人員,有助於在相當短的時間內,建構出穩定且低成本的軟體。

● 人們可以取得原始程式碼進行修改,或者增加新的功能。這些功能也很容易供他人檢視。

● 因為這種軟體不是專屬於某個廠商,因此不會被束縛只能使用某單一廠商的產品。

● 不會因為需要多份副本或授權而花費更多的成本。

不過，它也有一些風險或缺點：

● 通常沒有完整的文件說明（不過有些付費的服務可能會提供相當充分的文件）。

● 並不是所有類型的軟體，都能透過開放原始碼的方式取得。

● 開放原始碼有不同的授權方式，因此必須事先知道每種授權方式的詳細情況。

開放原始碼 DBMS（open-source DBMS）是免費或幾乎免費的資料庫軟體，它的原始程式碼可公開取得。這種免費的 DBMS 已足夠能執行資料庫，但廠商提供額外付費的元件與支援服務，讓產品的功能更齊全。

因為有許多廠商提供額外的付費元件，所以使用開放原始碼 DBMS 意味著企業不會被單一廠商的專屬產品綁住。雖然基本的開放原始碼 DBMS，在功能上還不如 DB2、Oracle、SQL Server 完整，但是會比 Microsoft Access 等其他 PC 軟體更具競爭力。

開放原始碼 DBMS 以極快的速度在改良，以便加入關鍵應用服務所需的強大功能（如異動控制）。開放原始碼 DBMS 完全符合 SQL，而且可在大部分常見的作業系統上執行。對於經費有限的單位而言，開放原始碼 DBMS 可能是理想的選擇。目前已經有許多網站的資料庫後端功能，是採用 MySQL 與 PHP（替代 ASP 網站程式設計環境的開放原始碼）搭配的架構。

當選擇開放原始碼（或是任何一種）DBMS 時，必須要考慮各項因素找出最適合的 DBMS，其中包括功能、支援、易於使用、穩定度、速度、教育訓練及授權等因素。

 # 13.3 企業資料塑模

在各種資料管理與資料庫管理的責任中，資料塑模與資料庫設計是其中最關鍵的責任。本節將描述 DA 與 DBA 在這兩方面的責任，以及資訊系統架構的角色。

13.3.1 組織的角色

　　假設組織中有 DA 與 DBA 的功能，它們典型的責任如圖 13-2 所示。簡單的說，DA 負責資料塑模，而 DBA 則負責資料庫設計。請注意，DA 主要關心的是 metadata（關於資料的資料），而 DBA 關心的是資料。

　　雖然 DA 與 DBA 的角色定義得很清楚，但這兩組團隊不僅要瞭解，而且要參與另一組團隊的活動。否則如果 DA 閉門造車所發展的概念性資料模型，丟給 DBA 去執行，將會產生不良的結果。而 DBA 在設計後也有可能會需要回頭修改 DA 設計的概念性資料模型。

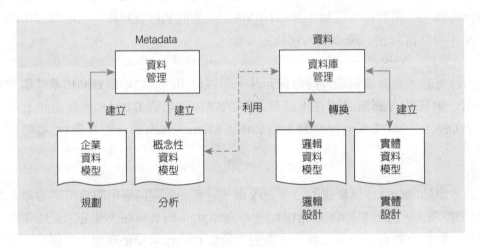

圖 13-2　資料塑模的責任

13.3.2 資訊系統架構的角色

　　在目前的環境中，DBA 既要快速提供高品質的系統，同時又要能夠適應變化。要達成這些期望，關鍵在於必須要開發出企業架構，或稱作資訊系統架構（information system architecture, ISA；參見第 2 章）。建立企業架構，能夠讓組織從企業策略到實作的過程更為有效。

　　在系統的開發過程中，往往會因為開發人員專注在建立企業系統的某一部份，而輕忽了企業整體觀點。結果造成有些系統在完成後就未曾被使用，或者在使用不久就不用的情形。

理想上，每個資料庫開發專案都應該要符合企業架構；這意味著必須先開發出與企業需求一致的概念性資料模型，然後再轉換為邏輯資料模型、實體資料模型，並且完成系統實作。因此，概念性資料模型與企業需求的一致性，已經成為所有資料庫設計生命週期的一部份。

 ## 13.4 管理資料安全

現在的資料庫環境日趨複雜。分散式資料庫分布在主從式架構、個人電腦和大型主機上；而且透過網際網路與企業內部網路，以及從行動裝置而來的資料存取也越來越開放。因此，如何有效管理資料的安全已經越來越困難，也越來越耗時。

資料庫安全（database security）的目的是要保護資料的完整性與存取不會受到意外或蓄意的威脅。

資料管理師必須負責發展保護資料庫的整體政策與程序，資料庫管理師則要負責管理日常的資料庫安全。以下先針對資料安全的潛在威脅進行探討。

13.4.1 資料安全的威脅

對資料安全的威脅可能是對資料庫的直接威脅，例如未經授權的人若能夠存取資料庫，就可以瀏覽、修改或甚至竊取他們所存取到的資料。不過，如果只專注在資料庫的安全上，也無法確保有個安全的資料庫。系統的所有部份都必須要安全，包括資料庫、網路、作業系統、資料庫實際所在的建築物，以及有任何機會存取到系統的人員。

圖13-3是發生資料安全威脅的許多可能位置。下面是在一份完整的資料安全計畫中必須處理的威脅：

● 意外的損失，包括人為失誤、軟體與硬體造成的疏漏：必須建立作業程序，例如使用者授權、軟體安裝的統一程序，以及硬體維護的排程等。雖然有些意外是無法避免的，但是完善的程序能夠降低損失的嚴重程度。

● 盜取與偽造：這些活動通常是人為的犯罪，這些犯罪可能是透過電子化的形式進行，而且資料也未必會被改變。此處的焦點應該集中在圖 13-3 的每個可能位置，例如控制實體建築的安全或設置防火牆。

● 隱私或機密上的損失：隱私是指個人資料，而機密通常是指企業的重要資料。企業必須建立安全機制，來保護自己的商業機密與顧客資料的隱私，如果無法做到，就可能導致財務與聲譽上的損失。

● 資料完整性的損失：當資料完整性被破壞時，資料就會變得無效。此時除非可以透過已經建立的備份與回復程序來恢復完整性，否則便會遭受嚴重的損失。

● 可用性（availability）的損失：硬體、網路或應用程式的破壞（如電腦病毒），可能會造成使用者無法取用資料，而導致嚴重的作業困難。

資料安全的功能架構下，有兩個最重要的領域，就是主從式架構的安全與網站安全。在直接進入資料安全之前，我們將先討論這兩項主題。

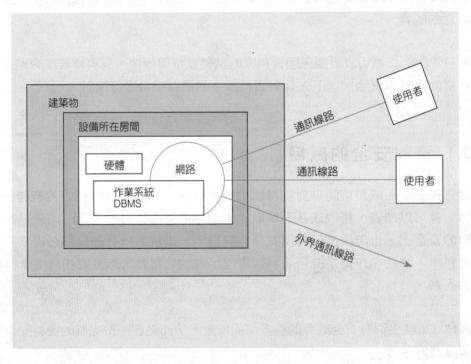

圖 13-3　發生資料安全威脅的可能位置

13.4.2 建立主從式架構的安全性

資料庫的安全程度最多只等於整個運算環境的安全度。網路很容易有安全上的漏洞，因此主從式架構比集中式系統更容易受到安全上的威脅。

主從式環境上的安全措施，除了一般系統在保全上經常採取的措施外，還要包含能保護主從式架構的安全措施。在主從式環境中的所有元件都必須保障其安全，這些元件包括伺服器、客戶端工作站、網路及其相關元件和使用者。

伺服器安全

包括資料庫伺服器在內的每一台伺服器，都必須受到保護。每一台伺服器都必須位於安全的區域，只有經過授權的管理者才能接近。

大多數主從式DBMS在資料庫層級都有密碼保護，也可能是直接使用作業系統的驗證功能。不過最好不要依賴作業系統來進行驗證，這樣做等於少了一層保護。

如Oracle和SQL Server等系統，都可以限制每位使用者對資料庫表格的存取及活動權限（例如select、update、insert或delete）。

網路安全

主從式系統的保全，還包含客戶端與伺服端之間的網路保全。例如對傳送的資料加密，以及對試圖存取伺服器的客戶端工作站進行驗證，都有助於保護網路的安全。

還有對路由器等系統元件，也可以設定只讓特定的使用者或 IP 位址存取。

13.4.3 結合網站之資料庫的主從式安全議題

目前有許多網站上的網頁，都需要存取資料庫，如果資料庫沒有適當的保護，就很容易被不當存取，而成為一個新的弱點。

另一個議題是隱私問題。企業可以蒐集到來拜訪網站的訪客資訊，而這些資料對其他企業也同樣很有價值。如果公司在顧客不知情的情況下販售這些顧客資料，就會引發倫理與隱私問題。

圖 13-4 是一個結合網站的資料庫典型環境。這個網站叢集（Web farm）中包含有網站伺服器，以及支援網站應用軟體的資料庫伺服器。

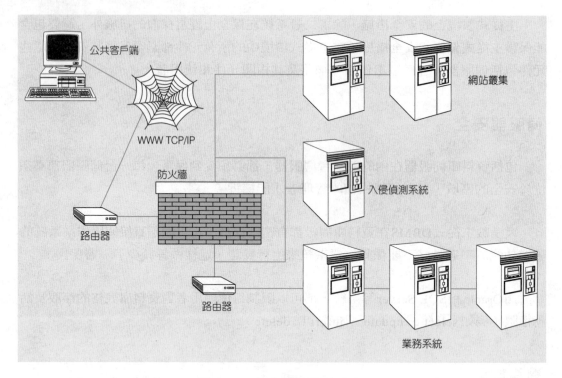

公共客戶端

WWW TCP/IP

防火牆

路由器

路由器

網站叢集

入侵偵測系統

業務系統

圖 13-4　建立網際網路安全

網站安全

　　如果網站只想建立靜態的HTML網頁，就必須對儲存在網站伺服器上的HTML檔案提供保護。如果有些位於網站伺服器上的HTML檔案內容很敏感，可以放在有使用作業系統安全功能保護的目錄之中，或是設成唯讀但不能發佈（publish）。如此一來，使用者就必須知道確切的檔名才能存取這個網頁。

　　此外，我們也經常將網站伺服器隔離，並且將它的內容侷限在可公開瀏覽的網頁上。敏感的檔案可能會放在另外一台內部網路的伺服器上。

　　建立動態網頁的安全措施則相當不同。動態網頁只會先儲存一個樣板（template），當它對應的查詢命令被執行的時候，才將最新資料從資料庫填入樣板中。這就表示網站伺服器必須要能夠存取資料庫。

　　因此，擁有資料庫連線的伺服器應該要具有實體上的保護，而且對於程式及 CGI（common gateway interface）描述程式語言的執行也應該受到管控。

因為資訊是在網路中廣播以便讓特定機器接收，所以很容易被攔截。而且TCP/IP並不是非常安全的協定，因此加密機制是必要的。

另外，開發人員會使用一種標準的加密方法 SSL（Secure Sockets Layer），將客戶端與伺服器在通訊過程中交換的所有資料加密。以「https://」開頭的 URL 就是使用 SSL 來傳輸。

網站保全的方法還包括以下對網站伺服器存取的限制：

● 儘可能限制網站伺服器上的使用者數目。

● 限制對網站伺服器的存取，儘可能減少開放的通訊埠數目。試著只開啟最少數目的通訊埠，最好是只開啟 http 與 https 通訊埠。

● 移除在設定伺服器時自動載入的所有不必要程式。有時在安裝時載入的展示用程式（demo program），也可能提供管道給駭客入侵。編譯器和 Perl 之類的解譯器也不應該放在從網際網路可以直接存取的目錄中，並且應將所有的 CGI 指令檔都限制在同一目錄中。

網站隱私

保護個人在使用網際網路時的隱私，已經成為一項重要的議題。許多團體對人們在網際網路上的行為很有興趣，此時網站應用軟體就需要蒐集個人資料；但對於訪客的隱私及尊嚴，也應該保持適度的尊重。

每個人都必須捍衛自己的隱私權，並瞭解所使用的工具對隱私方面的影響。例如在使用瀏覽器時，使用者可以選擇同意或拒絕讓 cookie 儲存到他的機器中。

在工作環境中，員工也必須瞭解，他透過公司機器及網路所從事的通訊行為，並不算是個人隱私的範圍。例如美國的法院已經表態支持，雇主可以對員工所有電子通訊進行監視。

網際網路本身也不保障通訊的隱私。目前 W3C 機構建立了一項P3P（Platform for Privacy Preferences）標準，P3P 會處理下列與網路隱私相關的問題：

● 誰正在收集資料？

● 正在收集的是哪些資訊？目的為何？

● 哪些資訊會與他人分享？以及那些人是誰？

● 使用者是否能變更收集者使用他們資料的方式？

● 如果有任何爭議要如何解決？

● 保留資料所遵循的規範為何？

● 可以在哪裡找到該網站的規範細節？

　　匿名是網際網路通訊中另外一個重要的問題。雖然美國法律保護匿名的權利，但聊天室與電子郵件論壇已經被要求要揭示匿名張貼訊息者的姓名。歐洲的規範則更加嚴格。

13.4.4 資料庫軟體的資料安全功能

　　完整詳盡的資料安全計畫，應該包含建立管理政策與程序、實體上的保護，以及使用資料管理軟體的安全功能。以下是資料管理軟體最重要的安全功能：

1. 視界或子綱要，用來限制使用者的資料庫視界。

2. 資料庫物件所定義之值域、主張敘述、查核點與其他完整性控制，能夠由 DBMS 在資料庫查詢與修改期間強制執行。

3. 授權法則，用來識別使用者，並且限制他們對資料庫所能採取的行動。

4. 使用者自定程序（ user-defined procedure ），用來定義使用資料庫時的其他限制。

5. 加密程序，能夠將資料編碼為無法解讀的形式。

6. 驗證機制（ authentication scheme ），能明確驗證存取資料庫者的身分。

7. 備份、建立日誌與執行查核點的功能，能夠協助回復的程序。

13.4.5 視界

　　之前曾定義過，視界是資料庫呈現給一或多名使用者的子集合。視界的建立是透過對一或多個基底表格進行查詢，而在使用者提出請求當時所產生的動態結果表格，因此，視界的內容一定是基底表格的最新資料。

　　視界的優點是它可以只呈現使用者需要存取的資料，因而可有效防止使用者看到其他不必要的資料。使用者可被授與存取視界的權限，但是並無法存取該視界之下的基底表格，因此可保障基底表格的安全。

　　舉例而言，假設要為三宜家具的員工建立一個視界，裡面提供關於製造產品所需原料的資訊，但是不包含與工作無關的資訊。下面的命令會建立一個視界，列出每項產品所需的木料，以及可用的木料：

```
CREATE VIEW MATERIALS_V
     AS
     SELECT PRODUCT_T.PRODUCT_ID, PRODUCT_NAME, FOOTAGE,
FOOTAGE_ON_HAND
        FROM PRODUCT_T, RAW_MATERIALS_T, USES_T
          WHERE PRODUCT_T.PRODUCT_ID = USES_T.PRODUCT_ID
          AND RAW_MATERIALS_T.MATERIAL_ID =
          USES_T.MATERIAL_ID;
```

　　每次存取這個視界時，它的內容都是最新的。下面是該視界目前的內容，可以透過SQL命令取得。使用者可以對此視界撰寫SELECT敘述，就好像把它也當作一個表格。

```
SELECT  *  FROM MATERIALS_V;
```

Product_ID	Product_Name	Footage	Footage_on_Hand
1	茶几	4	1
2	咖啡桌	6	11
3	電腦桌	15	11
4	視聽櫃	20	84
5	寫字桌	13	68
6	8 抽書桌	16	66
7	餐桌	16	11
8	電腦桌	15	9

8 rows selected.（共 8 筆資料）

　　雖然視界可以透過限制使用者對資料的存取而改善安全性，但這樣的安全措施並不夠。因為只要知道基底表格的結構，未經授權的人還是可以透過查詢語言存取到資料。因此我們需要更精密的安全措施。

13.4.6 完整性控制

完整性控制能保護資料免於受到未經授權的使用與更新。通常，完整性控制會限制一個欄位所可能輸入的值、限制能對資料執行的哪些運算，或是觸發某些程序的執行，例如在日誌中記錄使用者對哪些資料做了什麼動作。

值域是完整性控制的一種。定義了值域後，任何欄位都可以指定該值域為它的資料型態。例如以下的 PriceChange 值域，就可以當作任何資料庫欄位（如 PriceIncrease 與 PriceDiscount）的資料型態，來限制標準價格的變化幅度：

```
CREATE DOMAIN PriceChange AS DECIMAL
    CHECK (VALUE BETWEEN .001 and .15);
```

然後就可以這樣定義：

```
PriceIncrease PriceChange NOT NULL,
```

值域的一項優點是如果它必須改變，則只要在一處（值域的定義）做改變，所有使用該值域的欄位就會自動改變。或者也可以將相同的 CHECK 子句同時放在 PriceIncrease 與 PriceDiscount 欄位的限制中。

主張敘述（assertion）是一種功能很強的限制，能確保資料庫所需的特定條件有存在。當命令所用到的表格或欄位有主張敘述存在時，DBMS 就會自動檢查這些主張敘述。

例如假設員工表格中有 EmpID、 EmpName、 SupervisorID 與 SpouseID 欄位，且該公司規定員工不能是其配偶的主管，則下列主張敘述會確保這條規定落實：

```
CREATE ASSERTION SpousalSupervision
    CHECK (SupervisorID < > SpouseID);
```

如果這條主張敘述失敗，DBMS 就會產生錯誤訊息。

有的主張敘述可能相當複雜。假設三宜家具規定兩名業務人員不能同時指派到相同的區域，且 Salesperson 表格中包含 SalespersonID 與 TerritoryID 欄位，則可以使用下列相關聯的子查詢來表示該主張敘述：

```
CREATE ASSERTION TerritoryAssignment
    CHECK (NOT EXISTS
        (SELECT * FROM Salesperson SP WHERE SP.TerritoryID IN
            (SELECT SSP.TerritoryID FROM Salesperson SSP WHERE
        SSP.SalespersonID < > SP.SalespersonID)));
```

最後，觸發程序也可以應用在安全性上。觸發程序可以完成下列事項：

● 禁止不適當的行動（例如在假日更動薪資值）。

● 引發特殊處理程序的執行（例如顧客付款逾期則在帳款上加上罰款）。

● 在日誌檔中記錄機密資料的使用者與所做的動作。

　　觸發程序就像任何內儲程序一樣，能夠由 DBMS 對所有使用者與所有資料庫活動強制執行這些控制。這些控制並不需要寫入任何查詢或程式中，因此使用者與程式也無法避過這些控制。

13.4.7 授權法則

　　授權法則（authorization rule）是包含在 DBMS 中的控制，能夠限制對資料的存取，以及人們在存取資料時所能採取的行為，例如使用者可以讀取資料但不能修改。

　　所謂的授權矩陣是用來表達授權法則的模型，模型中包含主體、物件、行動與限制。表格中的每一列，代表該主體對資料庫中某物件可採取某行動的權限，而且可能會有另外附加的限制。

　　圖 13-5 是授權矩陣的範例，這個表格與會計資料庫相關。例如：

1.　表格中的第 1 列表示，當顧客的信用額度不超過 150000 元時，業務部門的所有成員，都有在資料庫中新增一筆顧客記錄的權限。

2.　最後一列是表示程式 AR4 被授權可以對訂單記錄進行修改，而沒有任何的限制。

　　但大多數現代 DBMS 都沒有實作如圖 13-5 的授權矩陣，它們通常是使用比較簡化的版本。主要分成兩類：主體式的授權表格和物件式的授權表格。圖 13-6 是這兩種類型的範例。

例如在圖 13-6(a) 中,業務人員可以修改顧客記錄,但不能刪除這些記錄。而在圖 13-6(b) 中,則可以看到 Order Entry 或 Accounting 的使用者可以修改訂單記錄,但是業務人員不可以。

主體	物件	行動	限制
業務部	顧客記錄	插入	信用額度小於15萬元
訂單處理	顧客記錄	讀取	無
第12號終端機	顧客記錄	修改	只有到期餘額
會計部	訂單記錄	刪除	無
方婉瑜	訂單記錄	插入	訂單金額小於6萬元
AR4程式	訂單記錄	修改	無

圖 13-5　授權矩陣

	顧客記錄	訂單記錄
讀取	Y	Y
新增	Y	Y
修改	Y	N
刪除	N	N

(a)主體式的授權表格(業務人員)

	業務人員 (密碼BATMAN)	訂單輸入 (密碼JOKER)	會計 (密碼TRACY)
讀取	Y	Y	Y
新增	N	Y	N
修改	N	Y	Y
刪除	N	N	Y

(b)物件式的授權表格(訂單記錄)

圖 13-6　實作授權法則

圖 13-6 的授權表格是組織資料與其環境的屬性,所以很適合當作 metadata,因此這些表格應該在儲存庫中儲存與維護。授權表格本身應該受到保護,通常只有經授權的人員才可以存取或修改授權表格。

例如在 Oracle 中,可以將圖 13-7 所列出的權限授與使用者。例如要授與登入 ID 為 SMITH 的使用者讀取產品表格與更新價格的權限,可以使用下列 SQL 命令:

GRANT SELECT, UPDATE (unit_price) ON PRODUCT_T TO SMITH;

在 Oracle 中一共有 8 個資料字典視界包含授權相關的資訊，其中，DBA_ TAB_PRIVS 包含使用者以及授與使用者權限的物件（例如表格）。DBA_COL_PRIVS 則包含取得表格欄位權限的使用者。

權限	功能
SELECT	查詢物件
INSERT	在表格／視界中新增記錄 可能針對特定欄位
UPDATE	在表格／視界中更新記錄 可能針對特定欄位
DELETE	從表格／視界中刪除記錄
ALTER	修改表格
INDEX	為表格建立索引
REFERENCES	建立參考該表格的外來鍵
EXCUTE	執行程序、套裝軟體或函式

圖 13-7　Oracle 的權限

13.4.8 使用者自定程序

有些 DBMS 產品提供使用者介面，能夠建立針對安全方面的使用者自定程序（user-defined procedure）。例如設計當使用者嘗試登入電腦時，除了輸入密碼之外，還要提供某個程序名稱。如果提供的是有效的密碼與程序名稱，系統會呼叫該程序，詢問一系列只有正確使用者才知道答案的問題（例如他母親的小名）。

13.4.9 加密程序

對於如顧客信用卡號或金融帳號等敏感資料，可以使用資料加密來保護。加密（encryption）是將資料編碼或攪亂，讓人們無法閱讀。有些 DBMS 產品提供加密常式，能夠自動在儲存或傳送敏感資料時進行編碼。例如電子轉帳系統通常都會使用加密。

任何提供加密工具的系統，都必須提供對應的解密常式。這些解密常式必須受到適當的安全保護，否則就會喪失加密的好處。常見的加密形式有兩種：

1. 單金鑰（one key）：單金鑰法又稱為資料加密標準（data encryption standard，DES），需要收送兩端都知道金鑰值。

2. 雙金鑰（two key）：雙金鑰法也稱為非對稱式加密；它會使用到私密金鑰與公開金鑰。在電子商務應用系統中特別常使用雙金鑰方法，來提供機密資料（如信用卡號）的安全傳輸與資料庫儲存。

　　圖13-8解釋雙金鑰法的原理。所有想要傳送加密訊息的人，都可以擁有公開金鑰。加密演算法利用公開金鑰將普通文字訊息（明文）轉換成加密的訊息（密文）。之後解密演算法再利用私密金鑰將密文轉換回明文。然而，只有被允許接收明文訊息的人才能擁有私密金鑰。

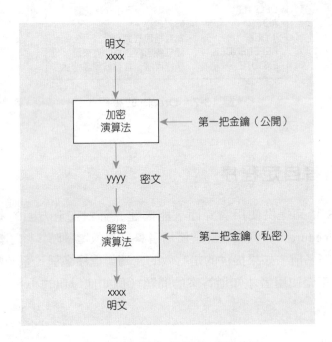

圖 13-8　基本的雙金鑰加密

　　有一種大家很熟悉的雙金鑰法實作是SSL（Secure Socket Layer）。目前大部分主流瀏覽器與網站伺服器都已內建SSL。它提供資料加密、伺服器認證，以及TCP/IP連線服務，在網路銀行和購物網站上很常見。

13.4.10 驗證機制

　　電腦界有個長久存在的問題，就是如何明確辨識存取者的身分。在電子環境中，使用者可以藉由提供以下的一或多個因子來證明他的身分：

1. 他知道的東西，通常是密碼或個人識別碼（PIN）。

2. 他擁有的東西，例如智慧卡或憑證。

3. 個人獨特的特徵，例如指紋或視網膜掃描。

驗證機制可根據採用的因子數目來分類，而分為單因子、雙因子或三因子驗證機制。使用的因子越多，則驗證的可信度也越強。

密碼

防衛的第一線是使用密碼，這是一種單因子驗證機制。換句話說，只要能提供有效的密碼，就能登入資料庫系統（可能也需要使用者 ID，但使用者 ID 通常並不安全）。

DBA 必須負責為 DBMS 或應用軟體，制訂或管理密碼機制。密碼必須遵循以下幾個原則：

1. 密碼應該至少要有 8 個字元的長度。

2. 密碼應該要包含字母與數字的組合。

3. 密碼不應該是單字，而且不應該包括個人資料（如生日）。

4. 初始密碼應該是隨機的，而且要經常更換。

雖然密碼是不錯的驗證方法，但缺點是容易被猜出來，而且在網路上傳輸時容易被攔截。密碼本身也無法確保電腦與其資料庫的安全，因為它們無法指出試圖存取的人是誰。

牢靠的驗證

由於電子商務的快速發展，而且各種駭客入侵、身分竊盜等安全威脅與日俱增，使得企業需要更可靠的驗證技術。

雙因子驗證機制需要三個因子的其中兩個：使用者擁有的（通常是智慧卡或憑證）與使用者知道的（通常是 PIN），例如自動提款機（ATM）就是屬於這種系統。使用自動提款機時，你必須插入金融卡（你擁有的），然後輸入有效的 PIN（你知道的）。這種機制比單純使用密碼更安全，因為他人想要同時取得這兩種因子比較困難。

對於敏感的應用系統，例如電子商務與線上銀行，我們希望有比雙因子驗證機制更強的安全性。而三因子驗證機制增加了重要的第三個因子：每個使用者獨特的生物特性。

常用的個人特徵包括指紋、聲紋、眼睛影像或簽名。現在已經比較少用視網膜的影像，因為考慮到用來捕捉視網膜影像的雷射光可能會傷害到眼睛。

三因子的驗證通常會以一種稱為智慧卡的高科技卡片來實作。智慧卡（smart card）是一種信用卡尺寸大小的塑膠卡片，內嵌微處理器晶片，具有以安全的方式來儲存、處理以及輸出電子資料的能力。

智慧卡正逐漸取代已經使用數十年的磁條卡片，模組中內嵌的微處理器提供了與外部裝置的介面，如 ATM、個人電腦讀卡機、行動電話等等。敏感的資料以加密的形式儲存在卡片中，所以不怕被篡改。

以使用智慧卡登入電腦為例：

1. 先將智慧卡插入連接電腦的讀卡機（通常使用 USB 或序列埠）。

2. 電腦會出現提示訊息，要求使用者輸入 PIN，所輸入的號碼必須與卡片中儲存的號碼相符。

3. 接著電腦會提示使用者，請使用者將手指放在連結電腦的掃描裝置上。所掃描的數位指紋必須與晶片上儲存的相符。

利用智慧卡來驗證資料庫使用者是一種非常牢靠的方法。此外，智慧卡本身也是資料庫儲存裝置，而且容量正在快速增加。智慧卡可以安全的儲存個人的資料，如病歷。

智慧卡的安全程度決定於發行程序的安全程度。發行單位必須仔細驗證身分，否則如果將智慧卡發行給冒充者，冒充者就能自由自在的使用它了。

仲裁的驗證

另一種方式是透過第三公正單位仲裁之驗證系統，也就是透過信任的驗證機構來證實使用者的身分，例如 Kerberos 或 DES 驗證機制。

另一種以憑證為基礎的驗證方案也同樣在使用中，這種方案發出雙方可以交換用來驗證身分之憑證，而不用涉及第三廠商的驗證。這種數位憑證將會被廣泛的使用在信用卡或電子現金的電子商務交易中。

驗證問題的最後一部份是如何建立「不可否認性」（nonrepudiation）；也就是說，在送出訊息之後，使用者無法否認他曾經送出這個訊息。在訊息傳送時搭配生物檢測裝置，就可以用來建立不可否認性。

13.4.11 安全原則與程序

前面已說明保護資料庫的資料管理軟體功能。除此之外，組織也必須建立管理規則與程序，才能有效實作這些措施。以下是 4 種安全原則與程序：

1. 人員控制

2. 實體存取控制

3. 維護控制

4. 資料隱私控制

人員控制

因為企業安全的最大威脅經常來自於內部，而非外部，所以必須發展與遵循適當的人員控管規範。例如分割工作任務，使得不會有單一個人來負責整個業務流程，或避免應用程式的開發人員存取已上線系統。萬一有員工要離職，也應該要有標準程序移除其帳號和授權，並通知其他員工這個異動。

實體存取控制

實體存取控制通常都會限制人員進出建築物的特定區域，例如使用通行證或識別證。另外將機密資料相關的設備放在安全的區域進行管控，並注意訪客的進出。備份的資料磁帶應該要放在防火的資料保險箱中，或保存在辦公室以外的安全地點。另外也要建立明確的規範，安排如何存放與移除儲存媒體，記得貼上標籤並建立索引。

　　還有近年來企業的筆記型電腦很容易被偷，導致裡面資料的風險性變高。此時可利用加密與多因子的驗證來保護這些資料，此外還可以利用防盜裝置（如安全纜線、地理追蹤晶片）來嚇阻偷竊或很快的找回電腦。

維護控制

　　維護控制有助於維護資料品質與可用性，但卻經常被忽視。企業應該要審查所有軟硬體的外部維護合約，以維護系統品質與可用性，並確保這些合約能符合要求。

資料隱私控制

　　資料隱私保護的相關法律，賦予個人有權知道別人收集了哪些關於他的個人資料，而且可以更正其中的錯誤。透過適當的法規，讓資料可被合法使用，使得需要資料的組織能存取他們，並信賴它們的品質。

　　針對資料隱私要求的存取規則，如果是由 DBA 人員來開發，而且由 DBMS 來處理，這樣的強制措施會更可靠。

本章摘要

● 資料管理功能包括開發保護與控制資料的程序、解決資料擁有權與使用問題,以及開發與維護整個企業的資料定義與標準。

● 資料庫管理的功能則是與資料庫的直接管理相關的功能,包括 DBMS 的安裝與昇級、資料庫記憶體與技術議題(例如安全性的實施)、資料庫的效能,以及備份與回復。

● 授權法則是包含在 DBMS 中的控制,能夠限制對資料的存取,以及人們在存取資料時所能採取的行為,例如使用者可以讀取資料但不能修改。

● 對資料安全的威脅包括意外的損失、竊盜與詐欺,以及隱私權、資料完整性,以及可用性的損失。

● 詳盡的資料安全計畫會處理所有這些潛在的威脅,部份是透過建立視界、授權法則、使用者自定程序與加密程序來達成。

● 驗證機制可根據採用的因子數目來分類,而分為單因子、雙因子或三因子驗證機制。使用的因子越多,則驗證的可信度也越強。

詞彙解釋

■ 資料管理(data administration):在組織中負責全面性資料資源管理的高階功能,它包含維護企業整體的定義與標準。

■ 資料庫管理(database administration):一種技術性的功能,負責實體資料庫的設計與處理技術問題,如安全措施、資料庫效能、備份與回復等。

■ 開放原始碼 DBMS(open-source DBMS):免費的 DBMS 原始程式碼軟體,提供 SQL 相容之 DBMS 的基本功能。

■ 資料庫安全(database security):保護資料不會受到意外或蓄意的遺失、破壞與誤用。

■ 授權法則(authorization rule):包含在資料管理系統中的控制,能夠限制對資料的存取,以及人們在存取資料時所能採取的行為。

- 使用者自定程序（user-defined procedure）：讓系統設計人員自行定義授權法則之外的其他安全程序的使用者介面。

- 加密（encryption）：對資料編碼或攪拌，讓人們無法解讀。

- 智慧卡（smart card）：信用卡尺寸大的塑膠卡片，內嵌了一張微處理器晶片，具有以安全的方式來儲存、處理，以及輸出電子資料的能力。

學習評量

選擇題

_____ 1. 傳統的資料管理師負責什麼工作？

  a. 調校資料庫的效能

  b. 建立備份與回復程序

  c. 解決資料擁有權的爭議

  d. 保護資料庫的安全

_____ 2. 下列何者是屬於保護資料庫安全的管理原則？

  a. 驗證機制

  b. 建築物內的某些地區限制人員進出

  c. 明確制訂備份和回復的程序

  d. 以上皆是

_____ 3. 對資料安全的威脅包括

  a. 加密

  b. 侵犯隱私權

  c. 驗證系統

  d. 智慧卡

_____ 4. 資料倉儲管理師（DWA）所關心的是什麼？

    a. 查詢的回應時間

    b. 做決策的時間

    c. 資料管理師的日常工作

    d. 如何重新設計現有的應用程式

_____ 5. 資料管理如果做得不好，可能會導致什麼問題？

    a. 同一個資料實體只有一個定義

    b. 對現有資料很熟悉

    c. 缺漏重要的資料元素

    d. 以上皆是

問答題

1. 請問下列各項功能，那些分別是資料管理師或資料庫管理師的典型責任？

a. 管理資料儲存庫　　　　　e. 資料庫規劃

b. 安裝與升級 DBMS　　　　f. 調校資料庫效能

c. 概念性資料塑模　　　　　g. 資料庫備份與回復

d. 管理資料安全與隱私　　　h. 執行心跳查詢

2. 列出無效的資料管理的 4 種常見問題。

3. 列出並討論可能發生資料安全威脅的 5 個領域。

4. 根據下列假設，為三宜家具完成以下 2 個授權表（填入 Y 表示「是」，N 表示「否」）：

a. 業務人員、主管與木工可以讀取庫存記錄，但是不能對這些記錄執行其他任何運算。

b. 應收帳款與應付帳款部門的人員可以讀取及（或）更新（新增、修改、刪除）應收帳款記錄與顧客記錄。

c. 庫存人員可以讀取及（或）更新（修改、刪除）庫存記錄。他們可能不行檢視應收帳款記錄或薪資記錄，而且他們可以讀取但不能修改顧客記錄。

庫存人員的授權

	庫存記錄	應收帳款記錄	薪資記錄	顧客記錄
讀取				
新增				
修改				
刪除				

庫存記錄的授權

	業務人員	應收帳款人員	庫存人員	木工
讀取				
新增				
修改				
刪除				

4. 針對下面描述的每種情境，說明下列 3 種安全性措施何者最適當：

（1）授權法則

（2）加密

（3）驗證方案

a. 一家全國性的經紀商使用電子轉帳系統，在各地之間傳送敏感的財務資料。

b. 組織在公司外部設立一個電腦訓練中心，希望能限制只有經過授權的員工才能進出。因為每位員工只有偶爾才會使用這個中心，所以並不希望提供員工進出的鑰匙。

c. 一家製造公司使用簡單的密碼系統來保護它的資料庫，但是後來發現需要更完善的系統，以賦予不同使用者不同的權限（例如讀取、新增、更新）。

d. 有所大學發現有未經授權的使用者竊用合法使用者的密碼，來存取檔案與資料庫。

14 CHAPTER

資料庫回復
與並行式控制技術

本章學習重點

- 說明資料庫回復的問題

- 列出 DBMS 用來回復資料庫的 4 種基本工具

- 比較樂觀與悲觀的並行式控制系統

- 說明資料庫效能調校的問題

- 列出在調整資料庫時能夠變動的 5 個領域

- 說明資料品質的重要性，並列出增進品質的措施

- 說明資料可用性的重要，並列出改善可用性的措施

簡介

　　現代企業的營運非常依賴資料庫，加上全球化貿易與網際網路的盛行，資料庫必須全年無休的保持在可用狀態。萬一發生天災人禍，資料庫也必須在最短時間內恢復運作，因此資料庫必須要進行備份與還原，以防止永久性的資料遺失。

　　現代企業的另一個隱憂是資料太多，但品質不佳，因此不容易將資料整合應用。目前資料品質的議題逐漸受到重視，控制資料品質的技術也日益普及。另外，與資料相關的人事時地物也都必須記錄在 metadata 儲存庫中。

　　存取資料時回應速度的快慢，也是決定這個資料庫是否成功的重要因素之一。然而資料庫的效能會動態的隨著資料量的增減、使用者人數的變化與查詢類型的不同，而有很大的變化，因此DBA必須隨時對症下藥調整，才能讓資料庫維持在可用的狀態。

 14.1 資料庫的備份與回復

　　資料庫回復（database recovery）是資料管理對莫非定律的回應。資料庫無可避免的會因為某些系統問題而發生損壞、遺失或無法使用；這些問題可能是由人為錯誤、硬體故障、不正確或無效的資料、程式錯誤、電腦病毒、網路故障、相衝突的異動或是天災所造成的。

　　DBA 有責任要確保資料庫中所有重要的資料有受到保護，萬一遺失時也可以回復。因為企業對資料庫的依賴日深，DBMS必須能夠儘量減少資料庫備份或回復時的停擺時間或其他損害。

　　為了達成這些目標，DBMS 必須在最少的營運中斷時間內，提供備份資料的機制，並在資料庫損壞或遺失之後，系統能提供回復的機制，以快速而精確的方式進行資料庫的還原（restore）。

14.1.1 基本的回復工具

DBMS 應該提供 4 種基本的資料庫備份與回復工具，包括：

1. 備份工具：對整個資料庫或資料庫的一部份提供定期的備份。

2. 日誌記錄工具：維護異動與資料庫變動的稽核軌跡。

3. 查核點（checkpoint）工具：藉由 DBMS 定期暫停所有的處理，並使檔案與日誌得以同步，以建立一個回復點。

4. 回復管理模組：讓 DBMS 能夠將資料庫回復到正確的狀況，並且重新開始處理異動。

備份工具

DBMS 應該提供備份工具（backup facility），用來產生整個資料庫以及控制檔案與日誌的備份。通常每一種 DBMS 都會提供 COPY 工具來進行這個任務。

備份工具除了產生資料庫檔案之外，還應該建立相關資料庫物件的備份，包括儲存庫（或系統目錄）、資料庫索引、原始碼程式庫等等。

通常每天至少要產生一份備份；而備份則應該儲存在不會遺失或遭受損壞威脅的安全位置。備份是在遇到硬體故障或災難性損壞時，用來回復資料庫的。

有些 DBMS 提供 DBA 備份工具來建立備份，有些系統則假設 DBA 會使用作業系統命令、匯出命令或 SQL 命令來執行備份。因為特定資料庫每晚的備份是例行公事，所以可以建立描述語言程式來進行自動化的定期備份工作，以節省時間，並降低備份的錯誤。

有些大型資料庫不適合進行定期備份，因為執行備份所需的時間太長；或者該資料庫是非常重要的系統，必須一直維持可以使用的狀態，所以不可能進行必須停止資料庫運作的「冷備份」（cold backup）。

此時可採用所謂的「熱備份」，也就是只針對動態資料做定期的備份。這樣就只需要停止資料庫某部份的使用，至於不常改變的靜態資料的備份，則可能較久才做一次。

　　此外，遞增式備份（incremental backup）會記錄上次完整備份之後所發生的變動，所需要的時間比較短，它是與完整備份一起搭配使用。因此，備份策略必須根據對於資料庫系統的要求而決定。

日誌記錄工具

　　DBMS 必須提供日誌記錄工具（journalizing facility），以產生異動（transaction）與資料庫變動的稽核軌跡。在發生故障時，使用最近一份的完整備份與日誌中的資訊，就可以重建一致的資料庫狀態。

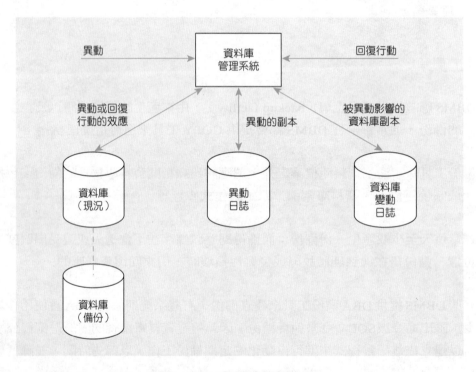

圖 14-1　資料庫稽核軌跡

以圖 14-1 為例，日誌（journal 或 log）基本上可以分為兩種：

1. 異動日誌（transaction log）：包含資料庫處理每筆異動時所記錄的基本資料；通常會記錄的資料包含異動代碼或識別碼、異動的類型（例如新增）、異動的時間、終端機編號或使用者 ID、輸入資料的值、存取的表格與記錄、修改的記錄，另外可能還包括欄位的舊值與新值。

2. 資料庫變動日誌（database change log）：包含記錄被異動修改之前與之後的映像（image）；所謂前像（before-image）是記錄被修改前的副本（copy），而後像（after-image）則是記錄被修改後的副本。

回復管理模組會使用這些日誌來取消（undo）與重做（redo）某些運算（稍後將會再討論）。這些日誌可能會保存在磁碟或磁帶上；因為它們對於回復非常重要，所以也必須備份。

查核點工具

在 DBMS 中的查核點工具（checkpoint facility）可以定期拒絕或接受任何的新異動；所有進行中的異動會被完成，而日誌檔則會更新到最新狀態。此時，系統是處於靜止狀態（quiet state），且資料庫與異動日誌是同步的。

DBMS 會在日誌檔中寫入特殊的記錄（稱為查核點記錄），就好像是資料庫狀態的一份快照（snapshot）。查核點記錄中包含重新啟動系統所需的資訊。任何修改過的資料區塊（包含尚未寫入磁碟的變動記憶體分頁）會從記憶體寫入磁碟中，以確保在查核點之前的所有變動，都已經寫入長期的儲存體中。

DBMS 可能會自動執行查核點（通常是這樣），或是回應使用者應用程式的命令而執行。查核點應該要經常進行（例如一個小時中進行數次），這樣當真的發生故障時，可以從最近的查核點開始繼續處理工作，因此處理的時間會比完整重新啟動當日處理所需的時間快得多。

回復管理模組

回復管理模組（recovery manager）是 DBMS 的一個模組，在發生故障時，可以將資料庫回復到正確的狀態，並且繼續處理使用者的請求。回復管理模組會使用圖14-1 的日誌（以及視需要使用備份）來回復資料庫。

14.1.2 回復與重新啟動的程序

在特定情況下所使用的回復程序類型取決於故障的性質、DBMS回復工具的精密程度，以及作業的規定與程序。下面針對最常用的技巧進行討論：

1. 磁碟鏡射

2. 還原／重新執行

3. 異動完整性維持

4. 向後回復

5. 向前回復

磁碟鏡射

資料庫若要能切換到目前的副本上，則資料庫必須要有「鏡射」（mirrored），也就是資料庫至少必須同時保存與更新兩個副本。當故障發生時，處理工作會切換到資料庫的另一副本上。這種策略是最快的回復方式，並且隨著儲存裝置的成本降低，而越來越普遍。

第 1 級的 RAID 系統就是實作鏡射。新磁碟可以使用鏡射的磁碟重建，而不會干擾使用者服務。這種磁碟稱為是可以「熱置換的」（hot swappable）。不過這個策略並不能保護電力故障或兩個資料庫都發生災難性損害的情況。

還原／重新執行

還原／重新執行（restore／rerun）是根據當日的所有異動（直到故障發生點），重新處理所要回復的資料庫備份或部份資料庫備份的一種技巧。程序如下：

1. 首先，資料庫要先關閉。

2. 然後掛載（mount）所要回復之資料庫或檔案的最新備份。

3. 再重新執行從備份到目前所發生的所有異動（儲存在異動日誌中）。

回復／重新執行的優點在於它非常簡單。DBMS不需要建立資料庫變動日誌，也不需要特殊的重新啟動程序。然而，它有兩項主要的缺點：

1. 重新處理異動的時間可能長到難以承受。根據建立備份的頻率，可能需要幾個小時的重新處理。而其他新異動的處理，必須要延遲到回復完成後才能進行。

2. 異動的執行順序通常與它們最初的處理順序不同，因此可能造成不同的結果。例如在原始的執行中，顧客可能會在提款前先存款；但是在重新執行時，可能會變成先執行提款異動。

因此，回復／重新執行並不是個「充分的」（sufficient）回復程序，通常只用來作為資料庫處理的最後手段。

異動完整性維持

如果在處理異動的過程中發生錯誤，資料庫可能會被破壞，並且需要進行資料庫回復動作。以下先說明異動完整性（transaction integrity）的觀念。

業務異動（business transaction）是一連串的步驟，用來組成某個完整的業務動作，例如醫院中的「病人入院」或是企業的「顧客訂單輸入」，都是一種業務異動。

通常，業務異動需要對資料庫進行幾項動作。以「顧客訂單輸入」為例，當輸入新的顧客訂單時，應用程式可能會執行下列的步驟：

1. 輸入訂單資料（由使用者鍵入）。

2. 讀取 CUSTOMER 記錄（如果是新顧客，則新增一筆記錄）。

3. 接受或拒絕該筆訂單。如果 Balance Due（應付）加上 Order Amount（訂單量）沒有超過 Credit Limit（信用上限），則接受這筆訂單；否則拒絕。

4. 如果接受這筆訂單，則將 Balance Due 的值再增加 Order Amount，並儲存更新後的 CUSTOMER 記錄。最後在資料庫中新增這筆被接受的 ORDER 記錄。

在處理異動時，DBMS 必須確定這些異動有遵循 4 項重要的原則，稱為 ACID 特性：

1. **不可分割性（Atomic）**：表示該筆異動不能再被細分，必須被完整的處理，或是完全不要處理，不可以只做一半。一旦完成整筆異動的處理，則稱這些變動已經被「交付」（commit）；如果在處理過程中的某一點失敗，則異動會被「廢止」（abort）。

2. **一致性（Consistent）**：表示在異動前必須為「真」的所有資料庫限制，在異動後也必須為「真」。例如，如果現有庫存餘額必須等於總進貨量減去總出貨量的差，則在訂單異動的前後，都必須維持這條原則為真。

3. 隔離性（Isolated）：表示對資料庫的變動必須要到異動完成交付之後，使
   用者才能看到；也就意味著當資料正在更新的過程中，其他使用者將被禁止
   同時更新或甚至讀取這些資料。

4. 持久性（Durable）：表示變動具有永久性，因此一旦異動被交付後，資料
   庫後續所發生的失敗，將無法反轉該異動的效果。

為了維持異動的完整性，DBMS 必須定義出**異動疆界**（transaction boundary），
亦即定義異動的邏輯性開頭與結尾。

在 SQL 中，會將 BEGIN TRANSACTION 敘述放在異動中的第一個 SQL 命令之
前，並且將 COMMIT 命令放在異動的結尾。在這兩個命令之間可以有任意數目的
SQL 命令；這些是執行某個資料庫處理動作的步驟。

如果在執行 BEGIN TRANSACTION 之後，但是在執行 COMMIT 之前，遇到如
ROLLBACK 的命令，則 DBMS 會廢止這筆異動，並且將異動疆界內到目前為止所處
理的 SQL 敘述的效應還原取消。

在應用程式中可能會指定，當 DBMS 在異動過程執行 UPDATE 或 INSERT 命令，
並且產生錯誤訊息時，便執行 ROLLBACK。

任何在 COMMIT 或 ROLLBACK 之後，並且在 BEGIN TRANSACTION 之前所遇
到的 SQL 敘述，都會被當作單一敘述的異動來執行，並且在沒有錯誤時自動交付，如
果在執行時發生任何錯誤則會廢止。

不過使用者實際上的一件工作，往往並不等於資料庫的一筆異動，而是可能會再
分解為數筆資料庫異動。因為同一筆異動未處理完成前，相關資料都會被鎖住而讓其
他異動無法使用。假如該筆異動的處理時間很長，就會嚴重妨礙其他使用者在同一時
間使用相同的資料。

因此，一般原則就是要在維持資料庫完整性的情況下，儘可能縮短資料庫的
異動。

向後回復

　　DBMS 會藉由向後回復（backward recovery，也稱為撤回，rollback），消除資料庫中不想要的變動。如圖 14-2(a) 所示，已更動之記錄的前像會重回資料庫中，讓資料庫返回較早的狀態，而消除了不想要的改變。

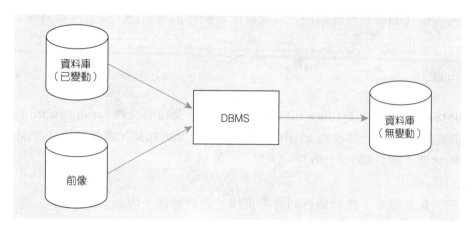

（a）撤回

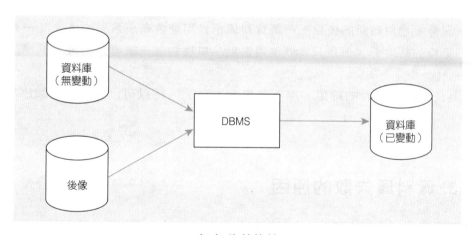

（b）往前快轉

圖 14-2　基本回復技巧

　　向後回復是用來將廢止或不正常中止之異動所作的變動倒轉（reverse）回來。舉例而言，假設有一筆銀行異動要從 A 顧客的戶頭，轉帳 100 元到 B 顧客的戶頭，則會執行下列步驟：

1. 程式會讀取 A 顧客的記錄，並且從帳戶餘額中減去 10000 元。

2. 程式接著讀取 B 顧客的記錄，並且在帳戶餘額中加上 10000 元。然而，在嘗試寫入 B 顧客的記錄時，程式遇到了錯誤狀況（例如硬碟故障），並且無法寫入該記錄。

此時資料庫處於不一致的狀態，A 記錄已經更新，但 B 記錄則沒有，因此這筆異動必須要被廢止。UNDO 命令可以讓回復管理模組套用 A 記錄的前像，將帳戶餘額回復到原始的值（回復管理模組接著可能會重新開始這筆異動，並且再度嘗試）。

向前回復

DBMS 藉由向前回復（forward recovery，又稱為往前快轉，rollforward），從資料庫早期副本啟動的一種技巧；應用後像（成功異動的結果）讓資料庫快速向前移動到較新的狀態（參見圖 14-2(b)）。

向前回復比還原／重新執行的速度更快、也更精確，因為：

● 不必重複每筆異動中費時的邏輯處理。

● 只需要應用最新的後像。一筆資料庫記錄可能會有一系列的後像（一連串更新的結果），但是只需要使用最新、無誤的那一筆後像即可。

因為使用的是異動的結果（而不是異動本身），所以可以避免異動順序不同的問題。

14.1.3 資料庫失敗的原因

處理資料庫時，可能發生許多種不同的失敗。從輸入不正確的資料值，到資料庫完全毀損都有可能。最常見的 4 種問題是：

1. 廢止的異動

2. 不正確的資料

3. 系統故障

4. 資料庫毀損

下面將分別描述每種問題，以及可能的回復程序（參見表 14-1）。

表 14-1　資料庫失敗的回應

失敗種類	回復技巧
廢止的異動	撤回（優先）
	往前快轉／重新執行異動，直到廢止之前的狀態
不正確的資料（不正確的更新）	撤回（優先）
	重新執行異動，而不做不正確的資料更新
	抵消異動
系統故障（資料庫未受損害）	切換到副本的資料庫（優先）
	撤回
	從查核點重新啟動（往前快轉）
資料庫損毀	切換到副本的資料庫（優先）
	往前快轉
	重新處理異動

廢止的異動

如前所述，異動通常需要執行一連串的處理步驟。廢止的異動（aborted transaction）會不正常的中止，其中有些原因可能是人為錯誤、輸入無效的資料、硬體故障，以及死結等。

當異動廢止時，我們希望「撤回」這筆異動，並且消除已經對資料庫進行（但尚未交付）的任何變動。回復管理模組會透過向後回復（對此異動使用前像）來達成這項工作。

不正確的資料

當資料庫被不正確但合法的資料更新時，會發生更複雜的情況。不正確的資料很難偵測，在偵測到錯誤前可能已經過了一段時間，資料庫的記錄才被更正。在此之前，可能有許多使用者已經用了錯誤的資料。

下面是當資料庫中有不正確的資料時,可能採取的不同回復方法:

1. 如果錯誤發現得夠早,可以使用向後回復(但是必須小心確保所有後續的錯誤都有被倒轉回來)。

2. 如果只發生一些錯誤,可以透過人為干預,執行一系列補償性異動,以更正這些錯誤。

3. 如果前兩種方式都不可行,可能必須由錯誤發生時間之前的最近查核點重新開始,並且處理後續的異動。

系統故障

系統故障是指系統中的某些元件故障,但是資料庫並未損壞,例如停電、作業人員失誤、傳輸線路故障,以及系統軟體失敗等。

當系統當機時,某些異動可能正在進行中。回復的第一步是使用前像來撤回這些異動(向後回復)。接著,如果系統有做鏡射,則可能可以切換到鏡射的資料,並且在新的磁碟上重建損壞的資料;如果沒有做鏡射則可能無法重新開始,因為主記憶體中的狀態資訊已經遺失或損壞。

最安全的方法是從系統故障之前的最近查核點重新開始,再套用查核點之後所有異動的後像快轉到最新狀態。

資料庫毀損

在資料庫毀損(database destruction)的情況下,資料庫本身發生遺失、損壞或無法讀取。最典型的例子就是磁碟故障(或磁頭壞了)。

同樣的,從這種事件中回復的最佳策略是使用資料庫的鏡射備份。如果沒有鏡射備份,則需要資料庫的備份,再使用向前回復,將資料庫恢復到損失發生之前的狀態。接著再重新開始執行當資料庫損毀之前正在進行的任何異動。

災害復原

每個組織都需要有意外事故的應變計畫,處理可能嚴重損害資料中心的災害。這種災害可能是天然的,也可能是人為的。例如2001年紐約世貿中心的恐怖攻擊活動,導致幾個資料中心完全損毀,遺失了不少資料。

資料庫管理師是負責制定復原資料運作的計畫。以下是回復計畫的幾個重要項目:

1. 制訂詳細且書面化的災害復原計畫,並安排定期測試。

2. 挑選並訓練擁有各種專業技術的團隊來實施這個計畫。

3. 在不同地點建立備份的資料中心。備份中心的位置必須與主要中心有足夠的距離,避免災害同時損毀兩個中心。

4. 定期傳送資料庫的備份到備份的資料中心。

 ## 14.2 控制並行式存取

資料庫是共享的資源,資料庫管理師必須預期並且事先規劃有多名使用者同時存取資料的可能性。當並行式處理(concurrent processing)中有修改動作時,缺乏並行式控制(concurrency control)的資料庫就會因為使用者的相互干擾而被破壞。

並行式控制基本上有兩種方式:悲觀法(pessimistic approach,使用鎖定)與樂觀法(optimistic approach,使用版本法)。

如果使用者只讀取資料,因為不會造成資料庫的變動,所以不會產生資料完整性的問題。然而如果有一或多位使用者正在更新資料,則可能會發生資料完整性的維護問題。

當不只一筆異動同時在處理資料庫時,這些就是並行式的異動;而用來確保維護資料完整性的機制,則稱為並行式控制。

14.2.1 遺失更新的問題

當多個使用者嘗試更新資料庫，而沒有適當的並行式控制時，最常見的問題就是「更新遺失」（lost update）問題。

以圖14-3為例，假設宗翰與雅玲有個共用的帳戶，如果兩人分別透過不同地點的ATM，同時想要提出一些現金。圖 14-3 顯示當沒有並行式控制時，這兩筆異動可能發生的順序：

1. 宗翰先讀取到帳戶餘額（10000 元），然後提出 2000 元。

2. 在上筆異動寫回新的帳戶餘額（8000 元）之前，雅玲的異動也去讀取帳戶餘額（仍舊是 10000 元），然後提出 3000 元，剩下餘額為 7000 元。

3. 雅玲的異動接著寫回這個餘額，然後又覆蓋掉宗翰的異動所寫回的餘額。因此宗翰的更新結果就遺失了。

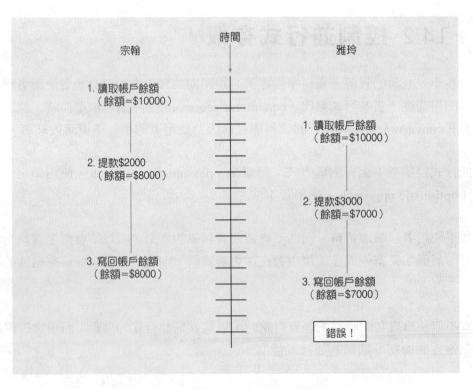

圖 14-3　更新遺失（無並行式控制時）

另一種因為沒有建立並行式控制而可能發生的類似問題，是**不一致的讀取問題**（inconsistent read problem）。這種問題發生在當一名使用者讀取到另一名使用者正在更新中的資料時。

讀取的結果可能會不一致，有時也稱為「不乾淨的讀取」（dirty read）或「無法重複的讀取」（unrepeatable read）。

更新遺失與不一致的讀取問題，都是發生在DBMS無法隔離異動，亦即無法維持ACID特性的時候。

14.2.2 循序性

並行式異動必須要能隔離處理，讓它們不會彼此干擾。如果在一筆異動開始之前，另一筆異動已經完全處理完畢，就不會發生干擾。所以如果能達成這樣的異動處理結果，這種處理程序就稱為具循序性的（serializable）程序。

使用具循序性的排程來處理異動，所得到的結果就好像循序處理異動所得的結果。不會彼此干擾的異動仍舊可以平行執行，例如針對資料庫的不同表格請求資料的異動，就可以並行執行，而不會造成資料完整性的問題。

循序性可以透過不同的方式取得，不過鎖定是其中最常用的一種並行式控制機制。藉由鎖定（locking），則使用者取出來進行更新的資料都會鎖住，亦即拒絕其他使用者的存取，直到更新完成或廢止為止。

14.2.3 鎖定機制

圖14-4顯示如何使用記錄鎖定來維護資料完整性：

1. 宗翰對 ATM 送出提款異動，因為這筆異動會更新該筆記錄，所以應用程式在將記錄讀入主記憶體之前，會先鎖定這筆記錄。

2. 宗翰繼續進行提款 2000 元，並計算出新的餘額（8000 元）。

3. 雅玲在宗翰之後不久也開始進行提款異動，但是必須要等到宗翰的異動將更新後的記錄傳回資料庫，並且解除該筆記錄的鎖定之後，雅玲的異動才能夠存取這筆帳戶記錄。

因此，鎖定機制會強制實施循序性的更新過程，而避免錯誤的更新。

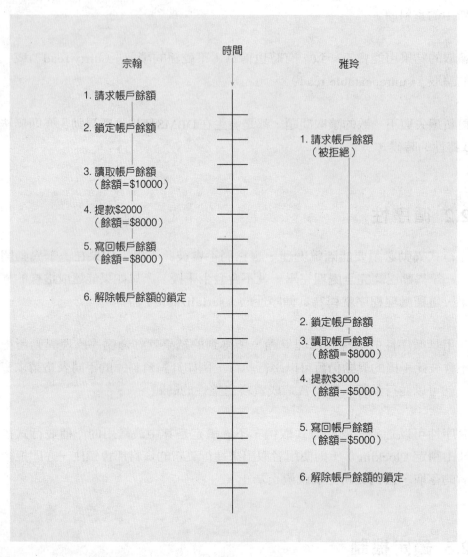

圖 14-4　有鎖定（並行式控制）的更新

鎖定層次

在實作並行式控制時，一項重要的考量就是鎖定層次的選擇。鎖定層次（locking level，也稱為鎖定單位，locking granularity）是指每個鎖定包含的資料庫資源範圍。大多數商業產品都提供以下幾種層次的鎖定：

1. 資料庫：鎖定整個資料庫，讓其他使用者都無法使用。這種層次只適用於少數的應用程式，例如對整個資料庫的備份。

2. 表格：鎖定包含所請求之記錄的整個表格。這種層次主要適用於整個表格的大量更新，例如將所有員工薪水都調高 5%。

3. 區塊或分頁：鎖定包含所請求之記錄的實體儲存區塊（或分頁）。這是實作上最常使用的一種鎖定層次。分頁的大小是固定的，如 4K、8K 等。

4. 記錄：只鎖定被請求的記錄（或資料列）。所有其他記錄，即使是在同一表格內，也都可以被其他使用者存取。

5. 欄位：只鎖定被請求記錄中的特定欄位。例如在庫存量表格中，目前數量的欄位會經常變動，但是其他欄位則很少變動。

鎖定的類型

實際上，資料庫所提供的鎖定種類不只一種，通常有兩種鎖定可選：

1. 共享鎖定：共享鎖定（shared lock，又稱 S 鎖定，S lock，或讀取鎖定，read lock）能夠允許其他異動進行讀取，但不能更新記錄或其他資源。當記錄有共享鎖定時，其他使用者不能在該筆記錄上加上互斥鎖定，但可以加上共享鎖定。

2. 互斥鎖定：互斥鎖定（exclusive lock，又稱為 X 鎖定，X lock，或寫入鎖定，write lock）能夠在記錄解除鎖定之前，防止其他異動對該記錄進行讀取或更新。當異動要更新記錄時，就應該加上互斥鎖定，這樣可防止其他使用者在該筆記錄上再加上任何類型的鎖定。

圖 14-5 是在帳戶中使用共享鎖定與互斥鎖定的範例：

1. 當宗翰開始進行異動時，因為他會讀取帳戶記錄來檢查餘額，所以程式會在這筆記錄上加上讀取鎖定。

2. 當宗翰請求提款時，因為這是更新運算，所以程式會嘗試在該筆記錄上加上互斥鎖定（寫入鎖定）。

3. 因為當時雅玲已經開始進行異動，並且在相同記錄上加上讀取鎖定。因此，宗翰的提款請求會被拒絕。

請記住當記錄上有讀取鎖定時，其他使用者就無法取得寫入鎖定。

死結

鎖定可以解決錯誤更新的問題，但也可能導致另一項問題，稱為死結（deadlock）；也就是當兩筆以上的異動鎖住共同的資源，並且分別都在等待其他人解除該資源的鎖定時，所發生的僵局。

圖14-5是一個簡單的死結範例；宗翰的異動在等待雅玲的異動將讀取鎖定移除，而雅玲的異動也是。雖然帳戶的餘額還非常充足，但這兩個人都無法從帳戶中提款。

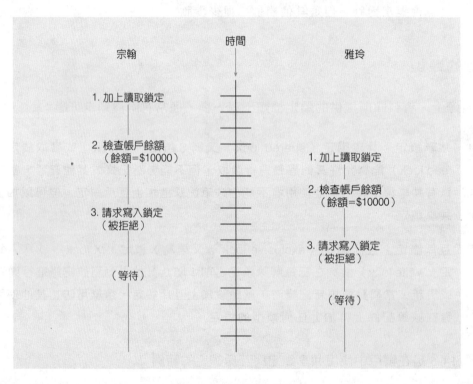

圖 14-5　死結的問題

圖14-6是一個稍微複雜的死結範例。在該例中，A使用者鎖住X記錄，而B使用者鎖住Y記錄。A使用者接著請求Y記錄（試圖更新），而B使用者則請求X記錄（也試圖更新）。此時兩者的請求都會被拒，因為所請求的記錄都已經被鎖定。除非有DBMS的干預，否則兩者都會永遠的等下去。

管理死結

要解決死結有兩種基本的方法：預防死結與解決死結。

採取預防死結（deadlock prevention）時，使用者程式必須在異動開始時，先鎖定所需的所有記錄，而不是一次一個慢慢鎖定。例如在圖 14-6 中，A 使用者必須在處理異動前，先鎖定 X 記錄與 Y 記錄。如果其中有任何一筆記錄已經被鎖定，則程式就必須等待，直到它被釋放為止。

兩階段鎖定協定（two-phase locking protocol, 2PL）則是指異動所需之所有鎖定運算，都是在任何資源被釋放前就已經發生，一旦該筆異動所取得的任何鎖定被釋放，就不可以再取得任何鎖定。

因此，兩階段鎖定協定通常可以分為成長階段（growing phase，取得所有必要的鎖定）與收縮階段（shrinking phase，釋放所有的鎖定）。這些鎖定不必要同時取得；通常會先取得一些鎖定、進行處理，然後再視需要取得額外的鎖定。

在異動一開始就先鎖定所有需要的記錄（稱為保守型的兩階段鎖定），就能夠預防死結，可惜許多時候很難事先預測異動會處理到哪些記錄。一般的程式分成許多部份，並且可能以不同的順序呼叫其他的程式，因此預防死結的方法未必能奏效。

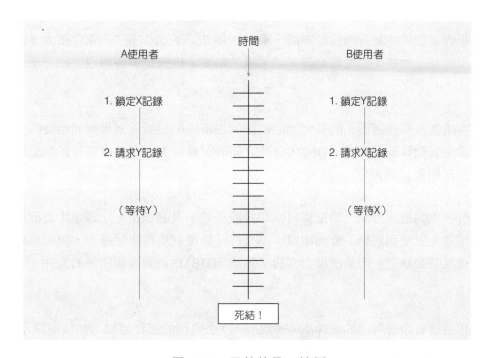

圖 14-6　死結的另一範例

如果在兩階段鎖定中的每筆異動，都以相同的順序請求記錄（亦即讓資源具有循序性），也能夠預防死結，但同樣這也未必能奏效。

第二種、也是比較常見的方法是讓死結發生，但是在DBMS中建立偵測與打破死結的機制。

基本上，這類**死結解決**（deadlock resolution）機制的運作如下。DBMS會維持一個資源使用矩陣，記錄有哪些主體（使用者）正在使用哪些物件（資源）。藉由掃描這個矩陣，電腦可以在死結發生時偵測出來。DBMS接著會取消死結中的某個異動來解決死結的情況。這筆異動在死結前所作的任何變動會被移除，並且等到它能夠取得所需資源時，重新啟動這筆異動。

14.2.4 版本法

上述的鎖定通常稱為悲觀的並行式控制機制，因為每次請求一筆記錄時，DBMS都會採取高度謹慎的做法來鎖定記錄，讓其他的程式無法使用它。

事實上，在大多數的情況下，其他使用者未必需要相同的文件，或是只需要讀取，所以不會造成問題。因此衝突的情況其實很少發生。

較新的並行式控制方法比較樂觀，稱為**版本法**（versioning）。它主張大多數時間其他使用者並不會需要相同的記錄，如果真的需要，也只是需要讀取（而非更新）該筆記錄。

版本法就沒有任何形式的鎖定，而是限制每筆異動只能看到異動開始時的資料庫狀態，當有異動修改記錄時，DBMS會建立新的記錄版本，而不會覆蓋舊的記錄，因此不需要任何形式的鎖定。

了解版本的最佳方式，是把資料庫想像成一間中央記錄室。記錄室中有個服務窗口，使用者（對應到異動）會到窗口申請文件（對應到資料庫記錄），但是原始的文件並不會離開記錄室，而是由櫃台人員（對應到DBMS）去複製所需的文件，並且蓋上時戳。

使用者接著帶著各自的文件副本（或版本）去自己的工作區域，然後閱讀及（或）修改。當完成後，他們會將標記過的副本還給櫃台人員，由他們負責將副本中的變動部份併入中央資料庫中。當沒有衝突的時候，使用者的變動會直接合併到公共（或中央）資料庫中。

反之，假設有發生衝突；例如有兩名使用者分別更動了他們的資料庫副本，則其中一名使用者的變動會被交付給資料庫（因為異動有加上時戳，所以較早的異動可以被賦予較高的優先序）。

而另一名使用者則必須被告知有衝突發生，而他的工作無法被交付（納入資料庫中）。因此他必須再次借出資料記錄的另一份副本，重複先前的工作。在樂觀的假設下，需要重新工作的應該是特例而非常態。

圖 14-7 是在活儲帳戶中使用版本法的簡單範例：

1. 宗翰讀取包含帳戶餘額的記錄，成功的提出 2000 元，並且使用 COMMIT 敘述將新的餘額放入帳戶中。

2. 同時，雅玲也讀取了帳戶記錄並且請求提款，這會改變她自己的帳戶記錄版本。

3. 但是當異動嘗試要 COMMIT 時，發現有更新衝突，於是她的異動就被廢止。她可以再重新開始這筆異動，這次的餘額會正確的從 8000 元開始。

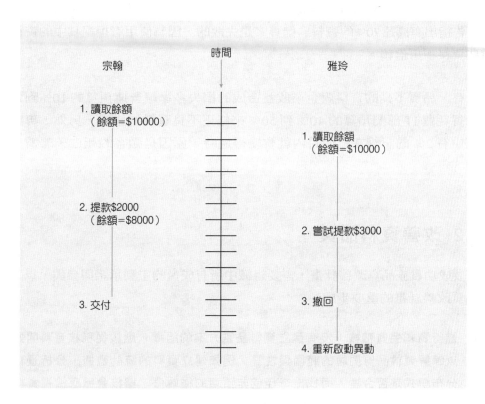

圖 14-7　版本法的使用

版本法優於鎖定法的主要好處是對效能的改進。唯讀的異動可以與更新的異動並行執行，而不會破壞資料庫的一致性。

 ## 14.3 管理資料品質

今日組織的管理階層需要高品質的資料，也就是精確、一致，並且可以即時取得的資料。管理資料品質是整個組織的責任，而資料管理師經常需要負責規劃與協調這些工作。

14.3.1 資料品質的狀態

形容資料品質最貼切的是一句古老的 IT 格言：「垃圾進，垃圾出」（garbage-in, garbage-out，GIGO）。無論系統的畫面如何漂亮、介面如何直覺化、效能如何高，還有程序有多麼自動化，如果資料品質不好，這個系統就註定會失敗。

從一些數據可以看出目前一般的資料品質並不夠好，有些甚至是不可接受的。例如有報告指出有高達70%的資料倉儲專案是失敗的，因為使用者拒絕其中的資料，認為這些資料不可信賴。

還有，品質不良的資料對企業收益造成的損失多達總營運預算的10%到20%，甚至於得耗費 IT 部門預算的40%到50%來修正不良資料的錯誤。另外，專家說顧客檔案中有2%的記錄在一個月內就會變得過時，原因是顧客的死亡、離婚、結婚或搬家。

14.3.2 改善資料品質

若要成功實施品質改善計畫，需要組織中所有成員的主動承諾與參與。以下簡短說明品質改善計畫的重要步驟。

1. 進行資料品質稽核：沒有建立資料品質方案的組織，應該從稽核資料開始，以瞭解資料品質問題的範圍與性質。例如建立資料的統計數據，分析資料的分布模式是否合理，而找出奇怪或非預期的極端值。稽核會徹底檢視資料的輸入，並維護所有的流程控制。

2. 制定資料總管任務的計畫：組織中應該設置資料總管（data steward）這項任務，專門負責管理資料品質。他們必須確定所捕捉到的資料是精確的，並且具有整體的一致性。資料總管是一種任務，而不是一個工作職位，因此資料總管並不擁有這些資料。

3. 應用 TQM 原則與實務：所謂的 TQM 是指「全面品質管理」（Total Quality Management, TQM），目標是改善資料品質。常見的 TQM 原則包括預防（而非矯正）缺陷、持續的改善、運用企業資料標準等。例如，如果發現專屬系統中的資料有缺陷，最好是矯正會產生該資料的專屬系統，而不是在移動資料到資料倉儲時才來矯正它。

4. 克服組織的障礙：要建立企業整體的資料品質標準並不容易，例如有些部門是彼此競爭的，因此不願意共享資料；有時是因為法令的限制。組織必須發展出處理這些問題的對策。

5. 應用當代的資料管理技術：現在有廠商提供功能強大的軟體，例如模式比對、模糊邏輯、專家系統等。這些程式可用來分析目前資料的品質問題、找出並消除重複的資料、整合多個來源的資料等。

6. 評估投資的回收：由於資源有限，所以必須說服管理階層，資料品質計畫將會產生足夠的投資報酬（ROI）。這樣的計畫一般而言可以產生兩種好處：節省成本與避免機會的損失。

　　舉個簡單的例子。假設某家銀行的顧客檔案中有50萬個顧客，銀行計畫要利用直接郵寄的方式廣告新產品給所有顧客。假設顧客檔的錯誤率是10%，這些錯誤包括重複的顧客記錄、過時的地址等。如果直接郵寄的成本是 5 美元（包括郵票與材料成本），則不良資料所造成的損失是：

$$500,000 * 0.10 * 5 = 25,000 美元$$

　　不良資料所造成的機會損失通常要比直接的成本大得多。例如，假設每個銀行帳戶平均每年可從利息支出、服務費等產生 2,000 美元的營業額；這樣 5 年就相當於 10,000 美元。

　　現在假設銀行實施了一個資料品質計畫，來改善它的客戶關係管理、搭售，以及其他的相關活動。這個計畫只要產生 1% 的新業務（根據經驗的猜測），則 5 年下來的結果將會是非常顯著的：

$$500,000 * 10,000 * 0.01 = 50,000,000 美元。$$

14.4 資料字典與儲存庫

Metadata的定義是描述資料與該資料之內涵的屬性或特徵的資料。企業必須制定完善的策略來收集、管理與使用他們的metadata。metadata必須利用DBMS技術來儲存與管理。metadata的收集成果稱為資料字典（舊的術語）或儲存庫（現代的術語）。

14.4.1　資料字典

資料字典（data dictionary）是關聯式DBMS中一個不可或缺的部份，用來儲存metadata或資料庫的相關資訊，包括資料庫中所有表格的屬性名稱與定義。

資料字典通常是每個資料庫都會產生的**系統目錄**（system catalog）的一部份。系統目錄會描述所有的資料庫物件，包括表格相關資料，例如表格名稱、表格的建立者或擁有者、欄位名稱與資料型態、外來鍵與主鍵、索引檔案、授權的使用者、使用者的存取權限等等。

資料字典可能是主動式（active）或被動式（passive）：

1. 主動式資料字典是由資料庫管理軟體自動管理。主動式系統一定會與資料庫目前的結構與定義吻合，因為這是由系統自行維護。大多數 RDBMS 都包含可以從系統目錄所衍生出來的主動式資料字典。

2. 被動式資料字典是由系統的使用者所管理，並且在每次資料庫發生改變時進行修改。因為這種修改必須由使用者人工進行，所以資料字典可能並不是資料庫的最新結構。不過被動式的資料字典可以放在獨立的資料庫中維護。

14.4.2　儲存庫

資料字典是簡單的資料元素記錄工具，而資訊儲存庫則是管理整體資料的資訊處理環境。**資訊儲存庫**（information repository）是在開發階段與營運階段都需要的元件：

1. 開發階段：專業人員使用 CASE 工具、高階語言及其他工具來開發新的應用程式，而 CASE 工具會自動連結到資訊儲存庫。

2. 營運階段：人員透過應用程式來建立資料庫、保持資料的最新狀態，並且從
   資料庫中萃取資料，例如要建置資料倉儲時就一定需要建置與維護廣泛的儲
   存庫。

如上所述，CASE 工具、文件記錄工具、專案管理工具，以及資料庫管理軟體本
身，通常都會產生一些要儲存在資訊儲存庫的資訊，但是這些產品所記錄的資訊並不
容易整合。

如何讓這些資訊更容易存取與共享？資訊儲存庫字典系統（information repository
dictionary system, IRDS）是一種電腦軟體工具，用來管理與控制對資訊儲存庫的存
取。當系統符合 IRDS 時，就可以在不同產品所產生的資料字典間轉換定義。

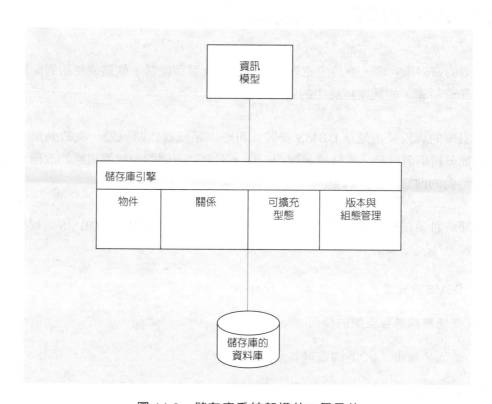

圖 14-8　儲存庫系統架構的 3 個元件

圖 14-8 是儲存庫系統架構的 3 個元件：

1. 資訊模型：這是資訊儲存在儲存庫的綱要（schema），可以讓資料庫的工
   具用來解釋儲存庫的內容。

2. 儲存庫引擎：用來管理儲存庫物件，包含如儲存庫物件的讀取與寫入、資訊
   模型的瀏覽與延伸等服務。它支援 5 項核心功能：物件管理、關係管理、動
   態的延伸、版本管理與組態管理。

3. 儲存庫的資料庫：這是儲存庫物件真正儲存的位置。

隨著物件導向式DBMS越來越普遍，而關聯式資料庫對應的物件導向程式設計也
逐漸增加時，資訊儲存庫的重要性也會隨之增加，因為物件導向式開發需要使用資訊
儲存庫中所包含的 metadata。

 # 14.5 資料庫效能調校概論

有效的資料庫管理，應該要能夠產生效能不會受到硬體、軟體或使用者問題所干
擾的可靠資料庫，並且達到最佳的效能。

資料庫的調校並不是在 DBMS 安裝或新應用系統實作時只做一次的動作。相反
的，效能分析與調校是一直持續進行的工作，它會隨著硬體與軟體組態的改變，以及
使用者活動的改變而必須調整。

本節將討論在嘗試維護良好效能的資料庫時，所應處理的 5 個DBMS管理領域，
包括：

1. DBMS 的安裝

2. 記憶體與儲存空間的使用

3. 輸入 / 輸出（I/O）的競爭

4. CPU 的使用

5. 應用系統的調校

調校的方式與效果，會隨著 DBMS 產品的不同而有差異，本節將以 Oracle 9i 為
例。要調校資料庫應用系統，必須要熟悉系統環境、DBMS、應用程式，以及應用程
式中所使用的資料。以下提供的是一般適用的原則。

14.5.1 DBMS 的安裝

DBMS 產品的正確安裝是任何環境都不可或缺的。下面是一些可能的考量：

1. 在開始安裝前，應該先確定有足夠的磁碟空間。建議參考 DBMS 產品的手冊，了解資料庫的長度參數（如欄位長度、表格列數目等）。一般建議在配置空間時，至少要比標準計算所建議的值再多 20%。

2. 安裝後一定要檢視安裝過程中所產生的所有日誌檔案，確認有沒有安裝問題。

3. 要注意設定資料庫磁碟空間的配置。最好配置標準長度的資料檔案，比較容易保持 I/O 的平衡，因為萬一有瓶頸必須解決時，比較容易置換資料檔案的位置。

14.5.2 記憶體與儲存空間的使用

要有效率的使用主記憶體，必須要先瞭解DBMS如何使用主記憶體，使用到哪些緩衝區，以及主記憶體中的程式有哪些需要。

例如Oracle會在主記憶體中維護一份資料字典快取，它的大小最好足以讓90%的資料字典請求，可以在快取中找得到，而不需要去找磁碟。

另外一個活動則是資料封存（data archiving）。資料庫使用過一段時間後，都會包含一些過時的資料。這些資料雖然在現階段沒有用，但也許將來有一天會因為法律或統計的需要，而再度需要使用它們，因此不能直接丟棄。所以必須制訂過時資料的封存計畫。

封存計畫中要規範資料要封存到哪裡，是否要進行壓縮，還有適當的回復方法。封存可以騰出磁碟空間，節省磁碟儲存成本，並且讓使用中的資料儲存比較緊密，因而改善資料庫的效能。

14.5.3 輸入 / 輸出（I/O）的競爭

資料庫調校最重要的其中一部份，就是要達成最大的 I/O 效能。資料庫通常需要大量的I/O，但是雖然 CPU 的速度大幅增加，但 I/O 速度並沒有成比例增加，因此資料庫系統的瓶頸經常是在 I/O 上。

瞭解使用者存取資料的方式，對於管理 I/O 的競爭（contention）非常重要。例如了解哪些資料最容易產生衝突，動作的性質為何，就能將一同被存取的資料檔案分開（甚至分割在不同磁碟上），以降低 I/O 的競爭。

因此 DBA 在調校 I/O 方面的整體目標，是要盡量將 I/O 活動平均分配給每個磁碟與磁碟控制模組。

14.5.4 CPU 的使用

在調校資料庫時，評估 CPU 的使用非常重要。假如使用多 CPU 平行執行，就可以共同分擔處理查詢的工作，而大幅改善效能。因此 DBA 必須監測 CPU 的負載，調整線上與背景處理的比率，並建立使用空間有限的使用者帳號。

14.5.5 應用系統的調校

前面幾節專注在 DBMS 的調校活動，但其實調整終端使用者所使用的資料庫應用系統，也可能會提升效能。雖然一般都預期至少使用 3NF 的正規化，但小心的設計去正規化，來減少在執行 SQL 查詢時必須合併的表格數目，也可能改善效能。

檢視與修改應用系統中的 SQL 程式碼，也可能會改善效能。例如：

1. 查詢命令要盡量避免對整個表格進行掃描，因為會造成頻繁擷取長期的儲存裝置。

2. 注意主動管理多重表格的合併，因為這種合併可能會嚴重影響效能，特別是需要進行整個表格的合併時。

3. 有個常用的經驗法則可供參考：任何 CPU 對 I/O 時間比超過 13:1 的查詢，都可能是設計不良的查詢，需要進行改善。

4. 對於包含視界的敘述與包含子查詢的敘述，也應該主動檢討，也許可以大幅改善效能。

5. 調校應用系統的處理速度與磁碟空間的利用率，例如重新建立索引、改變資料區塊長度，或者在儲存裝置上重新配置檔案等。

　　根據查詢或程式執行時的工作量組合不同，相同的資料庫動作所需的時間可能有很大的差異。DBA 可以執行所謂的心跳查詢（heartbeat query），來主動監看查詢的處理時間。

　　心跳查詢可能是非常簡單的查詢（可能只是以某個條件，從某個表格 SELECT 所有的欄位），但是 DBA 會在一天內執行很多次，以監看處理時間的變化。當心跳查詢的執行時間異常漫長時，表示可能正在執行的任務組合不適當，或是有些沒有效率的查詢正在消耗過多的 DBMS 資源。

14.6 資料可用性

　　確保資料庫的可用性，一直是資料庫管理師的優先責任。然而蓬勃發展的電子商務，使得這項責任變成是企業的必要能力。電子商務系統必須一年 365 天、一天 24 小時的運轉，隨時都能提供服務給顧客。研究顯示，如果線上的顧客幾秒之內無法取得他想要的服務，這筆生意馬上就會轉移到其他競爭者手裡。

14.6.1 停擺期的成本

　　停擺期（資料庫無法使用時）的成本包括幾個部份：營運中斷期間損失的生意、恢復服務的成本、庫存的損耗、法律上的成本，以及顧客忠誠度的永久損失。這些成本通常很難精確評估，而且各種企業的差異很大。

　　要達成夠高的可用性目標，例如 99.9%（停擺期每年只能有 8.77 小時）或更高的可用性，所需要的軟硬體和人力成本也相對增高。資料庫管理師的任務就是，要在停擺期成本與達成所需之可用性等級的成本之間取得平衡。

14.6.2 確保可用性的措施

　　新的硬體、軟體與管理技術不斷的發展出來，以協助達到企業預期的高可用性目標。本節將簡述各種潛在的可用性問題，以及這些問題的因應措施。

硬體故障

任何硬體元件，如資料庫伺服器、磁碟子系統、電源供應器或網路交換器等，都可能成為中斷服務的故障點。常見的解決方式就是提供多餘的或備用的元件，以取代故障的系統。例如建置叢集伺服器，必要時將故障伺服器的工作負荷，重新配置給叢集中的另一部伺服器。

資料遺失或損毀

當資料遺失或不正確時，也可能使服務中斷。高可用性系統幾乎都會提供鏡射或備份的資料庫。此外，使用最新的備份與回復系統也是很重要的。

維護程序造成的停擺

通常造成資料庫停擺的最主要原因，是因為事先規劃好的資料庫維護作業。通常會選擇在活動最少的期間（如半夜、週末等）讓資料庫下線，來進行資料庫重組、備份等作業。

但是這對要求高可用性的應用系統而言，這種做法還是太奢侈了。現在有新的資料庫產品可以進行自動化的維護功能。例如有些公用程式在執行例行維護的同時，系統還同時能進行讀與寫的動作，而不會損失資料的完整性。

網路相關的問題

此外，內部與外部網路的問題都可能導致系統服務中斷。還有網際網路所產生的新威脅，也可能導致服務的中斷。例如，駭客可能發動服務阻斷攻擊（denial-of-service, DOS），以電腦自動產生的訊息來癱瘓網站。

要對付這些威脅，必須小心監視網路交通流量，並針對突然的活動高峰找出快速回應的策略。另外還必須採用最新的防火牆、路由器，以及其他的網路技術。

本章摘要

- 現有的基本回復工具,應該包括備份工具、日誌記錄工具、查核點工具,以及回復管理模組。

- 根據所遇到的問題類型,有時可能需要向後回復(撤回)或向前回復(向前快轉)。

- DBMS 必須確保資料庫異動具有 ACID 特性:不可分割性、一致性、隔離性與持久性。注意選擇適當的異動疆界,以便在可接受的效能之下達成這些特性。

- 如果無法建立對異動的並行式控制,就可能會發生更新遺失,造成資料完整性的破壞。這可以使用包含共享鎖定與互斥鎖定的鎖定機制來解決。

- 在多使用者環境中也可能發生死結,此時可透過不同的方式來管理,包括使用兩階段鎖定協定。

- 版本法是樂觀的並行式控制。

- 在維護高品質資料時,有 5 個必須關注的領域:安全政策與災害復原、人員控管、實體存取控制、維護控制,以及資料保護與隱私權問題。

- 資料字典是 RDBMS 中系統目錄的一部份,同樣必須加以管理。

- 資訊儲存庫則協助 DBA 維護高品質資料與高效能的資料庫系統。

- 資訊儲存庫字典系統(IRDS)標準的建立也有助於儲存庫資訊的開發,能夠將多個來源的資訊整合,包括 DBMS 本身、 CASE 工具,以及軟體開發工具。

詞彙解釋

- 資料庫回復(database recovery):在資料庫損壞或遺失之後,能夠快速且精確的加以回復的機制。

- 備份工具(backup facility):為整個資料庫產生備份的 DBMS COPY 工具。

- 日誌記錄工具（journalizing facility）：異動與資料庫變動的稽核軌跡。

- 異動（transaction）：電腦系統中的獨立工作單位，要不就完整的處理，不然就是完全不要處理。

- 異動日誌（transaction log）：資料庫處理每筆異動時所記錄之基本資料。

- 資料庫變動日誌（database change log）：資料庫記錄被異動修改之前與之後的記錄映像（image）。

- 前像（before-image）：記錄（或記憶體分頁）被修改前的副本。

- 後像（after-image）：記錄（或記憶體分頁）被修改後的副本。

- 查核點工具（checkpoint facility）：一種 DBMS 定期拒絕或接受任何新異動的工具；這時系統會處於安靜狀態，而資料庫與異動日誌則是同步的。

- 回復管理模組（recovery manager）：DBMS 的一個模組，在發生故障時，可以將資料庫回復到正確的狀態，並且繼續處理使用者的請求。

- 還原／重新執行（restore／rerun）：根據當日的所有異動（直到故障發生點）重新處理資料庫備份的一種技巧。

- 異動疆界（transaction boundary）：異動的邏輯性開頭與結尾。

- 廢止的異動（aborted transaction）：進行中的異動被不正常的中止。

- 向後回復（backward recovery，也稱為撤回，rollback）：消除資料庫中不想要的變動。已更動之記錄的前像會重回資料庫中，讓資料庫返回較早的狀態；這是用來將廢止或不正常中止之異動所作的變動倒轉回來。

- 向前回復（forward recovery，又稱為往前快轉，rollforward）：從資料庫早期副本啟動的一種技巧；將後像（成功異動的結果）套用在資料庫中，讓資料庫快速向前移動到較新的狀態。

- 資料庫毀損（database destruction）：資料庫本身發生遺失、損壞或無法讀取。

- 並行式控制（concurrency control）：管理同時對資料庫進行運算的流程；以便在多使用者的環境中，維護資料的完整性，並且不讓不同運算相互干擾。

- 不一致的讀取問題（inconsistent read problem）：無法重複的讀取；發生在當一名使用者讀取到另一名使用者正在更新之資料時。

- 鎖定（locking）：使用者想要取出來進行更新的資料都必須鎖住，亦即拒絕其他使用者的存取，直到更新完成或廢止為止。

■ 鎖定層次（locking level，也稱為鎖定單位，locking granularity）：每個鎖定包含的資料庫資源範圍。

■ 共享鎖定（shared lock，又稱 S 鎖定或讀取鎖定）：能夠允許其他異動進行讀取，但卻不能更新記錄或其他資源的一種技巧。

■ 互斥鎖定（exclusive lock，又稱為 X 鎖定或寫入鎖定）：防止另一筆異動對該記錄進行讀取與更新，直到該記錄被解除鎖定為止的一種技巧。

■ 死結（deadlock）：當兩筆以上的異動鎖住共同的資源，並且分別都在等待其他人解除該資源的鎖定時，所發生的僵局。

■ 預防死結（deadlock prevention）：使用者程式在異動開始時，必須先鎖定需要的所有記錄（而不是一次一個的慢慢鎖定）。

■ 兩階段鎖定協定（two-phase locking protocol, 2PL）：取得異動所需鎖定的一種程序；成長階段會在任何鎖定被釋放之前，先取得所有必要的鎖定；收縮階段則會釋放這些鎖定。

■ 解決死結（deadlock resolution）：讓死結可以發生，但是在 DBMS 中建立偵測與打破死結的機制。

■ 版本法（versioning）：限制每筆異動只能看到異動開始時的資料庫狀態，當有異動修改記錄時，DBMS 會建立新的記錄版本，而不會覆蓋舊的記錄，因此不需要任何形式的鎖定。

■ 資料總管（data steward）：負責確保組織的應用程式能適當支援組織的企業目標的人員。

■ 資料字典（data dictionary）：資料庫相關資訊的儲存庫，用來記錄資料庫中的資料元素。

■ 系統目錄（system catalog）：系統建立的資料庫，用來描述所有的資料庫物件，包括資料字典資訊以及使用者存取資訊。

■ 資訊儲存庫（information repository）：這是儲存 metadata 的一種元件；這些 metadata 會描述組織的資料與資料處理資源，管理整個資訊處理環境，並且結合關於組織業務資訊與其應用系統組合（portfolio）的資訊。

■ 資訊儲存庫字典系統（information repository dictionary system, IRDS）：用來管理與控制對資訊儲存庫進行存取的電腦軟體工具。

■ 資料封存（data archiving）：將失去時效的資料移往另一個儲存位置，供日後需要時可進行存取的程序。

■ 心跳查詢（heartbeat query）：由 DBA 送出的查詢，用來測試資料庫目前的效能，或是針對有回應時間要求的查詢，預測它的回應時間。

 學習評量

選擇題

_____ 1. 假如有一筆資料庫異動在進行中被異常中斷，請問此時適合使用哪一種策略來解決？

a. 向後回復

b. 向前回復

c. 切換到另一份完全相同的資料庫上

d. 重新處理異動

_____ 2. 假如資料庫發生系統故障，請問此時適合使用哪一種策略來解決？

a. 向後回復

b. 向前回復

c. 切換到另一份完全相同的資料庫上

d. 重新處理異動

_____ 3. 共享鎖定允許哪種異動可一起執行？

a. 刪除

b. 插入

c. 讀取

d. 更新

_____ 4. 鎖定可能會引發什麼問題？

a. 錯誤的更新

b. 死結

c. 版本法

d. 以上皆是

_____ 5. 異動日誌中包含哪些資訊？

a. 記錄的前像

b. 記錄的後像

c. 記錄的前像和後像

d. 記錄的基本資料

問答題

1. 相對於悲觀的並行式控制而言，樂觀的並行式控制有什麼優點？

2. 預防死結與解決死結間的差異為何？

3. 列出並解釋資料庫異動的 ACID 特性。

4. 下面列出 5 種回復技巧。請針對每種情境，決定哪種回復技巧最為適當。

（1）向後回復

（2）向前回復（從最近的查核點開始）

（3）向前回復（使用資料庫的備份副本）

（4）重新處理異動

（5）切換

a. 當使用者進入異動時，發生電話斷線。

b. 在一般作業時發生磁碟故障。

c. 閃電風暴造成電力故障。

d. 在學生的學費資料中輸入不正確的數量。這個錯誤經過數個星期才被發現。

e. 當料庫損壞時，資料輸入人員已經在完整資料庫備份後進行兩個小時的異動輸入了。DBA 發現在備份之後，並沒有啟動資料庫的日誌記錄工具。

3. 假設有家百貨公司在區域網路的檔案伺服器上,執行多使用者的 DBMS。不幸的是,該 DBMS 目前尚未實施並行式控制。當下列 3 筆與某顧客相關的異動幾乎同時進行處理的時候,這名顧客的餘額約為 7500 元:

（1）付款 7500 元。

（2）信用卡採購 3000 元。

（3）退貨（信用卡）1500 元。

這 3 筆異動都會在餘額為 7500 元時讀取顧客記錄（亦即在其他異動完成之前讀取）。更新的顧客記錄是以上述的順序傳回資料庫:

a. 完成最後異動之後的餘額是多少?

b. 在 3 筆異動處理之後,真正的餘額應該是多少?

15

CHAPTER

資料庫進階課題

本章學習重點

- 描述資料倉儲的觀念與架構

- 簡短描述資料倉儲架構的 3 個層級

- 說明設計分散式資料庫的 4 種策略

- 列出處理分散式資料庫查詢的步驟

- 說明物件導向式塑模的表示法

- 使用 UML 類別圖來建立真實世界應用的模型

- 說明物件定義語言（ODL）與物件查詢語言（OQL）的語法與語意

- 使用 OQL 命令來組成各種查詢

簡介

本章主要是簡介近年來在資料庫領域方面比較進階與新興的技術。首先介紹許多大型企業用來協助決策與提升競爭力的資料倉儲技術。接下來介紹分散式資料庫的觀念與架構。

本書的大部分內容是針對目前主流的關聯式資料模型與DBMS，但近年來因為儲存多媒體資料的需求，而逐漸發展出物件導向式的資料模型與DBMS。此外，由於關聯式與物件導向式各有優缺點，因此也出現了融合兩者的物件關聯式資料庫。這些新興的資料庫技術在本章都會一一探討。

 15.1 資料倉儲

所有人都同意，今日的企業極需要取得高品質的資訊。現代組織常被認為是被淹沒在資料中，但卻又極端缺乏資訊。這是因為各個資訊系統沒有相互整合，而且大多數系統都是為了支援作業性處理而開發，所以幾乎沒有或很少會去考慮決策所需的資訊或分析工具。

而近幾年來風行的資料倉儲，主要功能是整合組織內外許多來源的資訊，並且整理成有意義的形式來支援決策。所提供的功能包括趨勢分析、目標行銷、競爭力分析、顧客關係管理等。

本節首先討論資料倉儲的基本觀念，然後再描述資料倉儲常見的設計架構。最後，我們將談到使用者如何與資料倉儲互動，包括線上分析處理、資料探勘，以及資料的視覺化。

15.1.1 資料倉儲的基本觀念

資料倉儲是一組主題導向、整合式、隨時間變動，而且不可更新的資料，用來支援企業的管理決策。下面是這個定義中的每個關鍵詞的意義說明：

1. 主題導向（subject-oriented）：資料倉儲的組織方式是以企業的重要主題為核心，例如顧客、病人、學生、產品或時間。

2. 整合式：資料倉儲是使用從數個內部記錄系統以及外部來源收集而來的，以一致的命名慣例、格式、編碼結構，以及相關特徵來定義其中的資料。

3. 隨時間變動的：資料倉儲中的資料包含時間維度，所以可以用來研究趨勢與變化。

4. 不可更新的：資料倉儲中的資料是從作業系統載入與更新的，但是無法由終端使用者來更新。

資料入庫（data warehousing）是指組織透過使用資料倉儲，從它的資訊性資產中萃取意義，並且支援決策資訊的過程。資料入庫是資訊科技很新的一門領域，大約從15 年前開始快速發展，現在已經是資訊系統最熱門的議題之一。

資料倉儲的必要性

驅動今日企業資料倉儲需求的兩項主要因素，包括：

1. 企業需要整合的、且具備企業整體視野的高品質資訊。

2. 資訊部門必須將作業性與資訊性系統分開，以便改善企業資料的管理效率。

區隔作業性與資訊性系統的必要性

作業性系統（operational system）是根據當前資料即時執行業務的系統，例如訂單處理系統或門診掛號系統等。作業性系統所處理的讀寫動作比較簡單，但回應必須是即時的。作業性系統也稱為記錄系統（system of records）。

資訊性系統（informational system）是針對複雜的查詢或資料探勘應用所設計，能夠根據歷史性資料與預測資料來支援決策工作，例如銷售趨勢分析、顧客區隔，以及人力資源規劃等。

表15-1是作業性系統與資訊性系統間的主要差異，這兩種處理在每種比較項目上幾乎都有非常不同的特徵。請特別注意它們的使用者社群有很大的不同。

表 15-1　作業性與資訊性系統的比較

特徵	作業性系統	資訊性系統
主要目的	在最新狀態下執行業務	支援管理性決策
資料類型	呈現當前的業務狀態	歷史上某一點的狀態與預測
主要使用者	櫃台人員、行政人員、業務員	主管、企業分析師、顧客
使用範圍	範圍較小,事先規劃的簡單更新與查詢	範圍較大,互動性的複雜查詢與分析
設計目標	效能、產出、可用性	易於彈性存取與使用
數量	對表格中的少許資料列進行多次的更新與查詢	對許多資料列定期批次更新與查詢

15.1.2 資料倉儲架構

資料倉儲最常使用的基本架構如下:

1. 首先是一般性的兩層式實體架構。

2. 其次是擴充的三層式架構,逐漸被使用在更複雜的環境。

3. 最後則是對應三層式實體架構的三層式資料架構。

一般性兩層式架構

圖15-1是資料倉儲的一般性架構。這種架構的兩個層級分別是來源資料系統與統合後的資料及 metadata 儲存區。建立這種架構需要 4 個基本步驟(圖 15-1 中由左至右):

1. 資料是萃取自不同內、外部來源的系統檔案與資料庫(也許有數十或甚至數百個)。

2. 在將不同來源系統的資料載入資料倉儲之前,先對它們進行轉換與整合。在準備資料階段如果發現有錯誤,可能會送出更正的異動給來源系統。

3. 資料倉儲是針對決策支援所組織的資料庫,同時包含明細與彙總資料。

4. 使用者透過各種查詢語言與分析工具來存取資料倉儲,而結果(例如預測)可能會再饋入給資料倉儲與作業性資料庫。

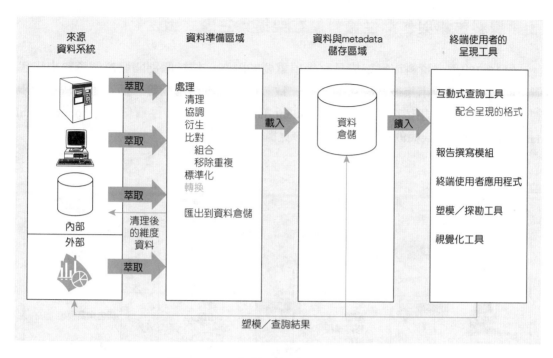

圖 15-1　一般性兩層式資料倉儲架構

　　萃取與載入會定期發生，可能是每日或每週。因此，資料倉儲通常沒有、也不必要有最新的資料。對於資料倉儲的使用者而言，他們並不是要針對某個異動尋求回應，而是想在資料倉儲的龐大資料中尋找趨勢與模式（pattern）。例如假設想要能找出年度的趨勢與模式，資料倉儲就至少要保存 5 季的資料。

獨立資料市集的資料入庫環境

　　由於單一資料倉儲的資料量過於龐大，因此製作成本和時間都相對很高。因此有些組織會選擇建立所謂的資料市集。資料市集（data mart）是範圍有限的資料倉儲，它的內容可能是：

1. 透過獨立的流程取得，如圖 15-2 的獨立資料市集（independent data mart）。

2. 或是從資料倉儲衍生而來，也就是相依資料市集，稍後討論。

　　例如企業可能分別擁有行銷資料市集、財務資料市集、供應鏈資料市集等，來支援公司的決策分析。

相依資料市集與作業性資料儲存架構：三層式做法

圖15-2的獨立資料市集架構具有幾項重要的限制，包括個別開發每個資料市集代價可能很高、資料市集彼此間可能並不一致，擴充成本相當高等。而為了解決以上限制，而開發出包含**相依資料市集**（dependent data mart）與**作業性資料儲存**（operational data store, ODS）架構的三層式架構（參見圖 15-3）。

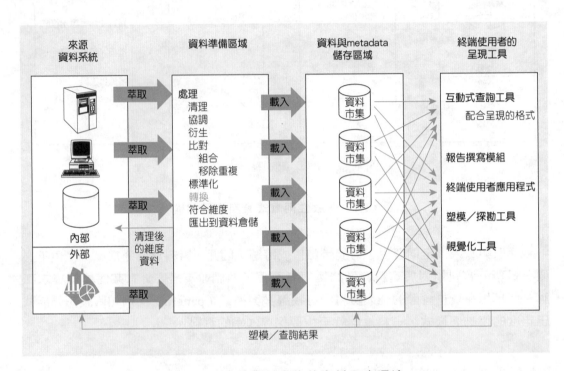

圖 15-2　獨立資料市集的資料入庫環境

這種架構中的新層級是作業性資料儲存，而資料與 metadata 儲存區域則經過重新調整。相依資料市集的內容是從**企業資料倉儲**（enterprise data warehouse, EDW）載入的，EDW 是集中式的整合性資料倉儲，是集中整合且的唯一的資料控制點。

不論在邏輯面或實體面，資料市集與資料倉儲在資料倉儲環境中都是扮演不同的角色，如表15-2。雖然資料市集的範圍有限，但未必很小，因此擴充性的技術通常都很重要。

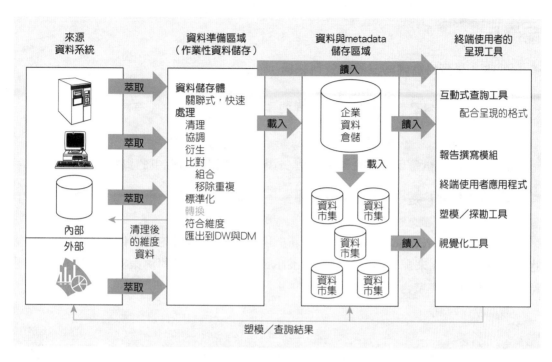

圖 15-3 相依資料市集與作業性資料儲存架構

表 15-2 資料倉儲 vs.資料市集

資料倉儲	資料市集
範圍	範圍
・獨立於應用程式之外	・特定的 DSS 應用
・集中式，可能是企業整體的	・根據使用者領域
資料	資料
・歷史的、明細的、彙總的	・有些歷史的、明細的、彙總的
・稍微反正規化	・高度反正規化
主題	主題
・多個主題	・使用者關切的一個特定主題
來源	來源
・許多內部與外部來源	・少數內部與外部來源
其他特徵	其他特徵
・有彈性的	・有限制的
・資料導向	・專案導向
・生命週期長	・生命週期短
・龐大	・最初很小，逐漸變大
・單一複雜結構	・多個半複雜結構，聯合在一起就很複雜

三層式資料架構

圖 15-4 是資料倉儲的三層式資料架構：

1. 作業性資料是儲存在組織中不同的作業性記錄系統中（有時也在外部系統中）。

2. 統合性資料是儲存在企業資料倉儲與作業性資料儲存中的資料類型。

3. 衍生性資料是儲存在每個資料市集中的資料類型。

統合性資料（reconciled data）是最新的明細資料，其目的是要作為所有決策支援應用的唯一權威性來源。衍生性資料（derived data）則是針對決策支援應用程式，經過選擇、格式化與聚合後的資料。

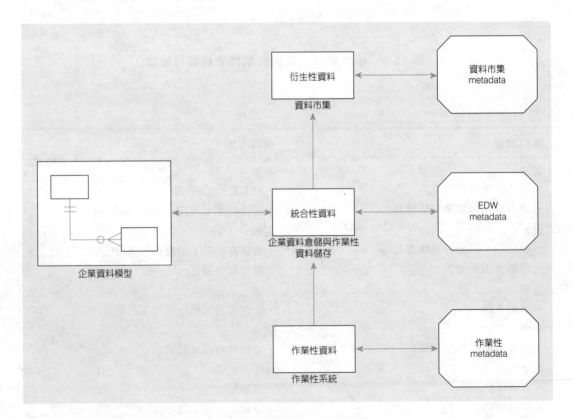

圖 15-4　三層式的資料架構

15.1.3 使用者介面

在資料倉儲方面有個特色，就是除非提供使用者功能精緻的直覺式介面，讓他們能夠輕鬆地存取與分析資料，否則還是不會被使用。本節將針對目前資料倉儲的介面提供簡短的介紹。

要查詢與分析資料倉儲與資料市集中的資料，有數種工具可以使用。這些工具大致可以分類如下：

1. 傳統的查詢與報表工具

2. 線上分析處理（on-line analytical processing ，OLAP）

3. 資料探勘工具

4. 資料視覺化工具

查詢工具

最常見的資料庫查詢語言SQL在經過擴充之後，就能夠支援資料倉儲環境所需的某些計算與查詢類型。然而 SQL 並不屬於分析用的語言，雖然新版 SQL 有加入一些資料倉儲的延伸功能，不過它不算是功能完備的資料倉儲查詢與分析工具。

線上分析處理（OLAP）工具

線上分析處理（on-line analytical processing, OLAP）是使用一組圖形式工具，提供使用者對資料的多維度視界，並且讓他們能使用簡單的視窗技巧來分析資料。

資料探勘工具

線上分析處理是用來搜尋某些問題的答案，例如「單身或已婚者的醫療成本何者較高？」；而使用資料探勘，則可以尋找出模式或趨勢。資料探勘（data mining）是混合使用包括統計學、人工智慧，以及電腦繪圖等複雜的技巧來發掘知識。

資料探勘有幾種常用的不同技巧。要選擇適當的技巧，必須取決於要分析的資料性質，以及資料集合的大小。資料探勘可以在資料市集或企業資料倉儲中進行。

資料探勘技術已經廣泛使用在真實世界的許多應用中，例如分析市場趨勢、使用模式分析、產品相關性、獲利分析、描述人口特性、顧客價值分析等。

資料視覺化

通常，人的眼睛最能分辨的是以圖形方式呈現的資料中的模式。資料視覺化是指以圖形與多媒體格式來呈現資料，方便進行人為分析。資料視覺化的效益包括更能夠觀察趨勢與模式，以及找出相關性與叢集。資料視覺化通常會和資料探勘與其他分析技術一併使用。

 # 15.2 分散式資料庫

當組織各分公司的地理位置分散時，可能選擇將資料庫存放在集中式的電腦上，或是將它們分散在各地電腦上（或是兩者的混合）。**分散式資料庫**（distributed database）在邏輯上是單一的資料庫，但實質上則是分散在由數據通訊網路所連結的多個地點的電腦上。

我們必須強調：分散式資料庫事實上是一個資料庫，而不是鬆散的檔案集合；它仍舊是需要集中管理的企業資源，但同時提供各區域的彈性與客製化。

因此它的網路必須讓使用者能夠共享資料。所以 A 地的使用者（或程式）必須能存取（甚至更新）B 地的資料。分散式系統的站台可能橫跨很大的區域（例如一個國家或甚至全世界），也可能只分散在很小的範圍（例如同一建築物或園區中）。電腦的類型也可能從微電腦、大型電腦，甚至於超級電腦。

分散式資料庫需要多個DBMS，分別在每個遠端站台執行。這些不同DBMS合作的程度，以及是否有個主要站台負責協調對資料的請求，將會決定不同類型的分散式資料庫環境。

鼓勵使用分散式資料庫的各種條件包括：不同單位的分散與自主、資料分享、資料通訊成本與可靠度、多廠商環境、資料庫的回復，以及適合異動與分析的處理。

15.2.1 目標與取捨

分散式資料庫的主要目標如下:

1. 讓不同位置的使用者能夠簡單的進行資料存取。為了達到這個目標,分散式資料庫系統必須提供所謂的位置透通性(location transparency)。意思是查詢或更新資料的使用者(或程式)並不需要知道資料的位置,從任何站台(site)發出的請求,會由系統自動轉送到相關的站台上。

2. 分散式資料庫的第 2 個目標是區域自主性(local autonomy)。這是指當與其他節點的連線失敗時,還能夠獨立管理與運作區域資料庫的能力。根據區域自主性,每個站台應該能夠控制區域資料、管理安全性、進行回復等。

與集中式資料庫相比,任何形式的分散式資料庫所共同擁有的優點包括:

1. 可靠度與可用性的增加

2. 提升區域的控制程度

3. 模組式成長

4. 通訊成本較低

5. 回應較快

然而分散式資料庫系統也有某些成本與缺點:

1. 軟體成本與複雜度高

2. 處理的額外負擔增加

3. 資料完整性較低

4. 如果資料沒有適當的分布,回應反而會更慢

15.2.2 資料庫分散方式的選擇

資料庫應該如何分散在網路的各站台(或節點)之間呢?之前在探討實體資料庫設計時,介紹過各種分散策略。當時在第 7 章說明過分散資料庫有 4 種基本的策略:資料複製、水平分割、垂直分割,以及前三者的組合。

資料複製的形式很多，它具備幾項優點：可靠度、快速回應以及減少忙碌時刻的網路流量。但是資料複製也有 2 項主要的缺點：儲存空間的需求變大，以及更新資料的複雜度與成本較高。

水平分割會將同一個關聯表的資料列，分散在數個站台的關聯表中。分散式資料庫的水平分割具有下列 4 項主要優點：效率、區域最佳化、安全性以及容易查詢。但水平分割也有 2 項主要的缺點：存取速度不一致，以及備份較為脆弱。

15.2.3 分散式 DBMS

要建立分散式資料庫，就必須有協調不同節點間進行資料存取的 DBMS，稱為分散式 DBMS。雖然每個站台可能都有 DBMS 來管理該站台上的區域資料庫，但分散式 DBMS 會執行下列功能：

1. 追蹤資料放在分散式資料字典的位置。在某種程度上，這也意味著對開發人員或使用者呈現單一的邏輯資料庫與綱要。

2. 決定從何處擷取所請求的資料，以及在哪裡處理分散式查詢的每個部份，而不需要開發人員或使用者採取任何行動。

3. 必要時可將某一節點所提出的請求，轉換成對於其他節點的請求，並且使用原本節點所能接受的格式傳回資料。

4. 提供資料管理功能，例如安全性、並行性與死結控制、整體查詢最佳化以及自動故障記錄與回復。

5. 提供各遠端站台資料副本間的一致性（例如使用多階段交付協定）。

6. 將實際分散的資料庫，呈現為單一的邏輯資料庫。相同的資料不論是儲存在分散式資料庫的哪個位置，都會使用相同的主鍵，而不同物件則會使用不同的主鍵。

7. 具備可延展性（scalable）。延展性是指能夠隨著企業變動的需求，而跟著成長或縮減大小，並且變得更具異質性的能力。因此，分散式資料庫必須是動態的，並且能夠在合理的限制下改變，而不必重新設計。

8. 在分散式資料庫的節點間複製資料與內儲程序。

9. 透通的（transparently）使用剩餘的運算能力來改善資料庫的處理效能。這
    表示相同的資料庫查詢動作，可以在不同的站台上以不同的方式處理以提升
    效能。

10. 允許不同節點執行不同的 DBMS。分散式 DBMS 與各個區域 DBMS 可以使用
    中介軟體，來處理查詢語言的差異與區域資料的細微不同。

11. 可以在分散式資料庫的不同節點上，放置不同版本的應用程式碼。

15.2.4 查詢最佳化

在分散式資料庫中要處理某個查詢，有時可能需要 DBMS 去組合來自數個不同站
台的資料（雖然因為位置透通性的關係，使用者並不會知道）。DBMS 必須選擇適合
的查詢處理策略，有研究報告統計，同一個查詢動作，不同的策略所需要的時間可能
從 1 秒到 2.3 天不等。

半合併（semijoin）運算是用來讓分散式查詢的處理更有效率的一種技巧。在半
合併中，只有合併用的屬性會從一個站台傳到另一站台，然後只有需要的資料列會傳
回來。如果只有很小比例的資料列參與合併，則傳送的資料量會降至最低。

15.3 物件導向式資料塑模

在第 3 到 5 章曾介紹如何使用 E-R 與 EER 模型來建立資料模型，而在本節將探討
物件導向式模型，因為它能夠完整呈現複雜的關係，並且以一致的符號來表現資料與
資料處理，因此正逐漸流行。

之前在第 3 到 5 章所學到的觀念，還是能應用在物件導向式塑模中。不過物件導
向式模型的功能，甚至比 EER 模型還更豐富。

物件導向式模型是以物件為核心，就如同 E-R 模型是以實體為核心。物件將資料
與行為（behavior）封裝在一起，因此我們不僅可使用物件導向方式來建立資料模
型，也可以用來建立流程模型。

物件導向式塑模的優點包括：

1. 具有應付更具挑戰性的問題領域的能力

2. 可提升使用者、分析師、設計人員與程式人員間的溝通品質

3. 增加分析、設計與程式活動間的一致性

4. 明確呈現系統元件之間的共通性

5. 系統會更穩固

6. 分析、設計與程式成果可以再利用

7. 增加在物件導向式分析、設計與程式撰寫期間所開發之所有模型的一致性

15.3.1　UML

UML（Unified Modeling Language，統一塑模語言）是用來指定、視覺化與建構軟體系統人造物件的一種語言。UML 提供不同類型的示意圖，例如使用案例圖、類別圖、狀態圖、互動圖、元件圖（component diagram）與部署圖（deployment diagram）等，來表現系統的多重觀點。

因為本書是以資料庫為主，在此只會描述與資料以及系統某些行為面相關的類別圖（class diagram）。

15.3.2　物件導向式資料塑模

類別（class）是在應用領域中具有完善定義的實體，組織會維護它的狀態、行為與身分。類別是在應用程式情境中具有意義的一種概念、抽象或事物。類別可能是有形或可見的實體（例如人、地、事），也可能是設計過程中的人造物件（例如使用者介面、控制程式、排程程式等）。

物件（object）則是封裝資料與維護該物件所需之行為的類別實例（如人、地點、事物）。物件的類別共享一組相同的屬性與行為。

物件的狀態（state）中包含物件的特性（屬性與關係），以及這些特性的值，而它的行為（behavior）則表示物件行動與反應的方式。物件的狀態是由它的屬性

值，以及對其他物件的連結所決定，而物件的行為則取決於它的狀態，以及所執行的運算。

所謂的「運算」只是一個物件為了取得回應，而對其他物件所執行的動作。你可以將運算想成是由物件（供應者，supplier）提供給其客戶端的服務。客戶端會傳送訊息給供應者，由它執行對應的運算以提供所需的服務。

舉例而言，學生「傅美華」可以表現為物件，而其狀態是由它的屬性所表現，可能包括姓名、出生年月日、年級、地址、電話，以及這些屬性目前的值，例如姓名為「傅美華」，年級為「大三」等。

此外，例如計算該學生目前平均成績的 calc-gpa 運算，就是這個物件的行為。因此，物件「傅美華」會將它的狀態與行為包裹在一起。

還有，所有物件都具有永久身分（identity）；也就是說，不會有完全相同的物件。物件會在整個生命週期中都維持自己的身份，因此即使「傅美華」結婚而更改姓名、地址與電話，還是會由相同的物件來表示。

在類別圖中是以圖形的方式描繪類別，如圖 15-5。類別圖（class diagram）會顯示物件導向式模型的靜態結構，包括物件類別、它們的內部結構以及它們所參與的關係。

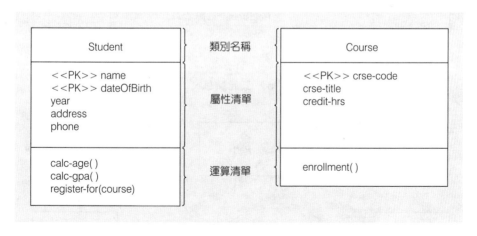

圖 15-5　有兩個類別的類別圖

在 UML 中，類別是由水平線分隔之三個部份所構成的長方形來表示。最上方是類別名稱，中間是屬性清單，最底下的部份則是運算清單。圖中顯示了兩種類別：Student 與 Course，以及它們的屬性與運算。

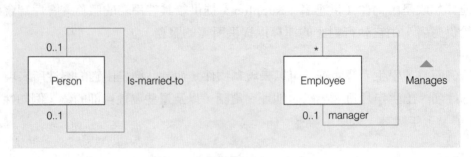

（a）一元關係

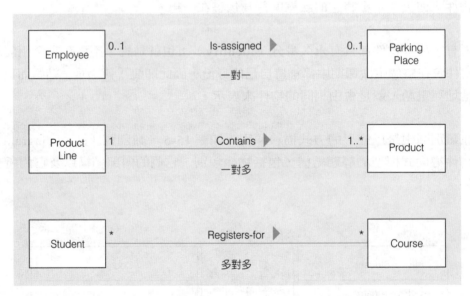

（b）二元關係

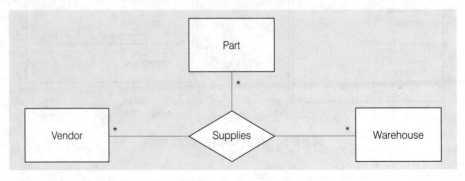

（c）三元關係

圖 15-6　不同向度的關聯關係範例

在圖 15-5 的 Student 類別中的 clac-gpa 運算（operation），是類別的所有實例都會提供的一種功能或服務；只有透過這種運算，其他物件才能夠存取或運用到儲存在物件中的資訊。這種對外界隱藏物件內部實作細節的技巧，稱為封裝（encapsulation）或資訊隱藏（information hiding）。

關聯（association）是指有名稱的、物件類別實例之間的關係，類似於 E-R 模型中所定義的關係（relationship）。

圖 15-6 是以圖 4-3 為例，說明物件導向式模型如何表現不同向度的關聯關係。圖中連到類別的關聯端點則稱為關聯角色（association role）。角色可以使用靠近關聯端點的標籤來標示名稱，參見圖 15-6(a) 的 manager 角色。

每個角色都具有多重性（multiplicity），用來表示在特定關係中有多少個參與物件。在類別圖中，多重性是以下列字串形式的整數間隔來表示：

　　下限..上限

除了整數值外，多重性的上限也可以使用星號（*）表示無限大。如果只有指定一個整數，表示這個範圍中只包含這個值。

當關聯本身具有屬性或運算，或是當它參與和其他類別的關係時，很適合將它塑模為關聯類別（association class），就像第 3 章的聯合實體一樣。例如在圖 15-7 中，term 與 grade 屬性以及 checkEligibility 運算，事實上是屬於 Student 與 Course 間的多對多關聯。

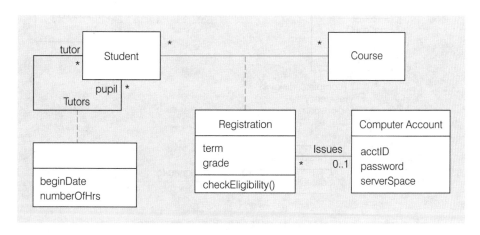

圖 15-7 顯示關聯類別的類別圖

第5章介紹過一般化（generalization）與特殊化（specialization）。在物件導向式資料塑模中，被一般化的類別稱為子類別（subclass），而一般化出來的類別則稱為超類別（superclass），就好像是 EER 圖中的子類型與超類型一樣。

在圖 15-8(a) 的範例中（對應的 EER 圖請參閱圖 5-8），一般化路徑是以從子類別到超類別的實線來表示，並且在尖端有一個空心三角形指向超類別。

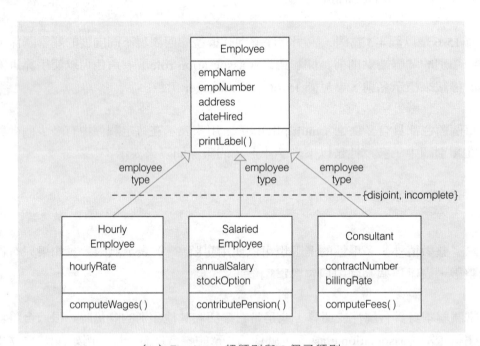

（a）Employee 超類別與 3 個子類別

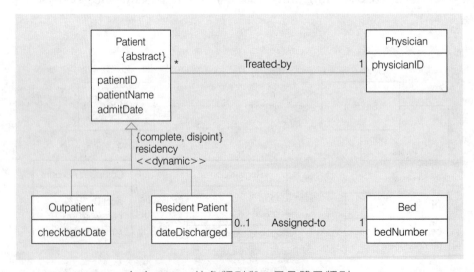

（b）Patient 抽象類別與 2 個具體子類別

圖 15-8　一般化、繼承與限制的範例

　　或者是也可以將超類別的數個一般化路徑，表示為連向各個子類別的樹狀分支，然後共用同一線段與空心三角形指向超類別。例如在圖 15-8(b) 將 Outpatient 到 Patient 與 Resident Patient 到 Patient 的一般化路徑，組合成共用的線段和指向 Patient 的三角形（對應圖 5-3）。我們也將這個一般化指定為動態的，意思是物件可能會改變所屬的子類型。

　　請注意在圖 15-8(b) 中，Patient 類別是以斜體表示，意味著它是個抽象類別。**抽象類別**（abstract class）是沒有直接實例的類別，但是它的後代可以有直接的實例。

　　此外，可以有直接實例（例如 Outpatient 或 Resident Patient）的類別稱為**具體類別**（concrete class）。在本例中，Outpatient 與 Resident Patient 可以擁有直接的實例，但是 Patient 本身則不能有任何直接的實例。

　　在圖 15-8(a) 與 15-8(b) 中，可以看到一般化線段旁的括號中有「complete」、「incomplete」與「disjoint」等字，這是用來表示子類別間的語義限制（complete 對應到 EER 符號中的完全特殊化，而 incomplete 對應到部份特殊化）。

　　UML 可以使用下列關鍵字：overlapping（重疊）、disjoint（分離）、complete（完全）與 incomplete（不完全）；這些對應到 EER 塑模的 overlapping（重疊）、disjoint（分離）、total（完全）與 partial（部份）。

　　圖 15-9 是在學生費用模型中同時顯示研究生與大學生。Calc-tuition 運算會計算學生要付的學費；它是由學分費（tuitionPerCred）、所選的課程以及每門課的學分數（creditHrs）所決定的，而學分費則取決於該名學生是研究生或大學生。

　　在此例中，所有研究生的學分費是 $1560 元，而所有大學生則是 $1100 元。為了表示這些情況，我們為這兩個子類別中的 tuitionPerCred 屬性與值分別加上底線。這種屬性稱為類別領域屬性，會指定整個類別的共同值，而不是一個實例的特定值。

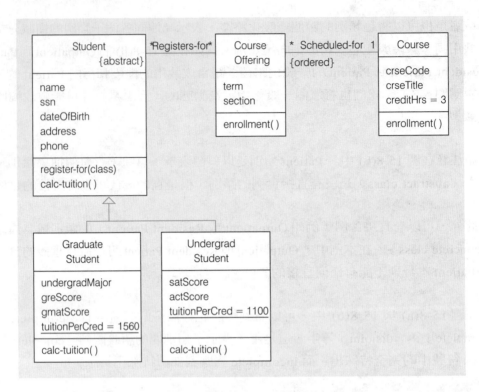

圖 15-9　多形、抽象運算、類別領域屬性與排序

　　請注意雖然研究生與大學生類別共用相同的 calc-tuition 運算，但是可能會以不同的方式來實作這個運算。例如在研究生類別中，這個方法的實作可能會為每門課加上特殊的研究生費用。**多形**（polymorphism）就是指以不同方式應用在兩個或更多類別之中的相同運算，這是物件導向式系統的重要觀念。

　　例如圖 15-9 的註冊運算是多形的例子。在 Course Offering 中的 enrollment 運算會計算特定課堂的註冊人數，而 Course 中的同名運算則是計算特定課程所有節次的註冊人數。

15.3.3　聚合的表示

　　聚合關係（aggregation）是表示成份物件與聚合物件之間的隸屬（part-of）關係；它比關聯關係更強，是在聚合端使用空心菱形來表示。例如圖 15-10 中顯示，個人電腦是 CPU（最多 4 個微處理器）、硬碟、螢幕、鍵盤與其他物件所聚合的成果。零件物件也可能以單獨的形式存在，不需要一定是整體的一部份。

而在**組合關係**（composition）中，部份物件只屬於一個整體物件，例如房間只會是一個建築物的一部份，而且不可以單獨存在。

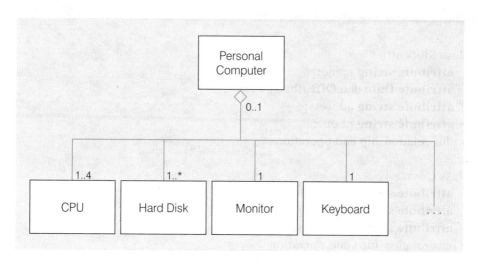

圖 15-10　聚合關係範例

 ## 15.4 物件導向式資料庫開發

在上一節介紹過物件導向式資料塑模，以及如何使用 UML 類別圖建立資料庫的概念性模型。而本節將描述如何將這種概念性物件導向式模型，轉換成可以直接使用物件資料庫管理系統（ODBMS）實作的邏輯綱要。

雖然關聯式資料庫對於傳統的商業應用很有效，但是遇到必須儲存與運用複雜的資料及關係時，會有很嚴重的限制。而在本節會說明在物件導向式資料庫環境中實作應用程式的方法，另外在下一小節則說明物件關聯式資料庫，這是在DBMS中實作物件導向原理的最普遍方式。

本節所採用的是由 Object Database Management Group（ODMG）所提出的 Object Model，用來定義與查詢物件導向式資料庫（OODB）。要開發邏輯綱要，必須使用物件定義語言（object definition language, ODL）；而資料操作語言（DML）則是使用物件查詢語言（object query language, OQL）。

15.4.1 物件定義語言

在 ODL 中，指定類別是使用 class 關鍵字，而指定屬性則是使用 attribute 關鍵字。例如 Student 與 Course 類別的定義如下：

```
class Student {
    attribute string name;
    attribute Date dateOfBirth;
    attribute string address;
    attribute string phone;
// plus relationship and operations . . .
};
class Course {
    attribute string crse_code;
    attribute string crse_title;
    attribute short credit_hrs;
// plus relationships and operation . . .
};
```

屬性值可能是 literal 或是物件識別子（object identifier）。每個物件都有唯一的識別子，相反的，literal 則沒有識別子。因此 literal 無法像物件一樣分別參照，而是內嵌在物件之中。你可以將 literal 值想像為常數。例如字串「傅美華」、字元 C 以及整數 20，都是 literal 值。除了 ODL 提供的標準資料型態外，也可以使用 struct 關鍵字自行定義結構。例如定義稱為 Address 的結構，包含 4 個成份：street_address 、 city 、county 與 zip ，都是 string 屬性。

```
struct Address {
    string street_address;
    string city;
    string county;
    string zip;
};
```

在 ODL 中，運算的指定方式是在名稱之後加上括號。例如下面是 Student 的 ODL定義：

```
class Student {
    attribute string name;
    attribute Date dateOfBirth;
//user-defined structured attributes
    attribute Address address;
    attribute Phone phone;
```

```
//plus relationship
//operations
    short age( );
    float gpa( );
    boolean register_for(string crse, short sec, string term);
};
```

以上我們定義了 3 項運算：age 、 gpa 與 register_for 。前兩者是查詢運算，register_for 則是更新運算，替學生註冊某學期（term）的某堂（sec）課程（crse）。這些參數都顯示在括號中，前方並且加上它的型態。

此外還必須指定每項運算的傳回型態，例如 age 與 gpa 的傳回型態分別是 short（短整數）與 float（實數）， register_for 運算的傳回型態則是 boolean（真或偽），表示選課是否有成功完成。如果運算沒有傳回任何值，傳回型態會宣告為 void 。

每種物件都具有某些預先定義的運算，例如 s e t 物件具有預先定義的「is_subset_of」運算，而 date 物件（屬性）則具有預先定義的 boolean 運算「days_in_year」。

Object Model 只支援一元與二元關係。例如在 Student 與 Course Offering 間的關係中，由前者到後者稱為 Takes ，而反向則稱為 Taken by 。我們使用 ODL 的關鍵字 relationship 來指定關係。

```
class Student {
    attribute string name;
    attribute Date dateOfBirth;
    attribute Address address;
    attribute Phone phone;
// relationship between Student and CourseOffering
    relationship set <CourseOffering> takes inverse CourseOffering::taken_by;
// operations
    short age( );
    float gpa( );
    boolean register_for(string crse, short sec, string term);
};
```

在 Student 類別中，我們使用 relationship 關鍵字來定義「takes」關係。關係的名稱會位於關係的目標類別（CourseOffering）之前。因為學生可以選擇多門課程，所以使用關鍵字 set 表示 Student 物件是關聯到 CourseOffering 物件的集合。這個關係的描述是代表從 Student 到 CourseOffering 的路徑。

Object Model 中要求指定雙向的關係。在 ODL 中是使用 inverse 關鍵字來指定反向的關係。Takes 的反向是從 CourseOffering 到 Student 的 taken_by。在 Student 的類別定義中也命名了這條路徑（taken_by），前面是路徑起點的類別名稱（CourseOffering），以及兩個冒號。

在下面的 CourseOffering 類別定義中，這個關係則是指定為 taken_by，而反向則是開始自 Student 的 takes。因為課程可以讓多位學生選課，所以這個關係是將 Student 物件集合鏈結到特定的 CourseOffering 物件。對於這類多對多的關係，必須將兩邊都指定為一組物件（set、list、bag 或 array）。

```
class CourseOffering {
    attribute string term;
    attribute enum section {1, 2, 3, 4, 5, 6, 7, 8};
// many-to-many relationship between CourseOffering and Student
    relationship set <Student> taken_by inverse Student::takes;
// one-to-many relationship between CourseOffering and Course
    relationship Course belongs_to inverse Course::offers;
// operation
    short enrollment( );
};
```

ODL 是使用 extends 關鍵字來表示一般化關係。假設有 3 個子類別（Hourly Employee、Salaried Employee 與 Consultant）被一般化為 Employee 超類別，則對應該類別圖的 ODL 綱要應該會像這樣：

```
class Employee {
(extent employees)
    attribute short empName;
    attribute string empNumber;
    attribute Address address;
    attribute Date dateHired;
    void printLabel( );
};
class HourlyEmployee extends Employee {
(extent hrly_emps)
    attribute float hourlyRate;
    float computeWages( );
};
class SalariedEmployee extends Employee {
(extent salaried_emps)
    attribute float annualSalary;
    attribute boolean stockOptions;
    void contributePension( );
```

```
};
class Consultant extends Employee {
(extent consultants)
    attribute short contractNumber;
    attribute float billingRate;
    float computeFees( );
};
```

子類別 HourlyEmployee、SalariedEmployee 與 Consultant 會引入新的屬性，以延伸比較一般性的 Employee 類別。例如 HourlyEmployee 除了具有繼承自 Employee 的一組共同屬性外，還有 2 個獨有的屬性 hourly_rate 與 wages。所有這些類別，包括 Employee 都是具體類別，所以都可以有直接實例。

15.4.2 建立物件實例

當建立類別的新實例時，會為它指定唯一的物件識別子。你可以使用一或多個唯一的標籤（tag）名稱，來指定物件識別子。假設你希望建立新的 student 物件，並且設定其中一些屬性的初值：

Cheryl **student (name:** "Cheryl Davis", **dateOfBirth:** 4/5/77);

這會建立標籤名稱為「Cheryl」的 student 新物件，並且設定 2 個屬性的初值。

對於多值屬性，則可以指定一組值，例如使用下列方式指定員工「Dan Bellon」的技能：

Dan **employee (emp_id:** 3678, **name:** "Dan Bellon",
skills: {"Database design", "OO Modeling"});

要建立特定關係的物件之間的鏈結也很容易。假設你希望儲存 Cheryl 在 1999 年秋季班選了 3 門課的事實，則可以寫成：

Cheryl **student (takes:** {OOAD99F, Telecom99F, Java99F});

其中的 OOAD99F、Telecom99F 與 Java99F 是 3 個 CourseOffering 物件的標籤名稱。這個定義為 takes 關係建立了 3 個鏈結，分別從標示為 Cheryl 的物件連到每個 CourseOffering 物件。

下面是另外一個範例。要指定 Dan 到 TQM 專案，可以寫成：

assignment (**start_date:** 2/15/2001, **allocated_to:** Dan, for TQM);

請注意我們並沒有為 assignment 物件指定標籤名稱；這種物件的識別必須使用系統所產生的物件識別子。 assignment 物件有一條鏈結連到 employee 物件（Dan），還有一條連到 project 物件（TQM）。

15.4.3 物件查詢語言

利用 OQL，你可以撰寫如下的簡單查詢：

Jack.dateOfBirth

它會傳回 Jack 的出生年月日（一個 literal 值），或者

Jack.address

則會傳回一個結構，包含縣市、城鎮、街道與郵遞區號的值。如果我們只是希望找到 Jack 的居住城鎮，則可以寫成：

Jack.address.city

就像 SQL 一樣， OQL 也使用 select-from-where 的結構來撰寫比較複雜的查詢。假設我們希望找到 MBA664 課程的課名與學分數，這些屬性會指定在 select 子句中，而包含這些屬性的類別涵蓋範圍（extent）則是指定在 from 子句。在 where 子句中，則是指定必須要滿足的條件。例如：

```
select c.crse_title, c.credit_hrs
from courses c
where c.crse_code = "MBA 664"
```

因為我們只處理一個涵蓋範圍，所以可以省略 c 而不會造成混淆。然而就像在 SQL 一樣，如果處理的是具有共同屬性的多個類別，就必須將涵蓋範圍繫結到變數上，以便系統能清楚的辨識出所選屬性的類別。

在OQL中可以用類似指定屬性的方式，來呼叫運算。例如要找到學生John Marsh 的年齡，必須在 select 子句中呼叫 age 運算：

```
select s.age
from students s
where s.name = "John Marsh"
```

或者像這樣的查詢：

```
select s
from students s
where s.gpa > = 3.0
```

會傳回 gpa 大於或等於 3.0 之學生物件的 bag。請注意我們在 where 子句中是使用 gpa 運算。

在 OQL 查詢中，你也可以像 SQL 一樣，在 where 子句中合併類別。當物件資料模型中沒有定義做為合併基礎的關係時，就必須這樣做；如果是有定義該關係，則可以經由綱要中定義的關係路徑來查詢。下列查詢會找出2005年秋季班所提供的所有課程的課程代碼：

```
select distinct y.crse_code
from courseofferings x,
x.belongs_to y
where x.term = "Fall 2005"
```

你還可以在 select 敘述中使用 select 敘述（子查詢）。要列出註冊人數少於 20 的課程代碼、名稱與課堂，可以使用下列 OQL 命令：

```
select distinct struct (code: c.crse_code, title: c_crse_title,
    (select x
    from c.offers x
    where x.enrollment < 20 ))
    from courses c
```

本節只描述 OQL 功能的一部分，其他詳細資訊請參考相關資源。

15.5 物件關聯式資料庫

關聯式模型（以及 RDBMS）是今日主流商業應用程式實作時最常使用的模型。而物件導向式資料模型則適合用來處理新興的複雜資料型態，如影像、聲音、視訊與地理資料。

由於關聯式與物件導向式資料庫系統都有各自的長處與弱點，因此導致業界開發出新一代的混合式資料庫系統：物件關聯式系統，來試圖結合兩者的最佳特性。大多數的主流DBMS廠商都有推出物件關聯式資料庫系統的產品。本節將簡述這種系統，以及它的優缺點。

15.5.1 基本觀念與定義

物件關聯式資料庫管理系統（object-relational database management system, ORDBMS）是以整合方式同時支援關聯式與物件導向式功能的資料庫引擎。因此，使用者可以使用共同的介面（例如SQL）來同時定義、運用及查詢關聯式資料與物件。

ORDBMS的基本資料模型是關聯式的。因此雖然對程式人員而言，這個資料庫似乎是物件導向式，但是在儲存與處理上則是關聯式。因此，在關聯表與物件間的對映會造成額外的負擔。

ORDBMS 的功能

如前所述，ORDBMS 的目的是希望結合關聯式與物件資料庫模型的最佳特性。下面是它通常會包括的主要功能：

1. 延伸的 SQL 版本，可以用來建立與運用關聯式表格與物件型態或類別。

2. 支援傳統的物件導向式功能，包括一般化、繼承、多形與覆載、複雜的資料型態（如大型物件、影像、地理座標等）、使用者自定（或抽象）資料型態等。

3. 支援關聯表內的某些非標準資料型態，如多值屬性、巢狀表格（關聯表中多值屬性的多維度陣列）、聚合關係以及物件識別子。

複雜的資料型態

SQL中有3種主要的資料型態類別：NUMERIC、CHARACTER與TEMPORAL。NUMERIC型態中包括DECIMAL與INTEGER，而TEMPORAL型態則包括DATE與TIME。

現代商業應用通常需要儲存與運用複雜的資料型態，這些對關聯式系統而言很難處理。例如圖形資料型態包含幾何物件，例如點、線和圓，典型的應用則包括電腦輔助設計（CAD）、電腦輔助製造（CAM）、電腦輔助軟體工程（CASE）工具和簡報等。

ORDBMS還可以將複合屬性定義成個別的資料型態，用來指定任何資料庫屬性的型態。例如，以下的SQL命令將複合屬性定義成一個名稱為NAME_TYPE的使用者定義資料型態：

```
Create or replace type NAME_TYPE as object (
        LASTNAME VARCHAR2(25),
        FIRSTNAME VARCHAR2(25),
        MIDDLEINIT CHAR(1)
);
```

然後這個使用者定義的資料型態可用來定義其他的使用者定義屬性，以及任何表格的屬性。例如：

```
Create or replace type PERSON_TYPE as object (
        NAME NAME_TYPE,
        ADDRESS ADDRESS_TYPE,
        DATEBIRTH DATE,
        PHONE VARCHAR2(12)
);
Create table EMPLOYEE (
        EMPID NUMBER(8) not null primary key,
        EMP PERSON_TYPE
);
```

ORDBMS也支援超類型／子類型階層，例如圖5-2顯示的employee在ORDBMS中，這種階層可能定義如下：

```
create type EMP_TYPE as object (
  empNo number,
  empName varchar2(50),
  empAddress varchar2(100)
```

```
)
not final;
  create type HOURLY_EMP_TYPE under EMP_TYPE (
  hourlyRate number
);
  create table HOURLY_EMP of HOURLY_EMP_TYPE;
```

15.5.2　延伸式 SQL

ORDBMS 最強大的功能，就是使用關聯式查詢語言的延伸版本（例如 SQL3）來定義、擷取與運用資料。

簡單的範例

假設現在要建立 EMPLOYEE 關聯表來記錄員工資料（參見圖 15-11），其中傳統的關聯式屬性包括 Emp_ID、 Name、 Address 與 Date_of_Birth。此外還需要儲存每位員工的照片以供識別之用，此屬性的名稱是 Emp_Photo。當擷取員工的資料時，該名員工的照片會與其他資料一併顯示。

Emp_ID	Name	Address	Date_of_Birth	Emp_Photo
12345	Charles	112 Main	04/27/1973	
34567	Angela	840 Oak	08/12/1967	
56789	Thomas	520 Elm	10/13/1975	

圖 15-11　具有複雜物件的關聯表

SQL3 有提供能建立表格與資料型態（或物件類別）的敘述。例如針對 EMPLOYEE 的 CREATE TABLE 敘述可能如下：

```
CREATE TABLE EMPLOYEE
    Emp_ID INTEGER NOT NULL,
    Name CHAR(20) NOT NULL,
    Address CHAR(20),
    Date_of_Birth DATE NOT NULL,
    Emp_Photo IMAGE);
```

在本例中，IMAGE 是資料型態（或類別），而 Emp_Photo 則是該類別的物件。IMAGE 可能是預先定義的類別，也可能是使用者自定的類別。如果是自定類別，則要使用 SQL CREATE CLASS 來定義。

還有，使用者也可以定義作用在類別資料上的方法，例如 IMAGE 的 Scale() 方法可以用來放大或縮小照片。這個方法可以使用 Java、C++ 或 Smalltalk 來撰寫，並且封裝在 IMAGE CLASS 中。方法就和屬性一樣，可以使用在 select 子句中。

內容定址法

關聯式SQL語言最強大的功能之一，就是能夠在表格中選出一組符合限定條件的記錄。例如在 EMPLOYEE 關聯表中，可以使用簡單的 SQL 敘述來選出所有在 12/31/1940 之前出生的員工。相反的，「純粹」的物件資料庫系統則沒有這種查詢能力。

ORDBMS產品將關聯式的內容定址能力延伸到複雜物件。內容定址功能是讓使用者查詢資料庫，以選擇出符合條件的所有記錄及（或）物件的能力。

SQL3包括對複雜資料型態進行內容定址的功能。以 EMPLOYEE 表格為例，使用者可以根據某張相片進行查詢，掃描 EMPLOYEE 表格，來判斷是否有任何員工的照片與此相似，如果有則顯示被選出的員工或員工們的資料（包括照片）。假設照片的電子影像是儲存在 My_Photo 的位置，則下面是可能的查詢命令：

```
SELECT *
    FROM EMPLOYEE
    WHERE My_Photo LIKE Emp_Photo;
```

ORDBMS 的內容定址是威力非常強大的功能，讓使用者能搜尋符合的多媒體物件，例如影像、聲音或視訊片段與文件。這項功能的有個常見的應用，就是在資料庫中搜尋指紋或聲紋。

本章摘要

● 資料倉儲是一組主題導向、整合式、隨時間變動,而且不可更新的資料,用來支援企業的管理決策。

● 作業性系統是要在目前的基礎上執行業務,其主要設計目標是要提供給處理異動與更新資料庫的使用者很好的效能。

● 資訊性系統則是用來支援管理決策,其主要目的是要提供給資訊工作者便利的存取與使用。

● 資料市集是針對特定使用者群體的決策需求所設計的資料倉儲,所以資料的範圍有限。

● 目前資料倉儲有許多種使用者介面,能夠存取與分析決策支援資料。

● 線上分析處理(OLAP)是使用一組圖形工具,提供使用者關於資料的多維度視界(資料通常被視為是立方體)。 OLAP 能夠協助資料分析運算,例如切割、資料樞紐運算,以及向下鑽探。

● 資料探勘是一種知識發掘的形式,會混合使用包括傳統統計、人工智慧,以及電腦圖形等技巧。

● 分散式資料庫是分散在由數據通訊網路連結起來的多台電腦上的單一邏輯資料庫。

● 在分散式資料庫中,網路必須能讓使用者儘可能透通的使用資料,而且必須讓每個節點自主的運作,特別是在網路連線中斷或其他節點故障的時候。

● 在網路上分散資料可能有幾種方式,包括資料複製、水平分割、垂直分割以及這些方式的組合。

● 位置透通性是指雖然資料在地理上分散,使用者看起來卻好像所有資料都是位於單一節點之上。

● 複製透通性是指雖然資料項目可能儲存在數個不同節點中,使用者卻可以將它當在好像是在單一節點上的單一項目。

● 失敗透通性是指異動的所有行動,要不就在每個站台上都成功完成,否則就完全不做。

● 物件導向式塑模的類別圖中可呈現不同維度的關聯關係:一元、二元與三元。每項關聯具有兩個或以上的角色,每個角色都具有多重性,用來表示參與關係的物件數目。

● 物件導向式模型使用超類別與子類別來表示一般化關係,類似延伸式 E-R 模型中的超類型與子類型。

● 在一般化關係中,子類別會從超類別中繼承特性,並且根據遞移性,還會繼承所有祖先的特性。繼承是威力非常強大的機制,因為它支援在物件導向式系統中的程式碼再利用。

● 物件導向式模型支援聚合關係,而 E-R 或延伸式 E-R 模型則沒有。聚合是用來表示介於成份元件與聚合物件間的隸屬 (Part-of) 關係。

● 物件關聯式資料庫管理系統 (ORDBMS) 是以整合方式同時支援關聯式與物件導向式功能的資料庫引擎。

詞彙解釋

■ 資料倉儲 (data warehouse):主題導向、整合式、隨時間變動且不可更新的一組資料,用來支援管理決策的制定過程。

■ 作業性系統 (operational system):根據當前資料即時執行業務的系統,也稱為記錄系統 (system of records)。

■ 資訊性系統 (informational system):根據歷史性資料與預測資料,進行複雜查詢或資料探勘應用,以支援決策的系統。

■ 資料市集 (data mart):有限範圍的資料倉儲;它的資料是來自資料倉儲,或是根據我們對來源資料系統進行萃取、轉換與載入的過程中選取與彙總而來。

■ 獨立資料市集 (independent data mart):在資料市集中填入從作業性環境萃取的資料,而缺乏資料倉儲的效益。

■ 相依資料市集 (dependent data mart):一種資料市集,只填入來自企業資料倉儲和它所統合的資料。

■ 作業性資料儲存 (operational data store, ODS):整合式、主題導向、可更新、具有最新值、企業範圍的明細資料庫,用來服務作業性使用者的決策支援處理。

■ 企業資料倉儲（enterprise data warehouse, EDW）：集中式的整合性資料倉儲；是提供給終端使用者執行決策支援應用所需的所有資料的控制點與單一來源。

■ 統合性資料（reconciled data）：最新的明細資料，其目的是要作為所有決策支援應用的唯一權威性來源。

■ 衍生性資料（derived data）：針對終端使用者決策支援應用，經過選擇、格式化與聚合後的資料。

■ 線上分析處理（on-line analytical processing, OLAP）：使用一組圖形式工具，提供使用者對資料的多維度視界，並且讓他們能使用簡單的視窗技巧來分析資料。

■ 資料探勘（data mining）：混合使用包括統計學、人工智慧，以及電腦繪圖等複雜的技巧來發掘知識。

■ 資料視覺化（data visualization）：以圖形與多媒體形式來呈現資料，提供人工分析。

■ 分散式資料庫（distributed database）：單一的邏輯資料庫，但實質上則是分散在由資料通訊網路所連結的多個地點的電腦上。

■ 位置透通性（location transparency）：分散式資料庫的一項設計目標，意思是指使用資料的使用者（或使用者的程式）並不需要知道資料的位置。

■ 區域自主性（local autonomy）：分散式資料庫的一項設計目標，意思是指當站台與其他節點的連線失敗時，還能夠獨立管理與運作本身的資料庫。

■ 半合併（semijoin）：在分散式資料庫中使用的合併運算，只有合併用的屬性會從一個站台傳到另一站台，而不是將限定列中所有被選擇的屬性都傳送過去。

■ 類別（class）：在應用領域中具有完善定義的實體，組織會維護它的狀態、行為與身分。

■ 物件（object）：封裝資料與行為的類別實例。

■ 狀態（state）：包含物件的特性（屬性與關係），以及這些特性的值。

■ 行為（behavior）：表示物件行動與反應的方式。

■ 類別圖（class diagram）：顯示物件導向式模型的靜態結構，包括物件類別、它們的內部結構以及所參與的關係。

- 運算（operation）：該類別的所有實例都會提供的一種功能或服務。

- 封裝（encapsulation）：對外部觀點隱藏物件內部實作細節的技巧。

- 關聯（association）：有名稱的、物件類別之間的關係。

- 關聯角色（association role）：連到類別的關聯端點。

- 多重性（multiplicity）：表示在特定關係中有多少個參與物件。

- 關聯類別（association class）：關聯本身具有屬性或運算，或是參與和其他類別的關係。

- 抽象類別（abstract class）：沒有直接實例的類別；但是它的後代則可以有直接的實例。

- 具體類別（concrete class）：可以有直接實例的類別。

- 類別領域屬性（class-scope attribute）：類別的一種屬性；它會指定整個類別的共同值，而不是一個實例的特定值。

- 多形（polymorphism）：以不同方式應用在兩個或更多類別之中的相同運算。

- 聚合關係（aggregation）：成份物件與聚合物件之間的隸屬（part-of）關係。

- 組合關係（composition）：屬於單一整體物件（whole object），並且與整體物件同生共死的部份物件（part object）。

- 物件關聯式資料庫管理系統（object-relational database management system, ORDBMS）：以整合方式同時支援關聯式與物件導向式功能的資料庫引擎。

- 內容定址（content addressing）：讓使用者查詢資料庫，以選擇出符合條件的所有記錄及（或）物件的能力。

學習評量

選擇題

_____ 1. 下列關於資料倉儲的敘述，何者為真？

    a. 終端使用者可以更新它

    b. 包過多種命名規定與格式

    c. 依據重要的主題來組織分類

    d. 只包含目前的資料

_____ 2. 下列何者是作業性系統的定義？

    a. 一種用來根據歷史資料即時執行業務的系統

    b. 一種用來根據目前資料即時執行業務的系統

    c. 一種用來根據目前資料支援決策的系統

    d. 一種用來根據歷史資料支援決策的系統

_____ 3. 在多個地點將資料庫另存一份副本，這種技術叫做什麼？

    a. 資料複製

    b. 水平分割

    c. 垂直分割

    d. 水平和垂直分割

_____ 4. 將關聯表的某些欄位儲存在其他地點的站台，這種技術叫做什麼？

    a. 資料複製

    b. 水平分割

    c. 垂直分割

    d. 水平和垂直分割

_____ 5. 下列何者是半合併（semijoin）的定義？

    a. 只有合併用的屬性會從一個站台傳到另一站台，然後所有的資料列都會傳回來

    b. 所有的屬性都會從一個站台傳到另一站台，然後只有需要的資料列會傳回來

    c. 只有合併用的屬性會從一個站台傳到另一站台，然後只有需要的資料列會傳回來

    d. 所有的屬性都會從一個站台傳到另一站台，然後所有的資料列都會傳回來

_____ 6. 一個物件的多重性可以是什麼？

    a. 0

    b. 1

    c. 大於 1

    d. 以上皆是

_____ 7. 多重性與 ERD 圖形的什麼觀念相同？

    a. 關係

    b. 屬性

    c. 實體

    d. 向度

_____ 8. 將物件內部的實作細節加以隱藏的技術叫做什麼？

    a. 封裝

    b. 多形

    c. 繼承

    d. 以上皆是

_____ 9. 下列有關物件定義語言（ODL）的敘述何者正確？

    a. 可用來開發邏輯綱要

    b. 是 OODB 的一種資料定義語言

　　　c. 是一種實作邏輯綱要的方法

　　　d. 以上皆是

_____ 10. 下列有關物件查詢語言（OQL）的敘述何者正確？

　　　a. 類似 SQL，而且是使用 select-from-where 結構

　　　b. 類似 SQL，而且是使用 select-where 結構

　　　c. 類似 SQL，而且是使用 from-where 結構

　　　d. 與 SQL 完全不相似

問答題

1. 請比較資料倉儲與資料市集的不同。

2. 請簡短說明為何使用半合併能夠產生更快的分散式查詢處理的情況。

3. 請舉一個物件導向式模型中的一般化範例。其中應該包括至少 1 個超類別與 3 個子類別，且每個類別至少要有 1 個屬性與 1 個運算。另外請指出這些子類別的鑑別子，並且指定語義限制。

4. 請舉一個物件導向式模型中的聚合關係範例。其中應該包括至少 1 個聚合物件與 3 個成份物件。另外請指定所有聚合關係兩端的多重性。

5. 說明 SQL 與 OQL 間的相似與相異性。

A

APPENDIX

進階的正規化形式

- 解釋 Boyce-Codd 正規化形式（BCNF）的定義與轉換步驟

- 瞭解多值相依性產生的異常

- 瞭解第四正規化形式（4NF）的定義

　　在第6章曾介紹正規化的主題，並且詳細描述從第一到第三正規化形式。對於大部分的資料庫應用而言，3NF的關聯表已經相當足夠。不過，3NF無法保證所有的異常都已經排除。

　　第6章也曾說過，還有幾種另外的正規化形式可用來排除這些異常，包括 Boyce-Codd正規化形式、第四正規化形式與第五正規化形式（參見圖6-22）。本附錄將探討Boyce-Codd 正規化形式與第四正規化形式。

A.1 BOYCE-CODD 正規化形式

　　當關聯表有一個以上的候選鍵時，即使關聯表已經是 3NF，也可能產生異常。以圖 A-1 的 STUDENT_ADVISOR 關聯表為例，這個關聯表的屬性包括：SID（學號）、Major（主修科目）、Advisor（指導老師）與 Maj_GPA（主修科目的 GPA）。圖 A-1 (a) 是這個關聯表的範例資料，而圖 A-1(b) 則是它的功能相依性。

STUDENT_ADVISOR

SID	Major	Advisor	Maj_GPA
123	物理	黃武鉦	4.0
123	音樂	楊維明	3.3
456	文學	李素英	3.2
789	音樂	王瑞哲	3.7
678	物理	黃武鉦	3.5

（a）有範例資料的關聯表

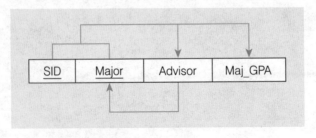

（b）STUDENT_ADVISOR 中的功能相依性

圖 A-1　屬於 3NF、但不是 BCNF 的關聯表

如同圖 A-1(b) 所描繪的，這個關聯表的主鍵是由 SID 與 Major 組成的複合鍵，因此 Advisor 與 Maj_GPA 等這兩個屬性功能相依於這組鍵。這反應出來的限制是雖然一個學生可以有一個以上的主修科目，但他的每個主修科目只能有一個指導老師與一個 GPA。

這個關聯表有第 2 個功能相依性：主修科目功能相依於指導老師。也就是說，每位指導老師剛好只指導一科主修科目。請注意這不是遞移相依性。第 6 章曾定義遞移相依性是兩個非鍵屬性之間的功能相依性。相反的，在這個例子卻是一個鍵屬性（Major）功能相依於一個非鍵屬性（Advisor）。

A.1.1 STUDENT_ADVISOR 中的異常

STUDENT_ADVISOR 關聯表很明顯是屬於 3NF，因為沒有部份功能相依性，也沒有遞移相依性。但因為 Major 與 Advisor 之間的功能相依性，這個關聯表仍然會有異常發生。考量以下的例子：

1. 假設物理科目的指導老師「黃武鉦」要換成「尹良鈺」，這個變更必須修改表格中的 2（或更多）列資料（更新異常）。

2. 假設我們想要新增一列資料：由「陳啟榮」指導電腦科學，但我們卻無法進行這個新增動作，除非至少先有一個想要主修電腦科學的學生，並且指定「陳啟榮」為其指導老師（新增異常）。

3. 最後，如果學號 789 的學生退學了，我們將會喪失「王瑞哲指導音樂」這樣的資訊（刪除異常）。

A.1.2 Boyce-Codd 正規化形式（BCNF）的定義

STUDENT_ADVISOR 中會有異常的原因，是因為關聯表中有個決定性屬性（Advisor）並不是候選鍵。R. F. Boyce 與 E. F. Codd 指出這種問題，並提出一種比較強的 3NF 定義，來修復這種問題。因此，如果關聯表中的每個決定性屬性都是候選鍵，則它就屬於 Boyce-Codd 正規化形式（Boyce-Codd normal form, BCNF）。STUDENT_ADVISOR 並不是 BCNF，因為雖然 Advisor 屬性是個決定性屬性，但它卻不是候選鍵（只有 Major 是功能相依於 Advisor）。

A.1.3 轉換關聯表為 BCNF

一個屬於 3NF 但不是 BCNF 的關聯表，可以利用簡單的兩階段步驟來轉換成 BCNF 關聯表，如圖 A-2 所示。

第一個步驟是修改關聯表，讓關聯表中非候選鍵的決定性屬性變成主鍵的成份，而當初功能相依於決定性屬性的屬性就變成非鍵屬性。這是因為功能相依性而合理的重組原始表格。將這個規則應用到 STUDENT_ADVISOR，結果如圖 A-2(a)。決定性屬性 Advisor 變成了複合主鍵的一部份，而當初功能相依於 Advisor 的 Major 屬性，變成了非鍵屬性。如果檢視圖 A-2(a)，就會發現這個新的關聯表存在部份功能相依性（Major 功能相依於 Advisor，而 Advisor 只是主鍵的其中一個成份），因此，這個新關聯表只是第一（而不是第二）正規化形式。

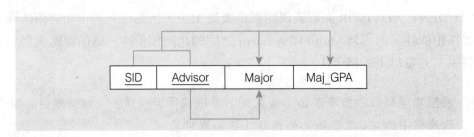

（a）修改 STUDENT_ADVISOR 關聯表（2NF）

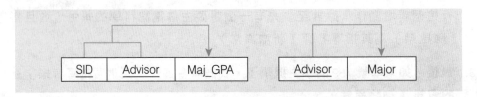

（b）BCNF 中的 2 個關聯表

| STUDENT | | |
SID	Advisor	Maj_GPA
123	黃武鉦	4.0
123	楊維明	3.3
456	李素英	3.2
789	王瑞哲	3.7
678	黃武鉦	3.5

| ADVISOR | |
Advisor	Major
黃武鉦	物理
楊維明	音樂
李素英	文學
王瑞哲	音樂

（c）含有範例資料的關聯表

圖 A-2　轉換關聯表為 BCNF 關聯表

這個轉換流程的第二個步驟是分解關聯表，來消除部份功能相依性（參見第6章）。結果產生了2個關聯表，如圖 A-2(b) 所示。這些關聯表是 3NF，事實上，這些關聯表也是 BCNF，因為每個關聯表中都只有一個候選鍵（主鍵）。因此我們發現，如果關聯表只有一個候選鍵（也就變成主鍵），則 3NF 與 BCNF 是對等的。

這兩個含有範例資料的關聯表（STUDENT 與 ADVISOR）如圖 A-2(c) 所示，請自行確認這些關聯表沒有 STUDENT_ADVISOR 中所遇到的異常，而且也應該確認可以合併 STUDENT 與 ADVISOR 這兩個關聯表產生 STUDENT_ADVISOR。

另一個違反 BCNF 的常見情況，是關聯表中有2或更多個重疊的候選鍵。以圖 A-3(a) 的關聯表為例，這裡有2個候選鍵：（SID、COURSE_ID）與（SNAME、COURSE_ID）。其中 COURSE_ID 同時出現在兩組候選鍵中。這個關係的問題是除非學生有選課，否則無法記錄學生資料（SID 與 SNAME）。圖 A-3(b) 顯示2種可能的解決方式，各自會產生2個 BCNF 關聯表。

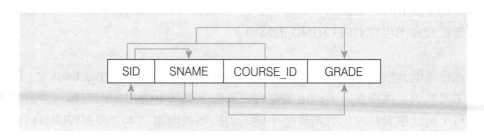

（a）帶有重疊候選鍵的關聯表

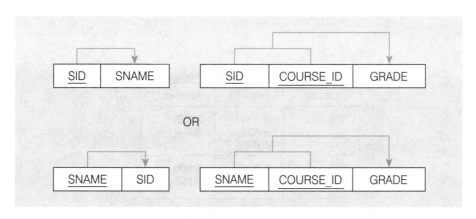

（b）兩組 BCNF 的關聯表

圖 A-3　將帶有重疊候選鍵的關聯表轉換為 BCNF

A.2 第四正規化形式

當關聯表屬於 BCNF 時，就再也不會因為相依性而產生異常，但是，仍然會有多值相依性（multivalued dependency，稍後定義）產生的異常。以圖 A-4(a) 的表格為例，這個使用者視界是顯示每門課程的授課老師與採用的教科書（這些在表格中以重複的群組出現）。此表格中有以下的假設存在：

1. 每門課程都已定義好一組教師（例如管理課程有 3 位教師）。

2. 每門課程都已定義好一組教科書（例如財務課程有 2 本教科書）。

3. 課程所用的教科書與該門課程的教師是彼此獨立的。例如，無論是 3 位中的哪位教師講授管理課程，這兩本教科書都可以使用。

在圖 A-4(b) 中，這個表格已經藉由填上所有空欄而轉換成一個關聯表。這個關聯表（稱為 OFFERING）屬於第一正規化形式。因此，對於每門課程，所有可能的教師與教科書組合會出現在 OFFERING 表格中。

請注意這個表格的主鍵包含 3 個屬性（Course、Instructor 與 Textbook），因為沒有異於主鍵的決定性屬性，所以這個關聯表實際上屬於 BCNF。但它卻包含有許多冗餘的資料，可能很容易產生更新異常。例如假設要新增第三本管理課程的教科書（作者：宋大偉），但這個變更卻需要在圖 A-4(b) 的關聯表新增 3 列資料，每個教師一列（否則這本教科書就只能適用於特定的教師）。

COURSE STAFF AND BOOK ASSIGNMENTS

Course	Instructor	Textbook
管理	陳可白 王家清 史嘉明	董建勳 王正得
財務	葛勝程	梁雅清 張麗卿

（a）課程、教師與教科書的表格

OFFERING

Course	Instructor	Textbook
管理	陳可白	董建勳
管理	陳可白	王正得
管理	王家清	董建勳
管理	王家清	王正得
管理	史嘉明	董建勳
管理	史嘉明	王正得
財務	葛勝程	梁雅清
財務	葛勝程	張麗卿

（b）BCNF 關聯表

圖 A-4　含多值相依性的資料

A.2.1 多值相依性

　　這個範例顯示的相依性稱為**多值相依性**（multivalued dependency），也就是當關聯表中至少有 3 個屬性（例如 A、B 與 C 屬性），而每個 A 值會定義一組 B 與 C 值，但那些 B 與 C 值卻彼此完全獨立。

　　為了移除關聯表中的多值相依性，我們將關聯表分割成 2 個新關聯表，每個新表格包含原始表格中有多值相依性的 2 個屬性，圖 A-5 顯示分解圖 A-4(b) OFFERING 關聯表的結果。

　　請注意這裡的 TEACHER 關聯表包含 Course 與 Instructor 屬性，因為每門課程都有一組教師；同樣的，TEXT 關聯表會包含 Course 與 Textbook 屬性。但是，並不會有關聯表包含 Instructor 與 Textbook 屬性，因為這些屬性是完全獨立的。

　　如果一個關聯表屬於 BCNF，而且沒有多值相依性，則稱為**第四正規化形式**（fourth normal form, 4NF）。圖 A-5 中的 2 個關聯表是屬於 4NF，而且不會有前述的異常發生；此外合併這兩個表格也可以重新建構出原始表格（OFFERING）。

　　請注意圖 A-5 的資料會比圖 A-4(b) 少。為了簡化起見，我們假設 Course、Instructor 與 Textbook 的長度都一樣，因為圖 A-4(b) 中有 24 格資料，而圖 A-5 中有 16 格資料，所以 4NF 可節省 25% 的空間。

TEACHER	
Course	Instructor
管理	陳可白
管理	王家清
管理	史嘉明
財務	葛勝程

TEXT	
Course	Textbook
管理	董建勳
管理	王正得
財務	梁雅清
財務	張麗卿

圖 A-5　4NF 的關聯表

A.3 更高階的正規化形式

目前至少定義了 2 種更高階的正規化形式：第五正規化形式（5NF）與值域 - 鍵正規化形式（domain-key normal form, DKNF）。根據 Elmasri 的著作，第五正規化形式處理的特性稱為「無損失的合併」（lossless join），這些情況很少發生，實務上也很難偵測，因此（也因為第五正規化形式的定義很複雜）本書不說明 5NF。

值域 - 鍵正規化形式（DKNF）嘗試要定義「最高的正規化形式」，考慮所有可能類型的相依性與限制，雖然 DKNF 的定義非常簡單，但根據 Elmasri 作者的意見「它的實際用途非常有限」，所以本書也不說明 DKNF。

詞彙解釋

- Boyce-Codd 正規化形式（Boyce-Codd normal form, BCNF）：這種關聯表的每個決定性屬性都是候選鍵。

- 多值相依性（multivalued dependency）：一種相依性，當關聯表中至少有 3 個屬性（如 A、B、C 屬性），而每個 A 值會定義一組 B 與 C 值，但那些 B 與 C 值卻彼此完全獨立。

- 第四正規化形式（fourth normal form, 4NF）：沒有多值相依性的 BCNF 關聯表。

詞彙縮寫表 GLOSSARY

- ACID（Atomic, Consistent, Isolated, and Durable）：單元性、一致性、隔離性、持久性
- ACM（Association for Computing Machinery）：計算機協會
- AITP（Association of Information Technology Professionals）：資訊技術專家協會
- ANSI（American National Standards Institute）：美國國家標準局
- API（Application Program Interface）：應用程式介面
- ASCII（American Standards Code for Information Interchange）：美國標準資訊交換碼
- ASP（Active Server Pages）
- ATM（Automated Teller Machine）：自動提款機
- BCNF（Boyce-Codd Normal Form）：Boyce-Codd 正規化形式
- B2B（Business-to-Business）：企業對企業
- B2C（Business-to-Consumer）：企業對顧客
- CAD/CAM（Computer-Aided Design/Computer-Aided Manufacturing）：電腦輔助設計 / 電腦輔助製造
- CASE（Computer-Aided Software Engineering）：電腦輔助軟體工程
- CD-ROM（Compact Disk-Read-Only Memory）：光碟
- CGI（Common Gateway Interface）：共同閘道介面
- CIF（Corporate Information Language）：企業資訊語言
- CLI（Call-Level Interface）：呼叫層次介面
- COM（Component Object Model）：元件物件模型
- CPU（Central Processor Unit）：中央處理單元
- CRM（Customer Relationship Management）：顧客關係管理
- C/S（Client/Server）：主從式
- CSF（Critical Success Factor）：關鍵成功因素
- CSS（Cascading Style Sheets）：串接樣式表
- DA（Data Administrator or Data Administration）：資料管理師或資料管理
- DBA（Database Administrator or Database Administration）：資料庫管理師或資料庫管理
- DBD（Database Description）：資料庫描述
- DBMS（Database Management System）：資料庫管理系統
- DB2（Data Base2）：一種 IBM 的關聯式 DBMS
- DCL（Data Control Language）：資料控制語言
- DCOM（Distributed Component Object Model）：分散式元件物件模型
- DDL（Data Definition Language）：資料定義語言
- DES（Data Encryption Standard）：資料加密標準
- DFD（Data Flow Diagram）：資料流程圖
- DKNF（Domain-Key Normal Form）：值域 - 鍵正規化形式

- DML（Data Manipulation Language）：資料操作語言
- DNS（Domain Name Server）：網域名稱伺服器
- DSD（Documents Structure Description）：文件結構敘述
- DSS（Decision Support System）：決策支援系統
- DTD（Data Type Definitions）：資料型態定義
- DWA（Data Warehouse Administrator）：資料倉儲管理師
- EDI（Electronic Data Interchange）：電子資料交換
- EDW（Enterprise Data Warehouse）：企業資料倉儲
- EER（Extended Entity-Relationship）：延伸式實體 - 關係
- EFT（Electronic Funds Transfer）：電子轉帳
- E-R（Entity-Relationship）：實體關係
- ERD（Entity-Relationship Diagram）：實體關係圖
- ERP（Enterprise Resource Planning）：企業資源規劃
- ETL（Extract-Transform-Load）：萃取－轉換－載入
- FDA（Food and Drug Administration）：食物與藥物管理局
- FK（Foreign Key）：外來鍵
- FTP（File Transfer Protocol）：檔案傳輸協定
- GUI（Graphical User Interface）：圖形使用者介面
- HTML（Hypertext Markup Language）：超文字標示語言
- HTTP（Hypertext Transfer Protocol）：超文字傳輸協定
- IBM（International Business Machines）：國際事務機器公司
- I-CASE（Integrated Computer-Aided Software Engineering）：整合型電腦輔助軟體工程
- ID（Identifier）：識別碼
- IDE（Integrated Development Environment）：整合開發環境
- IE（Information Engineering）：資訊工程
- INCITS（InterNational Committee for Information Technology Standards）：資訊技術標準國際委員會
- I/O（Input/Output）：輸入／輸出
- IP（Internet Protocol）：網際網路協定
- IRDS（Information Repository Dictionary System）：資訊儲存庫字典系統
- IRM（Information Resource Management）：資訊資源管理
- IS（Information System）：資訊系統
- ISA（Information System Architecture）：資訊系統架構
- ISAM（Indexed Sequential Access Method）：索引式循序存取方法
- ISO（International Standards Organization）：國際標準組織
- IT（Information Technology）：資訊技術
- ITAA（Information Technology Association of America）：美國資訊技術協會
- J2EE（Java 2 Enterprise Edition）：Java 2 企業版
- JDBC（Java Database Connectivity）：Java 資料庫連結
- JSP（Java Server Pages）
- LAN（Local Area Network）：區域網路
- LDB（Logical Database）：邏輯資料庫

- LDBR（Logical Database Record）：邏輯資料庫記錄
- MB（Million Bytes）：百萬位元組
- MIS（Management Information System）：管理資訊系統
- M:N（Many-to-Many）：多對多
- M:1（Many-to-one）：多對一
- MOLAP（Multidimensional On-line Analytical Processing）：多維度線上分析處理
- MOM（Message-oriented Middleware）：訊息導向中介軟體
- MRN（Medical Record Number）：病歷號碼
- MRP（Materials Requirements Planning）：原物料需求規劃
- MS（Microsoft）：微軟
- NIST（National Institute of Standards amd Technology）：美國國家標準局
- NUPI（Nonunique Primary Index）：非唯一性主索引
- NUSI（Nonunique Secondary Index）：非唯一性次索引
- ODBC（Open Database Connectivity）：開放式資料庫連結
- ODBMS（Object Database Management System）：物件資料庫管理系統
- ODL（Object Definition Language）：物件定義語言
- ODS（Operational Data Store）：作業性資料倉庫
- OLAP（On-line Analytical Processing）：線上分析處理
- OLE（Object Linking and Embedding）：物件連結與嵌入
- OLTP（On-line Transaction Processing）：線上異動處理
- OMA（Open Mobile Alliance）：開放行動聯盟
- OO（Object-Oriented）：物件導向
- OODM（Object-Oriented Data Model）：物件導向式資料模型
- OQL（Object Query Language）：物件查詢語言
- O/R（Object/Relational）：物件 / 關聯式
- ORB（Object Request Broker）：物件請求代理者
- ORDBMS（Object-Relational Database Management System）：物件關聯式資料庫管理系統
- P3P（Platform for Privacy Preferences）：隱私偏好平台
- PC（Personal Computer）：個人電腦
- PDA（Personal Data Assistant）：個人資料助理
- PIN（Personal Identification Number）：個人識別碼
- PK（Primary Key）：主鍵
- PL/SQL（Programming Language/SQL）：程式語言 / SQL
- QBE（Query-by-Example）
- RAD（Rapid Application Development）：快速應用開發
- RAID（Redundant Array of Inexpensive Disks）：磁碟陣列
- RAM（Random Access Memory）：隨機存取記憶體
- RDBMS（Relational Database Management System）：關聯式資料庫管理系統
- RDF（Resource Description Framework）：資源描述架構
- ROLAP（Relational On-line Analytical Processing）：關聯式線上分析處理
- RPC（Remote Procedure Call）：遠端程序呼叫

- SAML（Security Assertion Markup Language）：安全主張標示語言
- SDLC（Systems Development Life Cycle）：系統開發生命週期
- SGML（Standard Generalized Markup Language）：標準通用型標示語言
- SOA（Service Oriented Architecture）：服務導向架構
- SOAP（Simple Object Access Protocol）：簡易物件存取協定
- SPL（Structured Product Labeling）：結構化產品標示
- SQL（Structured Query Language）：結構化查詢語言
- SQL/CLI（SQL/Call Level Interface）：SQL／呼叫層次介面
- SQL/DS（Structured Query Language/Data System）：結構化查詢語言／資料系統（一個 IBM 的關聯式 DBMS）
- SQLJ（SQL-Java）
- SQL/PSM（SQL/Persistent Stored Modules）：SQL／永久儲存模組
- SSL（Secure Sockets Layer）：安全 socket 層
- TCP/IP（Transmission Control Protocol/Internet Protocol）：傳輸控制協定／網際網路協定
- TDWI（The Data Warehousing Institute）：資料倉儲協會
- TQM（Total Quality Management）：全面品質管理
- UDDI（Universal Description, Discovery, and Integration）：通用描述、發現、整合
- UDF（User-Defined Function）：使用者自定函數
- UDT（User-Defined Datatype）：使用者自定資料型態
- UML（Unified Modeling Language）：統一塑模語言
- UPI（Unique Primary Index）：唯一性主鍵索引
- URI（Universal Resource Identifier）：通用資源識別子
- URL（Uniform Resource Locator）：統一資源定位器
- USI（Unique Secondary Index）：唯一性次鍵索引
- VLDB（Very Large Database）：超大型資料庫
- W3C（World Wide Web Consortium）：全球資訊網聯盟
- WSDL（Web Services Description Language）：網站式服務描述語言
- WYSIWYG（What You See Is What You Get）：所見即所得
- WWW（World Wide Web）：全球資訊網
- XBRL（Extensible Business Reporting Language）：延伸式商業報表語言
- XHTML（Extensible Hypertext Markup Language）：可延伸型超文字標示語言
- XML（Extensible Markup Language）：可延伸型標示語言
- XSL（Extensible Style Language）：可延伸型樣式語言
- XSLT（XML Style Language Transformation）：XML 樣式語言轉換
- 1:1（One-to-One）：一對一
- 1:M（One-to-Many）：一對多
- 1NF（First Normal Form）：第一正規化形式
- 2NF（Second Normal Form）：第二正規化形式
- 3NF（Third Normal Form）：第三正規化形式
- 4NF（Fourth Normal Form）：第四正規化形式
- 5NF（Fifth Normal Form）：第五正規化形式